职业技能鉴定国家题库石化分库试题选编

化工分析工

中国石油化工集团公司职业技能鉴定指导中心　编

中国石化出版社

内 容 提 要

《化工分析工》为《职业技能鉴定国家题库石化分库试题选编》丛书之一，由中国石油化工集团公司职业技能鉴定指导中心按照《国家职业标准》和《职业技能鉴定国家题库开发技术规程》组织编写。内容包括：化工分析工初级工、中级工、高级工、技师及高级技师的国家职业标准、鉴定要素细目表、理论知识试题和技能操作试题，是化工分析工进行职业技能鉴定的必备学习资料。

图书在版编目(CIP)数据

化工分析工/中国石油化工集团公司职业技能鉴定指导中心编.
—北京：中国石化出版社，2006（2024.7重印）
（职业技能鉴定国家题库石化分库试题选编）
ISBN 978-7-80229-039-6

Ⅰ.①化… Ⅱ.中… Ⅲ.化学工业-分析方法-职业技能鉴定-习题 Ⅳ.TQ014-44

中国版本图书馆CIP数据核字(2006)第042244号

中国石化出版社出版发行
地址：北京市东城区安定门外大街58号
邮编：100011 电话：(010)57512500
发行部电话：(010)57512575
http://www.sinopec-press.com
E-mail：press@sinopec.com
河北宝昌佳彩印刷有限公司印刷
全国各地新华书店经销
*
787×1092毫米 16开本 23.25印张 563千字
2024年7月第1版第9次印刷
定价：65.00元

职业技能鉴定国家题库
石化分库开发领导小组

组　　长：刘根元

副组长：傅兴顺　高　滨　孙祖岭　孙金瑜

顾　　问：袁　芳　李钰年

成　　员（以姓氏笔画为序）：

丁新兴　王凤维　王运才　王虎刚　王瑞萍　石惟理
刘子才　刘文玉　刘忠华　向守源　朱长根　朱正建
朱立群　江毅平　汤　豪　许立明　许　坚　曲子洲
吴　云　何　波　邱　颖　张云燕　张月娥　张全胜
张佐军　张树忠　陈建国　陈若平　周志明　郑洵美
钟文标　徐洪源　贾铁成　郭为民　顾甬明　崔　昶
曹宗祥　黄　进　彭连军　温振丽　童子飞　谢学民
韩　伟　雷建忠　靳良成　潘　慧　穆晓秋　魏洪大
魏根兴

特邀专家（以姓氏笔画为序）：

尤宝英　王　权　丛新泽　刘　欧　刘孝祖
李荣兴　沈洪源　陆　勇　巫建忠　徐　燕
黄世文　黄劲松

编辑出版负责人：

王子康　王力健　邓敦夏

前　　言

受劳动和社会保障部职业技能鉴定中心委托，按照中国石油天然气集团公司、中国石油化工集团公司职业技能鉴定工作协议，中国石油化工集团公司职业技能鉴定指导中心组织有关专家，依据《职业技能鉴定国家题库开发技术规程》和《国家职业标准》，开发了32个职业95个工种的职业技能鉴定国家题库石化分库，并于2006年5月正式启用。

为满足员工学习专业知识、提高操作技能的需要，我们选编了石化分库的部分试题，按职业(工种)出版《职业技能鉴定国家题库石化分库试题选编》套书。该套书内容包括国家职业标准、鉴定要素细目表、理论知识试题和技能操作试题等，其中，理论知识试题约占分库中该职业(工种)试题的50%，技能操作试题约占70%。

《化工分析工》分册由中国石油化工股份有限公司天津分公司主编；扬子石油化工股份有限公司、北京燕山石油化工公司参编。主要执笔人：王雅萱、刘云霞、于文军、王建全、张建新、杨建海等，参审人员：黄劲松、孙海燕、汤义明等。

由于水平有限，书中难免有遗漏或欠妥之处，敬请谅解并提出宝贵意见。

职业技能鉴定国家题库

石化分库开发领导小组办公室

目录

第一部分　初级工

第二部分　中级工

第三部分　高级工

第四部分　技师/高级技师

第一部分

初 级 工

一、石油化工行业职业标准(初级工工作要求)

职业功能	工作内容	技能要求	相关知识
采样制样	(一)明确采样方案	采样前，能明确采样方案中的各项规定，包括批量的大小、采样单元、样品数、样品量、采样部位、采样工具、采样操作方法和采样的安全措施等	1. 采样的重要意义和基本原则 2. 固体产品、液体产品、气体产品的采样方法 3. 对石油化工产品样品保存的一般要求 4. 试样处理的一般知识 5. 固体样品的制样方法
	(二)准备采样	能检查抽样工具和容器是否符合要求，准备好样品标签和采样记录表格	
	(三)实施采样	能在规定的部位按采样操作方法进行采样，填写样品标签和采样记录	
	(四)保存样品	能按规定的样品储存条件保存样品至规定日期	
	(五)制备处理样品	1. 能对试样进行处理 2. 能制备组成不均匀的固体样品，包括粉碎、混合、缩分	
分析准备	(一)了解分析方案	了解简单的化学和物理性能分析方法标准和操作规程	1. 简单的化学和物理性能分析的原理 2. 简单的分析操作程序 3. 分析结果的计算方法
	(二)准备玻璃仪器等用品	1. 能识别和选用玻璃仪器和其他用品 2. 能选择洗涤液，按规定的操作程序进行常用玻璃仪器的洗涤和干燥 3. 能进行橡皮塞的配备钻孔，按示意图安装简单的分析装置，并能检验装置的气密性 4. 能选用玻璃仪器(滴定管、移液管、容量瓶和特种玻璃仪器等) 5. 计量仪器的识别和使用及注意事项	1. 常用玻璃仪器和其他用品的名称和用途 2. 玻璃仪器的洗涤常识 3. 玻璃工操作知识 4. 橡皮塞、橡皮管和乳胶管的规格和选用知识；打孔器的使用方法；分析装置气密性的检查方法 5. 计量仪器使用基本知识
	(三)准备实验用水、溶液	1. 能根据标准选用实验用水 2. 能识别和选用分析所需常用的试剂 3. 能按标准或规范配制试剂、试液	1. 实验室用水使用知识 2. 了解化学试剂的分类和包装方法 3. 常用溶液浓度表示方法；配制溶液注意事项 4. 溶液使用期限
	(四)分析仪器及辅助设备的准备	1. 能使用天平(分析天平和托盘天平)、秒表、温度计等计量器具 2. 能使用电炉、干燥箱、马弗炉(高温炉)、水浴、真空泵等辅助设备 3. 能使用与本分析类别相关的一般专用分析仪器设备	1. 天平等计量仪器的结构、计量性能和使用规则 2. 化验室辅助设备的名称、规格、性能、操作方法、使用注意事项 3. 专用分析仪器设备的名称、规格、性能、操作方法、使用注意事项

续表

职业功能	工作内容	技能要求	相关知识
分析与测定	(一)化学分析	1. 能进行滴定分析的基本操作；能使用酸式滴定管和碱式滴定管进行连滴、一滴、半滴操作；能正确读数 2. 能进行重量分析的基本操作 3. 能了解标准溶液的应用和其有效期 4. 能使用各种指示剂，准确判断滴定终点	1. 滴定分析的操作规程 2. 使用标准溶液的一般知识 3. 常用滴定知识 4. 重量分析相关知识 5. 相关标准中各分析项目的要求
	(二)仪器分析	1. 了解所用仪器设备使用的注意事项 2. 能使用相应的仪器设备进行石油化工产品的化学性质和物理性质的测定	1. 分析仪器的基本原理 2. 安全操作规程 3. 仪器设备的操作方法
	(三)记录原始数据	1. 能记录分析原始数据，填写实验记录表格 2. 能进行原始数据的审核	1. 原始记录的填写要求 2. 实验室管理基本要求
测后工作	(一)清洗分析所用器皿	1. 能针对盛装不同种类残渣残液的器皿采用适宜的清洗方法；能正确保管玻璃仪器和其他器皿 2. 能按规定处理废液	1. 玻璃仪器的洗涤知识 2. 危险化学品相关知识
	(二)分析结果的计算及数据处理	1. 能根据所测数据及相关公式进行正确计算 2. 能根据分析结果有效数字位数的要求，正确进行数据的修约和运算	1. 分析结果的计算方法 2. 有效数字及数字修约规则
	(三)填写分析报告	能填写分析报告	分析报告的要求
养护设备	(一)仪器设备保养维护	能进行所用仪器设备的基本保养	一般仪器设备的保养知识
	(二)发现仪器设备故障	1. 能发现所用仪器设备出现的一般故障 2. 能及时向有关人员反馈仪器设备故障现象	简单仪器设备的结构及常见故障现象
安全实验	(一)实验室安全	能执行实验室各项安全守则，使用消防器材，安全使用各种电器	化学实验室的安全知识
	(二)实验人员安全防护	能使用防护用品及设备	化学实验人员的安全防护知识

二、理论知识鉴定要素细目表

行业通用理论知识鉴定要素细目表

鉴定范围						鉴定点		
一级		二级		三级		代码	名称	重要程度
代码	名称	代码	名称	代码	名称			
A	基本要求	B	基础知识	A	记录填写基础知识	001	运行记录的种类	X
						002	运行记录的填写要求	X
				B	识图基础知识	001	工艺流程图管线的表示方法	X
						002	工艺流程图管件的表示方法	X
						003	工艺流程图阀门的表示方法	X
						004	工艺流程图仪表电气控制点的表示方法	X
				C	安全环保基础知识	001	石化行业生产的不安全因素	X
						002	国家安全生产的方针	X
						003	三级安全教育的内涵	X
						004	头部的防护	X
						005	眼睛和面部的防护	X
						006	脚部的防护	X
						007	手部的防护	X
						008	耳部的防护	X
						009	口鼻的防护	X
						010	皮肤的防护	X
						011	机械设备对人体伤害的防护	X
						012	厂内交通安全知识	X
						013	石化行业防火防爆十大禁令的内容	X
						014	尘毒物质的分类	X
						015	职业中毒的种类	X
						016	急性中毒的现场抢救	X
						017	高处作业的防护措施	X
						018	石化行业污染的来源	X
						019	石化行业污染的途径	X
						020	石化行业污染的特点	X
						021	清洁生产的定义	X
						022	清洁生产的内容	X
						023	燃烧的三要素	X
						024	干粉灭火器的适用范围	X
						025	泡沫灭火器的适用范围	X
						026	1211 灭火器的适用范围	X
						027	ISO 14000 系列标准的含义	X
						028	HSE 管理体系的概念	X
						029	建立 HSE 管理体系的意义	X
						030	石化行业事故处理的原则	X

续表

鉴定范围						鉴定点		
一级		二级		三级		代码	名称	重要程度
代码	名称	代码	名称	代码	名称			
				D	质量基础知识	001	标准化的概念	X
						002	标准等级划分的类别	X
						003	标准的使用范围	X
						004	ISO 9000 族标准的特点	X
				E	计算机基础知识	001	计算机硬件的组成	X
						002	计算机的安全防护	X
						003	Word 文档的录入与排版	X
						004	计算机浏览器的使用	X
						005	电子邮件的收发	X
				F	法律常识	001	《劳动法》关于劳动者权益的规定	X
						002	劳动合同包含的条款	X
						003	劳动争议解决的途径	X
						004	《劳动法》关于劳动者工作时间的规定	X
						005	《劳动法》关于劳动安全卫生的规定	X
						006	《产品质量法》关于生产者的产品质量责任	X
						007	《产品质量法》关于生产者的产品质量义务	X
						008	《安全生产法》对从业人员的规定	X
						009	《消防法》关于对公民责任的规定	X
B	相关知识	F	培训与指导	B	鉴定与考评	001	职业技能鉴定的定义	X
						002	职业技能鉴定的目的	X
						003	职业资格等级的划分	X
						004	职业资格证书的用途	X
						005	职业、岗位与工种的关系	X

工种理论知识鉴定要素细目表

鉴定范围						鉴定点		
一级		二级		三级		代码	名称	重要程度
代码	名称	代码	名称	代码	名称			
A	基本要求	B	基础知识	G	无机化学	001	构成物质的基本微粒	Y
						002	纯净物与混合物的区别	Y
						003	单质与化合物的区别	Y
						004	无机化合物的主要类别	X
						005	物质的变化	Z
						006	物理性质和化学性质	Y

续表

鉴定范围						鉴定点		
一级		二级		三级		代码	名称	重要程度
代码	名称	代码	名称	代码	名称			
						007	化合价意义	Z
						008	化合价一般规律	Z
						009	分子式的意义	X
						010	常见的四种基本反应类型	X
						011	氧化还原反应原理	X
						012	电解质的概念	X
						013	离子反应的原理	X
						014	金属钠的性质	X
						015	碱金属元素的原子结构	X
						016	焰色反应的原理	X
						017	物质的量的定义	X
						018	阿佛加德罗常数	X
						019	摩尔质量基本概念	X
						020	摩尔质量的计算方法	X
						021	气体摩尔体积的定义	X
						022	气体摩尔体积的计算方法	X
				H	有机化学	001	有机化合物的特点	X
						002	甲烷的结构	X
						003	甲烷的性质	X
						004	烷烃的分子组成通式	X
						005	C_4 以下烷基结构	X
						006	烷烃的命名方法	X
						007	乙烯的结构	X
						008	乙烯的性质	X
						009	烯烃性质	X
						010	烯烃的命名方法	X
						011	乙炔的结构	X
						012	乙炔的性质	X
						013	炔烃的命名方法	X
						014	环烷烃的命名方法	X
						015	单环芳烃的分子组成通式	X
						016	苯的性质	X
						017	石油的组成	Z

续表

鉴定范围						鉴定点		
一级		二级		三级		代码	名称	重要程度
代码	名称	代码	名称	代码	名称			
				I	分析化学	001	分析化学的任务	Y
						002	化学试剂分类	X
						003	化学试剂标识	X
						004	准确度的含义	X
						005	绝对误差的含义	X
						006	相对误差的含义	X
						007	精密度的含义	X
						008	绝对偏差和相对偏差的区别	X
						009	平均偏差和相对平均偏差的区别	X
						010	标准偏差和相对标准偏差的区别	X
						011	公差的含义	Y
						012	准确度与精密度的关系	X
						013	有效数字含义	X
						014	有效数字的修约规则	X
						015	有效数字的加减运算规则	X
						016	有效数字乘除运算规则	X
						017	法定计量单位概念	Y
						018	光谱分析	Y
						019	电化学分析定义	Y
						020	色谱分类	Y
				J	工艺原理及流程	001	原油分类	Y
						002	蒸馏的概念	X
						003	沸点、相对挥发度的关系	X
						004	泡点、露点的区别	Y
						005	压力的表示方法	X
						006	饱和蒸汽压	Y
						007	溶解度	X
				K	物料性质	001	工业氧的性质	X
						002	工业氮的性质	X
						003	易燃易爆物的性质	X
						004	有毒有害物的性质	X
						005	高粘度物料的性质	X

续表

鉴定范围						鉴定点		
一级		二级		三级		代码	名称	重要程度
代码	名称	代码	名称	代码	名称			
				L	产品应用	001	石油液化气的应用	X
						002	燃料用油的应用	X
						003	常见酸碱的应用	X
						004	空分产品的应用	X
						005	脱盐水的应用	X
				M	电工基础知识	001	电流	X
						002	电压	X
						003	电阻	X
						004	欧姆定律	X
						005	串联电路	X
						006	并联电路	X
				N	实验室安全	001	防止化学品伤害的方法	X
						002	安全生产管理概念	Y
						003	气体钢瓶的安全使用方法	X
						004	化验室安全守则	X
						005	防火防爆的常识	X
						006	灭火常识	X
				O	危险化学品安全	001	危险化学品安全管理规程	X
						002	危险化学品分类原则	X
						003	爆炸品特性	X
						004	压缩气体特点	X
						005	液化气体特点	X
						006	易燃液体特点	X
						007	易燃固体特点	X
						008	自燃物品特点	X
						009	遇湿易燃物品特点	X
						010	氧化物的特点	X
						011	有毒品特点	X
B	相关知识	A	采样制样	A	明确采样方案	001	采样的基本目的	X
						002	采样的技术目的	X
						003	采样的商业目的	Y
						004	采样的法律目的	Y
						005	采样的安全目的	X
						006	采样的基本原则	X
						007	采样方案的基本内容	X
						008	影响采样方案的因素	X

续表

鉴定范围						鉴定点		
一级		二级		三级		代码	名称	重要程度
代码	名称	代码	名称	代码	名称			
				B	准备采样	001	气体化工样品采样基本要求	X
						002	气体化工样品采样设备	X
						003	气体化工样品采样设备的试漏方法	X
						004	液体化工样品采样基本要求	X
						005	液体化工样品采样设备使用方法	X
						006	固体化工样品采样基本要求	X
						007	固体化工样品采样设备使用方法	X
						008	确定样品数	X
						009	确定样品量	X
				C	实施采样	001	气体化工样品部分样品采样方法	X
						002	气体化工样品连续样品采样方法	X
						003	气体化工样品间断样品采样方法	X
						004	气体化工样品混合样品采样方法	X
						005	气体化工样品液化气体采样方法	X
						006	气体化工样品高纯气体采样方法	X
						007	常温为流动态化工样品贮罐采样方法	X
						008	常温为流动态化工样品件装容器采样方法	X
						009	常温为流动态化工样品槽车和船舱采样方法	X
						010	常温为流动态化工样品输送管道采样方法	X
						011	稍加热即成流动态化工样品采样方法	X
						012	粘稠液体化工样品采样方法	X
						013	多相液体化工样品采样方法	X
						014	固体化工样品粉末、小颗粒、小晶体的采样方法	X
						015	固体化工样品颗粒和规则块状物的采样方法	X
						016	固体化工样品大块物料的采样方法	X
						017	工业用化学产品采样安全的一般规定	X
						018	固体化工产品采样的注意事项	X
						019	液体化工产品采样的注意事项	X
						020	气体化工产品采样的注意事项	X
				D	保存样品	001	保存化工样品的样品容器	Y
						002	保存化工样品的样品标签	X
						003	固体化工样品的保存方法	X
						004	液体化工样品的保存方法	X

续表

鉴定范围						鉴定点		
一级		二级		三级		代码	名称	重要程度
代码	名称	代码	名称	代码	名称			
				E	制备处理样品	001	气体化工样品产生误差的消除办法	X
						002	气体化工样品气体的处理方法	X
						003	气体化工样品采样设备的处理方法	X
						004	液体化工产品物料的混匀方法	X
						005	固体化工样品样品制备的原则	X
						006	固体化工样品样品制备阶段	X
						007	固体化工样品的粉碎方法	X
						008	固体化工样品混合方法	X
						009	固体化工样品的缩分方法	X
		B	化学分析	A	分析准备	001	常用玻璃仪器用途	X
						002	常用的玻璃仪器使用注意事项	X
						003	常用玻璃仪器的洗涤方法	X
						004	常用洗涤液	Y
						005	玻璃仪器的干燥方法	Y
						006	简单玻璃加工方法	Z
						007	石英玻璃仪器特性	Y
						008	实验室其他物品的用途	Z
						009	各类天平的特点	X
						010	天平的主要技术指标	Y
						011	滴定管有关技术要求	X
						012	酸式滴定管的使用方法	X
						013	碱式滴定管的使用方法	X
						014	移液管的有关技术要求	X
						015	移液管的使用方法	X
						016	容量瓶的有关技术要求	Y
						017	容量瓶的使用方法	X
						018	分析实验室用水的规格	Y
						019	滴定分析法的过程	X
						020	滴定分析法的特点	X
						021	滴定分析法的分类	X
						022	滴定分析对化学反应的要求	X
						023	酸的浓度与酸度的区别	X
						024	配位滴定法特点	Y
						025	EDTA 的性质	X

续表

鉴定范围						鉴定点		
一级		二级		三级		代码	名称	重要程度
代码	名称	代码	名称	代码	名称			
						026	EDTA的离解平衡	X
						027	配位稳定常数	X
						028	氧化还原滴定法特点	X
						029	沉淀滴定法特点	Z
						030	重量分析法的分类	X
						031	重量分析法的特点	X
						032	物质的量浓度的基本概念	X
						033	物质的质量分数	X
						034	物质的质量浓度	X
						035	物质的体积分数	X
						036	比例浓度	X
						037	滴定度的含义	X
				B	分析与测定	001	试样的称量方法	X
						002	试样的称量误差	X
						003	质量分数与物质的量浓度之间的换算	X
						004	质量分数与质量浓度之间的换算	X
						005	物质的量浓度与滴定度之间的换算	X
						006	物质的量浓度与比例浓度之间的换算	X
						007	一般溶液的配制方法	X
						008	溶液的稀释方法	X
						009	滴定分析用标准溶液的一般规定	X
						010	配制溶液注意事项	X
						011	水的离子积	Z
						012	溶液的 pH 标度	Y
						013	缓冲溶液的作用原理	X
						014	缓冲容量	Y
						015	缓冲范围	X
						016	酸碱指示剂的变色原理	X
						017	酸碱指示剂变色范围	Y
						018	影响酸碱指示剂变色范围的主要因素	X
						019	混合指示剂	X
						020	强酸(碱)滴定强碱(酸)的滴定曲线	X
						021	金属指示剂的变色原理	X
						022	金属指示剂应具备条件	Y

续表

鉴定范围						鉴定点		
一级		二级		三级		代码	名称	重要程度
代码	名称	代码	名称	代码	名称			
						023	常用金属指示剂	Z
						024	氧化还原反应的方向	X
						025	氧化还原反应的次序	X
						026	自身指示剂	X
						027	专属指示剂	X
						028	氧化还原指示剂	X
						029	沉淀的类型	Z
						030	形成晶形沉淀的条件	X
						031	形成无定形沉淀的条件	X
						032	共沉淀现象	Y
						033	后沉淀现象	Y
						034	有机沉淀剂的特点	Y
						035	有机沉淀剂的分类	Z
						036	沉淀的过滤	X
						037	沉淀的洗涤	X
						038	沉淀的烘干或灼烧	X
				C	测后工作	001	直接滴定结果的计算	X
						002	间接滴定结果的计算	X
						003	返滴定结果的计算	X
						004	置换滴定结果的计算	X
						005	pH、pOH、[H^+]、[OH^-]的相互换算	X
						006	分析报告内容	X
						007	有效数字在测量记录中的应用	X
						008	有效数字在物质称量中的应用	X
						009	有效数字在体积测量中的应用	X
						010	有效数字在分析结果报告中的应用	X
				D	设备使用与维护	001	干燥箱的使用方法	Y
						002	干燥箱的使用注意事项	Y
						003	机械天平的使用方法	Y

续表

鉴定范围						鉴定点		
一级		二级		三级		代码	名称	重要程度
代码	名称	代码	名称	代码	名称			
		C	光谱分析	A	分析准备	001	吸收光谱分析概述	Y
						002	吸收光谱的分类	Y
						003	紫外可见分光光度法特点	X
						004	吸光度的概念	X
						005	溶液颜色与光吸收的关系	X
						006	光的性质	Z
						007	光的色散原理	X
				B	分析与测定	001	比色管	Z
						002	目视比色法的工作原理	X
						003	目视比色法的测定方法	X
						004	光的吸收定律	X
						005	吸收曲线的制作方法	Y
						006	吸收池(比色皿)的洗涤方法	Y
						007	分光光度计的操作方法	X
				C	测后工作	001	吸收曲线的分析方法	X
						002	限界分析的判定原理	Z
						003	目视比色的误差	X
						004	填写分析报告的要求	X
						005	定量分析方法	Y
				D	设备使用与维护	001	比色器皿使用的注意事项	X
						002	分光光度计结构	X
						003	分光光度计光源特点	X
						004	分光光度计的开停机注意事项	X
		D	色谱分析	A	分析准备	001	气相色谱的发展过程	Z
						002	谱图的相关概念	X
						003	色谱法特点	X
						004	色谱法分离原理	X
						005	色谱仪的工作条件	Y
						006	色谱仪流程图	Y
						007	常用载气	Y
				B	分析与测定	001	平面六通阀的结构	Y
						002	平面六通阀进样的要点	X
						003	气化室的结构	Y
						004	液体注射器进样要点	X
						005	柱箱对分离的影响	X
						006	色谱检测器的分类	X
						007	检测器的线性范围	Z

续表

鉴定范围						鉴定点		
一级		二级		三级		代码	名称	重要程度
代码	名称	代码	名称	代码	名称			
				C	测后工作	001	色谱定量原理	X
						002	色谱峰的定量方法	Y
						003	外标法的计算方法	X
				D	设备使用与维护	001	色谱仪工作状态	Y
						002	注射器进样的注意事项	X
						003	FID使用注意事项	X
						004	TCD使用注意事项	X
		E	电化学分析	A	分析准备	001	pH值的定义	Y
						002	pH值的测定原理	X
						003	pH值测定仪	X
						004	电导率的定义	X
						005	电导率的测定原理	Y
						006	电导率测定仪	X
						007	电位滴定仪的工作原理	X
						008	水分测定仪的工作原理	X
						009	微库仑仪的工作原理	X
				B	分析与测定	001	pH值的测定步骤	X
						002	电导率的测定步骤	X
						003	测氧测爆仪的使用方法	X
						004	水分测定仪的测定步骤	X
						005	电位滴定仪的测定步骤	X
						006	微库仑仪的测定步骤	X
						007	库仑法的分类	Y
				C	测后工作	001	pH值测定的数据处理方法	X
						002	电导率测定的数据处理方法	X
						003	水分测定的结果计算	X
						004	电位滴定的结果计算	X
						005	微库仑仪的结果计算	X
				D	设备使用与维护	001	pH计的使用注意事项	X
						002	pH计的日常维护方法	X
						003	电导率仪的使用注意事项	X
						004	电导率仪的日常维护方法	X

续表

鉴定范围						鉴定点		
一级		二级		三级		代码	名称	重要程度
代码	名称	代码	名称	代码	名称			
		F	油品分析	A	分析准备	001	密度的定义	X
						002	密度的影响因素	X
						003	密度测定仪测定密度的原理	X
						004	密度计法测定密度的原理	X
						005	比重瓶法测定密度的原理	X
						006	石油产品水分测定法测定原理	X
						007	石油产品水分测定仪	X
				B	分析与测定	001	密度测定仪测定密度的步骤	X
						002	密度测定仪测定密度的技术要素	X
						003	密度计法测定密度的步骤	X
						004	密度计法测定密度的技术要素	X
						005	比重瓶法测定密度的步骤	Y
						006	比重瓶法测定密度的技术要素	Y
						007	石油产品水分测定法的测定步骤	X
						008	石油产品水分测定法的技术要素	X
				C	测后工作	001	密度测定仪测定密度的数据处理方法	X
						002	密度计法测定密度的数据处理方法	X
						003	比重瓶法测定密度的数据处理方法	Y
						004	石油产品水分测定法的数据处理方法	X
				D	设备使用与维护	001	密度测定仪的使用方法	X
						002	密度计的使用方法	X
						003	比重瓶的使用方法	Y
						004	水分测定器的使用方法	X

三、理论知识试题

行业通用理论知识试题

判断题

1. 岗位交接班记录不属于运行记录。 (√)

2. 填写记录要求及时、准确、客观真实、内容完整、字迹清晰。 (√)

3. 工艺流程图中，主要物料(介质)的流程线用细实线表示。 (×)

正确答案：工艺流程图中，主要物料(介质)的流程线用粗实线表示。

4. 在工艺流程图中，表示法兰堵盖的符号是。 (√)

5. 在工艺流程图中，符号表示的是减压阀。 (×)

正确答案：在工艺流程图中，符号表示的是减压阀。

6. 带控制点的工艺流程图中，表示压力调节阀的符号是。 （×）

正确答案：带控制点的工艺流程图中，表示压力调节阀的符号是。

7. 石化生产中存在诸多不安全因素。事故多，损失大。 （√）

8. 防护罩、安全阀等不属于安全防护设施。 （×）

正确答案：防护罩、安全阀等均属于安全防护装置。

9. 安全检查的任务是发现和查明各种危险和隐患，督促整改；监督各项安全管理规章制度的实施；制止违章指挥、违章作业。 （√）

10. 女工在从事转动设备作业时必须将长发或发辫盘卷在工作帽内。 （√）

11. 从事化工作业人员必须佩戴防护镜或防护面罩。 （×）

正确答案：从事对眼睛及面部有伤害危险作业时必须佩戴有关的防护镜或面罩。

12. 穿用防护鞋时应将裤脚插入鞋筒内。 （×）

正确答案：穿用防护鞋的职工禁止将裤脚插入鞋筒内。

13. 对于从事在生产过程中接触能通过皮肤侵入人体的有害尘毒作业人员，只需发放防护服。 （×）

正确答案：对于从事在生产过程中接触能通过皮肤侵入人体的有害尘毒作业人员，需发放防护服，并需有工业护肤用品，涂在手臂、脸部，以保护职工健康。

14. 在超过噪声标准的岗位工作的职工，要注意保护自己的听力，可戴上企业发给的各种耳塞、耳罩等。 （×）

正确答案：在超过噪声标准的岗位工作的职工，要注意保护自己的听力，一定要戴上企业发给的各种耳塞、耳罩等。

15. 口鼻的防护即口腔和鼻腔的防护。 （×）

正确答案：口鼻的防护即呼吸系统的防护。

16. 人体皮肤是化工生产中有毒有害物质侵入人体的主要途径。 （√）

17. 一般情况下，应将转动、传动部位用防护罩保护起来。 （√）

18. 在设备一侧的转动、传动部位要做好外侧及内侧的防护。 （×）

正确答案：在设备一侧的转动、传动部位要做好外侧及周边的防护。

19. 各种皮带运输机、链条机的转动部位，除装防护罩外，还应有安全防护绳。 （√）

20. 在传动设备的检修工作中，只需在电气开关上挂有“有人作业，禁止合闸”的安全警告牌。 （×）

正确答案：在传动设备的检修工作中，电气开关上应挂有“有人作业，禁止合闸”的安全警告牌，并设专人监护。

21. 限于厂内行驶的机动车不得用于载人。 （√）

22. 严禁在生产装置罐区及易燃易爆装置区内用有色金属工具进行敲打撞击作业。 （×）

正确答案：严禁在生产装置罐区及易燃易爆装置区内用黑色金属工具进行敲打撞击作业。

23. 烟、雾、粉尘等物质是气体，易进入呼吸系统，危害人体健康。 （×）

正确答案：烟、雾、粉尘等物质是气溶胶，易进入呼吸系统，危害人体健康。

24. 烟尘的颗粒直径在 0.1μm 以下。 (√)

25. 职业中毒是指在生产过程中使用的有毒物质或有毒产品，以及生产中产生的有毒废气、废液、废渣引起的中毒。 (√)

26. 毒物进入人体就叫中毒。 (×)

正确答案：毒物对有机体的毒害作用叫中毒。

27. 低毒物质进入人体所引发的病变称慢性中毒。 (×)

正确答案：低浓度的毒物长期作用于人体所引发的病变称慢性中毒。

28. 急性中毒患者呼吸困难时应立即吸氧。停止呼吸时，立即做人工呼吸，气管内插管给氧，维持呼吸通畅并使用兴奋剂药物。 (√)

29. 急性中毒患者心跳骤停应立即做胸外挤压术，每分钟 30～40 次。 (×)

正确答案：急性中毒患者心跳骤停应立即做胸外挤压术，每分钟 60～70 次。

30. 休克病人应平卧位，头部稍高。昏迷病人应保持呼吸道畅通，防止咽下呕吐物。 (×)

正确答案：休克病人应平卧位，头部稍低。昏迷病人应保持呼吸道畅通，防止咽下呕吐物。

31. 高处作业人员应系用与作业内容相适应的安全带，安全带应系挂在施工作业处上方的牢固挂件上，不得系挂在有尖锐的棱角部位。 (√)

32. 高处作业可以上下投掷工具和材料，所用材料应堆放平稳，必要时应设安全警戒区，并设专人监护。 (×)

正确答案：高处作业严禁上下投掷工具和材料，所用材料应堆放平稳，必要时应设安全警戒区，并设专人监护。

33. 高处作业人员不得站在不牢固的结构物上进行作业，可以在高处休息。 (×)

正确答案：高处作业人员不得站在不牢固的结构物上进行作业，不得在高处休息。

34. 燃烧产生的废气是石化行业污染的主要来源之一。 (√)

35. 工艺过程排放是造成石化行业污染的主要途径。 (√)

36. 成品或副产品不会造成石化行业的污染。 (×)

正确答案：成品或副产品的夹带也会造成石化行业的污染。

37. 石化行业污染的特点之一是污染物种类多、危害大。 (√)

38. 清洁生产通过末端治理污染来实现。 (×)

正确答案：清洁生产通过应用专门技术，改进工艺、设备和改变管理态度来实现。

39. 清洁的服务不属于清洁生产的内容。 (×)

正确答案：清洁的服务属于清洁生产的内容之一。

40. 引起闪燃的最高温度称为闪点。 (×)

正确答案：引起闪燃的最低温度称为闪点。

41. 燃点是指可燃物质在空气充足条件下，达到某一温度时与火源接触即行着火，并在移去火源后继续燃烧的最低温度。 (√)

42. 自燃点是指可燃物在没有火焰、电火花等火源直接作用下，在空气或氧气中被加热而引起燃烧的最高温度。 (×)

正确答案：自燃点是指可燃物在没有火焰、电火花等火源直接作用下，在空气或氧气中被加热而引起燃烧的最低温度。

43. 干粉灭火器能迅速扑灭液体火焰，同时泡沫能起到及时冷却作用。(√)

44. 抗溶性泡沫灭火剂可以扑灭一般烃类液体火焰，但不能扑救水溶性有机溶剂的火灾。(×)

正确答案： 抗溶性泡沫灭火剂可以扑灭一般烃类液体火焰，同时能扑救水溶性有机溶剂的火灾。

45. 1211 灭火器仅适用于扑灭易燃、可燃气体或液体，不适用于扑灭一般易燃固体物质的火灾。(×)

正确答案： 1211 灭火器不仅适用于扑灭易燃、可燃气体或液体，也适用于扑灭一般易燃固体物质的火灾。

46. ISO 14000 系列环境管理标准是国际标准化组织(ISO)第 207 技术委员会(ISO/TC207)组织制订的环境管理体系标准，其标准号从 14001 到 14100，共 100 个标准号，统称为 ISO 14000 系列标准。(√)

47. HSE 管理体系是指实施安全、环境与健康管理的组织机构、职责、做法、程序、过程和资源等而构成的整体。(√)

48. HSE 中的 S(安全)是指在劳动生产过程中，努力改善劳动条件、克服安全因素，使劳动生产在保证劳动者健康、企业财产不受损失、人民生命安全的前提下顺利进行。(×)

正确答案： HSE 中的 S(安全)是指在劳动生产过程中，努力改善劳动条件、克服不安全因素，使劳动生产在保证劳动者健康、企业财产不受损失、人民生命安全的前提下顺利进行。

49. 建立 HSE 管理体系可改善企业形象、取得经济效益和社会效益。(√)

50. 建立 HSE 管理体系不能控制 HSE 风险和环境影响。(×)

正确答案： 建立 HSE 管理体系可有效控制 HSE 风险和环境影响。

51. 对工作不负责任，不严格执行各项规章制度，违反劳动纪律造成事故的主要责任者应严肃处理。(√)

52. 标准化是指在经济、技术、科学及管理等社会实践中，对事物和概念通过制订、发布和实施标准达到统一，以获最佳秩序和社会效益。(×)

正确答案： 标准化是指在经济、技术、科学及管理等社会实践中，对重复性事物和概念通过制订、发布和实施标准达到统一，以获最佳秩序和社会效益。

53. 任何标准，都是在一定条件下的“统一规定”，标准化的统一是相对的。(√)

54. 对已有国家标准、行业标准或地方标准的，鼓励企业制定低于国家标准、行业标准或地方标准要求的企业标准。(×)

正确答案： 对已有国家标准、行业标准或地方标准的，鼓励企业制订高于国家标准、行业标准或地方标准要求的企业标准。

55. 按约束力分，国家标准、行业标准可分为强制性标准、推荐性标准和指导性技术文件。(√)

56. 只要企业活动和要素具有“重复性”，都可以进行标准化。(√)

57. 2000 版 ISO 9000 族标准可适用于所有产品类型、不同规模和各种类型的组织，并可根据实际需要增加某些质量管理要求。(×)

正确答案：2000版ISO 9000族标准可适用于所有产品类型、不同规模和各种类型的组织，并可根据实际需要减少某些质量管理要求。

58. ISO 9000族标准是质量保证模式标准之一，用于合同环境下的外部质量保证。可作为供方质量保证工作的依据，也是评价供方质量体系的依据。（√）

59. 计算机内存是可以由CPU直接存取数据的地方。（√）

60. 杀毒软件对于病毒来说永远是落后的，也就是说，只有当一种病毒出现后，才能产生针对这种病毒的消除办法。（√）

61. 在计算机应用软件Word中输入文字，当打满一行时，必须按一下Enter键换到下一行继续输入。（×）

正确答案：在Word中输入文字，当打满一行时，不需按一下Enter键，系统可自动换到下一行继续输入。

62. 中国大陆地区的顶级域名是“cn”。（√）

63. 使用应用程序Outlook Express可以同时向多个地址发送电子邮件，也可以把收到的邮件转发给第三者。（√）

64.《劳动法》规定，对劳动者基本利益的保护是最基本的保护，不应由于用人单位所有制的不同或组织形式不同而有所差异。（√）

65. 依据《劳动法》的规定，劳动争议当事人对仲裁裁决不服的，可以自收到仲裁裁决书之日起三十日内向人民法院提起诉讼。一方当事人在法定期限内不起诉又不履行仲裁裁决的，另一方当事人可申请人民法院强制执行。（√）

66. 劳动安全卫生工作“三同时”是指：新建工程的劳动安全卫生设施必须与主体工程同时设计、同时施工、同时投入生产和使用。（×）

正确答案：劳动安全卫生工作“三同时”是指：新建、改建或扩建工程的劳动安全卫生设施必须与主体工程同时设计、同时施工、同时投入生产和使用。

67.《产品质量法》规定，生产者不得生产国家明令淘汰的产品；不得伪造或者冒用认证标志等质量标志。（√）

68. 产品质量义务分为积极义务和消极义务，“生产者不得伪造产地，不得伪造或者冒用他人的厂名、厂址”属于产品生产者的积极义务。（×）

正确答案：产品质量义务分为积极义务和消极义务，“生产者不得伪造产地，不得伪造或者冒用他人的厂名、厂址”属于产品生产者的消极义务。

69. 从业人员在发现直接危及人身安全的紧急情况时，有权停止作业或者在采取可能的应急措施后撤离作业场所。（√）

70.《消防法》第四十八条规定：埋压、圈占消火栓或者占用防火间距、堵塞消防通道的，或者损坏和擅自挪用、拆除、停用消防设施、器材的，处警告、罚款或者十日以下拘留。（×）

正确答案：《消防法》第四十八条规定：埋压、圈占消火栓或者占用防火间距、堵塞消防通道的，或者损坏和擅自挪用、拆除、停用消防设施、器材的，处警告或者罚款。

71. 职业技能鉴定是按照国家规定的职业标准，通过政府授权的考核鉴定机构对劳动者的专业知识和技能水平进行客观、公正、科学规范地评价与认证的活动。（√）

72. 职业技能鉴定是为劳动者颁发职业资格证书。（×）

正确答案： 职业技能鉴定是为劳动者持证上岗和用人单位就业准入提供资格认证的活动。

73. 职业技能鉴定考试是以社会劳动者的职业技能为对象，以规定的职业标准为参照系统，通过相关知识和实际操作的考核作为综合手段，为劳动者持证上岗和用人单位就业准入提供资格认证的活动。 (√)

74. 职业资格证书分一级、二级、三级、四级、五级五个级别。 (√)

75. 职业资格证书是劳动者的专业知识和职业技能水平的证明。 (√)

76. 职业资格证书是劳动者持证上岗和用人单位录用员工的资格认证。 (√)

77. 职业是指从业人员为获取主要生活来源所从事的社会工作类别。 (√)

78. 一个职业可以包括一个或几个工种，一个工种又可以包括一个或几个岗位，它们是一种包含与被包含的关系。 (√)

单选题

1. 运行记录填写错误需要更正时，必须采用(C)。

A. 撕页重写　　B. 用刀片刮去重写

C. 划改　　D. 涂改

2. 化工管路图中，表示蒸汽伴热管道的规定线型是(C)。

A. 　B. 　C. 　D. 

3. 化工管路图中，表示热保温管道的规定线型是(A)。

A. 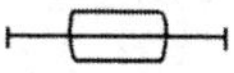　B. 　C. 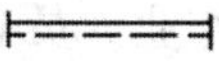　D. 

4. 在工艺流程图中，下列符号表示活接头的是(C)。

A. 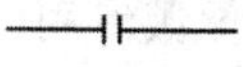　B. 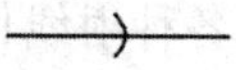　C. 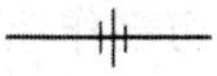　D. 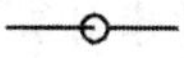

5. 在工艺流程图中，表示法兰连接的符号是(D)。

A. 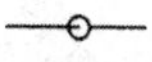　B. 　C. 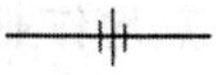　D.

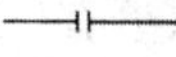

6. 在工艺流程图中，表示闸阀的符号是(B)。

A. 　B. 　C. 　D. 

7. 在工艺流程图中，表示球阀的符号是(D)。

A. 　B. 　C. 

D. 

8. 在工艺流程图中，表示截止阀的符号是(A)。

A. 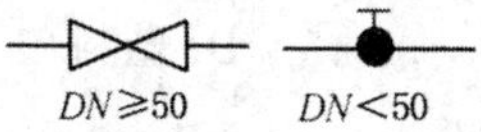

B. 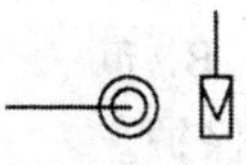

C. 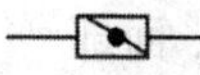
D. 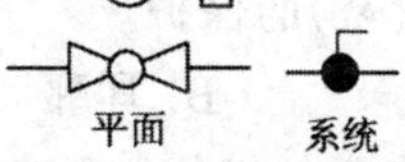

9. 带控制点的工艺流程图中，仪表控制点以(A)在相应的管路上用代号、符号画出。

A. 细实线　B. 粗实线　C. 虚线　D. 点划线

10. 带控制点的工艺流程图中，表示指示的功能代号是(C)。

A. T　B. J　C. Z　D. X

11. 带控制点的工艺流程图中，表示电磁流量计的代号是(B)。

A. 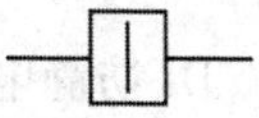　B. 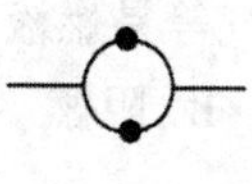

C. 　　　　D. 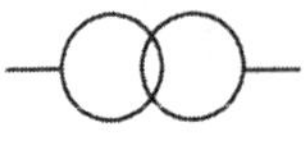

12. 石化生产存在许多不安全因素，其中易燃、易爆、有毒、有(A)的物质较多是主要的不安全因素之一。

A. 腐蚀性　　B. 异味　　C. 挥发性　　D. 放射性

13. 石化生产的显著特点是工艺复杂、(C)要求严格。

A. 产品　　B. 原料　　C. 操作　　D. 温度

14. 我国安全生产的方针之一是“(C)第一，预防为主”。

A. 管理　　B. 效益　　C. 安全　　D. 质量

15. 我国安全生产的方针之一是“防消结合，以(D)为主”。

A. 管　　B. 消　　C. 人　　D. 防

16. “三级安全教育”即厂级教育、车间级教育、(A)级教育。

A. 班组　　B. 分厂　　C. 处　　D. 工段

17. 工人的日常安全教育应以“周安全活动”为主要阵地进行，并对其进行(B)的安全教育考核。

A. 每季一次　　B. 每月一次　　C. 每半年一次　　D. 一年一度

18. 为保护头部不因重物坠落或其他物件碰撞而伤害头部的防护用品是(A)。

A. 安全帽　　B. 防护网　　C. 安全带　　D. 防护罩

19. 从事(B)作业 时，作业人员必须穿好专用的工作服。

A. 电焊　　B. 酸碱　　C. 高空　　D. 气焊

20. 从事计算机、焊接及切割作业、光或其他各种射线作业时，需佩戴专用(C)。

A. 防护罩　　B. 防护网　　C. 防护镜　　D. 防护服

21. 从事有(B)、热水、热地作业时应穿相应胶鞋。

A. 硬地　　B. 腐蚀性　　C. 检修作业　　D. 机床作业

22. 从事(A)作业时应穿耐油胶鞋。

A. 各种油类　　B. 酸碱类　　C. 机加工　　D. 检查维护

23. 从事酸碱作业时，作业人员需戴(C)手套。

A. 布　　B. 皮　　C. 耐酸碱各种橡胶　　D. 塑料

24. 线手套或(B)手套只可做为一般的劳动防护用品。

A. 皮　　B. 布　　C. 橡胶　　D. 塑料

25. 耳的防护即(A)的保护。

A. 听力　　B. 耳廓　　C. 头部　　D. 面部

26. 工作地点有有毒的气体、粉尘、雾滴时，为保护呼吸系统，作业人员应按规定戴好(A)。

A. 过滤式防毒面具　B. 防护服　　C. 口罩　　D. 防护面罩

27. 从事易燃、易爆岗位的作业人员应穿(B)工作服。

A. 腈纶　　B. 防静电　　C. 涤纶　　D. 防渗透

28. 从事苯、石油液化气等易燃液体作业人员应穿(D)工作服。

A. 耐腐蚀　　B. 阻燃　　C. 隔热　　D. 防静电

29. 各种皮带运输机、链条机的转动部位，除安装防护罩外，还应有(A)。

A. 安全防护绳　B. 防护线　C. 防护人　D. 防护网

30. 厂内行人要注意风向及风力，以防在突发事故中被有毒气体侵害。遇到情况时要绕行、停行、(C)。

A. 顺风而行　B. 穿行　C. 逆风而行　D. 快行

31. 不能用于擦洗设备的是(D)。

A. 肥皂　B. 洗衣粉　C. 洗洁精　D. 汽油

32. 不属于有毒气体的是(C)。

A. 氯气　B. 硫化氢　C. 二氧化碳　D. 一氧化碳

33. 属于气体物质的是(A)。

A. 氯气　B. 烟气　C. 盐酸雾滴　D. 粉尘

34. 引起慢性中毒的毒物绝大部分具有(A)。

A. 蓄积作用　B. 强毒性　C. 弱毒性　D. 中强毒性

35. 急性中毒现场抢救的第一步是(C)。

A. 迅速报警　B. 迅速拨打 120 急救

C. 迅速将患者转移到空气新鲜处　D. 迅速做人工呼吸

36. 酸烧伤时，应用(B)溶液冲洗。

A. 5%碳酸钠　B. 5%碳酸氢钠　C. 清水　D. 5%硼酸

37. 高处作业是指在坠落高度基准面(A)m(含)以上，有坠落可能的位置进行的作业。

A. 2　B. 2.5　C. 3　D. 5

38. 一般不会造成环境污染的是(B)。

A. 化学反应不完全　B. 化学反应完全

C. 装置的泄漏　D. 化学反应中的副反应

39. 不是石化行业污染主要途径的是(C)。

A. 工艺过程的排放　B. 设备和管线的滴漏

C. 成品运输　D. 催化剂、助剂等的弃用

40. 不属于石化行业污染特点的是(B)。

A. 毒性大　B. 毒性小　C. 有刺激性　D. 有腐蚀性

41. 清洁生产是指"在生产过程、产品寿命和(A)领域持续地应用整体预防的环境保护战略，增加生态效率，减少对人类和环境的危害"。

A. 服务　B. 能源　C. 资源　D. 管理

42. 清洁生产的内容包括清洁的能源、(D)、清洁的产品、清洁的服务。

A. 清洁的原材料　B. 清洁的资源

C. 清洁的工艺　D. 清洁的生产过程

43. 不属于燃烧三要素的是(C)。

A. 点火源　B. 可燃性物质

C. 阻燃性物质　D. 助燃性物质

44. 气体测爆仪测定的是可燃气体的(D)。

A. 爆炸下限　B. 爆炸上限

C. 爆炸极限范围　　D. 浓度

45. MF4 型手提式干粉灭火器的灭火参考面积是(B)m^2。

A. 1.5　　B. 1.8　　C. 2.0　　D. 2.5

46. MF8 型手提式干粉灭火器的喷射距离大于等于(B)m。

A. 3　　B. 5　　C. 6　　D. 7

47. MFT70 型推车式干粉灭火器的灭火射程在(D)m。

A. 8～10　　B. 17～20　　C. 30～35　　D. 10～13

48. MPT100 型推车式干粉灭火器的灭火射程在(A)m。

A. 16～18　　B. 14～16　　C. 12～14　　D. 18～20

49. MY2 型手提式 1211 灭火器的灭火射程是(C)m。

A. 1　　B. 2　　C. 3　　D. 4

50. MY0.5 型手提式 1211 灭火器的灭火射程在(D)m。

A. 3　　B. 4.5　　C. 2.5　　D. 2

51. ISO 14000 系列标准的核心是(B)标准。

A. ISO 14000　　B. ISO 14001　　C. ISO 14010　　D. ISO 14100

52. HSE 管理体系是指实施安全、环境与(C)管理的组织机构、职责、做法、程序、过程和资源等而构成的整体。

A. 生命　　B. 过程　　C. 健康　　D. 资源

53. 建立 HSE 管理体系可提高企业安全、环境和健康(A)。

A. 管理水平　　B. 操作水平　　C. 使用水平　　D. 能源水平

54. 事故处理要坚持(C)不放过的原则。

A. 二　　B. 三　　C. 四　　D. 五

55. 违章作业、违反纪律等造成的一般事故，对责任者应给予(D)。

A. 警告处分　　B. 记过处分　　C. 行政处分　　D. 处罚

56. 标准化包括(C)的过程。

A. 研究、制订及颁布标准　　B. 制订、修改及使用标准

C. 制订、发布及实施标准　　D. 研究、公认及发布标准

57. 根据《中华人民共和国标准化法》的规定，我国的标准分为(B)四级。

A. 国际标准、国家标准、地方标准和企业标准

B. 国家标准、行业标准、地方标准和企业标准

C. 国家标准、地方标准、行业标准和企业标准

D. 国际标准、国家标准、行业标准和地方标准

58. 我国在国家标准管理办法中规定国家标准的有效期一般为(C)。

A. 3 年　　B. 4 年　　C. 5 年　　D. 7 年

59. 2000 版 ISO 9000 族标准适用的范围是(D)。

A. 小企业　　B. 大中型企业

C. 制造业　　D. 所有行业和各种规模的组织

60. 在电脑的存储设备中，数据存取速度从快到慢的顺序是(B)。

A. 软盘、硬盘、光盘、内存　　B. 内存、硬盘、光盘、软盘

C. 软盘、硬盘、内存、光盘　　D. 光盘、软盘、内存、硬盘

61. 计算机硬件系统最核心的部件是(C)。

A. 内存储器　　B. 主机　　C. CPU　　D. 主板

62. 键盘是计算机的一种(D)设备。

A. 控制　　B. 存储　　C. 输出　　D. 输入

63. 计算机病毒会给计算机造成的损坏是(B)。

A. 只损坏软件　　B. 损坏硬件、软件或数据

C. 只损坏硬件　　D. 只损坏数据

64. 一张加了写保护的软磁盘(C)。

A. 不会向外传染病毒,但是会感染病毒　　B. 不会向外传染病毒，也不会感染病毒

C. 不会再感染病毒,但是会向外传染病毒　　D. 既向外传染病毒，又会感染病毒

65. 计算机防病毒软件可(B)。

A. 永远免除计算机病毒对计算机的侵害　　B. 具有查病毒、杀病毒、防病毒的功能

C. 消除全部已发现的计算机病毒　　D. 对已知病毒产生免疫力

66. 在计算机应用软件 Word 编辑中，以下键盘命令中执行复制操作的命令是(B)。

A. Ctrl + A　　B. Ctrl + C　　C. Ctrl + X　　D. Ctrl + V

67. 在计算机应用软件 Word 中常用工具栏中的“格式刷”用于复制文本和段落的格式，若要将选中的文本或段落格式重复用多次，应进行(A)操作。

A. 双击格式刷　　B. 拖动格式刷

C. 右击格式刷　　D. 单击格式刷

68. 使用 IE 浏览某网站时，出现的第一个页面称为网站的(C)。

A. WEB 页　　B. 网址　　C. 主页　　D. 网页

69. 在浏览 WEB 网页的过程中，如果你发现自己喜欢的网页并希望以后多次访问，应当使用的方法是(A)。

A. 放到收藏夹中　　B. 建立浏览

C. 建立地址簿　　D. 用笔抄写到笔记本上

70. 发送电子邮件时，不可作为附件内容的是(B)。

A. 可执行文件　　B. 文件夹　　C. 压缩文件　　D. 图象文件

71.《劳动法》规定，所有劳动者的合法权益一律平等地受我国劳动法的保护，不应有任何歧视或差异。这体现了对劳动者权益(B)的保护。

A. 最基本　　B. 平等　　C. 侧重　　D. 全面

72.《劳动法》规定，(A)的保护是对劳动者的最低限度保护，是对劳动者基本利益的保护，对劳动者的意义最重要。

A. 最基本　　B. 全面　　C. 侧重　　D. 平等

73. 依据《劳动法》规定，劳动合同可以约定试用期。试用期最长不超过(C)个月。

A. 12　　B. 10　　C. 6　　D. 3

74. 能够认定劳动合同无效的机构是(B)。

A. 各级人民政府　　B. 劳动争议仲裁委员会

C. 各级劳动行政部门　　D. 工商行政管理部门

75. 我国劳动法律规定，集体协商职工一方代表在劳动合同期内，自担任代表之日起(A)以内，除个人严重过失外，用人单位不得与其解除劳动合同。

A. 5 年　　B. 4 年　　C. 3 年　　D. 2 年

76. 依据《劳动法》的规定，发生劳动争议时，提出仲裁要求的一方应当自劳动争议发生之日起(D)日内向劳动争议仲裁委员会提出书面申请。

A. 三十　　B. 四十　　C. 十五　　D. 六十

77. 依据《劳动法》的规定，用人单位与劳动者发生劳动争议，当事人可以依法(B)，也可以协商解决。

A. 提起诉讼　　B. 申请调解、仲裁、提起诉讼

C. 申请仲裁　　D. 申请调解

78. 我国《劳动法》规定，安排劳动者延长劳动时间的，用人单位应支付不低于劳动者正常工作时间工资的(B)的工资报酬。

A. 100%　　B. 150%　　C. 200%　　D. 300%

79. 我国劳动法律规定的最低就业年龄是(C)周岁。

A. 18　　B. 17　　C. 16　　D. 15

80. 依据《劳动法》的规定，用人单位必须为劳动者提供符合国家规定的劳动安全卫生条件和必要的劳动防护用品，对从事有(B)危害作业的劳动者应当定期进行健康检查。

A. 身体　　B. 职业　　C. 潜在　　D. 健康

81.《产品质量法》规定，因产品存在缺陷造成人身、缺陷产品以外的其他财产损害的，应当由(D)承担赔偿责任。

A. 生产者和销售者共同　　B. 销售者

C. 消费者　　D. 生产者

82. 产品质量义务中的行为人必须为一定质量行为或不为一定质量行为的(C)性，是义务区别于权利的质的差异和主要特征。

A. 必然　　B. 重要　　C. 必要　　D. 强制

83.《安全生产法》规定，从业人员有获得符合(A)的劳动防护用品的权利。

A. 国家标准、行业标准　　B. 行业标准、企业标准

C. 国家标准、地方标准　　D. 企业标准、地方标准

84. 不属于《安全生产法》规定的从业人员安全生产保障知情权的一项是(D)。

A. 有权了解其作业场所和工作岗位存在的危险因素

B. 有权了解防范措施

C. 有权了解事故应急措施

D. 有权了解事故后赔偿情况

85. 下列说法不正确的是(C)。

A. 任何单位和个人不得损坏或者擅自挪用、拆除、停用消防设备、器材

B. 任何单位和个人不得占有防火间距、不得堵塞消防通道

C. 营业性场所不能保障疏散通道、安全出口畅通的，责令限期改正；逾期不改正的，对其直接负责的主管人员和其他直接责任人员依法给予行政处分或者处警告

D. 阻拦报火警或者谎报火警的，处警告、罚款或者十日以下拘留

86. 以机动车驾驶技能为例，个人日常生活中驾驶是属于(B)。

A. 职业技能　　B. 生活技能　　C. 操作技能　　D. 肢体技能

87. 职业技能鉴定考试的主要目的是(A)。

A. 为劳动者持证上岗和用人单位就业准入资格提供依据

B. 为劳动者提供就业证书

C. 检验劳动者的技能水平

D. 测量劳动者职业技能的等级

88. 职业技能鉴定考试属于(D)。

A. 常模参照考试　　B. 上岗考试　　C. 取证考试　　D. 标准参照考试

89. 职业资格证书初级、中级、高级、技师、高级技师对应的级别分别是(A)。

A. 五 、四、三、二、一　　B. 一、二、三、四、五

C. 二、三、四、五、六　　D. 六、五、四、三、二

90. 职业资格证书是由(B)机构印制。

A. 上级教育部门　　B. 劳动保障部门

C. 劳动者所在的劳资部门　　D. 职业技能鉴定部门

91. 可以作为劳动者就业上岗和用人单位准入就业的主要依据是(C)。

A. 毕业证书　　B. 介绍信　　C. 职业资格证书　　D. 成绩单

92. 职业具有社会性、稳定性、规范性、群体性和(A)等特点。

A. 目的性　　B. 开放性　　C. 先进性　　D. 实用性

工种理论知识试题

判断题

1. 分子是化学变化中的最小微粒。 (×)

正确答案： 原子是化学变化中的最小微粒。

2. 氧气、氮气、氯化钠都是纯净物。 (√)

3. 同一种元素只能形成一种单质。 (×)

正确答案： 同一种元素往往能形成不同的单质。

4. 由氧元素跟另外一种元素组成的化合物，叫做氧化物。 (√)

5. 金刚石和石墨都是由碳原子构成的，所以在一定条件下，由石墨转变成金刚石的变化属于物理变化。 (×)

正确答案： 金刚石和石墨是化学结构不同的两种物质，所以由石墨变成金刚石是化学变化。

6. 化合价反映形成化合物时，各元素的原子之间的个数关系。 (√)

7. 非金属元素跟金属化合时显负价，跟氧化合时一般显正价，大多数非金属元素跟氢化合时显负价。 (√)

8. 一种物质只有一种分子式，一个分子式只表示一种分子组成。 (×)

正确答案： 一种物质只有一种分子式，但一个分子式不一定只表示一种分子组成。

9. 复分解反应发生的条件是，产物有沉淀生成、有气体逸出、有弱电解质产生，缺一不可。 (×)

正确答案： 复分解反应发生的条件是，产物有沉淀生成、有气体逸出、有弱电解质产

生，三个条件只要具备其中之一即可发生。

10. 在氧化还原反应中，还原剂中不一定有元素被氧化。 （×）

正确答案：在氧化还原反应中，还原剂中一定有元素被氧化。

11. CO_2 和 Cl_2 的水溶液都能导电，所以它们都是电解质。 （×）

正确答案：CO_2 和 Cl_2 的水溶液都能导电，但它们自身不是电解质。

12. 离子反应有以离子互换的复分解反应，还有离子参加的置换反应。 （√）

13. 钠和钾都是活泼金属，钾比钠更活泼。 （√）

14. 观察钾盐燃烧时火焰的颜色，需要透过蓝色的玻璃，这是为了避免钾盐中可能混有的钠的干扰。 （×）

正确答案：观察钾盐燃烧时火焰的颜色，需要透过蓝色的钴玻璃，这是为了避免钾盐中可能混有的钠的干扰。

15. 物质的量是物理量，它的单位是摩尔。 （√）

16. 物质的量相同的 H_2 和 N_2 气，所含分子数相同，所含原子数也相同。 （√）

17. 在 6.4g SO_2 中含有 6.02×10^{23} 个 SO_2 分子。 （×）

正确答案：在 6.4g SO_2 中含有 6.02×10^{22} 个 SO_2 分子。

18. NH_4^+ 的摩尔质量为 18g/mol。 （√）

19. 在 22.2g 某二价金属的氯化物中含有 0.4mol Cl^-，此金属氯化物的摩尔质量是 111g/mol。 （√）

20. 1mol 任何气体的体积都是 22.4L。 （×）

正确答案：在标准状况下，1mol 任何气体的体积都约为 22.4L。

21. 在标准状况下，某气体的体积为 22.4L，则该气体的物质的量为 1mol，所含分子数目约为 6.02×10^{23}。 （√）

22. 常温下将 1mol 钠、1mol 镁、1mol 铝分别投入足量的盐酸中，产生的氢气在同温同压下的体积比是 1:2:3。 （√）

23. 有机物是指碳酸盐组成的化合物。 （×）

正确答案：有机化合物是指碳的化合物及其衍生物。

24. 甲烷分子是以碳原子为中心的平面结构。 （×）

正确答案：甲烷分子是以碳原子为中心的正四面体结构。

25. 甲烷非常容易燃烧，在空气不足时燃烧生成二氧化碳和水。 （×）

正确答案：甲烷非常容易燃烧，但在空气不足时燃烧生成大量炭黑和水。

26. 烷烃的通式是 C_nH_{2n+2}，烷烃分子中的碳原子数目每增加 1 个，其相对分子质量就增加 12。 （×）

正确答案：烷烃的通式是 C_nH_{2n+2}，烷烃分子中的碳原子数目每增加 1 个，其相对分子质量就增加 14。

27. 烷烃的通式为 C_nH_{2n+2}，当 $n=0$ 时，分子式就是 H_2，所以，H_2 也是烷烃的同系物。 （×）

正确答案：烷烃的通式为 C_nH_{2n+2}，还有一个限制条件当 $n\geqslant1$。所以，H_2 不是烷烃的同系物。

28. 从烃分子中去掉一个氢原子后，余下的原子团称为烷基。 (×)

正确答案： 从烷烃分子中去到一个氢原子后，余下的原子团称为烷基。

29. 烷基通式为 C_nH_{2n+1}，其名称某烷的后面加一个基字。 (×)

正确答案： 烷基通式为 C_nH_{2n+1}，其名称某烷的烷字改为基字。

30. 该有机物 $CH_3-CH(CH_2CH_3)CH_2CH_2CH_3$ 的名称是2－乙基戊烷。 (×)

正确答案： 该有机物 $CH_3-CH(CH_2CH_3)CH_2CH_2CH_3$ 的名称是3－甲基己烷。

31. 乙烯的结构式是 C_2H_4。 (×)

正确答案： 乙烯的结构式是 $CH_2=CH_2$。

32. 乙烯含碳的质量分数比较高，燃烧时由于碳没能得到充分燃烧，所以有黑烟产生。 (√)

33. 烯烃与碱性高锰酸钾的反应为加成反应。 (×)

正确答案： 烯烃与碱性高锰酸钾的反应为氧化反应。

34. 化合物 $CH_3C(CH_2CH_3)=CHCH(CH_3)_2$ 的名称是2－乙基－4－甲基－2－戊烯。 (×)

正确答案： 化合物 $CH_3C(CH_2CH_3)=CHCH(CH_3)_2$ 的名称是2,4－二甲基－3－己烯。

35. 乙炔分子中的两个碳原子和两个氢原子分布在同一直线上键角为18°。 (√)

36. 1mol乙炔最多可以与4mol Br_2 加成。 (×)

正确答案： 1mol乙炔最多可以与2mol Br_2 加成。

37. 若分子中同时含有碳碳叁键和碳碳双键时，在系统命名法中一般以烯炔命名，"炔"字放在名称的最后。 (√)

38. 如果环上有两个不同的取代基不需要给取代基编号，小取代基先写大取代基后写即可。 (×)

正确答案： 如果环上有两个不同的取代基必须给取代基编号，小取代基位号要小并且要先写，大取代基后写。

39. 苯及苯同系物分子组成通式是 C_nH_{2n-6}。 (√)

40. 苯进行硝化时，硝化剂应当是发烟硝酸，浓硫酸(并加热)。 (×)

正确答案： 苯进行硝化时，硝化剂应当是浓硝酸，浓硫酸混合液。

41. 石油主要含有碳氢元素，是由各种烷烃组成的混合物。 (×)

正确答案： 石油主要含有碳氢元素，主要是由各种烷烃、环烷烃、芳烃组成的混合物。

42. 根据分析任务的不同，分析化学分为无机分析和有机分析两大部分。 (×)

正确答案： 根据分析任务的不同，分析化学分为定性分析和定量分析两大部分。

43. 化学品杂质含量高，但比工业品纯度高。主要用于普通的实验或研究。 (×)

正确答案： 实验试剂杂质含量更高，但比工业品纯度高。主要用于普通的实验或研究。

44. 我国国家标准 GB 15346—1994《化学试剂 包装及标志》规定一级试剂标签颜色为中蓝色。 (×)

正确答案： 我国国家标准 GB 15346—1994《化学试剂 包装及标志》规定一级试剂标签颜色为深绿色。

45. 测量值与真实值越接近，测量的准确度越低。 (×)

正确答案： 测量值与真实值越接近，测量的准确度越高。

46. 绝对误差没有正负值。（×）

正确答案：绝对误差有正负值。

47. 用相对误差来比较各种情况下测定结果的准确度更确切。（√）

48. 偏差的大小是衡量精密度高低的尺度。（√）

49. 绝对偏差和相对偏差只能表示相应的单次测量值与平均值偏离程度。（√）

50. 平均偏差是分正负的。（×）

正确答案：平均偏差没有正负之分。

51. 生产和科研的分析报告中常用相对标准偏差(变异系数)*CV* 表示精密度。（√）

52. 如果分析结果超出允许公差范围，就称为超差，必须重新进行该项分析。（√）

53. 精密度高是保证准确度高的先决条件，因此可以说精密度高准确度一定高。（×）

正确答案：精密度高是保证准确度高的先决条件，但由于存在着系统误差，精密度高准确度不一定高。

54. 分析结果的有效数字和有效位数与仪器实测精密度无关。（×）

正确答案：分析结果的有效数字和有效位数与仪器实测精密度有关。

55. 用称量绝对误差为 0.1g 的托盘天平上称量出 5g 记录结果应为 5.0g。（√）

56. 将 1.5456 保留二位有效数字为 1.6。（×）

正确答案：将 1.5456 保留二位有效数字为 1.5。

57. 几个数相加、减时，其和或差的有效数字的保留应以小数点后位数最少的数为准。（√）

58. 0.0222、25.25、2.05055 三数相乘之积为 1.149。（×）

正确答案：0.0222、25.25、2.05055 三数相乘之积为 1.15。

59. 法定计量单位是由国家以法令形式规定使用或允许使用的计量单位。（√）

60. 将不同波长的光依次通过固定浓度的有色溶液，测量不同波长的吸光度，以波长为横坐标，吸光度为纵坐标作曲线，此线为吸收光谱曲线。（√）

61. 有机化合物定性一般用红外光谱，紫外光谱定性多用在有机化合物的官能团上。（√）

62. 将被测组分以适当的形式置于化学电池中进行检出和测定的各种类型的方法称为电化学。（×）

正确答案：将被测组分以适当的形式置于化学电池中进行检出和测定的各种类型的方法称为电化学分析法。

63. 吸附色谱都属于气相色谱。（×）

正确答案：液相色谱也有吸附色谱。

64. 在原油的化学分类方法中，最常用的是特性因数分类法和含硫量分类法。（×）

正确答案：在原油的化学分类方法中，最常用的是特性因素分类法和关键馏分特性分类法。

65. 蒸馏的目的是除去一部分溶剂使溶液增浓，进而结晶。（×）

正确答案：蒸馏的目的是利用混合物中各组分在同一压力下沸点不同，将混合物分成各组分或馏分。

66. 当外界压力(或系统压力)升高时，液体的沸点会降低。（×）

正确答案：当外界压力(或系统压力)升高时，液体的沸点会升高。

67. 泡点和露点温度与混合物组成有关，与系统压力无关。（×）

正确答案：泡点和露点温度与混合物组成及系统压力有关。

68. 当设备内绝对压力小于当时大气压时，则设备内气体状态为真空状态。（√）

69. 吸收剂对所吸收气体的溶解度越大，而对其他组分的溶解度越小，则说明吸收剂的选择性越差。（×）

正确答案：吸收剂对所吸收气体的溶解度越大，而对其他组分的溶解度越小，则说明吸收剂的选择性越好。

70. 氧气是无色、无味、无臭、无毒的能燃烧的气体。（×）

正确答案：氧气是无色、无味、无臭、无毒的助燃气体。

71. 氮不能和氧和氢化合。（×）

正确答案：在高温下，氮能和氧和氢化合。

72. 三乙基铝在常温常压下为无色透明液体，对氧敏感，在空气中自燃，与水发生剧烈反应。（√）

73. 爆炸范围愈宽，则燃爆的危险性愈小。（×）

正确答案：爆炸范围愈宽，则燃爆的危险型愈大。

74. 通常所说的毒物毒性大小是根据致死剂量或致死浓度来衡量的。（×）

正确答案：毒物毒性大小不只是根据致死剂量或致死浓度来衡量的，有的虽然不致死但危害程度很大。

75. 沥青是深棕色至黑色有光泽的无定型固体。（√）

76. 测定粘度时若试油中有杂质存在，会影响正常流动，使流动时间减短，测定结果偏低。（×）

正确答案：测定粘度时若试油中有杂质存在，会影响正常流动，使流动时间增长，测定结果偏高。

77. 石油液化气是多种烃类的混合液体。（√）

78. 油料的蒸发性能亦称汽化性能，通常是通过馏程、蒸气压和气液比等指标体现出来。（√）

79. 十六烷值是评定柴油自燃性能好坏的质量指标。一般而言，柴油的发火延迟时间越长，其燃烧性能也越好。（×）

正确答案：十六烷值是评定柴油自然性能好坏的质量指标。一般而言，柴油的发火延迟时间越短，其燃烧性能也越好。

80. 工业盐酸储运时，包装上不必有“腐蚀性物品”标志。（×）

正确答案：工业盐酸储运时，包装上应有明显的“腐蚀性物品”标志。

81. 固体烧碱没有吸湿性。（×）

正确答案：固体烧碱有很强的吸湿性。

82. 液态氧可用作液氧炸药和火箭推进剂助燃剂。（√）

83. 一级水、二级水的电导率可用塑料瓶取样“离线”测定。（×）

正确答案：一级水、二级水的电导率需用新制备的水“在线”测定。

84. 在直流电路中，电流从正极流向负极。（√）

85. 电压就是电动势。 (×)

正确答案： 电压就是两点间电动势的差值

86. 两点间电压越大，等量电荷在两点间的电势能就越高。 (√)

87. 采用适当的办法，可以测试出绝缘体的电阻值。 (√)

88. 在任何电路里，欧姆定律都是成立的。 (×)

正确答案： 欧姆定律仅在电阻性电路中成立。

89. 在一个直流电路里，电源的电阻可以不考虑。 (×)

正确答案： 在一个直流电路里，必须考虑电源电阻。

90. 串联电路中，电阻个数越多，电阻越大。 (×)

正确答案： 串联电路中，电阻与单个电阻的阻值有关。

91. 在直流电路中，并联电阻两端的电压都相等。 (√)

92. 在可能的情况下，最好不要使用四氯化碳灭火器，原因是四氯化碳遇高温形成剧毒的光气。 (√)

93. 皮肤被酸、碱灼伤时，立即用大量水冲洗；若为酸液灼伤，要用饱和 $NaHCO_3$ 溶液洗，若为碱液灼伤，则用 1% HAc 洗，最后用水冲洗。 (√)

94. 临界温度低于 -10℃的气体，经加高压压缩，仍处于气态者称压缩气体。 (√)

95. 玻璃管与胶管、胶塞等拆装时，应先用水润湿，手上垫棉布，以免玻璃管折断扎伤。 (√)

96. 蒸馏易燃液体尽量不用明火。 (×)

正确答案： 蒸馏易燃液体严禁用明火。

97. 倾倒易燃液体时要有防静电措施。 (√)

98. 燃烧必须具备三个要素——着火源、可燃物、助燃物。 (√)

99. 进入危险化学品库区的机动车辆应安置防火罩。 (√)

100. 2,4,6-三硝基苯酚(苦味酸)应按易燃易爆物品规定贮运。 (√)

101. 压缩氧气与油类接触不能燃烧爆炸。 (×)

正确答案： 压缩氧气与油类接触能燃烧爆炸。

102. 氧气、氮气是压缩气体。 (√)

103. 临界温度≥10℃的，经加高压压缩，转为液态并与其蒸气处于平衡状态者称为压缩气体。 (×)

正确答案： 临界温度≥10℃的，经加高压压缩，转为液态并与其蒸气处于平衡状态者称为液化气体。

104. 液体的爆炸温度下限，即是液体的闪点。 (×)

正确答案： 有机物被加热到其蒸汽与空气的混合气体接触火焰时发生闪火的最低温度即是液体的闪点。

105. 易燃固体系指燃点低，对热、撞击、摩擦敏感，易被外部火源点燃，燃烧迅速的固体。 (√)

106. 硝化沥青不是易燃固体。 (×)

正确答案： 硝化沥青是易燃固体。

107. 自燃物品系指自燃点低，在空气中易发生氧化反应，放出热量，而自行燃烧的

物品。 (√)

108. 遇湿易燃物品系指遇水或受潮时，发生剧烈化学反应，放出大量易燃气体和热量的物品。 (√)

109. 过氧化氢是强氧化剂，有腐蚀性，在有酸的情况下极不稳定。 (×)

正确答案：过氧化氢是强氧化剂，有腐蚀性，在有酸的情况下较稳定。

110. 危险化学品必须附有化学品安全技术说明书和化学品安全标签。 (√)

111. 采样的技术目的就是确定原材料、半成品及成品的质量。 (×)

正确答案：确定原材料、半成品及成品的质量是采样的技术目的之一。

112. 确定销售价格属于采样的商业目的。 (√)

113. 检查生产过程中泄漏的有害物质是否超过允许极限属于采样的安全目的。 (×)

正确答案：检查生产过程中泄漏的有害物质是否超过允许极限属于采样的法律目的。

114. 采样方案与采样目的和要求是两个概念，彼此无关。 (×)

正确答案：确立采样方案必须明确采样目的和要求。

115. 气体化工样品采样，最小采样量根据分析方法、被测成分含量范围和重复分析的需要而定。 (√)

116. 石英质采样器用合金钢保护套保护，两端露出部分也必须如此。 (×)

正确答案：石英质采样器用合金钢保护套保护，但两端露出部分可以不加保护。

117. 分段试漏是气体化工样品采样设备试漏行之有效的好方法。 (√)

118. 液体化工样品采样前应进行预检，预检前应制订采样方案。 (×)

正确答案：液体化工样品采样前应进行预检，要根据预检结果制订采样方案。

119. 液体化工样品的采样管由玻璃或金属制成，不能由塑料制成。 (×)

正确答案：液体化工样品的采样管由玻璃、金属或塑料制成。

120. 固体化工样品的采样检验是通过检验样品而对总体物料的质量做出评价和判断的一种检验方法。 (√)

121. 样品数越多越好。 (×)

正确答案：在满足需要的前提下，能给出所需信息的最少样品数为最佳样品数。

122. 对于高压气体部位样品采样，应该先减压至略低于大气压。 (×)

正确答案：对于高压气体部位样品采样，应该先减压至略高于大气压。

123. 连续样品的采样，不需要保持速度恒定。 (×)

正确答案：连续样品的采样，采样期内要保持同样的速度。

124. 气体化工样品间断样品的采样常用手动操作。 (√)

125. 高纯气体采样需用10倍以上体积的样品气置换分析导管。 (×)

正确答案：高纯气体采样需用15倍以上体积的样品气置换分析导管。

126. 液体化工样品贮罐如果没有采样口而只有一个排料口，可以先把物料混匀，再从排样口采样。 (√)

127. 小瓶装液体化工样品按采样方案随机采得若干瓶后，必须摇匀后等量混合作为样品。 (×)

正确答案：小瓶装液体化工样品按采样方案随机采得若干瓶后，可以摇匀后等量混合作为样品，也可以分别测得各瓶物料的某特性值。

128. 液体化工样品槽车采样一般分为从排料口采样和从顶部进口采样两种。（√）

129. 从管道出口端采取液体石油化工样品，采样时间间隔和流速成正比，混合体积和流速成反比。（×）

正确答案： 从管道出口端采取液体石油化工样品，采样时间间隔和流速成反比，混合体积和流速成正比。

130. 稍加热即成为流动态的化工样品是指一些常温下为固体，当受热时就易变成流动的液体而不改变其化学性质的产品。（√）

131. 液体化工样品粘稠液体采样，当必须从交货容器中采样时，应按有关标准中规定的采样方法或按协议方商定的采样方法进行。（√）

132. 件装小颗粒固体化工样品采样，每个采样单元所得的定向样品的方向和数量依据协议确定。（×）

正确答案： 件装小颗粒固体化工样品采样，每个采样单元所得的定向样品的方向和数量依据容器中物料的均匀程度确定。

133. 采取粗粒或规则块状固体化工样品，采样探子不可能改变物料的粒径。（×）

正确答案： 采取粗粒或规则块状固体化工样品，采样探子有可能改变物料的粒径。

134. 对于大块固体物料，用合适的工具从所需部位取一定量的物料，称为代表样品。（×）

正确答案： 对于大块固体物料，用合适的工具从所需部位取一定量的物料，称为部位样品。

135. 采取液体石油化工样品时，使用的扳手一般为铜扳手。（√）

136. 固体化工样品，采样前应对待采物料进行预检。（√）

137. 采集气体化工样品，装有样品的采样器应防止高温、曝晒，存放在阴凉处。（√）

138. 盛装光敏性物质的容器，必须是不透光的。（×）

正确答案： 盛装光敏性物质的容器，应该是不透光的，或者在容器外罩闭光塑料袋。

139. 样品装入样品容器后，应该立即贴上样品标签。（√）

140. 在采取气体化工样品前，应预先分析产生误差的因素。（√）

141. 气体化工样品采样导管在采样前要除去管内的残留气体和痕量湿气。（√）

142. 对于不易混匀的多相液体化工样品，应分别采取各层部位样品混合平均样品。（√）

143. 固体化工样品的制备，在检验允许的前提下，应在缩减样品的同时增大粒度。（×）

正确答案： 固体化工样品的制备，在检验允许的前提下，应在缩减样品的同时缩减粒度。

144. 固体化工样品的制备，应根据具体情况一次或多次重复操作。（√）

145. 固体化工样品手工方法粉碎就是用手工工具粉碎样品。（√）

146. 用分样器缩分固体化工样品属于手工方法缩分样品。（×）

正确答案： 用分样器缩分固体化工样品属于机械方法缩分样品。

147. 扁形称量瓶用于称量基准物、样品。（×）

正确答案： 高形称量瓶用于称量基准物、样品。

148. 烧杯加热时应置于石棉网上，使其受热均匀，一般不可烧干。（√）

149. 新砂芯滤器用蒸馏水洗后即可使用。（×）

正确答案：新砂芯滤器使用前应以热的盐酸或铬酸洗液边抽滤边清洗，再用蒸馏水洗后使用。

150. 玻璃仪器使用前均需干燥。（×）

正确答案：不同实验的玻璃仪器对干燥有不同的要求。

151. 玻璃加工后不需要进行退火。（×）

正确答案：玻璃加工后都应进行退火以消除应力。

152. 石英玻璃的化学成分是二氧化硅，且石英玻璃的纯度很高，二氧化硅的含量在90%以上。（×）

正确答案：石英玻璃的化学成分是二氧化硅，且石英玻璃的纯度很高，二氧化硅的含量在99.95%以上。

153. 铂较硬，拿取铂坩埚时应用力，以免滑落。（×）

正确答案：铂较软，拿取铂坩埚时不能太用力，以免变形及引起凹凸。

154. 塑料对试剂没有渗透性，吸附杂质的能力较弱。（×）

正确答案：塑料对试剂有渗透性，吸附杂质的能力较强。

155. 双盘天平存在不等臂性误差、空载和实载的灵敏度不同及操作较麻烦等固有的缺点，逐渐被不等臂单盘天平所代替。（√）

156. 天平的最大称量与分度值之比称为检定标尺分度值，其值在 5×10^4 以上的称为高精密天平。（√）

157. 滴定管为量入式计量玻璃仪器。（×）

正确答案：滴定管为量出式计量玻璃仪器。

158. 读数时，滴定管应用拇指和食指拿住滴定管的上端(无刻度处)，使管身保持垂直后读数。（√）

159. 使用碱式滴定管时，捏住胶管中玻璃珠下方的胶管，捏挤胶管使其与玻璃珠之间形成一条缝隙，溶液即可流出。（×）

正确答案：使用碱式滴定管时，捏住胶管中玻璃珠所在部位稍上处，捏挤胶管使其与玻璃珠之间形成一条缝隙，溶液即可流出。

160. 移液管管颈上部刻有一环形标线，表示在室温下移出的体积。（×）

正确答案：移液管管颈上部刻有一环形标线，表示在一定温度下(一般为20℃)移出的体积。

161. 为了减少测量误差，吸量管取液时应放出多少体积就吸取多少体积。（×）

正确答案：为了减少测量误差，吸量管每次都应从最上面刻度为起始点，往下放出所需体积，而不是放出多少体积就吸取多少体积。

162. 容量瓶颈上刻有标线，该标线表示在室温下容量瓶的准确容积。（×）

正确答案：容量瓶颈上刻有标线，该标线表示在20℃下容量瓶的准确容积。

163. 容量瓶一般不要在烘箱中烘烤。（√）

164. 容量瓶试漏时，在瓶内装入自来水到标线附近，盖上塞，用手按住塞，倒立容量瓶，观察瓶口是否有水渗出。（×）

正确答案： 容量瓶试漏时，在瓶内装入自来水到标线附近，盖上塞，用手按住塞，倒立容量瓶，观察瓶口是否有水渗出。如果不漏，把瓶直立后，转动瓶塞约 180°后再倒立试一次。

165. 水的电阻率越高，表示其中所含的离子越少，水的纯度越高。 （√）

166. 滴定误差是由理论终点和滴定终点不符造成的。 （√）

167. 滴定分析法适用于各种化学反应类型的测定。 （√）

168. 根据指示剂的不同，滴定分析法主要分为酸碱滴定法、配位滴定法、氧化还原滴定法、沉淀滴定法等类型。 （×）

正确答案： 根据化学反应类型的不同，滴定分析法主要分为酸碱滴定法、配位滴定法、氧化还原滴定法、沉淀滴定法等类型。

169. 滴定分析法必须使用指示剂指示终点。 （×）

正确答案： 滴定分析法也可用其他物理化学方法确定终点。

170. 碱度是指溶液中已离解的氢氧根离子的浓度，其大小与碱的性质和浓度有关。 （√）

171. 大多数无机配位剂与金属离子形成的配合物很稳定。 （×）

正确答案： 大多数无机配位剂与金属离子形成的配合物稳定性差。

172. EDTA 与金属离子形成配合物的反应是瞬间完成的。 （√）

173. 在不同 pH 值时 EDTA 溶液中各种型体所占的比例是相同的。 （×）

正确答案： 在不同 pH 值时 EDTA 溶液中各种型体所占的比例是不同的。

174. 在一定条件下，EDTA 与不同金属离子形成的配合物稳定常数是相同的。 （×）

正确答案： 在一定条件下，EDTA 与不同金属离子形成的配合物稳定常数是不同的。

175. 氧化还原反应和中和、沉淀、配位等反应一样，是基于离子间的反应。 （×）

正确答案： 氧化还原反应不同于中和、沉淀、络合等反应，这些反应大多基于离子间的反应，氧化还原反应是基于反应物之间电子转移的反应。

176. 在银量法中由于测定条件和选择的标准溶液不同可分为莫尔法、佛尔哈德法和法扬司法。 （×）

正确答案： 在银量法中由于测定条件和选择的指示剂不同可分为莫尔法、佛尔哈德法和法扬司法。

177. 重量分析法是根据试样减轻的重量或反应生成的难溶化合物的重量来确定被测组分含量的分析方法。 （√）

178. 重量分析法可获得较准确的分析结果，适用于微量组分的测定。 （×）

正确答案： 重量分析法可获得较准确的分析结果，不适用于微量组分的测定。

179. 0.200LNaOH 含 6gNaOH 固体，则 $C(NaOH)$为 0.750mol/L。 （√）

180. $\omega(NH_3)=15\%$，表示 100g 氨水中含有 15g NH_3 和 85g H_2O。 （√）

181. $\rho(NH_4Cl)=10g/L$ NH_4Cl 溶液，表示 1L NH_4Cl 溶液中含有 10g NH_4Cl。 （√）

182. 70%的酒精溶液，其中 30%的水为溶剂。 （×）

正确答案： 70%的酒精溶液，其中 30%的水为溶质。

183. 比例浓度不能用来表示固体稀释。 （×）

正确答案： 比例浓度可以用来表示固体稀释。

184. 滴定度还可用每毫升标准溶液所含溶质的克数或毫克数表示。(√)

185. 减量法称样时，如倒出的试样超过要求值，可借助药勺放回。(×)

正确答案： 减量法称样时，如倒出的试样超过要求值，不可借助药勺放回，只能弃去重称。

186. 空气浮力对称量的影响不能进行校正。(×)

正确答案： 空气浮力对称量的影响可进行校正。

187. 浓 H_2SO_4 的密度 ρ 为 1.84g/mL，质量分数为 98%，其物质的量浓度为 36.8mol/L。(×)

正确答案： 浓 H_2SO_4 的密度 ρ 为 1.84g/mL，质量分数为 98%，其物质的量浓度为 18.4mol/L。

188. 已知 NaOH 溶液的 $\omega=20\%$，$\rho=1.219$g/mL，则其质量浓度是 121.9g/L。(×)

正确答案： 已知 NaOH 溶液的 $\omega=20\%$，$\rho=1.219$g/mL，则其质量浓度是 243.8g/L。

189. 1:5HAc 溶液相当于物质的量浓度 C(HAc)为 2.9mol/L。(浓 HAc 的 $\rho=1.05$g/mL，$\omega=99\%$，M(HAc) = 60g/mol)。(√)

190. 配制 20g/L 亚硫酸钠溶液 100mL，称取 2g 亚硫酸钠溶于 100mL 水中。(×)

正确答案： 配制 20g/L 亚硫酸钠溶液 100mL，称取 2g 亚硫酸钠溶于水中，加水稀释至 100mL，混匀。

191. 用 0.20mol/L Na_2CO_3 溶液 750mL 和 1200mL 1.5 mol/L Na_2CO_3 溶液混合后配成 1.0mol/L Na_2CO_3 溶液。(√)

192. 配制浓度等于或低于 0.02mol/L 的标准溶液时，应于临用前将浓度高的标准溶液用煮沸并冷却的水稀释。(√)

193. 强碱保存时，必须存于塑料瓶或带橡胶塞的瓶中。(√)

194. 水的离子积在任何温度下都是 10^{-14}。(×)

正确答案： 水的离子积在 25℃时是 10^{-14}。

195. 采用[H^+]浓度的负对数来表示溶液的酸碱性，称做溶液的 pH 值。(√)

196. 向缓冲溶液中加入少量的酸或碱，溶液的 pH 值不发生变化。(√)

197. 缓冲容量的大小与缓冲溶液的总浓度及其共轭酸碱对浓度的比值有关。(√)

198. 对于弱碱及其共轭酸组成的缓冲溶液来说，其缓冲范围 $pH=pK_b\pm1$。(×)

正确答案： 对于弱碱及其共轭酸组成的缓冲溶液来说，其缓冲范围 $pH=pK_w-(pK_b\pm1)$。

199. 甲基红属于双色指示剂，酚酞属于单色指示剂。(√)

200. 溶液的 pH 值稍有变化，就引起指示剂颜色的改变。(×)

正确答案： 并不是溶液的 pH 值稍有变化，就引起指示剂颜色的改变，因为指示剂的变色是有一定的变色范围。

201. 温度的变化不会引起指示剂变色范围的变化。(×)

正确答案： 温度的变化会引起指示剂变色范围的变化。

202. 混合指示剂两种成分的混合比例与颜色变化是否明显没有关系。(×)

正确答案： 混合指示剂颜色变化是否明显，与两种成分的混合比例有关。

203. 酸碱滴定曲线的突跃范围与浓度无关。(×)

正确答案： 酸碱滴定曲线的突跃范围与浓度有关。

204. 在配位滴定中，金属指示剂能与金属离子形成配合物，其颜色与游离指示剂颜色有明显区别。 (√)

205. Fe^{3+}、Al^{3+}、Ti^{4+}、Cu^{2+}等对钙指示剂有封闭作用。 (√)

206. 铬黑T指示剂简称EBT或BT，它是一个二元酸，在不同酸度时呈现二种颜色。 (×)

正确答案： 铬黑T指示剂简称EBT或BT，它是一个三元弱酸，在不同酸度时呈现三种颜色。

207. 在氧化还原反应中，电对电位值大的氧化型可氧化电对电位值小的还原型，前者被还原为相应电对的还原型，后者被氧化为相应电对的氧化型。 (√)

208. 在一定条件下，在所有可能发生的氧化还原反应中，首先是电极电位相差最大的电对间进行反应。 (√)

209. 用$KMnO_4$法测定无色或浅色溶液时常用淀粉作指示剂。 (×)

正确答案： 用$KMnO_4$法测定无色或浅色溶液时常用自身指示剂。

210. 专属指示剂本身也具有氧化性或还原性，而且能与滴定剂或被测物发生反应，产生特殊颜色。 (×)

正确答案： 专属指示剂本身并不具有氧化性或还原性，但它能与滴定剂或被测物发生反应，产生特殊颜色。

211. 在氧化还原滴定中，氧化还原指示剂只是对某种离子有特效。 (×)

正确答案： 在氧化还原滴定中，氧化还原指示剂不只对某种离子特效，而是对氧化还原反应普遍适用，因此是一种广泛通用的指示剂。

212. 不同类型的沉淀其颗粒大小是相同的。 (×)

正确答案： 不同类型的沉淀其颗粒大小也不同。

213. 在沉淀重量分析中，陈化是使沉淀从细小晶体变成大晶体的过程。 (√)

214. 无定形沉淀完毕后应进行陈化。 (×)

正确答案： 无定形沉淀完毕后不必陈化，应趁热过滤。

215. 吸留或包夹引起的共沉淀是由于离子电荷的作用力未完全平衡引起的。 (×)

正确答案： 吸留或包夹引起的共沉淀是由于被吸附的杂质离子来不及离开沉淀表面，就陷入沉淀的内部，造成沉淀的不纯。

216. 杂质混入沉淀中主要是由共沉淀和后沉淀造成的。 (√)

217. 有机沉淀的憎水性强，在水溶液中的溶解度小，有利于沉淀完全。 (√)

218. 有机沉淀剂可分为螯合物和离子缔合物两种类型的沉淀剂。 (√)

219. 过滤时为了避免沉淀堵塞滤纸的孔隙，影响过滤速度，多采用倾泻法过滤。 (√)

220. 洗涤沉淀过程中，应该自下而上螺旋洗涤。 (×)

正确答案： 洗涤沉淀过程中，应该自上而下螺旋洗涤。

221. 灼烧空坩埚的温度不必与以后灼烧沉淀的温度一致。 (×)

正确答案： 灼烧空坩埚的温度必须与以后灼烧沉淀的温度一致。

222. 称取二水合草酸($H_2C_2O_4 \cdot 2H_2O$)基准物质0.1520g，标定NaOH溶液时用去此溶液24.00mL，则NaOH溶液的浓度为0.2010 mol/L。 (×)

正确答案： NaOH溶液的浓度为0.1005mol/L。

223. 称取 0.5550gCaO 试样，溶于 30.00mL $C(HCl)=0.4796$ mol/L HCl 溶液，剩余酸返滴定时消耗 NaOH 溶液 8.66mL。已知此 NaOH 溶液对 $H_2C_2O_4$ 的滴定度为 0.02334g/mL。则此试样中 CaO 的质量分数为 49.92%。已知 $M(CaO)=56$g/mol。（√）

224. 已知$[OH^-]=0.4$mol/L，其 pH = 13.6。（√）

225. 填写原始记录时，可以不必采用法定计量单位，最后报出分析结果时，可以采用法定计量单位。（×）

正确答案： 填写原始记录时，必须采用法定计量单位。

226. 在记录数据时多写一个“0”或少写一个“0”，从数学角度看关系不大，但从分析测量角度看，若多记一个“0”，则反映的测量准确度缩小了 10 倍。（×）

正确答案： 在记录数据时多写一个“0”或少写一个“0”，从数学角度看关系不大，但从分析测量角度看，若多记一个“0”，则反映的测量准确度扩大了 10 倍。

227. 若称样量一定，则准确度要求越高，允许所选用的天平称量误差越大，即天平精密度越低。（×）

正确答案： 若称样量一定，则准确度要求越高，允许所选用的天平称量误差越小，即天平精密度越高。

228. 若体积一定，要求准确度越高，所允许选用的量器的读数误差越大。（×）

正确答案： 若体积一定，要求准确度越高，所允许选用的量器的读数误差越小。

229. 在分析结果的报告中，保留的数字位数越多越准确。（×）

正确答案： 如果不适当的保留过多的数字，夸大了准确度；如果不适当的保留过少的数字，则降低了准确度。

230. 干燥箱是利用电热丝隔层加热使物体干燥的设备。（√）

231. 不得把含有大量易燃易爆溶剂的物品送入烘箱加热。（√）

232. 被称样品的温度与天平室温度不一致时可以称量。（×）

正确答案： 被称样品的温度与天平室温度不一致时，不能称量。

233. 紫外可见吸收光谱为原子吸收光谱。（×）

正确答案： 紫外可见吸收光谱为分子吸收光谱。

234. 分光光度法的最大缺点是不能一个试样同时测定两种或两种以上的组分。（×）

正确答案： 分光光度法能一个试样同时测定两种或两种以上的组分。

235. 入射光与透射光强度之比称为透光度，用 T 表示，$T=I_0/I_t$。（×）

正确答案： 透射光与入射光强度之比称为透光度，用 T 表示，$T=I_t/I_0$。

236. 许多物质有颜色是基于物质对光有选择吸收的结果，如绿色玻璃吸收绿色。（×）

正确答案： 许多物质有颜色是基于物质对光有选择吸收的结果，绿色玻璃吸收紫色。

237. 光是具有电磁本质的物质，它既具有波动性，又具有微粒性，即称为光的二象性。（√）

238. 干涉和衍射都说明光具有波动性。（√）

239. 我们日常见到的白光，它是由红、橙、黄、绿、青、蓝、紫按一定比例组成，波长 400～760nm。（√）

240. 比色管均无刻度。（×）

正确答案： 比色管有的有刻度，有的无刻度。

241. 目视比色时从管口侧面观察，并与标准色阶进行比较。（×）

正确答案：目视比色时从管口垂直向下观察，并与标准色阶进行比较。

242. 常用的目视比色法是标准系列法。（√）

243. 朗伯定律是说明光的吸收与溶液的浓度成正比。（×）

正确答案：比耳定律是说明光的吸收与溶液的浓度成正比。

244. 将不同波长的光依次通过固定浓度的有色溶液，测量不同波长的透过率，以波长为横坐标，透过率为纵坐标做曲线，此线为吸收光谱曲线。（×）

正确答案：将不同波长的光依次通过固定浓度的有色溶液，测量不同波长的吸光度，以波长为横坐标，吸光度为纵坐标做曲线，此线为吸收光谱曲线。

245. 吸收池(比色皿)是分光光度分析最常用的器件，要注意保护好透光面，拿取时手指应捏住毛玻璃面，不要接触透光面。（√）

246. 灵敏度选择：在能使参比溶液调到 $T=100\%$ 处时，尽量使用灵敏度较高的档。（×）

正确答案：灵敏度选择：在能使参比溶液调到 $T=100\%$ 处时，尽量使用灵敏度较低的档。

247. 为了更精确地说明物质具有选择性吸收不同强度范围光的性能，通常用光吸收曲线来描述。（×）

正确答案：为了更精确地说明物质具有选择性吸收不同波长范围光的性能，通常用光吸收曲线来描述。

248. 用比较溶液颜色深浅来确定物质含量的方法叫光电比色分析法。（×）

正确答案：用比较溶液颜色深浅来确定物质含量的方法叫比色分析法。

249. 目视比色法的缺点是准确度较差。（√）

250. 在记录原始数据时候，如发现数据记错，应将该数据用一横线划去，在旁边另写更正数据。（√）

251. 分析测试的任务就是报告样品的测定结果。（×）

正确答案：分析测试的任务不仅是报告样品的测定结果，还有符合性评价等内容。

252. 朗伯比耳定律中比例常数 K 与入射光的波长和物质性质无关，而与光的强度、溶液的浓度及液层厚度有关。（×）

正确答案：朗伯比耳定律中比例常数 K 与入射光的波长和物质性质有关，而与光的强度、溶液的浓度及液层厚度无关。

253. 石英玻璃的化学成分是二氧化硅。（√）

254. 根据光度学分类，紫外可见分光光度计可分为单波长和双波长分光光度计。（×）

正确答案：根据光度学分类，紫外可见分光光度计可分为单光束和双光束分光光度计。或：根据测量中提供的波长数分类，紫外可见分光光度计可分为单波长和双波长分光光度计。

255. 分光光度法中单色器是将复杂的白光按照强度顺序分散为单色光的装置。（×）

正确答案：分光光度法中单色器是将复杂的白光按照波长顺序分散为单色光的装置。

256. 721 分光光度计可不必预热，开机即可使用。（×）

正确答案：721 分光光度计使用前要预热，一般 20min。

257. 最早商业化的色谱仪配备一台 FID 检测器。 (×)

正确答案：最早商业化的色谱仪配备一台 TCD 检测器。

258. 峰面积就是峰高乘以峰宽的一半。 (×)

正确答案：峰面积就是峰与峰底之间的面积。

259. 气相色谱法分析精度非常高，可以测定食品中 10^{-6} ~ 10^{-9}级的硫磷含量。 (√)

260. 实现色谱分离的外因是流动相的不间断流动。 (√)

261. 只要色谱仪的 ready 灯亮，就可以进样。 (×)

正确答案：除色谱仪的 ready 灯亮，还要看其他情况。

262. 色谱流程图一般从气源钢瓶开始，到记录仪结束，简单给出色谱的分析流程。 (√)

263. 氢气由于具有可燃性，因此不能用来做色谱载气，只用来给 FID 和 FPD 等提供燃气。 (×)

正确答案：氢气可以用来做载气，而且是一种常见载气。

264. 常见的六通阀有旁通、直通和拉杆三种。 (√)

265. 通常，进样六通阀的入口和出口都安装有独立的开关阀门，这主要是为了使样品可以在定量管中保存并易于对外进行气压平衡。 (√)

266. 液体微量注射器进样的进样精度一般在 5%，远低于气体阀进样的 0.5%。 (×)

正确答案：液体微量注射器的进样精度一般在 2%。

267. 为了能够控制柱箱温度稳定，一般柱箱温度不能设定在环境温度或接近环境温度。 (√)

268. 柱箱温度的改变，会带来出峰时间的变化，但不同组分的出峰次序不会发生改变。 (×)

正确答案：柱箱温度的改变，会带来出峰时间的变化，不同组分的出峰次序可能发生改变。

269. 检测器可以分为积分型检测器和微分型检测器，现代色谱检测器都是微分型检测器。 (√)

270. 检测器的动态范围，就是检测器的线性空间。 (×)

正确答案：检测器的动态范围大于等于线性空间。

271. 对于同一个样品的不同组分，外标法计算结果时的校正因子可能不相同。 (√)

272. 使用注射器进样时，由于洗针不够造成上一个样品残余，这种情况叫作针头效应。 (×)

正确答案：使用注射器进样时，由于洗针不够造成上一个样品残余，这种情况叫作记忆效应。

273. 使用 TCD 作为检测器，要特别注意控制载气流速的稳定，因为峰面积与载气流速成反比。 (√)

274. 溶液中影响化学反应的是氢离子的浓度。 (×)

正确答案：溶液中影响化学反应的是氢离子的活度。

275. 电位法测定溶液 pH 值的理论依据是氢电极电位与 pH 在一定温度下具有直线关系。 (√)

276. 测量 pH 值的仪器称为酸度计，又称 pH 计。 (√)

277. 导体按导电的载流子不同可分为电子导体和离子导体或电解质导体。 (√)

278. 选择电导测定仪电导池常数最佳条件是：应用电导池测量介质的电导率范围在 $1\times10^{-3}\sim3\times10^{-5}$S/m 之间。 (×)

正确答案： 选择电导测定仪电导池常数最佳条件是：应用电导池测量介质的电导率范围在 $1\times10^{-3}\sim3\times10^{-5}$S/cm 之间。

279. 人工操作电位滴定仪需要每加入一滴滴定剂测定一次电极电位，然后记录下电位值即可。 (×)

正确答案： 人工操作电位滴定仪需要每加入一滴滴定剂测定一次电极电位，并记录下电位值和加入滴定剂体积。

280. 利用库仑计法水分测定仪测定样品中的水分，实质上是利用法拉第定律来进行样品内测定的。 (√)

281. 微库仑滴定仪主要由电解池和库仑放大器两部分组成。 (√)

282. 应用 pH 计测定溶液的 pH 值，关键的操作步骤是仪器的校正。 (√)

283. 应用电导率仪测定未知样品的电导率，首先进行的步骤应是仪器准备。 (√)

284. 使用可燃性气体检测器后，应立即关闭电源。 (×)

正确答案： 使用可燃性气体检测器后，必须使检测器吸干净空气而使指针回零后方可关闭电源。

285. 应用卡尔费休法水分测定仪测定水分时，应首先滴定乙二醇甲醚吡啶溶剂。 (√)

286. 利用电位滴定仪测定样品时，搅拌棒必须在样品电磁搅拌器开启前加入。 (√)

287. 利用微库仑仪测定完样品后，应立即关闭主机电源。 (×)

正确答案： 利用微库仑仪测定完样品后，应等待炉温降低到一定数值后再关闭主机电源。

288. 微库仑分析与恒电流库仑滴定法相似，但不是传统的恒电流库仑滴定法。 (√)

289. 测定样品的 pH 值时，最终测定结果必须要通过平行测定获得。 (√)

290. 记录电导率结果时，必须同时标明所用的单位。 (√)

291. 库仑计法水分测定结果的得到利用了法拉第定律。 (√)

292. 电位滴定法结果的计算依据是滴定剂与被测溶液的反应方程式。 (√)

293. 微库仑法测定硫含量，结果的计算公式中的 n 为 2。 (√)

294. 测定 pH 值时，标准缓冲溶液的选择以接近被测液为好。 (√)

295. 测定 pH 值的玻璃电极可以长期使用。 (×)

正确答案： 玻璃电极在长期的使用中会老化，其一般使用期为一年。

296. 使用电导率仪测定高纯水的电导率时，测定与时间无关。 (×)

正确答案： 使用电导率仪测定高纯水的电导率时，测定应越快越好。

297. 在电导率仪的日常维护工作中，应注意保持电极插头清洁。 (√)

298. 一定体积物质的质量称为密度。 (×)

正确答案： 单位体积物质的质量称为密度。

299. 密度是物质的一种特性，石油产品的密度与石油产品的组成无关。 (×)

正确答案： 石油产品的密度与石油产品的组成有关。

300. 利用密度仪测定密度，实际上是通过对频率的测定从而获得样品的比重。 (√)

301. 密度计法测定油品密度的原理是阿基米德定律。（√）

302. 比重瓶法的基本原理是测定一定体积液体产品的质量与4℃时同体积纯水的质量比较，从而得到液体产品的密度。（×）

正确答案：比重瓶法的基本原理是测定一定体积液体产品的质量与同温度同体积纯水的质量比较，从而得到液体产品的密度。

303. 应用 GB 260 测定样品的水分，如果需要进行仲裁，则水分测定器的各部分连接处，必须用橡胶塞连接。（×）

正确答案：应用 GB 260 测定样品的水分，如果需要进行仲裁，则水分测定器的各部分连接处，必须用磨口塞连接。

304. 用密度仪测定样品密度，注入样品时不应产生气泡。（√）

305. 第一次密度测定完成后，应将密度计取出后重测。（×）

正确答案：第一次密度测定完成后，应将密度计在量筒中轻轻转动一下后重测。

306. 用密度计法测定油品的密度时，量筒应放在打开通风的通风橱内。（×）

正确答案：用密度计法测定油品的密度时，量筒应放在没有气流的地方。

307. 用比重瓶法测定样品的密度，不能浸没比重瓶塞属于测定技术要素之一。（√）

308. 应用 GB 260 测定样品的水分，试样重量与水分含量无关。（×）

正确答案：应用 GB 260 测定样品的水分，试样水分超过 10%时，试样重量应酌量减少。

309. 应用 GB 260 测定样品的水分，如果蒸馏将近完毕时，冷凝管内沾有水滴，则应使瓶内混合物在短时间内剧烈沸腾。（√）

310. 应用密度计法测定样品的密度，可以根据测得的温度和视密度查得样品的 20℃密度。（√）

311. 测定比重瓶的水值，应测定 4~6 次。（√）

312. GB 260 规定，两次测定收集水的体积差数不应超过接受器的半个刻度。（×）

正确答案：GB 260 规定，两次测定收集水的体积差数不应超过接受器的一个刻度。

313. 应用密度计法测定油品密度，选择的密度计量筒的内径应至少比所用的石油密度计外径大 30mm。（×）

正确答案：应用密度计法测定油品密度，选择的密度计量筒的内径应至少比所用的石油密度计外径大 25mm。

314. 用比重瓶法测定密度，如试样为脆性固体，则应粉碎或熔融后装入。（√）

315. 应用 GB 260 测定样品的水分，冷凝管与接受器的轴心线要互相重合。（√）

单选题

1. 保持物质化学性质的微粒是（A）。

A. 分子　　B. 原子　　C. 离子　　D. 原子团

2. 下列各组中的物质，都是由分子构成的是（D）。

A. 二氧化碳、二氧化硅、二氧化硫　　B. 氮气、钠蒸气、氢气

C. 氧化钙、氯化镁、苛性钠　　D. 二氧化硫、氨气、蔗糖

3. 下列物质都属于纯净物的一组是（A）。

A. 水晶、小苏打、含结晶水的硫酸铜　　B. 漂白粉、碱石灰、盐酸

C. 煤、水煤气、过磷酸钙　　D. 氯化钠、氧化钙、福尔马林

4. 下列关于空气组成的说法，正确的是(B)。

A. 空气是纯净物
B. 空气是混合物
C. 空气是几种化合物的混合物
D. 空气是一种单质和几种化合物的混合物

5. 下列说法，正确的是(C)。

A. 单质都是由非金属原子组成的
B. 单质是由同一种元素的两个原子组成的
C. 由同种元素组成的物质叫单质
D. 同一种元素只能形成一种单质

6. 下列叙述中，错误的是(C)。

A. 酸性氧化物不一定是非金属氧化物
B. 碱性氧化物一定是金属氧化物
C. 酸式盐是指溶于水呈现酸性的一类盐
D. 两性氧化物和两性氢氧化物，都是既能与酸反应又能与碱反应的化合物

7. 下列各物质中属于酸性氧化物的有(C)。

A. 生石灰　B. 硫酸钾　C. 干冰　D. 氧化铁

8. 下列属于物理变化的是(A)。

A. 潮解　B. 分解　C. 水解　D. 电解

9. 下列属于化学变化的是(D)。

A. 氯化钠溶解在水中
B. 液态氧受热放出氧气
C. 金属导电
D. 氧化钠溶解在水中

10. 下列说法正确的是(C)。

A. 氯气有毒、具有氧化性，这些是氯气的化学性质
B. 氮气密度比空气稍小、很稳定，这些是氮气的物理性质
C. 氯气既有氧化性又有还原性
D. 任何发热发光的现象都叫燃烧

11. 下列叙述中错误的是(A)。

A. H_2O_2 与 MnO_2 粉末反应生成气体，这是 H_2O_2 的化学性质
B. 碱金属的焰色反应是碱金属的化学性质
C. 氯气能与许多非金属反应，这是氯气的化学性质
D. 硫磺不溶于水，易溶于二硫化碳，这是硫的物理性质

12. $KClO_3$ 中氯元素的化合价是(B)。

A. -1　B. $+5$　C. $+7$　D. $+1$

13. 下列含氮化合物中氮元素化合价最高的是(C)。

A. NH_3　B. $(NH_4)_2SO_4$　C. HNO_3　D. N_2O_4

14. 下列说法错误的是(C)。

A. 在 P_2O_5 分子中磷是 $+5$ 价
B. 在 $HClO_4$ 分子中氯是 $+7$ 价
C. 在 $K_2Cr_2O_7$ 分子中铬是 $+7$ 价
D. 在 $Na_2S_2O_3 \cdot 5H_2O$ 分子中硫是 $+2$ 价

15. 下列说法不正确的是(B)。

A. 一种物质只能有一个分子式
B. 一个分子式只有一种分子组成
C. 在分子中正价与负价的代数和为零

D. 一般显正价原子或原子团放在前，显负价原子或原子团放在后

16. 某化合物的分子式是 CO_x，其中碳元素和氧元素的质量比为 3:8，则 x 的数值是(D)。

A. 1　　B. 2　　C. 3　　D. 4

17. 含有 3.5g 氮元素的 NH_4NO_3 的质量是(C)。

A. 5g　　B. 8g　　C. 10g　　D. 15g

18. 下列说法正确的是(A)。

A. 中和反应属于复分解反应　　B. 有新物质生成属于复分解反应

C. 有单质生成的反应为置换反应　　D. 生成物中有气体生成为复分解反应

19. 下列反应能够进行的是(B)。

A. Na_2SO_4(固体) + 盐酸　　B. $Mg + H_2SO_4$(稀)

C. $Ag + CuCl_2$ 溶液　　D. NaCl 溶液 + NH_4NO_3 溶液

20. 下列反应既是分解反应又是氧化－还原反应的是(A)。

A. $2KMnO_4 \xlongequal{\triangle} K_2MnO_4 + MnO_2 + O_2\uparrow$

B. $CaCO_3 + 2HCl = CaCl_2 + H_2O + CO_2\uparrow$

C. $CuCl_2 + Zn = ZnCl_2 + Cu$

D. $Ca(HCO_3)_2 \xlongequal{\triangle} CaCO_3\downarrow + H_2O + CO_2\uparrow$

21. 下列说法中，错误的是(C)。

A. 氧化剂本身被还原

B. 氧化剂是在反应中得到电子(或电子对偏向)的物质

C. 还原剂在反应时所含元素的化合价降低

D. 还原剂本身被氧化

22. 下列物质中，不属于电解质的是(C)。

A. 固体氯化钠　　B. 硫酸　　C. 铜丝　　D. 氯离子

23. 下列离子方程式中，写法正确的是(D)。

A. $NaCl + Ag^+ = Na^+ + AgCl\downarrow$

B. $Ca^+ + CO_3^{2-} + 2H^+ + 2Cl^- = CaCl_2 + H_2O + CO_2\uparrow$

C. $Fe^{2+} + Cl_2 = Fe^{3+} + 2Cl^-$

D. $H^+ + OH^- = H_2O$

24. 下列各组中的离子，能在溶液中大量共存的是(D)。

A. K^+、H^+、SO_4^{2-}、OH^-　　B. Na^+、Ca^{2+}、CO_3^{2-}、NO_3^-

C. Na^+、H^+、Cl^-、CO_3^{2-}　　D. Na^+、Cu^{2+}、Cl^-、SO_4^{2-}

25. 保存金属钠的方法，正确的是(B)。

A. 在水中　　B. 在液体石蜡或煤油中

C. 在四氯化碳中　　D. 在酒精中

26. 下列关于金属钠性质的描述，正确的是(C)。

A. 金属钠不能直接与硫反应

B. 金属钠在空气中燃烧，生成白色的氧化钠粉末

C. 金属钠能直接与氯气化合

D. 碱金属与氧气在燃烧的情况下反应，生成过氧化钠白色固体

27. 碱金属元素中金属性最强的是(C)。

A. Li　　B. K　　C. Cs　　D. Na

28. 金属钠比金属钾(B)。

A. 金属性强　　B. 还原性弱　　C. 原子半径大　　D. 熔点低

29. 焰色反应指的是(D)。

A. 可燃物质在燃烧时，其火焰所表现出的颜色

B. 是一种检验各种元素的普遍方法

C. 把一些金属的盐溶液放在火焰上加热，该金属呈现出的颜色

D. 一些金属或它们的化合物在无色火焰上灼烧时，火焰呈特征颜色的反应

30. 下列关于物质的量的说法中，正确的是(A)。

A. 指物质中所含微观基本单元的数量　　B. 指物质中微观分子的数量

C. 指物质中微观原子的数量　　D. 指物质中微观粒子的质量

31. 摩尔是表示物质的量的单位，每摩尔物质含有(B)。

A. 6.02×10^{23}个分子　　B. 6.02×10^{23}个物质的微粒

C. 6.02×10^{23}个原子　　D. 阿佛加德罗常数个该物质的分子

32. 1g 氧气中含 m 个氧分子，则阿佛加德罗常数为(B)。

A. $16m$　　B. $32m$　　C. $\frac{m}{32}$　　D. $\frac{m}{n}$

33. 0.5mol 硫酸所具有的质量是(B)。

A. 98　　B. 49g　　C. 49　　D. 98g

34. 下列说法正确的是(D)。

A. 1mol 氧原子的质量是 32g/mol　　B. OH^- 的摩尔质量是 17g

C. 1molH_2O 的质量是 18g/mol　　D. CO_2 的摩尔质量是 44g/mol

35. 11.5g 某 MO_2 化合物中含有 8g 氧原子，则该化合物是(A)。

A. NO_2　　B. CO_2　　C. MnO_2　　D. SO_2

36. 下列说法中正确的是(D)。

A. 1mol 任何气体的体积都是 22.4L/mol

B. 1molH_2 的质量是 1g，它所占体积是 22.4L/mol

C. 在标准状况下，1mol 任何物质所占的体积都是 22.4L/mol

D. 在标准状况下，1mol 任何气体所占的体积都约为 22.4L

37. 在标准状况下，与 12gH_2 的体积相等的 N_2 的(B)。

A. 质量为 12g　　B. 物质的量为 6mol

C. 体积为 22.4L/mol　　D. 物质的量为 12mol

38. 在标准状况下，相同质量的下列气体中体积最大的是(C)。

A. O_2　　B. Cl_2　　C. N_2　　D. CO_2

39. 下列说法正确的是(D)。

A. 有机化合物的化学性质稳定，因此它们很难发生化学反应

B. 有机化合物的烃基是憎水基团，因此它们不溶于水只溶于有机溶剂

C. 有机化合物不易挥发

D. 绝大多数有机化合物都可燃烧

40. 下列说法正确的是(B)。

A. 甲烷是由一个碳原子两个氢分子组成的　B. 甲烷的结构是正四面体

C. 甲烷的分子式是$(CH)_4$　D. 甲烷易被高锰酸钾氧化

41. 甲烷分子不是以碳原子为中心的平面结构，而是以碳原子为中心的正四面体结构，其原因之一是甲烷的平面结构式解释不了下列事实(B)。

A. CH_3Cl不存在同分异构体　B. CH_2Cl_2不存在同分异构体

C. $CHCl_3$不存在同分异构体　D. CCl_4是非极性分子

42. 在下述条件下，能发生化学反应的是(B)。

A. 甲烷与氧气混合并置于光照下　B. 在密闭容器中使甲烷受热至1000℃以上

C. 将甲烷通入高锰酸钾酸性溶液中　D. 将甲烷通入热的强碱溶液中

43. 下列分子中，属于烷烃的是(C)。

A. C_2H_2　B. C_2H_4　C. C_2H_6　D. C_6H_6

44. 异丁基的结构式是(C)。

A. $—C(CH_3)_3$　B. $CH_3CH_2CH_2CH_2—$　C. $(CH_3)_2CHCH_2—$　D. $CH_3CH(CH_2CH_3)—$

45. 该烷基$—C(CH_3)_3$的名称是(D)。

A. 丁基　B. 异丁基　C. 仲丁基　D. 叔丁基

46. 该化合物$CH_3CH_2CH_2CH(CH_3)CH_2CH_3$的系统名称是(B)。

A. 庚烷　B. 3-甲基己烷　C. 4-甲基己烷　D. 异辛烷

47. 甲基乙基异丙基甲烷的结构式为(A)。

A. $CH_3CH_2CH(CH_3)CH(CH_3)_2$　B. $CH_3C(CH_3)_2CH_2CH_3$

C. $CH_3CH_2CH_2CH(CH_3)CH(CH_3)_2$　D. $CH_3CH_2CH_3$

48. 下列物质中，符合C_nH_{2n}分子组成通式的是(B)。

A. $CH \equiv CH$　B. $CH_2=CH_2$

C. CH_3CH_3　D. $CH_2=CH—CH=CH_2$

49. 下列叙述中，错误的是(D)。

A. 乙烯是一种不饱和烃

B. 乙烯分子中含有碳碳双键一个是σ键一个是JI键

C. 乙烯的官能团是双键

D. 乙烯分子中的六个原子处在同一个平面上其键角为180°

50. 在实验室中通常以加热乙醇和浓硫酸的混合液来制取乙烯,在这个反应里浓硫酸(C)。

A. 既是反应物又是脱水剂　B. 既是反应物又是催化剂

C. 既是催化剂又是脱水剂　D. 仅是催化剂

51. 在下列烯烃中，用作水果催熟剂的物质是(A)。

A. 乙烯　B. 丙烯　C. 丁烯　D. 异丁烯

52. 下列反应中，能够说明烯烃分子具有不饱和结构的是(D)。

A. 燃烧　B. 取代反应　C. 加聚反应　D. 加成反应

53. 0.2mol 某烃完全燃烧后，产生 13.44L CO_2（标准状况）和 10.8g H_2O，该烃可能是（ B ）。

A. 乙烯　　B. 丙烯　　C. 乙烷　　D. 丙烷

54. 下列对化合物 $C(CH_3)_2{=}CHCH_3$ 的命名正确的是（ B ）。

A. 3－甲基－2－丁烯　　B. 2－甲基－2－丁烯

C. 异丙基乙烯　　D. 2－戊烯

55. 化合物 $C(CH_3)_3{-}CH(CH_3)CH{=}CH_2$ 的名称是（ D ）。

A. 2,2,3－三甲基－4－戊烯　　B. 2,2,3－三甲基－1－戊烯

C. 3,4,4－甲基－1－戊烯　　D. 3,4,4－三甲基－1－戊烯

56. 下列叙述中不正确的是（ A ）。

A. 乙炔是由两种原子组成的化合物　　B. 乙炔分子中含有碳碳叁键

C. 乙炔分子中碳碳三键键长是 0.120nm　　D. 乙炔碳碳叁键中有两个活泼价键

57. 下列有关乙炔性质的叙述中，既不同于乙烯又不同于乙烷的是（ D ）。

A. 能燃烧生成二氧化碳和水　　B. 能发生加成反应

C. 能与高锰酸钾发生氧化反应　　D. 能与氯化氢反应生成氯乙烯

58. 1mol 某烃完全燃烧可得到 2mol CO_2；在一定条件下，1mol 该烃能与 2mol H_2 发生加成反应，这种烃是（ C ）。

A. CH_4　　B. C_2H_4　　C. C_2H_2　　D. C_3H_4

59. 化合物 $CH_3CH(CH_3)CH_2C{\equiv}CH$ 的名称是（ D ）。

A. 3－甲基－1－戊炔　　B. 3－甲基戊炔

C. 2－甲基－1－戊炔　　D. 4－甲基－1－戊炔

60. 下列名称错误的是（ A ）。

A. 1,4－二甲基－2－戊炔　　B. 1－戊炔

C. 2,4－二己炔　　D. 丙炔

61. 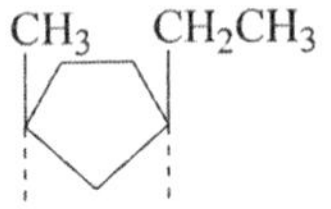

的正确名称是（ D ）。

A. 1－甲基－3－乙基环戊烷　　B. 顺 1－甲基－4－乙基环戊烷

C. 反 1－甲基－3－乙基环戊烷　　D. 顺 1－甲基－3－乙基环戊烷

62. 化合物 $CH_3{-}\triangle{-}CH_3$ 的名称是（ B ）。

A. 1,1－二甲基环丙烷　　B. 1,2－二甲基环丙烷

C. 1,3－二甲基环丙烷　　D. 二甲基环丙烷

63. 下列物质中，在一定条件下既能起加成反应又能起取代反应，但不能使高锰酸钾酸性溶液褪色的是（ B ）。

A. 乙烷　　B. 苯　　C. 乙烯　　D. 乙炔

64. 下列叙述中，对石油的组成说法不正确的是（ B ）。

A. 石油是棕黑色的粘稠状的物质

B. 石油是由碳和氢组成的化合物

C. 石油主要是由各种烷烃、环烷烃和芳烃组成的混合物

D. 石油是混合物，因此没有固定的沸点

65. 通常把测定试样的物质组成叫做(A)。

A. 定性分析　　B. 定量分析　　C. 无机分析　　D. 有机分析

66. 化学分析是(D)在生产中的应用。

A. 定性分析　　B. 定量分析　　C. 容量分析　　D. 分析化学

67. 优级纯试剂主成分含量高，杂质含量低，主要用于(B)。

A. 一般的科学研究　　B. 精密的科学研究

C. 重要的测定　　D. 工厂实验

68. 关于高纯或光谱纯试剂下面说法正确的是(D)。

A. 纯度与基准试剂相当

B. 纯度低于基准试剂

C. 纯度低于基准试剂但杂质含量比优级纯低

D. 纯度高于基准试剂且杂质含量比优级纯低

69. 通用试剂分析纯常用(B)符号表示。

A. GR　　B. AR　　C. CP　　D. LR

70. 我国国家标准 GB 15346—1994 规定通用试剂化学纯标签颜色为(C)。

A. 深绿色　　B. 红色　　C. 中蓝色　　D. 棕色

71. 准确度表示测量值与(B)接近的程度。

A. 平均值　　B. 真实值　　C. 标准值　　D. 算术平均值

72. 误差越小，表示分析结果的(B)越高。

A. 精密度　　B. 准确度　　C. 正确度　　D. 稳定度

73. 绝对误差是测量值与(B)之差。

A. 平均值　　B. 真实值　　C. 标准值　　D. 算术平均值

74. 用沉淀滴定法测纯 NaCl 中 Cl^- 的含量，测得结果为 59.98%，则绝对误差为(A)。$M(NaCl)=58.44g/mol$，$M(Cl)=35.45g/mol$。

A. −0.68%　　B. 0.68%　　C. −1.12%　　D. 无法计算

75. 误差在真实值中所占的百分率为(B)。

A. 系统误差　　B. 相对误差　　C. 绝对误差　　D. 计算误差

76. 用沉淀滴定法测纯 NaCl 中 Cl^- 的含量，测得结果为 59.98%，则相对误差为(C)。$M(NaCl)=58.44g/mol$，$M(Cl)=35.45g/mol$。

A. −0.68%　　B. 0.68%　　C. −1.12%　　D. 1.12%

77. 精密度用(D)表示。

A. 误差　　B. 视差　　C. 公差　　D. 偏差

78. 偏差大，表示测定结果的精密度(B)。

A. 高　　B. 低　　C. 准确　　D. 不准确

79. 绝对偏差是个别测量值与(A)之差。

A. 平均值　　B. 真实值　　C. 标准值　　D. 相对真值

80. 相对偏差是(C)在平均值中所占的百分率。

A. 绝对误差　　B. 相对误差　　C. 绝对偏差　　D. 真实值

81. 相对平均偏差表示平均偏差在(B)中所占的百分数。

A. 真实值　B. 测量平均值　C. 绝对偏差　D. 相对偏差

82. 测定铜合金中铜含量，五次测得数据为 72.32%、72.30%、72.25%、72.22%、72.21%，则其平均偏差(B)。

A. 0.02%　B. 0.04%　C. －0.02%　D. －0.04%

83. 测定铜合金中铜含量，五次测得数据为 62.54%、62.46%、62.50%、62.48%、62.52%，则其变异系数为(D)。

A. 0.02%　B. 0.03%　C. 0.04%　D. 0.05%

84. 在生产部门常用(C)范围来表示允许误差的大小。

A. 绝对偏差　B. 相对偏差　C. 公差　D. 标准偏差

85. 一个分析工作者获得三个极相近的平行测定结果，可以得出下面的(A)结论。

A. 偶然误差很低　B. 系统误差很低

C. 所用试剂很纯　D. 平均值是正确的

86. 下列数据中具有三位有效数字的有(C)。

A. 0.35　B. 1.4×10^3　C. 9.90　D. $pK_a=4.74$

87. 在记录数据和计算结果时保留的有效数字中，只有(B)是可疑数字。

A. 次位　B. 最后一位　C. 二位　D. 三位

88. “零”在数字前时，对有效数字没有影响，仅起(B)作用。

A. 数码　B. 定位　C. 数字　D. 位数

89. 下列数字中(D)的“0”只起到定位作用。

A. 3.05%　B. 20.05　C. 62120　D. 0.0006

90. 下列数据均保留二位有效数字，修约结果错误的是(A)。

A. 1.25→1.3　B. 1.35→1.4　C. 1.454→1.5　D. 1.7456→1.7

91. 14.4350 修约为四位有效数字是(B)。

A. 14.43　B. 14.44　C. 14.435　D. 14.42

92. 0.0212、22.25 及 1.26267 三数之和为(B)。

A. 23.53387　B. 23.53　C. 23.5339　D. 23.534

93. 运用有效数字运算规则计算 $0.01+25.64+1.0625=$ (A)。

A. 26.71　B. 26.72　C. 26.7157　D. 26.7

94. 按数字修约规则$\dfrac{0.032421\times8.2\times2.15\times10^2}{0.006150}$的计算结果应取(C)有效数字。

A. 一位　B. 二位　C. 三位　D. 四位

95. 算式$\dfrac{2.30\times(118-1.115)}{2.3666}$的结果应以(A)位有效数字报出。

A. 3　B. 5　C. 2　D. 4

96. 中华人民共和国计量法规定的计量单位是(C)。

A. 国际单位制计量单位

B. 国家选定的其他单位

C. 国际单位制计量单位和国家选定的其他单位

D. 制外单位

97. 可见－紫外分光光度定量分析依据(C)定律。

A. 反射　B. 法拉第电解　C. 朗伯比耳　D. 牛顿

98. 电化学分析法所检测的电参量不包含(D)。

A. 电阻　B. 电量　C. 电流　D. 标准电极电位

99. 电化学分析定性、定量的依据是(B)。

A. 检测电参量与电参量变化的关系　B. 检测电参量与化学量的关系

C. 电参量　D. 电参量变化

100. 色谱可以分为气相色谱和液相色谱，这种区分方法是依据(B)。

A. 色谱固定相类型　B. 色谱流动相状态

C. 色谱操作方式　D. 色谱分离的原理

101. 如果某原油的硫含量为1.2%，则其属于(B)。

A. 低硫原油　B. 含硫原油　C. 高硫原油　D. 超高硫原油

102. 如果某原油相对密度为0.891，则其属于(B)。

A. 轻质原油　B. 中质原油　C. 重质原油　D. 超重质原油

103. 蒸馏是利用混合物中各组分在同一压力下(A)不同，将混合物分成各组分或馏分。

A. 沸点　B. 粘度　C. 凝固点　D. 溶解度

104. 有四组双组分液体混合物，其相对挥发度如下，则(D)组用蒸馏的方法最易分离。

A. 相对挥发度为1　B. 相对挥发度为1.3

C. 相对挥发度为2　D. 相对挥发度为2.5

105. 液体(A)越大，表明其蒸发能力越强。

A. 挥发度　B. 沸点　C. 密度　D. 粘度

106. 在一定压力下，将油品加热汽化，直到油品全部汽化时所相应的平衡温度，称为(B)温度。

A. 泡点　B. 露点　C. 沸点　D. 初馏点

107. 在同一压力下，(D)泡点温度最小。

A. 渣油　B. 柴油　C. 煤油　D. 汽油

108. 某设备内的表压是指(D)。

A. 大气压＋真空度　B. 大气压－真空度

C. 大气压－绝对压力　D. 绝对压力－大气压

109. 液体(D)越大，表明其蒸发能力越强。

A. 密度　B. 沸点　C. 粘度　D. 蒸汽压

110. 液体温度升高时，(A)会增加。

A. 蒸汽压　B. 密度　C. 粘度　D. 质量

111. 压力升高时，气体在液体中的溶解度(C)。

A. 减小　B. 不变　C. 增大　D. 先减小后增大

112. 将液态氧继续冷却至(D)就形成淡蓝色固体结晶。

A. －100℃　B. －83℃　C. －123℃　D. －218.4℃

113. 氮气属(A)气体。

A. 不燃　B. 可燃　C. 易燃　D. 化学性质活跃的

114. 对于视力神经危害最为严重的是(B)。

A. 乙醇　　B. 甲醇　　C. 丙酮　　D. 甲苯

115. 下列毒气中(C)是无色无味的。

A. 氯气　　B. 硫化氢　　C. 一氧化碳　　D. 二氧化硫

116. 有吸湿性的粘稠液体是(A)。

A. 三甘醇　　B. 环氧乙烷　　C. 乙醇　　D. 乙苯

117. 石油液化气是(B)的混合液体。

A. 甲烷和乙烷　　B. 多种烃类　　C. 戊烷和己烷　　D. 多种烃类和水

118. 辛烷值表示(A)抗爆性的重要指标。

A. 汽油　　B. 润滑油　　C. 液化石油气　　D. 渣油

119. 若浓氢氧化钠溅到皮肤上，应立即用大量清水冲洗，接着用(C)冲洗。

A. 20%的盐酸溶液　　B. 2%的烧碱溶液

C. 2%的硼酸溶液　　D. 20%的氯化钠溶液

120. 氩气在石墨炉原子吸收中可用做(D)。

A. 助燃气　　B. 燃烧气　　C. 稀释气　　D. 保护气

121. 脱盐水品质的重要指标是(B)。

A. 灰分　　B. 电导率　　C. 等规指数　　D. 露点

122. 电流强度的物理符号是(C)。

A. U　　B. A　　C. I　　D. V

123. 把 1C 的电荷，从距离为 10m，电压为 2V 的 A 点移动到 B 点，电荷对外作的功为(B)。

A. 1J　　B. 2J　　C. 5J　　D. 10J

124. 电阻的物理符号是(C)。

A. U　　B. A　　C. R　　D. V

125. 把一根导线均匀拉伸为原来长度的 2 倍，则其电阻值变成原来的(D)倍。

A. 1　　B. 0.5　　C. 2　　D. 4

126. 串联电路中，电阻值最大的电阻两端的电压(C)。

A. 等于电源电压　　B. 小于其他电阻两端的电压

C. 大于其他电阻两端的电压　　D. 不能确定

127. 把三个同样的导线拧在一起当一个新导线使用，新导线的电阻值(B)。

A. 等于原来导线电阻值　　B. 等于原来的电阻值的 1/3

C. 等于原来电阻值的 3 倍　　D. 等于原来电阻值的 9 倍

128. 若对试剂进行鉴别时，正确的方式是(D)。

A. 以手感知

B. 以鼻直接接近瓶口加以鉴别

C. 少量入口进行鉴别

D. 将试剂远离鼻子，以手轻轻煽动，稍闻即止

129. 安全生产法的最基本依据是(B)。

A. 经济法　　B. 中华人民共和国宪法

C. 刑法　　D. 合同法

130. 从业人员经过安全教育培训，了解岗位操作规程，但未遵守而造成事故的，行为人应负(C)责任，有关负责人应负管理责任。

A. 领导　　B. 管理　　C. 直接　　D. 间接

131. 单纯加高压压缩，可产生分解、爆炸等危险性的气体，必须在加高压的同时，将其溶解于适当溶剂，并由多孔性固体物充盛。此类为(B)。

A. 压缩气体　　B. 溶解气体　　C. 液化气体　　D. 特种气体

132. 使用烘箱和高温炉时，(B)。

A. 可以用高温将大量溶剂从玻璃容器中赶出

B. 必须确认自动控温装置可靠

C. 温度高低不限

D. 可不用温度显示

133. 可燃烧液体的燃烧过程较可燃气体复杂，所需的初始能量(A)。

A. 较多　　B. 较少　　C. 相等　　D. 不确定

134. 任何场所的防火通道内，都要装置(B)。

A. 防火标语及海报　　B. 出路指示灯及照明设备

C. 消防头盔和防火服装　　D. 灭火器材

135. 为保证消防安全，在罐装液体时，容器应留有(B)的空间。

A. 1%　　B. 5%　　C. 10%　　D. 15%

136. 每种化学品最多可以选用(B)标志。

A. 一个　　B. 两个　　C. 三个　　D. 四个

137. 贮存危险化学品的建筑物或场所应安装(C)。

A. 电表　　B. 指示灯　　C. 避雷设备　　D. 监视器

138. 三氧化二砷属于(A)。

A. 无机剧毒品　　B. 有机剧毒品　　C. 无机毒害品　　D. 有机毒害品

139. 可燃性混合气的初始温度升高，　爆炸极限范围(C)。

A. 不变　　B. 减小

C. 增大　　D. 无法确定变化趋势

140. 不是压缩气体的是(A)。

A. 二氧化碳　　B. 氧气　　C. 氮气　　D. 氢气

141. 甲苯的危害性是指(A)。

A. 易燃、有毒性　　B. 助燃性　　C. 腐蚀性　　D. 刺激性

142. 木材燃烧属于(A)类火灾。

A. A　　B. B　　C. C　　D. D

143. 可燃物发生自然的最低温度称为(C)。

A. 闪点　　B. 燃点　　C. 自燃点　　D. 着火点

144. 电石是(B)。

A. 易燃物品　　B. 遇湿易燃物品　　C. 氧化剂　　D. 有毒品

145. 过氧化氢是(B)。

A. 弱氧化剂　　B. 强氧化剂　　C. 强还原剂　　D. 弱还原剂

146. 制作干电池使用的二氧化锰的危害是(B)。
A. 刺激性　B. 有毒　C. 腐蚀性　D. 可燃性

147. 下述说法不属于采样具体目的的是(A)。
A. 样品有充分代表性　B. 鉴定物料来源
C. 进行仲裁　D. 确定销售价格

148. 采样在商业方面的目的不包含(D)。
A. 确定销售价格　B. 验证是否符合合同规定
C. 保证产品满足用户要求　D. 进行仲裁

149. 为了按危险性进行物料分类而进行的物料特性检验属于采样的(D)。
A. 商业目的　B. 技术目的　C. 基本目的　D. 安全目的

150. 如果采样的作业费用较高，设计采样方案时(B)。
A. 只考虑采样误差　B. 要兼顾采样误差和费用
C. 只考虑采样费用　D. 可以忽略采样安全

151. 下列内容不属于采样方案基本内容的是(C)。
A. 确定样品数　B. 确定采样单元
C. 物料的价值　D. 规定采样工具

152. 对被采总体物料的范围，叙述错误的是(B)。
A. 是买卖双方协议的某交货批　B. 是现实的物料，与买卖双方协议无关
C. 是间断生产的某生产批　D. 是连续生产某时间间隔内生产的物料

153. 气体化工样品采样方案不包括(C)。
A. 采样单元数　B. 样品类型　C. 采样目的　D. 采样方法

154. 关于气体化工样品采样目的和采样类型关系的叙述，正确的是(A)。
A. 采样目的决定采样类型　B. 采样类型决定采样目的
C. 二者相互决定　D. 二者互不相干

155. 气体化工样品采样设备对材料的要求不包含(C)。
A. 对样品不吸收　B. 对样品气不渗透
C. 不能采用玻璃材质　D. 容易加工连接

156. 珐琅质采样器一般能耐(A)℃的高温，但易受热灰侵蚀。
A. 1400　B. 1500　C. 1300　D. 1600

157. 不属于气体化工样品采样设备的试漏方法的是(B)。
A. 将系统加压后关闭出口，然后观察压力计变化
B. 将肥皂水注入容器试漏
C. 用高频火花放电器检查
D. 系统加压后，用肥皂水涂抹所有连接点

158. 适用于贮罐、槽车和船舶采样的采样设备是(C)。
A. 玻璃采样瓶　B. 采样笼罐
C. 普通型采样器　D. 加重型采样器

159. 相对密度较大的液体化工样品适宜于选用(D)。
A. 采样瓶　B. 底阀型采样器

C. 普通型采样器　　D. 加重型采样器

160. 管线取样设备的试样入口中心点应在不小于管线内径的(B)处。

A. 1/2　　B. 1/3　　C. 1/4　　D. 1/5

161. 固体化工样品的基本要求不包含(A)。

A. 样品洁净　　B. 样品能代表总体物料的特性

C. 样品量能满足检验需要的最佳量　　D. 根据方法规定决定样品数

162. 下列设备，不属于固体化工样品采样设备的是(B)。

A. 采样探子　　B. 采样勺　　C. 采样钻　　D. 真空探针

163. 固体化工样品自动采样器的类型不包含(B)。

A. 间歇式　　B. 固定式　　C. 连续式　　D. 输送带用

164. 对于固体散装物料，当批量大于 80t 时，采样单元(或点)应为(A)。

A. 40　　B. 50　　C. 30　　D. 60

165. 采集的样品量，应至少能满足(B)次重复检验的需求。

A. 2　　B. 3　　C. 4　　D. 5

166. 采集低于大气压的气体，应将采样器的一端连到采样导管，然后(A)。

A. 另一端接抽气泵　　B. 清洗导管

C. 清洗采样器　　D. 采集样品

167. 连续样品是指(B)。

A. 从物料的特定部位采得的样品　　B. 从物料流中连续取得的样品

C. 从连续的物料流中定时取得的样品　　D. 在物料流中特定部位取得的样品

168. 间断样品是指(C)。

A. 从物料的特定部位采得的样品　　B. 从间断的物料流中连续取得的样品

C. 从物料流中间断取得的样品　　D. 在物料流中特定时间取得的样品

169. 用分段采样法采集的样品，需要(D)分析。

A. 混合后　　B. 间隔　　C. 随机　　D. 逐个

170. 用卡式气罐采取低碳烃类液化气体产品，应用待采物料至少冲洗(C)次。

A. 1　　B. 2　　C. 3　　D. 4

171. 用带有一长一短双内管连通双阀门瓶头的液氯钢瓶取液氯，可采得预留容积为钢瓶容积(A)的样品。

A. 12%～15%　　B. 15%～18%　　C. 10%～12%　　D. 8%～15%

172. 高纯气体应用 15 倍以上(B)的样品置换分析导管。

A. 质量　　B. 体积　　C. 质量体积比　　D. 体积质量比

173. 从立式圆形贮罐采取液体化工样品，如果物料未装满，且上部取样口比中部取样口更接近液面，则应从中部采取(B)样品。

A. 1/2　　B. 2/3　　C. 3/4　　D. 4/5

174. 如果需要知道大桶装液体化工样品的表面情况，应该(D)。

A. 采全液位样品后取表面部分样品

B. 采部位样品混合均匀后取表面部分样品

C. 滚动或搅拌均匀取混合样后取表面部分样品

D. 取表面样品

175. 从船舱内采取液体化工样品，应将上中下部位样品，按(B)混合均匀。

A. 1:2:1　　B. 1:1:1　　C. 2:3:2　　D. 3:4:4

176. 管道采样时，流速变化大于平均流速(C)时，按流量比采样。

A. 5%　　B. 8%　　C. 10%　　D. 15%

177. 管道采样按流量比采样，如果输送数量在 1000 ~ 10000m^3 时，应每隔(C)m^3 采样一次。

A. 100　　B. 500　　C. 1000　　D. 2000

178. 对于稍加热即成为流动态的化工样品采样，一般建议(D)。

A. 从交货容器采样　　B. 使产品熔化后采样

C. 采固体样品　　D. 在生产厂采样

179. 多相液体在采代表性样品时必须(C)。

A. 在操作的固定阶段搅拌　　B. 在操作的固定时间搅拌

C. 在操作的全过程连续搅拌　　D. 在操作过程中随意搅拌

180. 采取运动的规则块状物的截面样品，可用适当的工具或采用(A)的方法。

A. 分流　　B. 人工　　C. 分时　　D. 转向

181. 对于连续大块固体物料，沿要求的方向把物料破成两块，切削新暴露的表面，收集碎屑作为样品，称为(B)。

A. 部位样品　　B. 定向样品　　C. 几何样品　　D. 代表样品

182. 关于固体化工样品采样步骤的理解，错误的是(C)。

A. 首先要确定采样目的

B. 要在确定采样对象之后选择装置和采样技术

C. 采样方案的确定要在采样装置和技术确定之后

D. 样品制备属于采样的步骤之一

183. 采取液体化工产品，一般原始样品量(D)实验室样品需要量。

A. 小于　　B. 等于　　C. 稍小于　　D. 大于

184. 下列关于气体化工样品采样注意事项的表述，错误的是(A)。

A. 采样钢瓶进行技术检验后可放心使用　　B. 采样时钢瓶不能装满

C. 采样区要有良好通风　　D. 液氢采样应用特殊采样器

185. 保存化工样品的样品标签，无需标注的内容是(D)。

A. 样品名称　　B. 样品编号　　C. 样品批号　　D. 样品性能

186. 固体化工样品备检样品的储存时间一般为(B)。

A. 3 个月　　B. 6 个月　　C. 1 年　　D. 2 年

187. 保存液体化工样品时，无需考虑的内容是(A)。

A. 物质的可燃性　　B. 物质的光敏性

C. 物质的温敏性　　D. 物质的挥发性

188. 下列叙述属于气体化工样品误差产生原因的是(B)。

A. 严格试漏　　B. 气体混合物分层

C. 采用短的、孔径小的导管　　D. 调整流速

189. 选择气体化工样品采样器封闭液，一般不选择(B)。
A. 水 B. 汞 C. 稀酸 D. 盐的水溶液
190. 气体化工样品气体的处理不包含(C)。
A. 过滤 B. 脱水 C. 清洗 D. 改变温度
191. 气体化工样品脱水的方法不包括(D)。
A. 化学干燥剂 B. 冷阱 C. 渗透 D. 凝聚
192. 气体化工样品减压器和导管采取反复增减压力清洗的原因是(C)。
A. 体积太大 B. 体积太小 C. 有死体积 D. 里面气体组成较重
193. 下列物料混匀方法中，不属于液体化工样品物料混匀方法的是(D)。
A. 用手摇晃混匀 B. 用搅拌器进行混匀
C. 用喷射循环泵进行混匀 D. 将两种物料在一起搅拌均匀
194. 固体化工样品样品制备的目的不包括(A)。
A. 样品各部分有相同几率进入最终样品 B. 最佳量
C. 满足检验要求 D. 待测性质能代表总体物料特征
195. 固体化工样品的样品制备包括(C)个阶段。
A. 1 B. 2 C. 3 D. 4
196. 手工方法混合固体化工样品，选择工具的依据是(C)。
A. 样品性质 B. 样品种类 C. 样品量大小 D. 混合的目的
197. 手工方法缩分固体化工样品，常用的方法有(B)。
A. 四等分法和交替法 B. 四等分法和交替铲法
C. 八等分法和交替法 D. 八等分法和交替铲法
198. 准确移取各种不同量的液体的玻璃仪器是(D)。
A. 容量瓶 B. 量杯 C. 量筒 D. 分度吸量管
199. 准确移取一定量液体的玻璃仪器是(B)。
A. 容量瓶 B. 单标线吸量管 C. 量筒 D. 量杯
200. 对玻璃有明显腐蚀的溶液是(D)。
A. 稀盐酸 B. 浓酸 C. 氯化氨 D. 浓或热的碱
201. 将称量瓶置于烘箱中干燥时，应将瓶盖(A)在瓶口上。
A. 横放 B. 紧盖 C. 取出 D. 放在烘箱的隔板上
202. 洗涤下列玻璃仪器时，严禁用去污粉擦洗的是(D)。
A. 量杯 B. 烧杯 C. 锥形瓶 D. 比色皿
203. 沾污 AgCl 的容器用(D)洗涤最合适。
A. 1+1 盐酸 B. 1+1 硫酸 C. 1+1 醋酸 D. 1+1 氨水
204. 为避免腐蚀玻璃，不应在玻璃器皿中停留超过 20min 的是(C)。
A. 铬酸洗液 B. 工业盐酸 C. 强碱性洗液 D. 酸性草酸
205. 铬酸洗液因(A)，近年来多以合成洗涤剂、有机溶剂等来去除污渍。
A. 毒性较大 B. 配制复杂 C. 代价大 D. 不易保存
206. 酸性洗涤液用于洗去玻璃仪器上的(B)污渍。
A. 酸性 B. 碱性 C. 中性 D. 油污

207. 玻璃量器的烘干温度不得超过(B)℃，以免引起容积变化。

A. 90　　B. 150　　C. 105　　D. 50

208. 煤气火焰中的还原焰温度在(B)℃左右。

A. 500　　B. 600　　C. 800　　D. 1000

209. 玻璃搅拌棒的长度一般为烧杯高度的(B)倍。

A. 1　　B. 1.5　　C. 2　　D. 2.5

210. 玻璃管进行弯曲加工时，在管内加入细砂是为了(B)。

A. 避免管内进入空气　　B. 使玻璃管受热均匀

C. 使弯曲形状美观　　D. 更坚固

211. 石英玻璃的主要化学成分是(A)。

A. SiO_2　　B. Al_2O_3　　C. B_2O_3　　D. CaO

212. 石英玻璃的软化温度是(A)℃。

A. 1650　　B. 1100　　C. 1400　　D. 1000

213. 聚乙烯及聚丙烯常代替玻璃试剂瓶，但最好不储存(C)。

A. 呈碱性的盐类　　B. 氢氟酸　　C. 浓硫酸　　D. 浓氢氧化钠

214. 我国现行国家标准是按天平的(C)进行分类的。

A. 负载　　B. 准确度　　C. 相对精度　　D. 分度值

215. 电子天平采用(B)原理，称量时全量程不用砝码。

A. 杠杆平衡　　B. 电磁力平衡　　C. 光电效应　　D. 阻尼

216. 天平的最大称量，表示天平可称量的(A)。

A. 质量最大值　　B. 体积最大值　　C. 重量最大值　　D. 最大载荷的 80%

217. 天平的最大称量必须(A)被测物体可能的质量。

A. 大于　　B. 小于　　C. 等于　　D. 接近

218. 容积 10mL，分刻度值为 0.05mL 滴定管称为(C)滴定管。

A. 常量　　B. 微量　　C. 半微量　　D. 普通

219. 有油污不易洗净的酸式滴定管，可用(D)洗涤。

A. 自来水　　B. 肥皂水　　C. 洗衣粉水　　D. 铬酸洗液

220. 不能检查酸式滴定管漏水的方法是(A)。

A. 凡士林是否呈透明状态　　B. 刻线上的液面是否下降

C. 滴定管下端有无水滴滴下　　D. 活塞隙缝中有无渗水

221. 碱式滴定管漏水时，可以(A)。

A. 调换为较大的玻璃珠　　B. 将玻璃珠涂油后再装入

C. 调换为下口直径较细的尖管　　D. 调好液面立即滴定

222. 使用碱式滴定管进行滴定，正确的操作方法是(C)。

A. 右手捏玻璃珠中上部近旁的橡皮管　　B. 右手捏玻璃珠中下部近旁的橡皮管

C. 左手捏玻璃珠中上部近旁的橡皮管　　D. 左手捏玻璃珠中下部近旁的橡皮管

223. 移液管为(A)计量玻璃仪器。

A. 量出式　　B. 量入式　　C.A 级　　D.B 级

224. 淋洗时，吸取溶液的量是移液管和吸量管容量的(B)。

A. 1/2　　B. 1/3　　C. 1/4　　D. 满量

225. 移液管和吸量管尖端的液滴应(C)。

A. 用滤纸吸掉　B. 用手指弹掉　C. 靠壁去掉　D. 甩掉

226. 容量瓶为(B)计量玻璃仪器。

A. 量出式　B. 量入式　C.A 级　D.B 级

227. 容量瓶较脏时，可用(D)洗涤。

A. 去污粉　B. 自来水　C. 蒸馏水　D. 铬酸洗液

228. 在容量瓶中定容，当加水至其容量的(C)时，应将容量瓶拿起平摇几次，作初步混匀。

A. 1/2　B. 2/3　C. 3/4　D. 1/3

229. 三级水的 pH 值应在(A)范围内。

A. 5.0~7.5　B. 3.1~4.0　C. 8.0~9.0　D. 5.5~4.5

230. 标准溶液与被测组分定量反应完全时，即二者的计量比与反应式所表示的化学计量关系恰好相符之时，反应就达到了(B)。

A. 等当点　B. 化学计量点　C. 滴定终点　D. 指示剂变色转折点

231. 指示剂的变色点称为(C)。

A. 等当点　B. 化学计量点

C. 滴定终点　D. 指示剂变色转折点

232. 滴定分析法适于组分含量(A)的样品的测定。

A. 大于 1%　B. 小于 1%　C. 大于 0.1%　D. 小于 0.1%

233. 一般情况下，滴定分析法的相对误差(C)。

A. 不大于 0.1%　B. 不小于 0.1%　C. 不大于 0.2%　D. 不小于 0.2%

234. 酸碱滴定法是以(A)反应为基础的一种滴定分析法。

A. 质子传递　B. 沉淀　C. 配位　D. 氧化还原

235. 配位滴定法是以(C)反应为基础的一种滴定分析法。

A. 质子传递　B. 沉淀　C. 配位　D. 氧化还原

236. 氧化还原滴定法是以(D)反应为基础的一种滴定分析法。

A. 质子传递　B. 沉淀　C. 配位　D. 电子转移

237. 滴定分析法要求反应按一定的化学方程式定量进行，而且实际进行完全，通常要求达到(D)以上。

A. 80%　B. 90%　C. 95%　D. 99.9%

238. 滴定反应要求在(B)完成。

A. 一定时间内　B. 瞬间

C. 越快越好　D. 不需加热或加催化剂的情况下

239. 酸度是指溶液中(A)的平衡浓度。

A. H^+　B. OH^-　C. $H^+ + OH^-$　D. 所有型体

240. 碱度是指溶液中(B)的平衡浓度。

A. H^+　B. OH^-　C. $H^+ + OH^-$　D. 所有型体

241. 配位分子中，中心离子和配位体以(C)结合。

A. 共价键　B. 离子键　C. 配位键　D. 化合键

242. EDTA 与 Fe^{3+} 形成配位化合物时化学计量系数比为(D)。

A. 3:2　　B. 2:2　　C. 2:3　　D. 1:1

243. 有关 $Na_2H_2Y \cdot 2H_2O$ 的性质，正确的有(D)。

A. 黄色结晶状粉末　　B. 有臭味

C. 有毒　　D. 易精制且稳定

244. EDTA 溶液最易与金属离子形成配合物的形式为(A)。

A. Y^{4-}　　B. H_3Y^-　　C. H_2Y^{2-}　　D. HY^{3-}

245. 当 pH 大于 10.26 时 EDTA 主要以(A)的形式存在。

A. Y^{4-}　　B. H_3Y^-　　C. H_2Y^{2-}　　D. HY^{3-}

246. 对于相同类型的配位物，$K_{稳}$ 值越大，其配位物就越(A)。

A. 稳定　　B. 不稳定　　C. 活波　　D. 惰性越大

247. 两种金属离子与同一配位剂生成两种类型相同的络合物时，其配位次序是(B)的先络合。

A. $K_{稳}$ 值小　　B. $K_{稳}$ 值大　　C. 无先后次序　　D. 无法比较

248. 在氧化还原滴定法中，常根据所用的(B)不同而将此法分为高锰酸钾法、重铬酸钾法、碘量法、溴酸钾法等。

A. 还原剂　　B. 氧化剂　　C. 指示剂　　D. 滴定剂

249. 氧化还原滴定法同其他容量滴定分析方法基本相同之处是(D)。

A. 方法原理　　B. 反应速度　　C. 滴定条件　　D. 都属于化学分析

250. 进行沉淀滴定要求沉淀反应必须具备的条件之一是生成的沉淀的溶解度(A)。

A. 比较小　　B. 比较大　　C. $K_{sp} > 10^{-5}$　　D. $K_{sp} < 10^{-5}$

251. 下列关于沉淀滴定说法错误的有(D)。

A. 沉淀反应必须迅速　　B. 生成的沉淀溶解度必须很小

C. 要有合适的指示剂指示终点　　D. 沉淀不能有吸附现象

252. 根据分离方法的不同，重量分析常用的是(A)。

A. 沉淀法和气化法　　B. 电解法

C. 萃取法　　D. 气化失重法和吸收剂增重法

253. 测定 $BaCl_2 \cdot 2H_2O$ 中结晶水的含量，使用的方法是(B)。

A. 沉淀法　　B. 气化法　　C. 电解法　　D. 萃取法

254. 重量分析法主要用于测定(A)组分。

A. 大于 1%　　B. 小于 1%　　C.0.1% ~ 1%　　D. 大于 5%

255. 与滴定分析相比，重量分析(D)。

A. 准确度高　　B. 快速

C. 应用范围广　　D. 无需基准试剂

256. 将 28.40g 的 Na_2SO_4 溶于水后，稀释至 2L，则其物质的量浓度为(C)mol/L。$M(Na_2SO_4) = 142.04$g/moL

A. 0.1　　B. 0.2　　C. 0.1000　　D. 0.2000

257. B 的物质的量浓度是指 B 的物质的量除以(C)的体积。

A. 溶剂　　B. 溶质　　C. 混合物　　D.B

258. 12.5gNaOH溶于50g水中，则此溶液的质量分数为(A)。

A. 20%　　B. 10%　　C. 40%　　D. 30%

259. 质量分数一般不能用来表示(D)的标度。

A. 市售的浓酸溶液　　B. 市售的浓碱溶液

C. 实验室中一些辅助试剂　　D. 标准溶液

260. 200mL NaOH溶液中含有NaOH 5g，则此溶液的质量浓度为(A)。

A. 0.025g/mL　　B. 0.025g/L　　C. 0.05g/mL　　D. 0.05g/L

261. B的质量浓度是指B的质量与混合物的(B)之比。

A. 质量　　B. 体积　　C. 量　　D. 含量

262. 取20mL无水乙醇，加480mL水，则此溶液的体积分数为(B)。

A. 2%　　B. 4%　　C. 6%　　D. 8%

263. B的体积分数表示B的体积与(A)之比。

A. 混合物的体积　　B. 溶质的体积　　C. 溶剂的体积　　D. 另一种液体的体积

264. (1+5)HCl溶液，表示(A)。

A. 1单位体积市售浓HCl与5单位体积蒸馏水相混

B. 5单位体积市售浓HCl与1单位体积蒸馏水相混

C. 1单位体积HCl与5单位体积蒸馏水相混

D. 1单位体积任何浓度的HCl与5单位体积蒸馏水相混

265. 质量比浓度是指(B)相互混合的表示方法。

A. 两种液体试剂　　B. 两种固体试剂

C. 两种气体试剂　　D. 都可以用质量比浓度表示

266. 滴定度表示1mL标准溶液相当于被测物质的(C)。

A. 量　　B. 体积　　C. 质量　　D. 含量

267. 已知 $T_{Na_2CO_3/HCl}=0.01060g/mL$，用上述HCl标准溶液测定0.4000g纯碱试样时，耗去25.34mL，则试样中 Na_2CO_3 的质量分数为(A)。

A. 67.15%　　B. 33.57%　　C. 26.86%　　D. 10.60%

268. 有关递减称样法的说法错误的是(D)。

A. 简便　　B. 快速　　C. 准确　　D. 不能称液体

269. 递减称样法不适用于(D)的称量。

A. 在空气中易吸水的物质　　B. 易氧化的物质

C. 与空气中二氧化碳发生作用的物质　　D. 挥发性液体

270. 烘干的称量瓶、灼烧过的坩埚等一般放在(B)冷却到室温后进行称量。

A. 空气中　　B. 干燥器内　　C. 烘箱内　　D. 高温炉内

271. 如果被称物温度较高，则称量结果(A)真实值。

A. 小于　　B. 大于　　C. 等于　　D. 无影响

272. 市售浓 H_2SO_4，密度 $\rho=1.84g/mL$，$\omega=96\%$，则其 $C(H_2SO_4)$ 是(C)mol/L。$M(H_2SO_4)=98.08g/mol$。

A. 10.0　　B. 15.0　　C. 18.0　　D. 36.0

273. 已知HCl溶液密度 $\rho=1.19g/mL$，$\omega=36.5\%$，则 $C(HCl)$ 是(A)mol/L。$M(HCl)=36.5g/mol$。

A. 11.9　　B. 5.8　　C. 23.8　　D. 36.5

274. 今有 HCl 溶液，质量浓度为 344.8 g/L，密度 $\rho = 1.149g/mL$，则此溶液的质量分数为(C)。

A. 12.48%　　B. 24.97%　　C. 30%　　D. 40%

275. 已知 NaOH 溶液的 $\omega = 2\%$，$\rho = 1.021g/mL$，则其质量浓度是(B)g/L。

A. 10.2　　B. 20.4　　C. 40.8　　D. 61.2

276. 已知 $C(K_2Cr_2O_7) = 0.02000mol/L$，则 $K_2Cr_2O_7$ 标准溶液对 Fe 的滴定度为(A)g/mL。$M(Fe) = 55.85g/mol$。

A. 0.006702　　B. 0.009581　　C. 0.013404　　D. 0.004795

277. 已知 $KMnO_4$ 对 As_2O_3 的滴定度为 4.946mg/mL，则 $C(KMnO_4)$ 为(D)mol/L。$M(As_2O_3) = 197.84g/mol$。

A. 0.01000　　B. 0.03000　　C. 0.1000　　D. 0.02000

278. 已知 1:3 的 HNO_3 溶液，此溶液的 $C(HNO_3)$ 为(B)mol/L。(浓 HNO_3 的 $\rho = 1.42g/mL$ $\omega = 72\%$，$M(HNO_3) = 63$ g/mol。)

A. 2　　B. 4　　C. 6　　D. 8

279. 1 + 3HCl 溶液相当于物质的量浓度 $C(HCl)$ 为(C)mol/L。(浓 HCl 的 $\rho = 1.19g/mL$ $\omega = 37\%$，$M(HCl) = 35.5g/mol$。)

A. 1　　B. 2　　C. 3　　D. 4

280. 配制 $C(Na_2CO_3) = 0.5mol/L$ 溶液 500mL，应称取 Na_2CO_3(C)g。$M(Na_2CO_3) = 106g/mol$。

A. 20　　B. 25　　C. 26.5　　D. 30

281. 配制一定浓度的硫酸溶液应按照(A)方法配制。

A. 将浓硫酸慢慢倒入水中并不断搅拌

B. 将水慢慢倒入浓硫酸中并不断搅拌

C. 计算好数量的水和浓硫酸一齐倒入烧杯中搅拌

D. 任意配置

282. 现有 4.0L$C(HCl) = 0.25$ mol/L HCl 溶液，需加(C)L 水才能使之成为 $C(HCl) = 0.10$ mol/L HCl 溶液。

A. 4　　B. 5　　C. 6　　D. 7

283. 现有 2L $C(NaOH) = 0.050$ mol/L NaOH 溶液，需加(A)固体才能使之成为 $C(NaOH) = 0.10$ mol/L NaOH 溶液。

A. 4　　B. 5　　C. 6　　D. 7

284. 滴定分析用标准溶液在常温下，保存时间一般不得超过(B)。

A. 1个月　　B. 2个月　　C. 3个月　　D. 6个月

285. 用有机溶剂配制溶液时，错误的操作是(C)。

A. 应不时搅拌　　B. 在热水中温热溶液

C. 可直接加热　　D. 在通风橱中操作

286. 分析实验所用的溶液应用纯水配制，容器应用纯水洗(B)。

A. 2次以上　　B. 3次以上　　C. 6次以上　　D. 越多越好

287. 在纯水中加入一些酸，则溶液中(C)。

A. $[H^+][OH^-]$的乘积增大　　B. $[H^+][OH^-]$的乘积减小

C. $[H^+][OH^-]$的乘积不变　　D. 不确定

288. 25℃下，1.0×10^{-3}mol/L HCl溶液中OH^-浓度为(D)mol/L。

A. 1.0×10^{-3}　　B. 1.0×10^{-4}　　C. 1.0×10^{-7}　　D. 1.0×10^{-11}

289. pH值的应用范围一般在(A)之间。

A. 1~14　　B. 4.5~6.0　　C. 7~14　　D. 1~7

290. 25℃下，溶液中pH和pOH的关系为pH+pOH=(C)。

A. 7　　B. 10　　C. 14　　D. 20

291. 缓冲溶液能对溶液的(C)起稳定作用。

A. 浓度　　B. 电离度　　C. 酸度　　D. 平衡常数

292. 下列溶液稀释10倍后，pH值变化最小的是(D)。

A. 1mol/L HAc　　B. 1mol/L HCl

C. 1mol/L NH_3　　D. 0.5mol/L HAc和0.5mol/L NaAc

293. 每一种缓冲溶液都具有一定的缓冲能力，其大小可用(C)来衡量。

A. pH范围　　B. 缓冲溶液的总浓度

C. 缓冲容量　　D. 外加的酸(碱)量

294. 当缓冲溶液的浓度比为1:1时，总浓度越大，缓冲容量(B)。

A. 越小　　B. 越大　　C. 不变　　D. 不确定

295. $NH_3\cdot H_2O-NH_4Cl$缓冲溶液，$pK_b=4.74$，其缓冲范围是(A)。

A. 8.26~10.26　　B. 3.74~5.74

C. 0.1~10　　D. 1~14

296. 以下有关酸碱指示剂的叙述正确的是(B)。

A. 在酸性范围内变色的指示剂一定属于弱酸

B. 指示剂的酸式与共轭碱式型体必须具有不同的颜色

C. 最理想的指示剂应在pH=7时变色

D. 在碱性范围内变色的指示剂一定属于弱碱

297. 常用的酸碱指示剂是(C)。

A. 无机弱酸或弱碱　　B. 无机强酸或强碱

C. 有机弱酸或弱碱　　D. 有机强酸或强碱

298. 某指示剂的$K_{HIn}=1.0\times10^{-4}$，其理论变色范围则为(C)。

A. pH=3~4　　B. pH=4~6　　C. pH=3~5　　D. pH=4~5

299. 酸碱指示剂的理论变色点(D)。

A. $pH=pK_a-1$　　B. $pH=pK_a+1$　　C. $pH=pK_a\pm1$　　D. $pH=pK_a$

300. 影响指示剂变色范围的主要因素不包括(B)。

A. 溶剂　　B. 试液的酸碱性　　C. 指示剂用量　　D. 温度

301. 对酚酞指示剂，若用量过多，终点在(A)时出现。

A. pH值较低　　B. pH值较高　　C. 变色　　D. 终点

302. 混合指示剂是利用(A)，使颜色的变化更加敏锐。

A. 颜色互补原理　　B. 变色范围不同

C. 人眼对不同颜色的敏感程度不同　　D. 酸式结构颜色不同于碱式结构颜色

303. 混合指示剂较单一指示剂具有(C)的优点。

A. 配制简便　B. 容易保存　C. 变色敏锐　D. 用量少

304. 酸碱滴定曲线突跃范围的大小与酸碱强弱及浓度的关系是(A)。

A. 浓度越大、$K_a(K_b)$越大，突跃越大　B. 浓度越大、$K_a(K_b)$越小，突跃越大

C. $K_a(K_b)$一定，浓度越小，突跃越大　D. 浓度一定，$K_a(K_b)$越大，突跃越小

305. 用 $C(NaOH) = 1mol/L$ 的 NaOH 标准溶液滴定 $C(HCl) = 1mol/L$ 的 HCl 溶液 20.00mL，滴定突跃范围为(C)。

A. 5.30 ~ 8.70　B. 4.30 ~ 9.70　C. 3.30 ~ 10.70　D. 2.30 ~ 10.70

306. 关于金属指示剂，下列说法不正确的是(D)。

A. 金属指示剂本身是有机弱酸碱　B. 金属指示剂本身是一种配位剂

C. 金属指示剂一般本身具有颜色　D. 金属指示剂具有氧化还原性

307. 金属指示剂能与金属离子形成(A)。

A. 有色配合物　B. 无色配合物　C. 有色沉淀　D. 无色沉淀

308. 指示剂僵化现象产生的原因是(C)。

A. 指示剂变色不可逆　B. MIn 不够稳定

C. K'_{MY}与 K'_{MIn}之差不够大　D. MIn 十分稳定

309. 金属指示剂与金属离子形成的配合物的稳定性要(B)EDTA 与金属离子形成的配合物的稳定性。

A. 大于　B. 小于　C. 等于　D. 不确定

310. 配位滴定中可使用的指示剂是(B)。

A. 甲基红　B. 铬黑 T　C. 淀粉　D. 二苯胺磺酸钠

311. 金属指示剂铬黑 T 在 pH 值为(C)范围内显蓝色。

A. $pH < 6$　B. $pH > 12$　C. $pH = 8 \sim 11$　D. $pH = 6 \sim 8$

312. 在氧化还原反应中，加入一种沉淀剂，若氧化型生成沉淀，(A)电对的电位，使氧化还原反应朝生成沉淀的方向进行。

A. 降低　B. 升高　C. 不改变　D. 改变

313. 在氧化还原反应中，加入一种沉淀剂，若还原型生成沉淀，(B)电对的电位，使氧化还原反应朝生成沉淀的方向进行。

A. 降低　B. 升高　C. 不改变　D. 改变

314. 溶液中含有 Sn^{2+}、Fe^{2+} 两种还原剂，用 $K_2Cr_2O_7$ 标准溶液滴定时，首先起反应的是(A)。($\varphi^{\ominus}_{Cr_2O_7^{2-}/Cr^{3+}} = 1.33V$，$\varphi^{\ominus}_{Fe^{3+}/Fe^{2+}} = 0.77V$，$\varphi^{\ominus}_{Sn^{4+}/Sn^{2+}} = 0.15V$)

A. Sn^{2+}　B. Fe^{2+}　C. Sn^{4+}　D. Fe^{3+}

315. 在 Sn^{2+}、Fe^{2+} 的混合液中，欲使 Sn^{2+} 氧化为 Sn^{4+}，而 Fe^{2+} 不被氧化，应选择的氧化剂是(C)。($\varphi^{\ominus}_{Sn^{4+}/Sn^{2+}} = 0.15V$，$\varphi^{\ominus}_{Fe^{3+}/Fe^{2+}} = 0.77V$)

A. KIO_3($\varphi^{\ominus}_{IO_3^-/I_2} = 1.20V$)　B. H_2O_2($\varphi^{\ominus}_{H_2O_2/2OH^-} = 0.88V$)

C. $HgCl_2$($\varphi^{\ominus}_{HgCl_2/Hg_2Cl_2^-} = 0.63V$)　D. SO_3^{2-}($\varphi^{\ominus}_{SO_3^{2-}/S^-} = -0.66V$)

316. $KMnO_4$ 法常用的指示剂为(D)。

A. 专用指示剂　B. 氧化还原指示剂　C. 荧光指示剂　D. 自身指示剂

317. 在氧化还原滴定中，(C)不能指示滴定终点的到达。

A. 电位法　　B. 氧化还原指示剂

C. 铁铵矾指示剂　　D. 自身指示剂

318. 碘的浓度低至(B)mol/L时就可以用淀粉指示剂指示。

A. 2×10^{-6}　　B. 2×10^{-5}　　C. 2×10^{-2}　　D. 0.2

319. 下列对专属指示剂说法不正确的是(D)。

A. 专属指示剂本身无氧化还原性　　B. 专属指示剂本身无颜色

C. 专属指示剂本身只对某些物质有特效性　　D. 二苯磺酸钠属于专属指示剂

320. 氧化还原指示剂具有氧化还原性，但它的氧化型和还原型的(D)不同。

A. 性质　　B. 结构　　C. 电位　　D. 颜色

321. 氧化还原指示剂的变色范围是(A)。

A. $\varphi_{In}=\varphi_{In}^{\ominus'}\pm\dfrac{0.059}{n}$　　B. $\varphi_{In}=\varphi_{In}^{\ominus'}+\dfrac{0.059}{n}$

C. $\varphi_{In}=\varphi_{In}^{\ominus'}-\dfrac{0.059}{n}$　　D. $\varphi_{In}=\varphi_{In}^{\ominus'}\pm\dfrac{0.059}{n}\lg\dfrac{[In_{(OX)}]}{[In_{(Red)}]}$

322. 对于无定形沉淀的特点说法错误的是(C)。

A. 结构疏松　　B. 排列不规则　　C. 易于沉降　　D. 沉淀体积大

323. 晶形沉淀的颗粒直径约(B)。

A. 小于 0.02μm　　B. 0.1 ~ 1μm　　C. 1 ~ 10μm　　D. 大于 10μm

324. 沉淀完成后进行陈化是为了(B)。

A. 使无定形沉淀转变为晶形沉淀　　B. 使沉淀更为纯净，同时使颗粒变大

C. 除去混晶共沉淀带入的杂质　　D. 加速后沉淀作用

325. 沉淀作用完毕后，应放置一段时间，使小晶粒溶解，大晶粒变大，这个过程称为(D)。

A. 后沉淀　　B. 沉淀的转化　　C. 分级沉淀　　D. 陈化

326. 无定形沉淀的沉淀条件不包括(A)。

A. 在稀溶液中进行沉淀　　B. 在热溶液中进行沉淀

C. 沉淀时加入适当的强电解质　　D. 沉淀完全后加热水稀释并搅拌

327. 在浓溶液中沉淀完毕后，加大量热水稀释并搅拌，其目的是(B)。

A. 防止胶体生成　　B. 使吸附的杂质离开沉淀表面转入溶液中

C. 使沉淀紧密　　D. 使晶核生成的较少

328. 表面吸附与下列(D)因素无关。

A. 杂质浓度　　B. 沉淀的总表面积　　C. 溶液温度　　D. 容器大小

329. 在用 CaC_2O_4 法测矿石中 Ca^{2+} 含量时，矿石中的 Mg^{2+} 对测定有影响，其主要原因是由于(C)。

A. Mg^{2+} 被包夹在 CaC_2O_4 中　　B. MgC_2O_4 与 CaC_2O_4 形成混晶

C. MgC_2O_4 后沉淀于 CaC_2O_4 表面　　D. CaC_2O_4 吸附 Mg^{2+}

330. 造成后沉淀的原因，说法错误的是(C)。

A. 由于沉淀表面吸附了构晶离子

B. 由于沉淀表面吸附的构晶离子再吸附溶液中带相反电荷的杂质离子

C. 由于沉淀陈化的时间不够长

D. 由于在沉淀表面附近形成了过饱和溶液

331. 以下有关有机沉淀剂的优点，叙述错误的是(C)。

A. 生成的沉淀溶解度小　　B. 生成的沉淀相对分子质量大

C. 生成的沉淀体积庞大疏松

D. 生成的沉淀吸附杂质少，易于过滤和洗涤

332. 有机沉淀剂的缺点是(A)。

A. 有机沉淀剂在水中的溶解度较小

B. 生成的沉淀溶解度小

C. 生成的沉淀相对分子质量大

D. 有机沉淀剂只与少数或个别离子发生沉淀反应

333. 能生成螯合物沉淀的有机沉淀剂中的碱性官能团，具有(C)，可与金属离子形成配位键而配位。

A. OH^-　　B. H^+

C. 未被共用的电子对　　D. 环状结构

334. 阴、阳离子以静电引力相结合而形成的化合物，称为(D)。

A. 螯合物　　B. 配合物　　C. 电解质　　D. 缔合物

335. 定量滤纸又称无灰滤纸，因每张滤纸灰分含量一般小于(D)。

A. 0.01mg　　B. 0.02mg　　C. 0.05mg　　D. 0.1mg

336. 对于 $BaSO_4$、$CaC_2O_4 \cdot 2H_2O$ 等沉淀，宜选用(C)滤纸过滤，以防沉淀穿过滤纸。

A. 快速　　B. 中速　　C. 慢速　　D. 定量

337. 对溶解度较大的晶形沉淀，选择洗涤剂的原则是(A)。

A. 选用沉淀剂的稀溶液洗涤，但沉淀剂在烘干或灼烧时应易除去

B. 用蒸馏水洗涤

C. 选用易分解、易挥发的稀、热强电解质溶液洗涤

D. 哪一种洗涤剂都可

338. 烘干是(D)℃以下的热处理，其目的是除去沉淀与滤纸中的水分。

A. 100　　B. 150　　C. 200　　D. 250

339. 温度高于(C)℃的热处理通常叫灼烧。

A. 200　　B. 300　　C. 250　　D. 500

340. 取 0.1001mol/L HCl 溶液 25.00mL，用 NaOH 溶液滴定时用去 24.68mL，则 NaOH 溶液的浓度为(A)mol/L。

A. 0.1014　　B. 0.2028　　C. 0.0507　　D. 0.3042

341. 0.4000 mol/L HCl 标准溶液滴定 1.000g 不纯的 K_2CO_3，完全中和时需用去 35.00mL，则试样中 K_2CO_3 的质量分数为(C)。

A. 24.19%　　B. 48.38%　　C. 96.75%　　D. 100%

342. 用 $KMnO_4$ 法测定硅酸盐样品中 Ca^{2+} 的含量。称取样品 0.5972g，在一定条件下，将钙沉淀为 CaC_2O_4，过滤，洗涤沉淀，将洗涤 CaC_2O_4 溶于稀硫酸中，用 $C(KMnO_4)=$

0.05052mol/L 的 $KMnO_4$ 标准溶液滴定，消耗 25.62mL，计算硅酸盐中 Ca 的质量分数(B)。已知 $M(Ca) = 40g/mol$。

A. 24.19%　B. 21.67%　C. 48.38%　D. 74.60%

343. 测定不纯 $CaCO_3$ 时，称取试样 0.3000g，加入 0.2500mol/L HCl 溶液 25.00mL，再用 0.2012mol/L NaOH 溶液返滴定过量酸，耗去 8.84mL，则试样中 $CaCO_3$ 的质量分数为(D)。

A. 24.19%　B. 37.30%　C. 48.38%　D. 74.60%

344. 煤样 1.000g，经高温氧气流中燃烧，使其中各种硫化物均转化为 SO_2 及 SO_3，然后用 H_2O_2 溶液吸收使之生成 H_2SO_4。生成的 H_2SO_4 用 $C(NaOH) = 0.05012$ mol/L 溶液滴定，用去 8.00mL，计算煤样中硫的质量分数为(A)。$SO_2 + SO_3 + H_2O_2 + H_2O = 2H_2SO_4$　$H_2SO_4 + 2NaOH = Na_2SO_4 + 2H_2O$。

A. 0.64%　B. 1.28%　C. 95.04%　D. 78.67%

345. 0.1 mol/L HAc 溶液中，$[H^+] = 1.33 \times 10^{-3}$ mol/L，其 pH =(B)。

A. 2.88　B. 2.876　C. 1.33　D. 1.330

346. 已知 pH = 4.87，则该溶液的$[H^+]$为(A)mol/L。

A. 1.3×10^{-5}　B. 1.33×10^{-5}　C. 1.3×10^{-4}　D. 1.33×10^{-4}

347. 填写原始纪录时，必须采用(C)。

A. 国际单位制　B. 国家选定的单位

C. 法定计量单位　D.SI 单位

348. 数据应按测量仪器的有效读数位记录，发现观测失误，错误的做法是(C)。

A. 在原数据上划一条横线表示消去，在旁边另写更正数据，由更改人签章

B. 注明

C. 重新做试验

D. 及时修改

349. 用万分之一的分析天平，称得某物体质量为 0.2468g，则称量的绝对误差为(C)。

A. 0.0001g　B. −0.0001g　C. ±0.0001g　D. ±0.0002g

350. 若用 25mL 移液管，放出的体积应记为(C)mL。

A. 25　B. 25.0　C. 25.00　D. 25.000

351. 称样量为 0.1g，若分析要求准确度为 0.1%，则天平的称量误差不能大于(C)。

A. 0.01　B. 0.001　C. 0.0001　D. 0.00001

352. 分析要求准确度为 0.1%，若量取 100mL 溶液，用(D)量取。

A. 滴定管　B. 移液管　C. 吸量管　D. 量筒

353. 对于高含量组分(≥10%)的测定，一般要求分析结果保留(D)位有效数字。

A. 1　B. 2　C. 3　D. 4

354. 对于准确度和精密度的表示，一般要求保留(A)位有效数字。

A. 1~2　B. 2~3　C. 3~4　D. 越多越好

355. 往干燥箱中放称量瓶或其他玻璃器皿时，应(B)放。

A. 从下往上　B. 从上往下　C. 从中间　D. 任意

356. 一般的干燥箱适用于比室温高(B)范围的恒温烘培、干燥、热处理等。

A. 5~100℃　B. 5~300℃　C. 5~500℃　D. 5~1000℃

357. 有鼓风的干燥箱，在加热和恒温过程中必须将鼓风机(B)。

A. 关闭　B. 启开　C. 加热　D. 切断

358. 电热恒温干燥箱的发热元件是(C)。

A. 碳硅棒　B. 热电偶　C. 电热丝　D. 发热灯管

359. 调节天平底板下面的(A)，可使天平达到水平。

A. 垫脚螺丝　B. 开关　C. 垫脚　D. 盘托

360. 在分光光度计的检测系统中，以光电管代替硒光电池，可以提高测量的(A)。

A. 灵敏度　B. 准确度　C. 精密度　D. 重现性

361. 物质与电磁辐射相互作用后，产生紫外－可见吸收光谱，这是由于(C)。

A. 分子的振动　B. 分子的转动

C. 原子核外层电子的跃迁　D. 分子的振动和转动跃迁

362. 吸收光谱有原子吸收光谱和(B)。

A. 原子吸收光谱　B. 分子吸收光谱

C. 可见吸收光谱　D. 红外吸收光谱

363. 原子吸收光谱是(B)选择性地吸收某些波长的电磁波而引起的。

A. 分子外层电子　B. 原子外层电子

C. 原子内层电子　D. 分子内层电子

364. 分子吸收光谱比原子吸收光谱(D)。

A. 强　B. 弱　C. 简单　D. 复杂

365. 可见光和紫外光吸收光谱的产生是由于(B)。

A. 分子中原子内层电子的跃迁

B. 原子外层电子的跃迁

C. 分子中原子外层电子的跃迁伴随分子中的震动和分子转动

D. 分子中原子的震动和分子转动

366. 比色测定溶液为 100×10^{-6}的某标准溶液，吸光度 0.50，如果未知溶液的吸光度为 0.25，则未知溶液的浓度为(A)。

A. 50×10^{-6}　B. 200×10^{-6}　C. 150×10^{-6}　D. 200×10^{-6}

367. 当吸光度 $A=0$ 时，$T=$(A)。

A. 100%　B. 10%　C. 50%　D. 0%

368. 光线在两种媒质的交界面上会改变传播方向,但仍在原媒质里传播,这种现象叫(B)。

A. 折射　B. 反射　C. 干涉　D. 衍射

369. 滤光片作为色散元件的道理是因为它能(C)一定波段范围的单色光。

A. 折射　B. 吸收　C. 透过　D. 反射

370. 比色管的主要用途是(C)。

A. 容量分析　B. 重量分析　C. 分光光度分析　D. 安全分析

371. 目视比色法的原理可以由(B)解释。

A. 光的互补原理　B. 朗伯－比耳定律　C. 光电效应　D. 标准系列法

372. 目视比色法中常用的标准系列法是比较(D)。

A. 入射光的强度　B. 透过溶液后的光强度

C. 溶液对白光的吸收情况　　D. 一定厚度溶液颜色的深浅

373. 目视比色法的观察方法是(A)。

A. 从比色管口垂直向下观察　　B. 从比色管口垂直向上观察

C. 从比色管口侧面观察　　D. 从比色管口任何方向均一样

374. 在分光光度法中，运用朗伯－比耳定律进行定量分析，应采用(B)作为入射光。

A. 白光　　B. 单色光　　C. 可见光　　D. 紫外光

375. 某有色溶液，用 1cm 色皿，选 520nm 测得其吸光度 A 为 0.150，其他条件不变，若改用 2cm 比色皿，测得的吸光度 A 为(D)。

A. 0.075　　B. 0.175　　C. 0.450　　D. 0.300

376. 为了更精确的说明物质具有选择性吸收不同波长范围光的性能，通常用(B)来描述。

A. 工作曲线　　B. 光吸收曲线　　C. 校正曲线　　D. 光色互补示意图

377. 洗涤比色皿不能使用(C)。

A. 铬酸洗液　　B. 洗涤剂　　C. 去污粉　　D. 盐酸－乙醇洗液

378. 比色皿洗净后，可(C)。

A. 直接收于比色皿盒中　　B. 正置晾干

C. 倒置于滤纸上晾干　　D. 用滤纸擦干

379. 参比溶液置于光路，调节(B)，使电表指针指 $T = 100\%$。

A. 参比溶液位置　　B. 透射比调节器

C. 灵敏度　　D. 最大吸收波长

380. 浓度不同的某有色溶液，其最大吸收波长(B)。

A. 不同　　B. 相同

C. 有时相同，有时不同　　D. 相差较大

381. 在比色分析中，被测样品无色要加一种显色剂和样品生成有色化合物，显色剂的加入量(B)。

A. 没有影响　　B. 适当过量

C. 越少越有利于比色测定　　D. 越多越有利于比色测定

382. 定量分析中要求测定结果的误差(D)。

A. 等于零　　B. 无要求

C. 略大于允许误差　　D. 在允许误差范围之内

383. 质量记录(C)。

A. 可以涂改　　B. 必须经过批准

C. 可以划改　　D. 可以用涂改液改

384. 符合比耳定律的有色溶液稀释时其最大吸收峰的波长位置(C)。

A. 向长波长方向移动　　B. 向短波长方向移动

C. 不移动但峰值降低　　D. 不移动但峰值提高

385. 在光度测定中，使用参比溶液的作用是(D)。

A. 调节仪器透光度的零点

B. 吸收入射光中测定所不需要的光波

C. 调节入射光的光强度

D. 消除溶剂和试剂等非测定物质对入射光吸收的影响

386. 由于石英玻璃(C)紫外线，在分析仪器中常用来制作紫外范围应用的光学零件。

A. 反射　B. 吸收　C. 透过　D. 散射

387. 石英玻璃不能耐(B)的腐蚀。

A. 盐酸　B. 氢氟酸　C. 乙酸　D. 草酸

388. 可见光分光光度计，它的光源是(A)。

A. 钨丝灯　B. 空心阴极灯　C. 氢灯　D. 能斯特灯

389. 钨灯可作为(D)分析的光源。

A. 紫外原子光谱　B. 紫外分子光谱

C. 红外分子光谱　D. 可见光分子光谱

390. 紫外光源多为气体放电光源如(B)。

A. 钨灯　B. 氢灯和重氢灯　C. 空心阴极灯　D. 能斯特灯

391. 721 分光光度计预热时，透射比 $T=$(B)。

A. 100%　B. 0%　C. 50%　D. 80%

392. 721 分光光度计预热时，样品室暗箱盖要(A)。

A. 打开　B. 盖上　C. 打开或盖上均可　D. 半开

393. 721 分光光度计测定完毕后，各旋钮置于(D)。

A. 测定位置　B. 最小　C. 最大　D. 原来位置

394. 在温度控制方面，最初的气相色谱仪具有(B)。

A. 没有温度控制系统，只能保持室温

B. 基本上都有独立的柱箱，但只能保持恒温

C. 有柱箱也可以控制恒温，并能在一定范围内作简单的程序升温

D. 没有柱箱，但可以用电阻丝加热作简单的程序升温

395. 我国的气相色谱法起步于(A)。

A. 20 世纪 50 年代　B. 20 世纪 60 年代

C. 20 世纪 70 年代　D. 20 世纪 80 年代

396. 气相色谱图的横坐标一般是(C)。

A. 检测器电平(电压)　B. 检测器电流

C. 时间　D. 载气体积

397. 后沿较前沿平缓的色谱峰一般被称为(D)。

A. 不对称峰　B. 畸峰　C. 前伸峰　D. 拖尾峰

398. 下面不是气相色谱法的特点的是(A)。

A. 适用性广　B. 操作简单　C. 灵敏度高　D. 选择性好

399. 气相色谱法检测灵敏度很高，可以检测(C)g 的物质。

A. $10^{-6} \sim 10^{-9}$　B. $10^{-9} \sim 10^{-12}$　C. $10^{-11} \sim 10^{-13}$　D. $10^{-13} \sim 10^{-15}$

400. 塔板理论揭示了(A)。

A. 为什么组分可以被分离　B. 载气流速对分离效果的影响

C. 色谱峰为什么会出现畸形　D. 柱箱温度对色谱峰型的影响

401. 确认色谱主机已经进入准备好的方法是(A)。

A. 色谱仪主机的 ready 灯亮　　B. 柱箱温度实际值等于设定值

C. 数据处理机的 ready 灯亮　　D. 上一个样品的组分已经全部流出

402. 检查色谱仪参数是否与设定参数相当时，可以不检查的是(C)。

A. 柱箱温度　　B. 载气压力　　C. 进样阀位置　　D. 检测器灵敏度

403. 在色谱流程图中，色谱柱后面的项目是(B)。

A. 气源和稳压装置　　B. 检测器

C. 定量管　　D. 处理机

404. 要分析空气中的氧气和氮气，最好选用(A)作为载气，并用 TCD 来检测。

A. 氦气　　B. 氮气　　C. 氩气　　D. 二氧化碳

405. 氮气钢瓶的颜色是(C)。

A. 绿色　　B. 蓝色　　C. 黑色　　D. 灰色

406. 如果旁通式进样六通阀的定量管被安装在阀门的 1、2 口上，那么载气的出入口必然是(B)。

A. 3、4 口　　B. 4、5 口　　C. 5、6 口　　D. 3、6 口

407. 色谱仪的气体六通进样阀用于(D)进样最合适。

A. 气体样品　　B. 液化气体样品

C. 易于气化的液体样品　　D. 室温下是气体的样品

408. 早期的色谱仪，对气体进样阀一般不进行温控。但最新型的色谱仪都为气体进样阀进行单独控温，这是因为(C)。

A. 新型进样阀结构精密，要求有适宜使用温度

B. 新型进样阀材料吸附性较强，加热有利于减少对样品中极性组分的吸收

C. 新型进样阀单独控温实际是给定量管控温，以便与控制进样量的准确性

D. 这是为了可以预热样品，使得样品在柱子中可以得到更好的分离

409. 以下不属于汽化室结构组成部分的是(C)。

A. 进样隔垫　　B. 衬管　　C. 喷嘴　　D. 石英棉

410. 采用(A)分析方法时，对进样技术的要求最高。

A. 外标法　　B. 归一化法

C. 内标法　　D. 带校正因子的归一化法

411. 如果柱箱温度控制失灵，温度无法保持稳定，那么会造成(D)。

A. 出峰时间变短　　B. 出峰时间变长

C. 出峰时间不变，峰宽变宽

D. 出峰时间波动，两次分析出峰时间差异变大

412. 下列检测器中，属于浓度型检测器的是(B)。

A. FID　　B. TCD　　C. NPD　　D. FPD

413. 不同类型的检测器的响应值 R 和进入检测器的组分浓度 Q 之间的关系一般可用 $R=CQ^n$ 来表示。其中当 $n=$(B)时，称为线性响应。

A. 0　　B. 1　　C. 1.5　　D. 2

414. 一般来说，样品中组分的响应值应该落在检测器的线性区间内。如果样品进样量

过大，某组分的响应值超过了线性范围，那么该组分的实际浓度一般(C)。

A. 小于计算结果　　B. 等于计算结果

C. 大于计算结果　　D. 两次进样的偏差可能一个大，一个小

415. 下面说法中，正确的是(A)。

A. 色谱的定量分析，是一种相对定量方法

B. 色谱的定量分析，都是采用峰面积来定量的

C. 色谱法进行定量分析，需要所有组分都完全分离

D. 色谱法定量分析，需要知道每一个组分的校正因子

416. 在计算色谱峰的面积时，最准确的方法是(D)。

A. 描图称重法　　B. 三角形近似计算法

C. 矩形积分法　　D. 梯形积分法

417. 在进行峰面积积分时，以下关于划分时间段的说法正确的是(C)。

A. 时间段划分得越小，积分越准确，因此应尽可能小

B. 采用梯形积分，时间段划分对积分结果影响很小，因此应尽量大

C. 出峰时间不同的峰，峰宽不同，因此可以采用不同的时间段大小来节省计算量

D. 时间段最长不能超过最窄峰的峰宽，否则可能会漏掉窄峰

418. 某 FID 色谱仪，测定含苯 1.00%、甲苯 1.00% 的标准样品，峰面积分别为苯：1500、甲苯：1560，那么，甲苯相对于苯的相对校正因子为(C)。

A. 1/1500　　B. 1/1560　　C. 1560/1500　　D. 1500/1560

419. 通常，检查进样口状态是否正常，应该检查(A)是否符合设定值。

A. 进样口温度　　B. 进样口载气压力

C. 进样口载气流速　　D. 进样阀状态

420. 在色谱仪 ready 灯亮时，说明(C)。

A. 进样口温度已经高于设定值　　B. 柱箱温度达到了设定值

C. 柱箱温度稳定在设定值　　D. 检测器温度高于设定值

421. 下面关于注射器使用的说法，错误的是(D)。

A. 无论进什么样品，推针都要快

B. 为了避免产生气泡，要在样品中推拉针芯几次，这时不能把针头拔出来

C. 准确定容的方法是吸取较多的样品，然后倒置注射器(针尖向上)快速定容

D. 定容后要用滤纸擦拭针头和针尖上多余的样品再进样

422. FID 的英文含义翻译成中文是(A)。

A. 火焰离子化检测器　　B. 火焰光度检测器

C. 热导池检测器　　D. 热导光度检测器

423. 对于一台检测器为 FID 的色谱仪，肯定不需要提供的气体是(C)。

A. 氢气　　B. 氮气　　C. 氧气　　D. 空气

424. TCD 的英文含义翻译成中文是(C)。

A. 火焰离子化检测器　　B. 火焰光度检测器

C. 热导池检测器　　D. 热导光度检测器

425. pH 与电极电位的关系表达正确的是(D)。

A. $E = E^0 + 0.059\text{pH}/2$　　B. $E = E^0 - 0.059\text{pH}/2$

C. $E = E^0 + 0.059pH$　　D. $E = E^0 - 0.059pH$

426. 电位法测定 pH 值，电池电动势与 pH 有线性关系的条件是(B)。

A. $E_{甘汞} = 0$　　B. $E_{液接}$忽略不计

C. $E_{膜} = 0$　　D. $E_{膜} = 常数 + 0.059\lg\alpha_{外}$

427. 下列给定的仪器中，最早的 pH 值测定仪的是(A)。

A. 25 型酸度计　　B. pHS-2 型酸度计

C. pHS-3F 型酸度计　　D. pHS-3 型酸度计

428. 下列关于导电能力大小的比较正确的是(A)。

A. 电子导体 > 水的电解质溶液 > 有机溶剂的电解质溶液

B. 电子导体 > 有机溶剂的电解质溶液 > 水的电解质溶液

C. 水的电解质溶液 > 电子导体 > 有机溶剂的电解质溶液

D. 水的电解质溶液 > 有机溶剂的电解质溶液 > 电子导体

429. 对于摩尔电导率，理解正确的是(D)。

A. 溶液在两块平行大面积电极相距为 1m 时的电导

B. 溶液在两块面积为 $1m^2$ 的电极间的电导

C. 溶液在两块电极面积为 $1m^2$、电极相距为 1m 时的电导

D. 1mol 溶液在两块平行大面积电极相距为 1m 时的电导

430. 电导分析法包括(B)。

A. 直接电导法和间接电导法　　B. 直接电导法和电导滴定法

C. 间接电导法和电导滴定法　　D. 直接电导法、间接电导法和电导滴定法

431. 电导滴定法是根据滴定过程中由于化学反应所引起的溶液(D)来确定滴定终点的。

A. 电导　　B. 电导率　　C. 电导变化　　D. 电导率变化

432. 下列电导测量仪器中，属于分压式测量电路的电导仪的是(B)。

A. 27 型电导仪　　B. DDS-11A 型电导率仪

C. SY-2 型袖珍数字式电导仪　　D. SY-3 型袖珍数字式电导、温度计

433. 自动控制滴定终点型滴定仪的滴定速度依靠(D)控制。

A. 延迟电路　　B. 调制放大器　　C. 取样回路　　D. e-t 转换器

434. 卡尔·费休法测定水分含量是在(A)年提出的。

A. 1935　　B. 1945　　C. 1915　　D. 1925

435. 卡尔·费休试剂中，吡啶的作用是(C)。

A. 与 I_2 反应以使反应完全　　B. 与 SO_2 反应以使反应完全

C. 与 HI 反应以使反应完全　　D. 与甲醇反应以使反应完全

436. 微库仑仪内有两对电极，其中产生电生滴定剂的是(C)。

A. 指示电极　　B. 参比电极　　C. 电解阳极　　D. 电解阴极

437. 利用微库仑仪测定样品时，(D)。

A. 电流恒定、电压不恒定　　B. 电流不恒定、电压恒定

C. 电流、电压都恒定　　D. 电流、电压都不恒定

438. 测定溶液 pH 值，不需要进行的步骤是(D)。

A. 样品准备　　B. 仪器准备

C. 仪器校正　　D. 溶液电极电位的测量

439. pH 计的校正，一般采用(B)点校正法。

A. 1　　B. 2　　C. 3　　D. 4

440. 将电极常数调节器调节到所用电极的电导池常数相应的数值上，相当于把电极常数规格化为(B)。

A. 1/10　　B. 1　　C. 10　　D. 100

441. 使用可燃性气体检测器检测时，应该(B)。

A. 先(L)档后(H)档　　B. 先(H)档后(L)档

C. 凭经验选择档位　　D. 任意选择

442. 使用数字式氧气浓度计在 ALARM 档测定氧含量,当浓度低于(B)时,蜂鸣器报警。

A. 19%　　B. 18%　　C. 17%　　D. 16%

443. 利用库仑计法水分测定仪测定水分时，开机后应首先(A)。

A. 滴定消除空白　　B. 更换电解液

C. 输入计算方法　　D. 设定样品参数

444. 应用卡尔费休法水分测定仪测定水分时，样品的加入应在(C)。

A. 加入溶剂后　　B. 加入溶剂前

C. 滴定溶剂完成后　　D. 滴定溶剂完成前

445. 利用自动电位滴定仪测定样品后，(B)。

A. 应关机后冲洗电极　　B. 冲洗电极后关机

C. 不需要冲洗电极　　D. 电极处理视工作需要

446. 利用微库仑仪测定样品时，测定成功与否的关键步骤是(C)。

A. 检查裂解炉　　B. 设定好温度

C. 完成好滴定池操作　　D. 气流量调节

447. 利用水冷微库仑仪测定样品时，应(A)。

A. 先开冷凝水后升温　　B. 先升温后开冷凝水

C. 根据操作方便性确定先开水还是先升温　　D. 升温到一定数值后打开冷却水

448. 传统的库仑分析法可分为(C)。

A. 微库仑分析和控制电位库仑分析

B. 微库仑分析和恒电流库仑分析

C. 控制电位库仑分析和恒电流库仑分析

D. 微库仑滴定分析、控制电位库仑分析和恒电流库仑分析

449. 通过测定验证 pH 计的重复性时，应将样品(A)。

A. 处理一次，重复测定　　B. 处理两次，分别测定

C. 处理两次，分别重复测定　　D. 处理一次，分人测定

450. 通过数据验证 pH 计的再现性时，应将样品(D)。

A. 处理一次，重复测定　　B. 处理两次，分别测定

C. 处理两次，分别重复测定　　D. 处理一次，分人测定

451. 测定样品的电导率时，平行样数据是指(B)。

A. 样品处理一次重复测定　　B. 样品处理两次分别测定

C. 样品处理一次，在两台仪器上测定　D. 样品处理两次，分别在不同仪器上测定

452. 卡尔费休法水分测定仪测定水分时，如果 A 表示卡尔费休试剂消耗量，F 表示卡尔费休试剂的系数，S 表示样品量，则结果计算公式为(A)。

A. 水分($wt\%$) $= \dfrac{A \times F \times 100\%}{S \times 1000}$　B. 水分($wt\%$) $= \dfrac{A \times F \times 100}{S \times 1000}$

C. 水分($wt\%$) $= \dfrac{A \times 100}{S \times F \times 1000}$　D. 水分($wt\%$) $= \dfrac{A \times S \times 100}{F \times 1000}$

453. 库仑计法水分测定仪测定水分时，如果 $M = 10\mu g$，测定结果为 50×10^{-6}，则进样量为(D)。

A. $2\mu g$　B. 2g　C. $0.2\mu g$　D. 0.2g

454. 采用电位滴定法，用氢氧化钠测定醋酸纯度，如果 $A = 3.2mL$，$C = 1.028mol/L$，取样量为 0.20g，则醋酸纯度为(B)。

A. 9.87%　B. 98.7%　C. 8.76%　D. 87.6%

455. 微库仑法测定氯含量，结果的计算公式中的 n 为(D)。

A. 4　B. 3　C. 2　D. 1

456. 使用甘汞电极时，胶帽的正确使用为(A)。

A. 测定时打开，测定后戴好　B. 测定时戴好，测定后打开

C. 一直打开　D. 一直戴好

457. 测定不同溶液的 pH 值，应用蒸馏水冲洗，用纸巾将水(B)。

A. 擦干　B. 吸干　C. 擦一次　D. 吸一次

458. 用盐酸清洗玻璃电极上沾有的无机盐类，盐酸溶液的浓度应为(D)mol/L。

A. 2　B. 0.2　C. 1　D. 0.1

459. 用盐酸清洗玻璃电极上沾有的胶质，盐酸溶液的浓度应为(C)mol/L。

A. 2　B. 0.2　C. 1　D. 0.1

460. 在电导测定过程中，选择(B)标准溶液应尽量选用电阻值接近待测溶液的电阻值的浓度。

A. 硝酸钾　B. 氯化钾　C. 硫酸钾　D. 碘化钾

461. 在电导测定所用的铂电极上镀铂黑时，所用的直流电源电压约为(D)V。

A.12　B.9　C.6　D.3

462. 石油产品的标准密度是指在(C)℃下测定的石油产品密度。

A. 10　B. 15　C. 20　D. 25

463. 石油产品密度测定的意义不包括(D)。

A. 油品计量　B. 油罐的设计

C. 产品成分推断　D. 确定油品组成

464. 下列因素，对石油产品密度有影响的是(D)。

A. 压力和温度　B. 压强和组成　C. 压强和温度　D. 温度和组成

465. 在温度恒定的条件下，检测器中液体的(C)和自由频率存在一定的对应关系。

A. 总体积　B. 总压力　C. 总质量　D. 平均温度

466. 用同一支密度计测定油品密度，则下列说法正确的是(D)。

A. 浸入越多密度越大　B. 浸入越多密度越小

C. 相同条件下，浸入越多密度越大　　D. 相同条件下，浸入越多密度越小

467. 用混合法测定油品的密度，实际上是应用密度的(B)。

A. 特殊性　　B. 可加性　　C. 加和性　　D. 可溶性

468. 测定极易挥发的石油产品的密度，可以选择的实验方法是(B)。

A. 密度计法　　B. 比重瓶法　　C. 韦氏天平法　　D. 混合法

469. GB 260 石油产品水分测定法是将一定量的试样与(A)混合,进行蒸馏测定其水含量。

A. 无水溶剂　　B. 溶剂

C. 某种已知化合物　　D. 某种含已知量水的油品

470. GB 260 中所用溶剂一般是工业溶剂油或直馏汽油在(C)℃以上的馏分。

A. 60　　B. 70　　C. 80　　D. 90

471. 进行仲裁时，水分测定器的各部分连接处，必须用(B)连接。

A. 软木塞　　B. 磨口塞　　C. 橡胶塞　　D. 塑料塞

472. 下列装置不属于水分测定器组成部分的是(A)。

A. 蛇行冷凝管　　B. 圆底烧瓶　　C. 直管式冷凝管　　D. 接受器

473. 用密度仪测定样品密度时，样品应该(B)注入检测池。

A. 迅速　　B. 缓慢

C. 按一定时间间隔　　D. 先慢后快

474. 用密度仪测定样品密度时，闪烁结束时说明(C)。

A. 质量恒定　　B. 压力恒定　　C. 温度恒定　　D. 流速恒定

475. 使用密度仪测定样品密度，密度仪应定期测定(C)以进行仪器校正。

A. 样品密度　　B. 环境空气密度　　C. 水密度　　D. 乙醇密度

476. 用密度计测定油品密度时，温度应(B)。

A. 在密度计放入前快速测量　　B. 同时测量

C. 密度计取出后快速测量　　D. 定时测量

477. 将密度计放入试样中，液面以上的密度计杆浸湿不得超过(B)个最小分度值。

A. 1　　B. 2　　C. 3　　D. 4

478. 用密度计测定密度两次完成后，测定温度与前次温度读数之差不应超过(D)℃。

A. 0.2　　B. 0.3　　C. 0.4　　D. 0.5

479. 测定比重瓶的水值，比重瓶在恒温水浴中应至少保持(C)min。

A. 10　　B. 20　　C. 30　　D. 40

480. 用比重瓶法测定样品的密度，比重瓶在恒温水浴中应至少保持(B)min。

A. 10　　B. 20　　C. 30　　D. 40

481. 用比重瓶法测定样品密度，要求比重瓶应称准至(D)g。

A. 0.001　　B. 0.002　　C. 0.0001　　D. 0.0002

482. 应用 GB 260 测定样品的水分，试样应摇动(B)min。

A. 3　　B. 5　　C. 8　　D. 10

483. 应用 GB 260 测定样品的水分，如果接受器中有不超过 0.3mL 水但溶剂浑浊，则应将接受器放入热水中(C)min。

A. 5 ~ 10　　B. 10 ~ 20　　C. 20 ~ 30　　D. 20 ~ 35

484. 用密度仪测定样品的比重，如果输入温度为15℃，则自动显示的样品比重为(B)。
A. 15/4℃　B. 15/15℃　C. 15/20℃　D. 20/15℃

485. 用密度仪测定的比重(15/15℃)乘以(A)可以获得样品15/4℃条件下的比重。
A. 0.9913　B. 0.9915　C. 0.9918　D. 0.9920

486. 应用SY－Ⅱ型密度计测定油品密度，两个测定结果之差不应超过(B)g/cm^3。
A. 0.002　B. 0.001　C. 0.0005　D. 0.0002

487. 测定比重瓶的水值，应测定(C)次，取算术平均值。
A. 2~3　B. 3~5　C. 4~6　D. 4~7

488. 用比重瓶法测定液体石油产品密度，两个测定结果之差不应大于(C)g/cm^3。
A. 0.0001　B. 0.0002　C. 0.0004　D. 0.0008

489. 应用GB 260测定试样的水分，如果测定结果为痕迹，则试样水分应少于(C)。
A. 0.01%　B. 0.02%　C. 0.03%　D. 0.05%

490. 密度测定仪的洗涤一般采用(D)。
A. 乙醇　B. 甲醇　C. 苯乙酮　D. 丙酮

491. 密度仪的吹扫应使用(A)。
A. 干燥空气　B. 湿润空气　C. 氮气　D. 氢气

492. 密度计量筒的内径应至少比所用的石油密度计外径大(C)mm。
A. 15　B. 20　C. 25　D. 30

493. 应用密度计法测定油品密度,如需使用恒温浴,则应选择可恒温到±(C)℃的恒温浴。
A. 0.1　B. 0.2　C. 0.5　D. 1.0

494. 应用比重瓶法测定油品密度，恒温浴应选择可恒温到±(A)℃的恒温浴。
A. 0.1　B. 0.2　C. 0.5　D. 1.0

495. 应用GB 260测定样品的水分，接受器支管应进入圆底烧瓶(B)mm。
A. 10~15　B. 15~20　C. 12~18　D. 20~25

496. 应用GB 260测定样品的水分，冷凝管下端的斜口切面与接受器的支管管口(A)。
A. 相对　B. 相一致　C. 成固定角　D. 没有关系

四、技能操作鉴定要素细目表

鉴定范围						鉴定点	
一级		二级		三级		代码	名称
代码	名称	代码	名称	代码	名称		
A	技能要求	A	化学分析操作	A	玻璃仪器操作	001	常用玻璃仪器的洗涤
						002	移液管和吸量管的使用
						003	酸式滴定管的操作
						004	碱式滴定管的操作
						005	容量瓶的操作
						006	简单玻璃加工
						007	管的截断和弯曲
						008	漏斗的选择和使用

续表

鉴定范围						鉴定点	
一级		二级		三级		代码	名称
代码	名称	代码	名称	代码	名称		
				B	溶液配制	001	溶质是固体物质的物质的量浓度溶液的配制
						002	溶质是液体的物质的量浓度溶液的配制
						003	溶质是固体物质的质量分数溶液的配制
						004	溶质是液体物质的质量分数溶液的配制
						005	质量浓度溶液的配制
						006	体积分数溶液的配制
						007	比例浓度溶液的配制
						008	指示剂配制
				C	称量操作	001	固定称样法操作
						002	减量法称量操作
				D	滴定操作	001	强酸强碱的滴定
						002	弱酸弱碱的滴定
						003	配位滴定
						004	氧化还原滴定
						005	盐酸标准溶液标定氢氧化钠溶液
		B	电化学分析操作	A	pH计操作	001	已知范围样品的pH值测定
						002	未知范围样品的pH值测定
				B	电导率仪操作	001	已知范围样品的电导率测定
						002	未知范围样品的电导率测定
				C	实验条件选择	001	电导率仪实验条件的选择
		C	光谱分析操作	A	目视比色应用	001	水样中微量铁含量的目视比色法测定
				B	分光光度计操作	001	高锰酸钾吸收曲线的测定
						002	比色皿的使用
						003	仪器开停机操作
						004	分光光度计操作
		D	色谱分析操作	A	仪器准备和检查	001	色谱仪工作条件的检查
				B	谱图识别	001	色谱图峰面积的测量
				C	简单定量计算	001	两点标定曲线的绘制
						002	气相样品的外标法分析
						003	液相样品的外标法分析
		E	油品分析操作	A	密度计法测定操作	001	密度计法测定密度
						002	利用密度测定仪测定密度
				B	水分测定	001	石油产品水分测定
				C	比重瓶法测定操作	001	比重瓶法密度测定
						002	比重瓶法水值测定

五、技能操作试题

试题 1：玻璃仪器洗涤

（考核时间：30min）

序号	考核内容	考核要点	配分	评分标准	检测结果	扣分	得分	备注
1	仪器检查	检查玻璃仪器数量和完好性	10	没检查扣 10 分				
				少检查一件扣 5 分				
2	玻璃仪器洗涤	玻璃仪器洗涤	40	不用洗衣粉刷洗扣 5 分				
				用手刷洗内外壁扣 5 分				
				少刷洗一件扣 5 分				
				一件没冲洗干净扣 5 分，二件以上扣 10 分				
				刷洗不熟练扣 5 分				
3		玻璃仪器润洗	15	一件没润洗扣 5 分，二件以上扣 10 分				
				一件少润洗一遍扣 3 分				
4	操作结果	操作结果	10	玻璃仪器挂水珠扣 10 分				
5		其他操作	25	仪器摆放混乱扣 5 分				
				桌面不干净扣 5 分				
				碰坏一件扣 10 分				
				操作完毕没清理桌面扣 5 分				
合计			100					

试题 2：移液管和吸量管的使用

（考核时间：50min）

序号	考核内容	考核要点	配分	评分标准	检测结果	扣分	得分	备注
1	吸量管移液管操作	试液润洗	15	没用试液润洗扣 5 分				
				润洗试液用量过多或过少扣 5 分				
				润洗次数不足三次扣 5 分				
2		量取溶液操作	30	插入液面过深或过浅扣 5 分				
				移液过程中移液管未保持稳定扣 15 分				
				每重吸一次扣 5 分，最多扣 10 分				
3		液面调整操作	30	移液管尖端不靠壁扣 5 分				
				一次不垂直扣 5 分，二次以上扣 10 分				
				眼睛与刻线不平行扣 5 分				
				一次溶液吸取过多扣 5 分，二次以上扣 10 分				
				吸量管每次吸取溶液应吸满刻度，未吸满每次扣 5 分				
4		溶液转移操作	15	移液管不垂直，不成 30°角扣 5 分				
				液体完全转移后未停留 15s 的扣 5 分				
				动作不规范扣 5 分				
5	其他操作	仪器摆放	5	移液管不能放混乱，如混乱扣 5 分				
6		操作台面	5	桌面不干净整洁扣 5 分				
合计			100					

试题3：容量瓶的使用

（考核时间：60min）

序号	考核内容	考核要点	配分	评分标准	检测结果	扣分	得分	备注
1	仪器检查	检查仪器数量与完好性	5	没有检查数量扣2分				
				没有检查瓶口无漏液扣3分				
2	操作前准备	仪器洗涤	10	没用洗衣粉扣3分				
				没冲干净扣3分				
				挂水珠扣4分				
3		仪器润洗	5	蒸馏水润洗三次，少一次扣2分				
				润洗不均匀扣3分				
4		瓶塞与瓶连接	5	瓶塞随意放置扣2分				
				瓶塞与瓶连接不规范扣3分				
5	容量瓶的使用	液体溶解	15	将溶解或稀释后的溶液冷却至20℃时，转移至容量瓶中，溶液温度过高或过低扣10分				
				冷却后的溶液，沿玻璃棒转移到容量瓶中，没用玻璃棒扣5分				
6		液体转移	30	液体转移后，玻璃棒将最后一滴液体收回，玻璃棒离开烧杯嘴扣5分				
				溶液不能外溅，如液体外溅应重做，不重做扣10分				
				用洗瓶吹洗烧杯和玻璃棒并将液体全部转移容量瓶中，吹洗不到位的扣5分				
				吹洗次数不能少于三次，次数少于三次扣5分				
				溶液全部转移后，加水3/4时，不盖盖将液体摇匀，如倒置摇动扣5分				
7		定　容	20	加水至刻线0.5cm处，用洗瓶或滴管加至弯月面下沿与刻线相切，过多或过少均扣10分				
				盖好瓶塞，顺时针旋转半圈，没旋转半圈扣5分				
				将溶液颠倒摇匀数次，颠倒次数少于10次扣5分				
				气泡没有上升到顶就又颠倒的扣5分				
8	其他操作	标　识	5	贴好标签，没注明日期、溶液名称、浓度的少一项扣5分				
9		操作台面	5	桌面混乱扣5分				
合　计			100					

试题 4：碳酸钠溶液的配制

（考核时间：60min）

序号	考核内容	考核要点	配分	评分标准	检测结果	扣分	得分	备注
1	操作前准备	仪器洗涤	3	仪器洗至不挂水珠，挂水珠扣 3 分				
2		仪器润洗	3	用蒸馏水润洗三遍，润洗不到位扣 3 分				
3		计　算	5	称量前没计算扣 5 分				
4	称量	天平使用	10	没有检查校验天平水平扣 3 分				
				没有检查天平托盘扣 2 分				
				称量时没有戴手套扣 5 分				
5		药品称量	21	称量过程中药品散落扣 3 分				
				取出的药品又放回原试剂瓶扣 10 分				
				药品随意摔掉扣 4 分				
				药品转移散落扣 5 分				
				取、称药品动作不规范扣 5 分				
6	溶液配制	药品溶解	8	用洗瓶向同一方向旋转加水溶解，动作不协调扣 3 分				
				药品没完全溶解就转移扣 5 分				
7		溶液转移	25	溶液没冷至室温就转移扣 5 分				
				没用玻璃棒转移溶液扣 5 分				
				玻璃棒离开烧杯嘴，没及时收回最后一滴溶液扣 5 分				
				转移时溶液外溅扣 10 分				
				用蒸馏水润洗烧杯少于三次扣 3 分				
8		定　容	10	加水稀释至 3/4 时未摇匀或摇匀时溶液外溅扣 5 分				
				定容超出刻线扣 5 分				
9		摇　匀	10	摇匀次数不足 10 次扣 5 分				
				没有让气泡自然上升到顶扣 5 分				
10		标　识	5	未贴标签扣 5 分				
				标识不完整扣 3 分				
合　计			100					

试题 5：盐酸溶液的配制

（考核时间：60min）

序号	考核内容	考核要点	配分	评分标准	检测结果	扣分	得分	备注
1	操作前准备	仪器洗涤	2	仪器洗至不挂水珠，挂水珠扣 2 分				
2		仪器润洗	3	用蒸馏水润洗三遍，润洗不到位的扣 3 分				
3		计　算	5	计算量取的体积，没计算就量取扣 5 分				

续表

序号	考核内容	考核要点	配分	评分标准	检测结果	扣分	得分	备注
4	溶液配制	量取溶液	35	量取盐酸时随意排放的扣10分				
				取盐酸时散失扣10分				
				盐酸取多后放回原试剂瓶的扣10分				
				先取盐酸后加水的扣10分				
5		稀释溶液	5	盐酸溶液没冷却就转移的扣5分				
6		溶液转移	30	没用玻璃棒转移溶液的扣5分				
				玻璃棒离开烧杯嘴，没及时收回最后一滴溶液扣5分				
				转移时溶液外溅扣10分				
				用蒸馏水润洗烧杯不少于三次，少于三次扣5分				
				加水稀释至3/4时未摇匀或溶液外溅扣5分				
7		定　容	5	定容超出刻线的扣5分				
8		摇　匀	10	摇匀次数不足10次扣5分				
				没有让气泡自然上升到顶的扣5分				
9		标　识	5	没贴标签扣5分				
				标识不完整扣3分				
合　计			100					

试题6：氯化钠溶液的配制

（考核时间：60min）

序号	考核内容	考核要点	配分	评分标准	检测结果	扣分	得分	备注
1	操作前准备	仪器洗涤	5	仪器不挂水珠，挂水珠扣5分				
2		仪器润洗	3	用蒸馏水润洗三遍，润洗不到位的扣3分				
3		计　算	5	称量前没计算的扣5分				
4	称量	天平使用	10	没有检查校验天平水平扣3分				
				没检查天平托盘扣2分				
				称量时没有戴手套扣5分				
5		药品称量	22	称量时药品散落扣3分				
				取出的药品放回原试剂瓶的扣10分				
				药品随意摔掉扣5分				
				转移药品有散落扣5分				
				取、称药品动作不规范扣5分				

续表

序号	考核内容	考核要点	配分	评分标准	检测结果	扣分	得分	备注
6	溶液配制	药品溶解	10	用洗瓶向同一方向旋转加水溶解，动作不协调扣5分				
				药品没完全溶解就转移扣5分				
7		溶液转移	25	溶液没冷至室温就转移的扣5分				
				没用玻璃棒转移溶液扣5分				
				玻璃棒离开烧杯嘴，没及时收回最后一滴溶液扣5分				
				转移时溶液外溅扣5分				
				用蒸馏水润洗烧杯不少于三次，少于三次扣2分				
				加水稀释至3/4时未摇匀或摇匀时溶液外溅扣5分				
8		定　容	5	定容超出刻线扣5分				
9		摇　匀	10	摇匀次数不足10次扣5分				
				没有让气泡自然上升到顶的扣5分				
10		标　识	5	未贴标签扣5分				
				标识不完整的扣3分				
合　计			100					

试题7：硫酸溶液的配制

（考核时间：60min）

序号	考核内容	考核要点	配分	评分标准	检测结果	扣分	得分	备注
1	操作前准备	仪器洗涤	2	仪器不挂水珠，挂水珠扣2分				
2		仪器润洗	3	用蒸馏水润洗三遍，润洗不到位的扣3分				
3	溶液配制	计　算	5	量取前没计算的扣5分				
4		溶液量取	25	量取硫酸时随意排放扣10分				
				量取硫酸时散失的扣10分				
				硫酸取多后放回原试剂瓶的扣5分				
5		溶液稀释	15	先取硫酸后加水的扣10分				
				硫酸溶液没冷却就转移的扣5分				
6		溶液转移	30	没用玻璃棒转移溶液的扣5分				
				玻璃棒离开烧杯嘴，没及时收回最后一滴溶液扣5分				
				转移时溶液外溅扣10分				
				用蒸馏水润洗烧杯不少于三次，少于三次扣5分				
				加水稀释至3/4时未摇匀或溶液外溅扣5分				

续表

序号	考核内容	考核要点	配分	评分标准	检测结果	扣分	得分	备注
7		定　容	5	定容超出刻线的扣5分				
8		摇　匀	10	摇匀次数不足10次扣5分				
				没有让气泡自然上升到顶的扣5分				
9		标　识	5	没贴标签扣5分				
				标识不完整的扣3分				
合　计			100					

试题8：亚硫酸钠溶液的配制

（考核时间：60min）

序号	考核内容	考核要点	配分	评分标准	检测结果	扣分	得分	备注
1	操作前准备	仪器洗涤	2	仪器不挂水珠，挂水珠扣2分				
2		仪器润洗	3	用蒸馏水润洗三遍，润洗不到位的扣3分				
3		计　算	5	称量前没计算扣5分				
4	亚硫酸钠溶液配制	天平使用	10	没有检查校验天平水平扣3分				
				没检查天平托盘扣2分				
				称量时不戴手套扣5分				
5		药品称量	20	药品散失扣5分				
				取出的药品放回原试剂瓶扣5分				
				药品随意掸掉扣2分				
				药品转移散落的扣5分				
				取、称药品动作不规范扣5分				
6		药品溶解	10	用洗瓶向同一方向旋转加水溶解，动作不协调扣5分				
				药品没完全溶解就转移扣5分				
7		溶液转移	30	溶液没冷至室温就转移的扣5分				
				没用玻璃棒转移溶液扣5分				
				玻璃棒离开烧杯嘴，没及时收回最后一滴溶液扣5分				
				转移时溶液外溅扣10分				
				用蒸馏水润洗烧杯少于三次的扣3分				
				加水稀释至3/4时未摇匀或摇匀时溶液外溅扣5分				
8		定　容	5	定容超出刻线扣5分				
9		摇　匀	10	摇匀次数不足10次扣5分				
				没有让气泡自然上升到顶的扣5分				
10		标　识	5	未贴标签扣5分				
				标识不完整的扣3分				
合　计			100					

试题9：乙醇溶液的配制

（考核时间：60min）

序号	考核内容	考核要点	配分	评分标准	检测结果	扣分	得分	备注
1	操作前准备	仪器洗涤	2	仪器挂水珠扣2分				
2		仪器润洗	3	用蒸馏水润洗三遍，润洗不到位的扣3分				
3		计　算	5	量取前没计算的扣5分				
4	乙醇溶液配制	量　取	30	量取溶液散失扣10分				
				多取的溶液放回原试剂瓶扣10分				
				溶液转移有散失的扣10分				
5		溶液转移	35	没用玻璃棒转移溶液的扣5分				
				玻璃棒离开烧杯嘴，没及时收回最后一滴溶液扣5分				
				转移时溶液外溅扣10分				
				用蒸馏水润洗烧杯不少于三次，少于三次扣5分				
				加水稀释至3/4时未摇匀或溶液外溅扣10分				
6		定　容	10	定容超出刻线扣10分				
7		摇　匀	10	摇匀次数不足10次扣5分				
				没有让气泡自然上升到顶的扣5分				
8		标　识	5	没贴标签扣5分				
				标识不完整的扣3分				
合　计			100					

试题10：常用指示剂配制

（考核时间：90min）

序号	考核内容	考核要点	配分	评分标准	检测结果	扣分	得分	备注
1	操作前准备	仪器洗涤	5	仪器不挂水珠，挂水珠扣5分				
2		仪器润洗	5	用蒸馏水润洗三遍，润洗不到位的扣5分				
3		计　算	5	称量前没计算重量扣5分				
4	常用指示剂配制	药品称量	25	药品有散失扣5分				
				取出的药品放回原试剂瓶扣5分				
				药品随意掸掉扣5分				
				药品转移有散失扣5分				
				取、称药品动作不规范扣5分				
5		药品溶解	5	分几次加水或乙醇溶液进行溶解，一次加入扣5分				

续表

序号	考核内容	考核要点	配分	评分标准	检测结果	扣分	得分	备注
6		溶液转移	30	没用玻璃棒转移的扣5分				
				玻璃棒离开烧杯嘴，没及时收回最后一滴溶液扣5分				
				转移时溶液外溅扣10分				
				用蒸馏水润洗烧杯不少于三次，少于三次扣5分				
				加水稀释至3/4时未摇匀或溶液外溅扣5分				
7		定　容	10	定容超出刻线扣10分				
9		摇　匀	10	摇匀次数不足10次扣5分				
				没有让气泡自然上升到顶的扣5分				
4		标　识	5	没贴标签扣5分				
				标识不完整的扣3分				
合　计			100					

试题11：减量法称量操作

（考核时间：40min）

序号	考核内容	考核要点	配分	评分标准	检测结果	扣分	得分	备注
1	称量前准备	准　备	15	玻璃仪器挂水珠扣5分				
				没计算就称量扣10分				
				计算结果不正确扣10分				
2	减量法称量操作	天平使用	10	没有检查校验天平水平扣5分				
				没有检查天平托盘扣5分				
				称量时不戴手套扣5分				
3		药品称量	60	药品没有粗称扣10分				
				取出的药品放回原试剂瓶扣10分				
				三份试样不连续称取扣10分				
				称一份样，加减样品超过三次以上扣5分				
				样品没有复称每个扣5分				
				取、称药品动作不规范扣5分				
				药品散失扣10分				
				读取数据时，没关好两边侧门扣10分				
4	其他操作	称量结束后操作	15	称量结束没查看、核对天平零点扣5分				
				称量结束，称量瓶没及时放回干燥器内扣5分				
				称量结束没有关闭天平扣5分				
合　计			100					

试题 12：盐酸标准溶液标定氢氧化钠溶液

（考核时间：60min）

序号	考核内容	考核要点	配分	评分标准	检测结果	扣分	得分	备注
1	操作前准备	移液管、滴定管使用	20	移液管内有气泡扣 5 分				
				移液管管尖不靠壁扣 5 分				
				移液管与锥形瓶不成 30°角扣 5 分				
				液体流尽后，保持原来操作方式等侯不足 15s 扣 5 分				
				用 25mL 吸量管吸取三份平行试样，每多吸一份试样扣 5 分				
				滴定管内有气泡扣 5 分				
				滴定管调零时，多余液体随意滴放扣 5 分				
2	实际操作	滴定操作	40	读取滴定管读数时，眼与刻线不平行，扣 5 分				
				加酚酞指示剂超出范围扣 5 分				
				滴定管管尖端不在锥形瓶口下 1～2cm 处扣 5 分				
				滴定速度过快或过慢均扣 5 分				
				不熟练 1 滴、1/2 滴、1/4 滴的滴定技术扣 5 分				
				滴定过程有漏液扣 5 分				
				试液有外溅扣 5 分				
				终点颜色不正确每份扣 5 分				
				调零或滴定结束后，停留不足 30s 就读取数据，扣 5 分				
3	数据处理	精密度	10	精密度平均偏差≤0.0001，在此范围不扣分				
				精密度平均偏差 0.0001～0.0002，在此范围内扣 3 分				
				精密度平均偏差 0.0002～0.0003，在此范围内扣 6 分				
				精密度平均偏差＞0.0003，在此范围内扣 10 分				
4		准确度	10	准确度绝对误差≤0.0010，在此范围不扣分				
				准确度绝对误差 0.0010～0.0020，在此范围内扣 3 分				
				准确度绝对误差 0.0020～0.0030，在此范围内扣 6 分				
				准确度绝对误差＞0.0030，在此范围内扣 10 分				
5		原始记录	20	原始记录不齐全扣 3 分				
				公式不正确扣 2 分				
				计算结果不正确扣 5 分				
				单位符号不正确扣 5 分				
				没有明确结论扣 2 分				
				转抄扣 3 分				
合计			100					

试题 13：强碱滴定弱酸

（考核时间：60min）

序号	考核内容	考核要点	配分	评分标准	检测结果	扣分	得分	备注
1	操作前准备	移液管、滴定管使用	20	移液管内有气泡扣 5 分				
				移液管管尖不靠壁扣 5 分				
				移液管与锥形瓶不成 30°角扣 5 分				
				液体流尽后，保持原来操作方式等侯不足 15s 扣 5 分				
				用 25mL 吸量管吸取三份平行试样，每多吸一份试样扣 5 分				
				滴定管内有气泡扣 5 分				
				滴定管调零时，多余液体随意滴放扣 5 分				
2	实际操作	滴定操作	40	读取滴定管读数时，眼与刻线不平行，扣 5 分				
				加酚酞指示剂超出范围扣 5 分				
				滴定管管尖端不在锥形瓶口下 1～2cm 处扣 5 分				
				滴定速度过快或过慢均扣 5 分				
				不熟练 1 滴、1/2 滴、1/4 滴的滴定技术扣 5 分				
				滴定过程有漏液现象，扣 5 分				
				试液外溅扣 5 分				
				终点颜色不正确每份扣 5 分				
				调零或滴定结束后，停留不足 30s 就读取数据的，扣 5 分				
3	数据处理	精密度	10	精密度平均偏差≤0.0001，在此范围不扣分				
				精密度平均偏差 0.0001～0.0002，在此范围内扣 3 分				
				精密度平均偏差 0.0002～0.0003，在此范围内扣 6 分				
				精密度平均偏差 > 0.0003 在此范围内扣 10 分				
4		准确度	10	准确度绝对误差≤0.0010，在此范围不扣分				
				准确度绝对误差 0.0010～0.0020，在此范围内扣 3 分				
				准确度绝对误差 0.0020～0.0030，在此范围内扣 6 分				
				准确度绝对误差 > 0.0030，在此范围内扣 10 分				
5		原始记录	20	原始记录不齐全扣 3 分				
				公式不正确扣 2 分				
				计算结果不正确扣 5 分				
				单位符号不正确扣 5 分				
				没有明确结论扣 2 分				
				转抄扣 3 分				
合计			100					

试题14：过氧化氢含量测定

（考核时间：60min）

序号	考核内容	考核要点	配分	评分标准	检测结果	扣分	得分	备注
1	操作前准备	移液管、滴定管使用	20	移液管内有气泡扣5分				
				移液管管尖不靠壁扣5分				
				移液管与锥形瓶不成30°角扣5分				
				液体流尽后，保持原来操作方式等侯不足15s扣5分				
				用25mL吸量管吸取三份平行试样，每多吸一份试样扣5分				
				滴定管内有气泡扣5分				
				滴定管调零时，多余液体随意滴放扣5分				
2	实际操作	滴定操作	40	读取滴定管读数时，眼与刻线不平行，扣5分				
				没加3mol/L硫酸的扣5分				
				滴定管管尖端不在锥形瓶口下1～2cm处扣5分				
				滴定速度过快或过慢均扣5分				
				不熟练1滴、1/2滴、1/4滴的滴定技术扣5分				
				滴定过程有漏液现象扣5分				
				试液外溅扣5分				
				终点颜色不正确每份扣5分				
				调零或滴定结束后，停留不足30s就读取数据的，扣5分				
3	数据处理	精密度	10	精密度平均偏差≤0.0001，在此范围不扣分				
				精密度平均偏差0.0001～0.0002，在此范围内扣3分				
				精密度平均偏差0.0002～0.0003，在此范围内扣6分				
				精密度平均偏差>0.0003，在此范围内扣10分				
4		准确度	10	准确度绝对误差≤0.0010，在此范围不扣分				
				准确度绝对误差0.0010～0.0020，在此范围内扣3分				
				准确度绝对误差0.0020～0.0030，在此范围内扣6分				
				准确度绝对误差>0.0030，在此范围内扣10分				
5		原始记录	20	原始记录不齐全扣3分				
				公式不正确扣2分				
				计算结果不正确扣5分				
				单位符号不正确扣5分				
				没有明确结论扣2分				
				转抄扣3分				
合计			100					

试题 15：未知范围样品的 pH 值测定

（考核时间：35min）

序号	考核内容	考核要点	配分	评分标准	检测结果	扣分	得分	备注
1	准备	样品情况调查	5	未询问样品来源和性质扣 5 分				
2		检查电极情况	15	未检查电极玻璃泡扣 10 分				
				未检查电极填充液扣 10 分				
				未打开 KCl 填充口胶帽扣 10 分				
3		根据样品情况校正仪器	50	没用试纸粗测样品 pH 扣 10 分				
				选择 pH 标准缓冲溶液错误扣 10 分				
				校准方法错误扣 10 分				
				更换缓冲溶间没有冲洗电极扣 10 分				
				试液未摇匀扣 10 分				
				用滤纸擦试电极扣 10 分				
				冲洗中缓冲溶液散落在桌面扣 5 分				
				冲洗完毕没有用滤纸吸干扣 5 分				
4	测定	pH 值的测定	20	测定操作出现校正中不允许的操作错误扣 5 分				
				读取数据方法错误扣 5 分				
				未测定平行数据扣 5 分				
				测量完毕未清洗电极扣 5 分				
				测定完毕未处理电极扣 5 分				
5	结果	结果处理	8	准确度超过 0.2pH 扣 8 分，超过 0.1 扣 4 分				
6	台风	桌面收拾干净	2	桌面混乱扣 2 分				
合　计			100					

试题 16：未知范围样品的电导率测定

（考核时间：30min）

序号	考核内容	考核要点	配分	评分标准	检测结果	扣分	得分	备注
1	准备	样品情况调查	5	未询问样品来源和性质扣 5 分				
2		调节校正仪器	55	指针未调零扣 10 分				
				未检查电极常数调节器扣 10 分				
				未调节校正调节器扣 10 分				
				量程选择未按从大到小进行扣 15 分				
				最终测定量程不合适扣 10 分				
3	测定	测量电导率	30	测定前未用待测液清洗三次以上扣 8 分				
				未用滤纸吸干电极扣 5 分				
				读数错误扣 8 分				
				测量完毕未清洗电极扣 5 分				
				测定完毕未处理电极扣 5 分				
4	结果	结　果	7	准确度超过 2%扣 7 分，超过 1%扣 3 分				
5	台风	清理桌面	3	桌面不整洁扣 3 分				
合　计			100					

试题 17：电导率仪实验条件的选择

（考核时间：40min）

序号	考核内容	考核要点	配分	评分标准	检测结果	扣分	得分	备注
1	准备	样品情况调查	5	未询问样品来源和性质扣 5 分				
2	条件选择	操作环境的选择	10	温度、光照等环境条件少指出一项扣 5 分				
3		电极选择	60	指针未调零扣 5 分				
				未首先选择铂黑电极扣 15 分				
				未调节电极常数调节器扣 10 分				
				未调节校正调节器扣 10 分				
				量程选择未按从大到小进行扣 15 分				
				最终测定量程不合适扣 10 分				
				粗测后电极选择错误扣 10 分				
6		参数选择	20	更换电极后未调节电极常数调节器扣 10 分				
				更换电极后未调节校正调节器扣 10 分				
				最终参数不正确扣 5 分				
5	台风	清理桌面	5	仪器操作不规范扣 3 分				
				桌面不整洁扣 2 分				
合计			100					

试题 18：水样中微量铁含量的目视比色法测定

（考核时间：60min）

序号	考核内容	考核要点	配分	评分标准	检测结果	扣分	得分	备注
1	准备	比色管的选取	20	直径不一致扣 10 分				
				高度不一致扣 5 分				
				材质不一致扣 5 分				
2		标准色阶的制备	30	加错体积扣 10 分				
				体积定容超出范围每个扣 5 分				
3	比色	比色观察	25	未从管口垂直向下观察扣 15 分				
				看错色阶扣 15 分				
4	结果处理	结果报出	25	色阶区域范围报出不准确扣 25 分				
合计			100					

试题 19：高锰酸钾吸收曲线的测定

（考核时间：60min）

序号	考核内容	考核要点	配分	评分标准	检测结果	扣分	得分	备注
1	准备	开机预热	15	未使仪器预热 20min 扣 10 分				
				预热仪器时未使光路切断扣 5 分				
2		溶液配制	10	高锰酸钾浓度配制错误扣 10 分				
				操作不熟练扣 5 分				
3	仪器调节	波长调节	10	没按规定调节单色光波长扣 10 分				
		灵敏度选择	10	选择灵敏度错误扣 5 分				
				在实验过程中变动灵敏度档扣 5 分				

续表

序号	考核内容	考核要点	配分	评分标准	检测结果	扣分	得分	备注
		"0"点调节	5	没按规定调节"0"点扣5分				
				波长变动后没有调节"0"点扣5分				
		$T=100\%$调节	5	没按规定调节 $T=100\%$扣5分				
				波长变动后没有调节"100%"点扣5分				
4	测定	比色操作	15	比色皿液面过高或过低扣5分				
				读数后不准确扣5分				
				读数后没有打开比色皿暗箱盖扣5分				
5	结果	绘制吸收曲线	15	横、纵坐标错误扣10分				
				图形错误扣10分				
6	结束	关机后处理	15	未切断电源扣5分				
				未将比色皿取出洗净扣5分				
				未将比色皿座架及暗箱用软纸擦净扣5分				
				台面混乱扣5分				
合计			100					

试题20：比色皿的使用

（考核时间：40min）

序号	考核内容	考核要点	配分	评分标准	检测结果	扣分	得分	备注
1	拿取	比色皿拿取	15	捏住透光面扣15分				
2	洗涤	比色皿清洗	20	实验前没有用蒸馏水清洗比色皿扣5分				
				用碱溶液或氧化性强的洗涤液清洗比色皿扣10分				
				用毛刷清洗比色皿扣10分				
				做完实验时没有立即洗净比色皿扣5分				
3	擦拭	比色皿擦拭	15	没有擦拭的扣15分				
				没有用擦镜纸或细软的吸水纸扣5分				
4	润洗	比色皿润洗	15	没有用溶液润洗扣10分				
				润洗次数不符合要求扣5分				
5	选用	比色皿选用	25	不会选用液槽厚度不同的比色皿，使溶液的吸光度控制在0.2~0.8，扣15分				
				皿差超过范围扣5分				
				没有测定皿差扣10分				
				配套的比色皿和其他比色皿混用扣10分				
6	使用	比色皿使用	10	液面高度超过比色皿高度的4/5扣5分				
				放入分光光度计位置不对扣10分				
合计			100					

试题21：仪器开停机操作

（考核时间：40min）

序号	考核内容	考核要点	配分	评分标准	检测结果	扣分	得分	备注
1	开机	开机预热	20	未检查仪器扣5分				
				未使仪器预热20min扣10分				
				预热仪器时未使光路切断扣5分				

续表

序号	考核内容	考核要点	配分	评分标准	检测结果	扣分	得分	备注
2	仪器调节	波长调节	10	没按规定调节单色光波长扣10分				
		灵敏度选择	15	选择灵敏度错误扣10分				
				在实验过程中变动灵敏度档扣5分				
		"0"点调节	15	没按规定调节"0"点扣15分				
		$T = 100\%$调节	15	没按规定调节$T = 100\%$扣15分				
3	关机	关机后处理	25	未切断电源扣10分				
				未将比色皿取出洗净扣5分				
				未将比色皿座架及暗箱用软纸擦净扣5分				
				台面混乱扣5分				
合计			100					

试题22：色谱仪工作条件的检查(FID)

（考核时间：30min）

序号	考核内容	考核要点	配分	评分标准	检测结果	扣分	得分	备注
1	色谱操作状态检查	载气情况检查	10	未检查扣10分				
				少检查一路载气扣5分				
				未记录扣4分				
2		进样口温度检查	20	未检查设定温度扣10分				
				不检查实际温度扣10分				
				未记录扣4分				
3		柱箱温度检查	20	未检查设定温度扣10分				
				不检查实际温度扣10分				
				未记录扣4分				
4		检测器温度检查	20	未检查设定温度扣10分				
				不检查实际温度扣10分				
				未记录扣4分				
5		检测器火焰检查	10	不检查扣10分				
				手法或结果错误扣5分				
6		数据处理机检查	10	不检查基线电平值扣10分				
				不能够正确调零扣6分				
7	结论	判断色谱仪状态	10	结论错误或没有进行判断扣10分				
合计			100					

试题23：色谱图峰面积的测量

（考核时间：50min）

序号	考核内容	考核要点	配分	评分标准	检测结果	扣分	得分	备注
1	色谱操作	正确进样	10	进样不够熟练扣2分				
				进样失误一次扣4分				
2		样品谱图	10	不能得到样品谱图扣10分				
				因谱图位置大小错误扣4分				
				用于计算的谱图不完整扣4分				
3		记录积分结果	10	少记录一个扣4分				
4	结果处理	测　量	10	三个峰的面积测量错误每个扣10分				
				出现涂改、字迹不清等每处扣2分，最多扣10分				

续表

序号	考核内容	考核要点	配分	评分标准	检测结果	扣分	得分	备注
5		计算峰面积比	50	未计算积分和测量值三个峰面积比扣 10 分				
				计算错误每个扣 4 分				
				少计算一组扣 5 分				
6	结论	比较两组数据，并得出手动测量误差	10	不能正确比较扣 10 分				
				结果错一个扣 6 分				
合　计			100					

试题 24：两点标定曲线的绘制

（考核时间：50min）

序号	考核内容	考核要点	配分	评分标准	检测结果	扣分	得分	备注
1	色谱操作	分析标样	20	进样不够熟练扣 5 分				
				进样手法错误每次扣 5 分				
2		样品谱图	10	不能得到样品谱图扣 10 分				
				标准组分识别错误每个扣 3 分				
3		记　录	10	少记录一个标准组分峰面积扣 6 分				
4	绘图计算	建立坐标系	15	原点、正方向、坐标意义、单位等错误一项扣 4 分				
5		定　位	15	标准样品定位横纵坐标错误一次扣 4 分				
6		绘制并标识	10	未绘制曲线扣 10 分				
				未进行标识或标识不清扣 5 分				
7	结果	卷面情况	20	标准曲线明显偏离原点扣 10 分				
				每个涂改污点扣 3 分				
合　计			100					

试题 25：液相样品的外标法分析

（考核时间：50min）

序号	考核内容	考核要点	配分	评分标准	检测结果	扣分	得分	备注
1	色谱操作	进样分析	20	进样不够熟练扣 3 分				
				进样失误一次扣 5 分				
2		谱图识别	10	不能得到样品谱图扣 10 分				
				谱图组分识别错误每个扣 5 分				
3		面积记录	10	少记录一个峰面积扣 6 分				
4	计算	计算校正因子	15	计算公式未列出或错误扣 10 分				
				计算错误扣 5 分				
				有效数字错误扣 2 分				
6		未知样品浓度计算	15	公式未列出或错误扣 10 分				
				计算错误扣 5 分				
				有效数字错误扣 2 分				
6	结果	卷面情况	10	每个涂改污点扣 3 分				
				划改一处扣 1 分				
		结果情况	20	误差 >5% 扣 20 分				
				误差 >3% 扣 8 分				
				误差 >1% 扣 3 分				
合　计			100					

试题26：密度计法测定密度

（考核时间：30min）

序号	考核内容	考核要点	配分	评分标准	检测结果	扣分	得分	备注
1	准备	量筒准备	5	未检查量筒情况扣5分				
2		试样准备	15	试样飞溅，转移试样过慢扣5分				
				未用清洁滤纸除去气泡扣5分				
				未用合适的温度计或搅拌棒垂直搅拌试样扣5分				
3		正确选取密度计	10	不能估计试油的大致范围选取密度计扣10分				
4		记录温度	10	未用温度计垂直搅拌试样记录温度扣10分				
5	测定	放入密度计	10	手未拿密度计最高分度线以上部分扣5分				
				未垂直放入试油中扣5分				
				未将密度计压入液体中约两个刻度再放开扣5分				
6		正确读取密度计刻度	10	密度计读数未读取液体主液面与密度计刻度相切一点扣15分				
7		回收密度计	5	记录密度计读数后，未用滤纸擦拭干净扣5分				
8		读数比较	5	温度记录前后两次相差大于0.5℃扣10分				
9	结果	修正并换算	5	未进行密度计读数修正扣5分				
10			5	未进行密度计读数换算扣5分				
11		结果考察	15	重复性 $>0.5kg/m^3$ 扣5分				
				误差 $>1.2kg/m^3$ 扣10分				
				误差 $>0.8kg/m^3$ 扣6分				
				误差 $>0.3kg/m^3$ 扣3分				
12	台风	仪器、桌面摆放	5	仪器摆放混乱、桌面不干净扣5分				
合计			100					

试题27：利用密度测定仪测定密度

（考核时间：40min）

序号	考核内容	考核要点	配分	评分标准	检测结果	扣分	得分	备注
1	准备	检查仪器	10	未检查电路连接扣5分				
				未检查电源扣5分				
2		开机预热	30	开机错误扣10分				
				仪器处理不正确扣10分				
				稳定时间不够扣10分				
3	测定	样品测定	40	方法调用错误扣10分				
				测定中技术失误每项扣10分				
				样品测定完毕未洗涤扣10分				
				样品测定完毕未干燥扣10分				
4	结果	结果处理	15	数据准确度不符合规定扣10分				
				数据报出有错误每处扣5分				
5	台风	桌面清理	5	操作中桌面乱				
合计			100					

试题 28：石油产品水分的测定

（考核时间：70min）

序号	考核内容	考核要点	配分	评分标准	检测结果	扣分	得分	备注
1	准备	准备试样	10	未摇动待测试样 5min 扣 5 分				
				混合不均匀扣 5 分				
				称量试样不准扣 5 分				
2		量取溶剂	10	量取溶剂不准扣 5 分				
				未投入浮石扣 5 分				
3		安装水分测定器	10	塞子缝隙处未涂上火棉胶扣 5 分				
				水温与室温相差大时，冷凝管上端未塞棉花扣 5 分				
4	测定	加热圆底烧瓶	15	回流速度未控制在规定范围内扣 15 分				
5		冷凝管内壁水滴的处理	5	蒸馏将近完毕时没使混合物剧烈沸腾，使内壁水滴洗入接受器中扣 5 分				
6		停止加热	20	水体积仍在增加停止加热扣 5 分				
				回流时间超过 1h 扣 5 分				
				停止加热后，冷凝管内壁仍沾有水滴，未用金属丝把水滴刮入接受器中扣 10 分				
6		计算水分重量百分含量	10	未冷却就将仪器拆卸扣 5 分				
				读取错误扣 5 分				
				计算错误扣 5 分				
8	结果	精密度考察	10	误差 >6% 扣 10 分				
				误差 >4% 扣 6 分				
				误差 >2% 扣 3 分				
9	台风	仪器、桌面定置摆放	5	未洗涤仪器扣 5 分				
			5	仪器、桌面摆放混乱扣 5 分				
合　计			100					

试题 29：比重瓶法测定密度

（考核时间：40min）

序号	考核内容	考核要点	配分	评分标准	检测结果	扣分	得分	备注
1	准备	比重瓶的准备	5	比重瓶不清洁扣 5 分，内、外壁挂水珠扣5 分				
2		比重瓶的选择	10	选错型号、称量错误扣 10 分				
3		恒温浴调节	5	恒温不在 20±0.1℃范围内扣 5 分				
4	测定	试样的加入	10	未将试样装入已确定水值的比重瓶中，未加上塞子扣 10 分				
5		比重瓶恒温	30	比重瓶浸入恒温浴位置错误扣 10 分				
				恒温时间少于 20min 扣 10 分				
				未将过剩试样用滤纸吸去扣 10 分				
4		称量比重瓶	10	未擦干外部扣 3 分				
				称量错误扣 7 分				
7	结果	计算试样 20℃的密度	5	计算错误扣 10 分				
8		洗涤比重瓶	5	未洗涤、干燥比重瓶扣 10 分				
9		精密度的考察	15	重复性大于 0.0004g/m^3 扣 10 分				
				误差 >0.0012g/cm^3 扣 10 分				
				误差 >0.0008g/cm^3 扣 6 分				
				误差 >0.0003g/cm^3 扣 3 分				
10	台风	桌面保持整洁	5	桌面不整洁扣 5 分				
合　计			100					

第二部分

中级工

一、石油化工行业职业标准(中级工工作要求)

职业功能	工作内容	技能要求	相关知识
采样	(一)实施采样	能掌握采样难度较大的产品(不均匀物料、易挥发物质、危险品等)的采样原理	石油化工采样知识
	(二)明确采样方案	能按照产品标准和采样要求执行采样方案	
分析准备	(一)明确分析方案	理解较复杂的化学和物理性能检测的方法、标准和操作规范	1. 化学和物理性能分析的原理 2. 分析操作的一般程序 3. 分析结果的计算方法和依据
	(二)准备实验用水及溶液	1. 能选择化学分析、仪器分析及标准溶液配制所需实验用水的规格；能正确储存实验用水 2. 能按标准和规范配制各种化学分析所用溶液 3. 能根据分析需要选择标准物质	1. 实验室用水规格及储存方法 2. 各类化学试剂的特点及用途；常用标准物质的特点及用途 3. 溶液配制知识
	(三)准备玻璃仪器等用品	1. 能选择使用玻璃仪器 2. 能根据分析需要正确选用仪器设备	1. 玻璃仪器的校正方法 2. 仪器设备的简单操作
分析与测定	(一)化学分析	能按操作规程熟练地测定石油化工产品	1. 常用的化学分析方法和原理 2. 相关标准中各分析项目的要求
	(二)仪器分析	熟练使用相应的仪器设备进行石油化工产品的化学性质和物理性质的测定	仪器设备的相关知识和分析原理
	(三)误差处理	能分辨和处理各种误差	误差产生和处理的一般知识
测后工作	(一)计算及数据处理	1. 能由实验结果计算出校正系数，并据此校正测定结果 2. 能对分析测试结果进行简单评价	实验结果的数据处理知识
	(二)审核原始记录	能审核其他分析人员的原始记录	原始记录的要求
养护设备	(一)维护仪器设备	能对所用仪器、设备进行较全面的维护	仪器设备的养护知识
安全实验	(一)安全事故的处理	能按事故应急预案的要求处理突发事件	意外事故的处理方法和急救知识

二、理论知识鉴定要素细目表

行业通用理论知识鉴定要素细目表

鉴定范围						鉴定点		
一级		二级		三级		代码	名称	重要程度
代码	名称	代码	名称	代码	名称			
A	基本要求	B	基础知识	A	记录填写基础知识	001	岗位交接班记录的填写要求	X
						002	关键设备巡检记录的填写要求	X

续表

鉴定范围						鉴定点		
一级		二级		三级		代码	名称	重要程度
代码	名称	代码	名称	代码	名称			
				B	识图基础知识	001	正投影的特点	X
						002	三视图的特点	X
						003	三视图的作图方法	X
						004	零件图的作用	X
				C	安全环保基础知识	001	石化行业安全检查的内容	X
						002	尘毒物质危害人体的主要因素	X
						003	化工污染的控制方法	X
						004	清洁生产的理论基础	X
						005	清洁生产审计的目的	X
						006	灭火的机理	X
						007	ISO 14001 标准的特点	X
						008	ISO 14001 环境因素识别的状态、时态和类型	X
						009	ISO 14001 环境因素识别的步骤	X
						010	ISO 14001 环境因素识别的方法	X
						011	HSE 审核的概念	X
						012	HSE 审核的目的	X
						013	HSE 危害的概念	X
						014	废水治理的常识	X
						015	废气治理的常识	X
						016	废渣处理的常识	X
						017	防冻防凝的知识	X
						018	夏季四防的知识	X
						019	职业病的概念	X
						020	职业病的种类	X
						021	石化行业事故的分类	X
						022	石化行业事故分级的规定	X
						023	HSE 不符合的概念	X
						024	HSE 事故的定义	X
				D	质量基础知识	001	标准化的意义	X
						002	质量认证的概念	X
						003	全面质量管理的特点	X
						004	ISO 9000 质量管理体系基础的内容	X
						005	质量管理 PDCA 动态循环的意义	X
						006	ISO 9000 族标准的核心标准	X
						007	ISO 9000 族标准“质量”的意义	X
						008	ISO 9001 标准的八项管理原则	X

续表

鉴定范围						鉴定点		
一级		二级		三级		代码	名称	重要程度
代码	名称	代码	名称	代码	名称			
				E	计算机基础知识	001	Word 文字处理软件基础知识	X
						002	Word 表格处理知识	X
						003	Excel 工作表的建立	X
						004	Excel 的排版	X
				F	法律常识	001	合同的形式	X
						002	合同法关于无效合同的规定	X

工种理论知识鉴定要素细目表

鉴定范围						鉴定点		
一级		二级		三级		代码	名称	重要程度
代码	名称	代码	名称	代码	名称			
A	基本要求	B	基础知识	G	无机化学	001	氯气的性质	X
						002	氯离子的检验方法	X
						003	卤素原子结构	X
						004	卤素单质的化学性质	X
						005	可溶性卤化物的鉴别方法	X
						006	同位素的概念	Y
						007	元素的相对原子质量的概念	X
						008	原子核外电子排布的基本规律	X
						009	元素周期律的基本概念	X
						010	元素周期表的结构	X
						011	元素的性质与元素在周期表中位置的关系	X
						012	氧族元素的性质	Y
						013	二氧化硫的性质	X
						014	硫酸的性质	X
						015	碳族元素的性质	X
						016	二氧化碳的性质	Y
				H	有机化学	001	烷烃同系物的定义	X
						002	烷烃同分异构体的推导方法	Y
						003	烷烃的化学通性	X
						004	烯烃的化学通性	X
						005	烯烃的异构因素	X
						006	炔烃的化学通性	X
						007	苯的结构特点	Y
						008	苯同系物的化学性质	X

续表

鉴定范围						鉴定点		
一级		二级		三级		代码	名称	重要程度
代码	名称	代码	名称	代码	名称			
						009	卤代烷烃的命名方法	X
						010	溴乙烷的化学性质	X
						011	卤代烷烃的化学通性	Y
						012	卤代烷烃的物理性质	Y
						013	饱和一元醇醚的分子组成通式	X
						014	饱和一元醇醚的命名方法	X
						015	乙醇的物理性质	X
						016	乙醇的化学性质	X
				I	分析化学	001	化学分析的分类	X
						002	法定计量单位构成	X
						003	国际单位制的基本物理量	X
						004	光谱分析的分类	X
						005	电化学分析分类	X
						006	色谱分析特点	X
				J	工艺原理及流程	001	传热方式	X
						002	吸收原理	X
						003	蒸馏的方式	Y
						004	精馏塔的构成	X
						005	精馏塔的作用	X
						006	进料的五种热状态	Z
				K	物料性质	001	燃料油的性质	X
						002	常见有机物料的性质	X
						003	常用化学助剂的性质	X
				L	产品应用	001	润滑油脂的应用	X
						002	塑料的应用	X
						003	化纤类产品的应用	X
				M	电工基础知识	001	基尔霍夫定律	X
						002	电功率	X
						003	电流表的工作原理	Y
						004	电压表的工作原理	Y
				N	实验室安全	001	职业病防治方法	X
						002	职业安全健康	Y
						003	化学毒物中毒救治方法	X
						004	有毒化学物质的处理方法	X
						005	火源的控制方法	X

续表

鉴定范围						鉴定点		
一级		二级		三级		代码	名称	重要程度
代码	名称	代码	名称	代码	名称			
				O	危险化学品安全	001	毒物的最高允许浓度	X
						002	毒物进入人体的途径	X
						003	常见毒物性质及作用于人体时的症状	X
						004	燃烧爆炸特点	X
						005	放射性物品特点	X
						006	腐蚀品特点	X
						007	危险化学品的标志	X
						008	危险化学品储藏的安全要求	X
						009	危险化学品的包装	X
						010	中毒事故的预防	X
B	相关知识	A	采样制样	A	明确采样方案	001	物料特性值的变异性类型	X
						002	总体物料特性值变异性类型的推断方式	Y
						003	采样误差	X
						004	总体特性平均值及标准差的估计方法	Y
				B	实施采样	001	用总体特性平均值衡量产品质量的单侧下限的采样验收方案	X
						002	用总体特性平均值衡量产品质量的单侧上限的采样验收方案	X
						003	用总体特性平均值衡量产品质量的双侧限采样验收方案	X
						004	用总体不合格品率衡量产品质量的单侧下限的采样验收方案	X
						005	用总体不合格品率衡量产品质量的单侧上限的采样验收方案	X
						006	用总体不合格品率衡量产品质量的双侧限采样验收方案	X
		B	化学分析	A	分析准备	001	容量仪器的校正方法	Y
						002	分析实验室用水的检验方法	X
						003	分析实验室用水纯化方法	Y
						004	分析实验室用水的要求	Z
						005	酸碱离解平衡原理	X
						006	共轭酸碱对的离解常数的关系	X
						007	缓冲溶液的选择方法	X
						008	基准物	X
						009	常见标定酸用基准物	Z
						010	常见标定碱用基准物	Z

续表

鉴定范围						鉴定点		
一级		二级		三级		代码	名称	重要程度
代码	名称	代码	名称	代码	名称			
						011	常见标定还原剂用基准物	Z
						012	常见标定氧化剂用基准物	Z
						013	常见标定 EDTA 用基准物	Z
						014	沉淀滴定用基准物	Z
						015	标定法	X
						016	酸碱质子理论	Y
						017	EDTA 与金属离子配合的特点	X
						018	配合物的条件稳定常数	X
						019	金属离子的副反应和副反应系数	X
						020	电极电位	X
						021	条件电位	X
						022	氧化还原反应进行的程度	Y
						023	影响氧化还原反应的速度的主要因素	X
						024	溶度积原理	X
						025	重量分析对沉淀形的要求	X
						026	重量分析对称量形的要求	X
				B	分析与测定	001	系统误差定义	X
						002	方法误差	X
						003	仪器误差	X
						004	试剂误差	X
						005	操作误差	X
						006	偶然误差	X
						007	系统误差的判断方法	X
						008	系统误差的消除方法	X
						009	减少误差的方法	X
						010	直接滴定法	X
						011	间接滴定法	Y
						012	返滴定法	X
						013	置换滴定法	Z
						014	标准溶液的配制方法	X
						015	缓冲溶液的配制方法	X
						016	强碱(酸)滴定弱酸(碱)的滴定曲线	X
						017	酸碱指示剂的选择方法	X
						018	酸标准溶液的配制与标定	X

续表

鉴定范围						鉴定点		
一级		二级		三级		代码	名称	重要程度
代码	名称	代码	名称	代码	名称			
						019	碱标准溶液的配制与标定	X
						020	混合碱的测定方法	X
						021	酸碱直接滴定可行性的判断方法	X
						022	EDTA 酸效应和酸效应系数	Z
						023	EDTA 的酸效应曲线	Y
						024	配位滴定曲线绘制方法	X
						025	EDTA 标准溶液的配制与标定	X
						026	水硬度的测定方法	X
						027	氧化还原滴定曲线	X
						028	沉淀滴定曲线	X
						029	沉淀剂的选择方法	Y
						030	沉淀的形成过程	Z
				C	测后工作	001	数据集中趋势的表示方法	X
						002	数据分散程度的表示方法	X
						003	强酸强碱溶液 pH 值的计算	X
						004	一元弱酸(碱)溶液 pH 值的计算	X
						005	溶度积的应用	X
						006	等物质的量规则的应用	X
						007	多元酸(碱)及其盐溶液 pH 值的计算	X
						008	酸碱混合体系 pH 值的计算	X
						009	缓冲溶液 pH 值的计算	X
						010	水硬度的测定原理	X
						011	非水溶液中的酸碱滴定常识	Z
						012	不同 pH 值溶液中酸碱各种型体的分布特性	Y
						013	配位滴定中准确滴定的条件	X
						014	影响配位滴定突跃大小的主要因素	X
						015	提高配位滴定选择性－控制溶液酸度	X
						016	掩蔽的方法	X
						017	解蔽的方法	X
						018	水硬度的表示方法	X
						019	溶解度和溶度积的换算	X
						020	同离子效应	X
						021	盐效应	X
						022	配位效应	X
						023	酸效应	X
						024	影响沉淀溶解度的因素	X

续表

鉴定范围						鉴定点		
一级		二级		三级		代码	名称	重要程度
代码	名称	代码	名称	代码	名称			
				D	设备使用与维护	001	电加热炉的使用及注意事项	X
						002	马弗炉的使用方法	X
						003	马弗炉使用的注意事项	X
						004	机械天平的使用注意事项	X
						005	电子天平的使用方法	X
						006	电子天平的使用注意事项	X
		C	光谱分析	A	分析准备	001	电磁波谱的分类	X
						002	光色互补的原理	Y
						003	摩尔吸收系数的含义	X
						004	吸光度的加和性	Y
						005	吸收曲线的制作方法	X
						006	偏离标准曲线的原因	X
						007	显色反应的要求	X
				B	分析与测定	001	透射比的测定方法	X
						002	吸光度的测定方法	X
						003	最大吸收波长的选择方法	X
						004	参比溶液的选择方法	X
						005	显色剂的作用	Y
						006	多元配合物显色体系	X
						007	分辨率的概念	X
				C	测后工作	001	工作曲线法	X
						002	标准对照法	Y
						003	吸收系数法	X
						004	解联立方程法	Y
						005	方法误差的分析原则	X
						006	仪器误差的分析原则	X
				D	设备使用与维护	001	紫外－可见分光光度计结构	X
						002	分光光度计检定常识	X
						003	常见紫外－可见分光光度计性能	Y
						004	紫外分光光度计的日常维护方法	X
						005	紫外－可见分光光度计使用的注意事项	X
						006	紫外分光光度计常见故障处理方法	X

续表

鉴定范围						鉴定点		
一级		二级		三级		代码	名称	重要程度
代码	名称	代码	名称	代码	名称			
		D	色谱分析	A	分析准备	001	气相色谱的气源	X
						002	压力控制与流量控制的区别	Y
						003	色谱气路图	X
						004	TCD 的原理	X
						005	FID 的原理	X
						006	TCD 的性能	X
						007	FID 的性能	X
						008	各种保留值间的相互关系	X
						009	分离参数的意义	X
						010	柱性能参数的意义	X
						011	保留指数的意义	X
						012	分离度与柱效率的关系	X
				B	分析与测定	001	TCD 用载气的选择方法	Y
						002	TCD 桥流的选择方法	X
						003	TCD 温度的选择方法	X
						004	FID 三种气的配比条件	X
						005	FID 温度设置方法	X
						006	程序升温的应用	X
						007	载气流速的测量方法	X
				C	测后工作	001	数据处理机的工作原理	Z
						002	数据处理机对色谱峰的识别方法	Y
						003	数据处理机控制参数	X
						004	数据处理机峰识别参数	X
						005	数据处理参数	X
						006	归一化法的计算方法	X
				D	设备使用与维护	001	液相进样阀的注意事项	Y
						002	分流不分流进样口的结构	X
						003	TCD 的结构	X
						004	FID 的结构	X
						005	填充柱的制备方法	Y
						006	毛细管柱的使用注意事项	X

续表

鉴定范围						鉴定点		
一级		二级		三级		代码	名称	重要程度
代码	名称	代码	名称	代码	名称			
		E	电化学分析	A	分析准备	001	直接电位法的定义	X
						002	电位滴定法的定义	X
						003	死停终点法的定义	X
						004	影响 pH 值测定的主要因素	X
						005	影响电导率测定的主要因素	X
						006	电导率测定意义	X
				B	分析与测定	001	水分测定的技术要素	X
						002	电位滴定的技术要素	X
						003	微库仑仪操作的技术要素	X
						004	pH 值测定仪的参数选择方法	X
						005	pH 值测定的技术要素	X
						006	电导率仪的参数选择方法	X
						007	电导率测定的技术要素	X
				C	测后工作	001	水分测定的数据处理过程	X
						002	电位滴定的数据处理过程	X
						003	微库仑分析的数据处理过程	X
						004	水分分析分析结果的评估方法	X
						005	电位滴定分析分析结果的评估方法	X
						006	微库仑分析分析结果的技术评价	X
				D	设备使用与维护	001	水分分析仪的使用注意事项	X
						002	水分分析仪的日常维护方法	X
						003	电位滴定仪的使用注意事项	X
						004	电位滴定仪的日常维护方法	X
						005	微库仑仪的使用注意事项	X
						006	微库仑仪的日常维护方法	X
		F	油品分析	A	分析准备	001	铂钴色度的定义	Y
						002	结晶点的定义	Y
						003	酸洗比色的定义	Y
						004	馏程的定义	Y
						005	铂钴色度的测定原理	X
						006	结晶点的测定原理	X
						007	酸洗比色的测定原理	X
						008	馏程的测定原理	X
						009	酸值的测定原理	Y
						010	针入度的测定原理	Y

续表

鉴定范围						鉴定点		
一级		二级		三级		代码	名　称	重要程度
代码	名　称	代码	名　称	代码	名　称			
				B	分析与测定	001	测定铂钴色度的步骤	X
						002	测定铂钴色度的技术要素	X
						003	测定结晶点的步骤	X
						004	测定结晶点的技术要素	X
						005	测定酸洗比色的步骤	X
						006	测定酸洗比色的技术要素	X
						007	测定馏程的步骤	X
						008	测定馏程的技术要素	X
						009	测定酸值的步骤	Y
						010	测定针入度的步骤	Y
				C	测后工作	001	铂钴色度测定的数据处理方法	X
						002	酸洗比色测定的数据处理方法	X
						003	结晶点测定的数据处理方法	X
						004	馏程测定的数据处理方法	X
						005	温度计的保存方法	X
						006	比色标准液的使用方法	X
						007	酸值的数据处理方法	Y
						008	针入度的数据处理方法	Y
				D	设备使用与维护	001	结晶点测定仪器的选择方法	X
						002	铂钴色度测定仪器的选择方法	X
						003	酸洗比色测定仪器的选择方法	X
						004	结晶点测定仪的维护方法	X
						005	馏程测定仪的维护方法	X
						006	减压馏程测定仪的维护方法	X

三、理论知识试题

行业通用理论知识试题

判断题

1. 交接班记录需要领导审阅签字。(√)

2. 设备巡检包括设备停机过程中的检查。(√)

3. 投影线都相互平行的投影称为中心投影。(×)

正确答案： 投影线都相互平行的投影称为平行投影。

4. 在三视图中，能够反映物体上下、左右位置关系的视图为俯视图。(×)

正确答案： 在三视图中，能够反映物体上下、左右位置关系的视图为主视图。

5. 画三视图时，左视图和俯视图的关系是长对正。 (×)

正确答案：画三视图时，左视图和俯视图的关系是宽相等。

6. 零件图的作用是读零件图与装配图关系。 (×)

正确答案：零件图的作用是直接指导制造零件和检验零件的图样。

7. 零件图是直接指导制造零件和检验零件的图样。 (√)

8. 综合性季度检查中，安全生产不仅是重要内容，还实行一票否决权。 (√)

9. 尘毒物质对人体的危害与个人体质因素无关。 (×)

正确答案：尘毒物质对人体的危害与个人年龄、身体健康状况等因素有关。

10. 因为环境有自净能力，所以轻度污染物可以直接排放。 (×)

正确答案：虽然环境有自净能力，轻度污染物也不可以直接排放。

11. 目前清洁生产审计中应用的理论主要是物料平衡和能量守恒原理。 (√)

12. 清洁生产审计的目的是：通过清洁生产审计判定生产过程中不合理的废物流和物、能耗部位，进而分析其原因，提出削减它的可行方案并组织实施，从而减少废弃物的产生和排放，达到实现本轮清洁生产目标。 (√)

13. 根据燃烧三要素，采取除掉可燃物、隔绝氧气(助燃物)、将可燃物冷却至燃点以下等措施均可灭火。 (√)

14. 在 HSE 管理体系中，评审是高层管理者对安全、环境与健康管理体系的适应性及其执行情况进行正式评审。 (√)

15. 第二方审核是直属企业作为受审方，由取得相应资格的单位进行 HSE 体系审。(×)

正确答案：第三方审核是直属企业作为受审方，由取得相应资格的单位进行 HSE 体系审核。

16. 含汞、铬、铅等的工业废水不能用化学沉淀法治理。 (×)

正确答案：含汞、铬、铅等的工业废水可以用化学沉淀法治理。

17. 一级除尘又叫机械除尘。 (√)

18. 废渣处理首先考虑综合利用的途径。 (√)

19. 陆地填筑法可避免造成火灾或爆炸。 (×)

正确答案：陆地填筑法有可能造成火灾或爆炸。

20. 在防冻防凝工作中，严禁用高压蒸汽取暖、严防高压蒸汽串入低压系统。 (√)

21. 对已冻结的铸铁管线、阀门等可以用高温蒸汽迅速解冻。 (×)

正确答案：对已冻结的铸铁管线、阀门等不得急剧加热，只允许温水或少量蒸汽缓慢解冻，以防骤然受热损坏。

22. 进入夏季，工业园区应对所有地沟、排水设施进行检查，清除排水障碍，备足防汛物资，遇到险情满足需求。 (√)

23. 从事办公室工作的人员不会形成职业病。 (×)

正确答案：从事办公室工作的人员也会形成相应的职业病。

24. 职业中毒不属于职业病。 (×)

正确答案：职业中毒属于职业病之一。

25. 急慢性中毒皆属于人身事故。 (×)

正确答案：急性中毒属于人身事故。

26. 在 HSE 管理体系中，一般不符合项是指能使体系运行出现系统性失效或区域性失效的问题。 (×)

正确答案：在 HSE 管理体系中，一般不符合项是指个别的、偶然的、孤立的、性质轻微的问题或者是不影响体系有效性的局部问题。

27. HSE 管理体系规定，公司应建立事故报告、调查和处理管理程序，所制定的管理程序应保证能及时地调查、确认事故(未遂事故)发生的根本原因。 (√)

28. 标准化的重要意义是提高产品、过程或服务的质量，防止贸易壁垒，并促进技术合作。 (×)

正确答案：标准化的重要意义是改进产品、过程或服务的适用性，防止贸易壁垒，并促进技术合作。

29. 企业应当具备法人的资格或是法人的一部分，才可以申请质量体系认证。 (√)

30. 全面质量管理的核心是强调提高产品质量。 (×)

正确答案：全面质量管理的核心是强调提高工作质量。

31. 生产制造过程的质量管理是全面质量管理的中心环节。 (√)

32. 质量管理体系是指在质量方面指挥和控制组织的管理体系，它是组织若干管理体系的一个。 (√)

33. PDCA 循环是全面质量管理的科学方法，可用于企业各个方面、各个环节的质量管理活动。 (√)

34. ISO 9004：2000 标准是"指南"，可供组织作为内部审核的依据，也可用于认证和合同目的。 (×)

正确答案：ISO 9004：2000 标准提供了超出 ISO 9001 要求的指南和建议，不用于认证或合同的目的。

35. ISO 9000 族标准中，质量仅指产品质量。 (√)

36. ISO 9000 族标准质量管理八项原则是一个组织在质量管理方面的总体原则。 (√)

37. 计算机应用软件 Word 字处理软件不仅可以进行文字处理，还可以插入图片、声音等，但不能输入数学公式。 (×)

正确答案：Word 字处理软件不仅可以进行文字处理，还可以插入图片、声音等，也能输入数学公式。

38. 在应用软件 Word 表格操作中选定整个表格后，按格式工具栏上的左、右、居中对齐等按钮则单元格中的文字内容可进行左、右、居中对齐。 (×)

正确答案：选定整个表格后，按格式工具栏上的左、右、居中对齐等按钮则单元格中的文字内容不会进行左、右、居中对齐，整个工作表整体在页面中进行左、右、居中对齐。

39. 在应用软件 Word 表格操作中利用表格工作栏还可对表格内容进行垂直对齐。 (√)

40. 在计算机应用软件 Excel 中选中不连续单元格的功能键是 Alt。 (×)

正确答案：在计算机应用软件 Excel 中选中不连续单元格的功能键是 Ctrl。

41. 在计算机应用软件 Excel 中清除合并居中的格式可以通过键盘的删除(Delete)键来实现。 (×)

正确答案：在计算机应用软件 Excel 中清除合并居中的格式可以通过编辑菜单中的清除格式来实现。

42. 在计算机应用软件 Excel 中的打印可实现放大或缩小比例打印。 (√)

43. 不动产的买卖合同一般采用登记形式。 (√)

44. 在实践中，口头形式是当事人最为普遍采用的一种合同约定形式。 (×)

正确答案：在实践中，书面形式是当事人最为普遍采用的一种合同约定形式。

单选题

1. 不允许在岗位交接班记录中出现(C)。
   A. 凭旧换新 B. 划改内容 C. 撕页重写 D. 双方签字
2. 投影线都通过中心的投影称为(A)投影法。
   A. 中心 B. 平行 C. 斜 D. 正
3. 在工程制图中应用较多的投影法是(D)投影法。
   A. 中心 B. 平行 C. 斜 D. 正
4. 剖视图的剖切符号为断开的(D)线。
   A. 细实 B. 点划 C. 虚 D. 粗实
5. 在三视图中，反映物体前后、左右位置关系的视图为(B)。
   A. 主视图 B. 俯视图
   C. 左视图 D. 在三个视图中都有可能
6. 在三视图中，反映物体前后、上下位置关系的视图为(C)。
   A. 主视图 B. 俯视图
   C. 左视图 D. 在三个视图中都有可能
7. 画三视图时，主视图和俯视图的关系是(A)。
   A. 长对正 B. 高平齐 C. 宽相等 D. 无关系
8. 零件图的主要作用之一是(B)。
   A. 指导读零件的结构 B. 直接指导制造零件
   C. 读零件图与装配图关系 D. 读零件之间的配合情况
9. 毒物的沸点是(C)。
   A. 越低毒性越小 B. 越高毒性越大 C. 越低毒性越大 D. 与毒性无关
10. 污染物的回收方法包括(D)。
    A. 蒸发 B. 干燥 C. 排放 D. 吸收
11. 清洁生产涵盖有深厚的理论基础，但其实质是(A)。
    A. 最优化理论 B. 测量学基本理论
    C. 环境经济学基本理论 D. 资源经济学基本理论
12. 液体有机物的燃烧可以采用(C)灭火。
    A. 水 B. 沙土 C. 泡沫 D. 以上均可
13. ISO 14001 标准其主要特点有强调(D)、强调法律、法规的符合性、强调系统化管理、强调文件化、强调相关方的观点。
    A. 污染预防 B. 持续改进
    C. 末端治理 D. 污染预防、持续改进
14. 在 ISO 14001 标准体系中，为了确保环境因素评价的准确性，在识别环境因素时应考虑的三种状态是(C)。

A. 开车、停机和检修状态　B. 连续、间歇和半连续状态
C. 正常、异常和紧急状态　D. 上升、下降和停止状态

15. 公司 HSE 管理体系的审核分为内部审核、(C)。
A. 第一方审核　B. 第二方审核　C. 第三方审核　D. 第四方审核

16. HSE 评审的目的是检验 HSE 管理体系的适宜性、(B)和有效性。
A. 充分性　B. 公平性　C. 权威性　D. 必要性

17. 废水治理的方法有物理法、(A)法和生物化学法等。
A. 化学　B. 过滤　C. 沉淀　D. 结晶

18. 可直接用碱液吸收处理的废气是(A)。
A. 二氧化硫　B. 甲烷　C. 氨气　D. 一氧化氮

19. 废渣的处理大致采用(D)、固化、陆地填筑等方法。
A. 溶解　B. 吸收　C. 粉碎　D. 焚烧

20. 为了作好防冻防凝工作，停用的设备、管线与生产系统连接处要加好(B)，并把积水排放吹扫干净。
A. 阀门　B. 盲板　C. 法兰　D. 保温层

21. "夏季四防"包括防暑降温、防汛、(A)、防倒塌。
A. 防雷电　B. 防霉变　C. 防跌滑　D. 防干旱

22. 属于石化行业职业病的是(B)。
A. 近视　B. 尘肺病　C. 肩周炎　D. 哮喘

23. 与化工生产密切相关的职业病是(B)。
A. 耳聋　B. 职业性皮肤病　C. 关节炎　D. 眼炎

24. 在 HSE 管理体系中，(A)是指组织在职业健康安全绩效方面所达到的目的。
A. 目标　B. 事件　C. 不合格　D. 不符合

25. 在 HSE 管理体系中，(B)是指与组织的职业健康安全绩效有关的或受其职业健康安全绩效影响的个人或团体。
A. 目标　B. 相关方　C. 事件　D. 不符合

26. 在 HSE 管理体系中，造成死亡、职业病、伤害、财产损失或环境破坏的事件称为(C)。
A. 灾害　B. 毁坏　C. 事故　D. 不符合

27. 标准化的重要意义是改进产品、过程或服务的(C)，防止贸易壁垒，并促进技术合作。
A. 品质　B. 性能　C. 适用性　D. 功能性

28. 产品质量认证活动是(D)开展的活动。
A. 生产方　B. 购买方　C. 生产和购买双方
D. 独立于生产方和购买方之外的第三方机构

29. 全面质量管理强调以(B)质量为重点的观点。
A. 产品　B. 工作　C. 服务　D. 工程

30. 质量管理体系要求企业除应有(A)上的保证能力以外，还应有资源上的保证能力。
A. 管理　B. 质量计划　C. 质量政策与程序　D. 质量文件

31．企业的质量方针是由（ D ）决策的。

A．全体员工　　B．基层管理人员　　C．中层管理人员　　D．最高管理层人员

32．PDCA 循环的四个阶段八个步骤的第四个步骤是（ B ）。

A．总结　　B．拟订对策并实施　　C．分析问题原因　　D．效果的确认

33．ISO 9001 和 ISO 9004 的区别在于（ D ）。

A．采用以过程为基础的质量管理体系模式

B．建立在质量管理八项原则的基础之上

C．强调与其他管理标准的相容性

D．用于审核和认证

34．下列各项中属于产品固有特性的是（ B ）。

A．价格　　B．噪音　　C．保修期　　D．礼貌

35．PDCA 循环是实施 ISO 9000 族标准（ B ）原则的方法。

A．系统管理　　B．持续改进　　C．过程方法　　D．以事实为决策依据

36．在计算机应用软件 Word 中，不能进行的字体格式设置是（ C ）。

A．文字的缩放　　B．文字的下划线　　C．文字的旋转　　D．文字的颜色

37．计算机应用软件 Word 的菜单中，经常有一些命令是灰色的，这表示（ B ）。

A．应用程序本身有故障　　B．这些命令在当前状态不起作用

C．系统运行故障　　D．这些命令在当前状态下有特殊的效果

38．在计算机应用软件 Excel 中，可用于计算表格中某一数值列平均值的函数是（ C ）。

A．Abs(　　)　　B．Count(　　)　　C．Average(　　)　　D．Total(　　)

39．在计算机应用软件 Excel 工作表中，可按需拆分窗口，一张工作表最多拆分为（ B ）个窗口。

A．3　　B．4　　C．5　　D．任意多

40．在计算机应用软件 Excel 中如图所示页面中的斜杠是通过（ B ）菜单中单元格里的边框来实现。

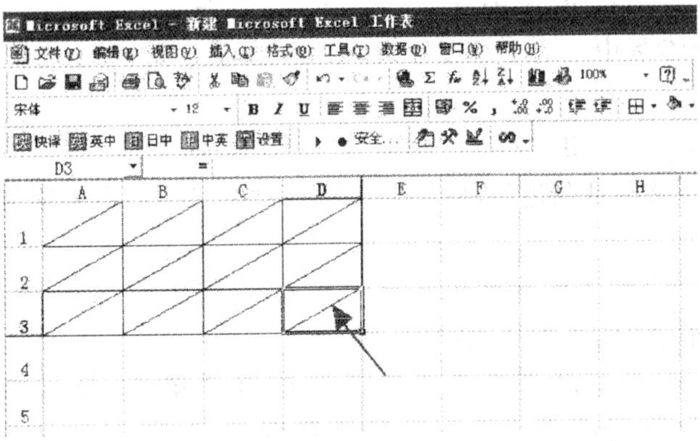

A．编辑　　B．格式　　C．工具　　D．窗口

41．当事人采用合同书形式订立合同的，自双方当事人（ C ）时合同成立。

A．制作合同书　　B．表示受合同约束

C．签字或者盖章　　D．达成一致意见

42. 下列各种合同中，必须采取书面形式的是(D)合同。

A. 保管　B. 买卖　C. 租赁　D. 技术转让

多选题

1. 设备巡检时域分为(A，B，C，D)等检查。

A. 设备运行期间　B. 设备停机过程中　C. 设备停运期间　D. 设备开机过程中

2. 在三视图中，能够反映物体前后位置关系的视图为(B，C)。

A. 主视图　B. 俯视图

C. 左视图　D. 在三个视图中都有可能

3. 在三视图中，能够反映物体上下位置关系的视图为(A，C)。

A. 主视图　B. 俯视图

C. 左视图　D. 在三个视图中都有可能

4. 在三视图中，与高度有关的视图是(A，C)。

A. 主视图　B. 俯视图　C. 左视图　D. 三个视图都有关系

5. 在三视图中，与宽度有关的视图是(B，C)。

A. 主视图　B. 俯视图　C. 左视图　D. 三个视图都有关系

6. 零件图的主要作用是(A，C)。

A. 直接指导制造零件　B. 指导读零件的结构

C. 检验零件的图样　D. 读零件图与装配图关系

7. 安全检查中的"月查"由车间领导组织职能人员进行月安全检查，查领导、查思想、(A，B，D)。

A. 查隐患　B. 查纪律　C. 查产量　D. 查制度

8. 尘毒物质对人体的危害与工作环境的(A，B，C)等条件有关。

A. 温度　B. 湿度　C. 气压　D. 高度

9. 改革生产工艺是控制化工污染的主要方法，包括(A，B，C)等。

A. 改革工艺　B. 改变流程　C. 选用新型催化剂　D. 更新设备

10. 着火点较大时，有利于灭火措施的是(A，C，D)。

A. 抑制反应量　B. 用衣服、扫帚等扑打着火点

C. 减少可燃物浓度　D. 减少氧气浓度

11. 在 ISO 14001 标准体系中，为了确保环境因素评价的准确性，在识别环境因素时应考虑土地污染、对社区的影响、原材料与自然资源的使用、其他地方性环境问题外，还应考虑(A，B，C)问题。

A. 大气排放　B. 水体排放　C. 废物管理　D. 材料的利用

12. 在 ISO 14001 标准体系中，环境因素识别的步骤包括(A，B，D)。

A. 划分和选择组织过程　B. 确定选定过程中存在的环境因素

C. 初始环境评审　D. 明确每一环境因素对应的环境影响

13. 在 ISO 14001 标准体系中，识别环境因素的方法除问卷调查、专家咨询、现场观察和面谈、头脑风暴、查阅文件及记录、测量、水平对比、纵向对比等方法外，还有(A，B，C)方法。

A. 过程分析法　B. 物料恒算　C. 产品生命周期　D. 最优化理论

14. 在 HSE 管理体系中，审核是判别管理活动和有关的过程(A，B)，并系统地验证企业实施安全、环境与健康方针和战略目标的过程。

A. 是否符合计划安排　　B. 是否得到有效实施

C. 是否已经完成　　D. 是否符合标准

15. HSE 管理体系中，危害主要包括(A，B，C，D)等方面。

A. 物的不安全状态　　B. 人的不安全行为

C. 有害的作业环境　　D. 安全管理缺陷

16. 工业废水的生物处理法包括(B，D)法。

A. 过滤　　B. 好氧　　C. 结晶　　D. 厌氧

17. 对气态污染物的治理主要采取(B，C)法。

A. 蒸馏　　B. 吸附　　C. 吸收　　D. 过滤

18. 可用于废渣处理方法的是(A，B，C)。

A. 陆地填筑　　B. 固化　　C. 焚烧　　D. 粉碎

19. 为了做好防冻防凝工作，应注意(A，B，C)。

A. 加强报告制度　　B. 加强巡检力度

C. 有情况向上级或领导汇报　　D. 独立解决问题

20. 不属于夏季四防范畴的是(A，B，D)。

A. 防滑　　B. 防冰雹　　C. 防雷电　　D. 防干旱

21. HSE 管理体系规定，事故的报告、(A，B，C)、事故的调查、责任划分、处理等程序应按国家的有关规定执行。

A. 事故的分类　　B. 事故的等级　　C. 损失计算　　D. 事故的赔偿

22. 标准化的重要意义可概括为(A，B，C，D)。

A. 改进产品、过程或服务的适用性　　B. 防止贸易壁垒，促进技术合作

C. 在一定范围内获得最佳秩序　　D. 有一个或多个特定目的,以适应某种需要

23. 企业质量体系认证(A，C，D)。

A. 是一种独立的认证制度　　B. 依据的标准是产品标准

C. 依据的标准是质量管理标准

D. 是第三方对企业的质量保证和质量管理能力依据标准所做的综合评价

24. 产品的质量特性包括(A，B，C，D)。

A. 性能　　B. 寿命　　C. 可靠性　　D. 安全性

25. PDCA 循环中，处置阶段的主要任务是(B，D)。

A. 明确目标并制订实现目标的行动方案

B. 总结成功经验

C. 对计划实施过程进行各种检查

D. 对质量问题进行原因分析，采取措施予以纠正

26. 下列哪些标准应用了以过程为基础的质量管理体系模式的结构(B，C)。

A. ISO 9000:2000《质量管理体系基础和术语》

B. ISO 9001:2000《质量管理体系要求》

C. ISO 9004:2000《质量管理体系业绩改进指南》

D. ISO 19011:2002《质量和环境管理体系审核指南》

27. ISO 9000 族标准中，质量具有(B，C)性等性质。

A. 适用　　B. 广义　　C. 相对　　D. 标准

28. 在计算机应用软件 Word 的“页面设置”对话框中，可以设置的选项为(B，C，D)。

A. 字体　　B. 位置　　C. 纸型　　D. 纸张大小

29. 在计算机应用软件 Word 表格中，关于数据排序的叙述，不正确的是(A，B，C)。

A. 表格中数据的排序只能按升序进行　　B. 表格中数据的排序只能按降序进行

C. 表格中数据的排序依据只能是行　　D. 表格中数据的排序依据可以是列。

30. 在计算机应用软件 Excel 工作表中，选定某单元格，单击“编辑”菜单下的“删除”选项，可能完成的操作是(A，B，C)。

A. 删除该行　　B. 右侧单元格左移

C. 删除该列　　D. 左侧单元格右移

31. 在 Excel 工作薄中，对工作表可以进行的打印设置是(A，B，D)。

A. 打印区域　　B. 打印标题　　C. 打印讲义　　D. 打印顺序

32. 合同可以以(A，B，C，D)形式存在。

A. 口头　　B. 批准　　C. 登记　　D. 公正

33. 下列说法中属于无效合同特征的有(A，B，C，D)。

A. 无效合同自合同被确认无效时起无效　　B. 对无效合同要进行国家干预

C. 无效合同具有不得履行性　　D. 无效合同的违法性

34. 设备巡检时域分为(A，B，C，D)等检查。

A. 设备运行期间　　B. 设备停机过程中

C. 设备停运期间　　D. 设备开机过程中

35. 在三视图中，能够反映物体前后位置关系的视图为(B，C)。

A. 主视图　　B. 俯视图

C. 左视图　　D. 在三个视图中都有可能

工种理论知识试题

判断题

1. 实验室制取氯气不用排水集气法收集，因为氯气能溶于水。但可以用排饱和食盐水法收集，原因是饱和食盐水中大量的氯离子能降低氯气的溶解性。(√)

2. 在卤化物中，卤素最常见的化合价是正 7 价。(×)

正确答案：在卤化物中，卤素最常见的的化合价是负 1 价。

3. 通常情况下，卤素单质在常温下都是气体。(×)

正确答案：通常情况下，卤素单质在常温下 F_2 和 Cl_2 是气体，Br_2 为液体，I_2 为固体。

4. 凡能使湿润的淀粉碘化钾试纸变蓝的气体一定是氯气。(×)

正确答案：凡能使湿润的淀粉碘化钾试纸变蓝的气体不一定是氯气。

5. 从原子结构上讲，具有相同核电荷数的同一类原子叫元素。(√)

6. 相对原子质量是一个没有单位的比值，所以原子质量没有单位。(×)

正确答案：相对原子质量是一个没有单位的比值，但原子质量是有单位的。

7. 某元素的原子核外有三层电子层，最外层电子数是核外电子总数的 1/6，该元素的元素符号是 Mg。(√)

8. 已知阴离子 X^{2-} 有三个电子层，相对原子质量是 32，则该粒子的中子数是 16，核内质子数是 16。（√）

9. 只要知道元素的核电荷数，就可以知道该元素在周期表中的位置。（√）

10. 元素位于 3 周期ⅣA 族，它的最高价氧化物的化学式是 SO_2。（×）

正确答案： 元素位于 3 周期ⅣA 族，它的最高价氧化物的化学式是 SiO_2。

11. 3mol O_2 和 2mol O_3 所含的原子数目相等。（√）

12. 氧族元素随着核电荷数的增加，电子层数增加、原子核吸引电子的能力依次增加。（×）

正确答案： 氧族元素随着核电荷数的增加，电子层数增加、原子核吸引电子的能力依次减弱。

13. 通常情况下，二氧化硫是一种无色有毒的气体，它溶于水后生成 H_2SO_4。（×）

正确答案： 通常情况下，二氧化硫是一种无色有毒的气体，它溶于水后生成 H_2SO_3。

14. 浓硫酸能够用于干燥某些气体，是由于它具有吸水性。（√）

15. 根据硅和碳在周期表中的位置可以推知，H_2SiO_4 比 H_2CO_3 的酸性强。（×）

正确答案： 根据硅和碳在周期表中的位置可以推知，H_2SiO_4 比 H_2CO_3 的酸性弱。

16. 二氧化碳溶于水生成碳酸，碳酸很稳定，不易分解。（×）

正确答案： 二氧化碳溶于水生成碳酸，碳酸不稳定，易分解。

17. 烷烃能与氯气发生取代反应。（×）

正确答案： 烷烃在光照的条件下能与氯气发生取代反应。

18. 烯烃能使溴水褪色，是加成反应的结果；烯烃能使高锰酸钾溶液褪色，是烯烃被高锰酸钾氧化的结果。（√）

19. 引起烯烃异构因素只有碳链异构和位置异构。（×）

正确答案： 引起烯烃异构因素不仅有碳链异构和位置异构还有顺反异构。

20. 苯的构造式是 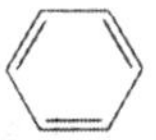，因为它有三个碳碳双键和三个碳碳单键，因此，苯分子结构中所有碳碳键的键长是不相等的。（×）

正确答案： 苯的构造式是 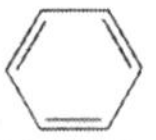，尽管它有三个碳碳双键和三个碳碳单键，只是一种书写方式，实际苯分子结构中所有碳碳键的键长都是相等的。

21. 卤烷 $CH_2ICH_2CH(CH_3)CH_2CH_3$ 的系统名称是 3－甲基－5－碘戊烷。（×）

正确答案： 卤烷 $CH_2ICH_2CH(CH_3)CH_2CH_3$ 的系统名称是 3－甲基－1－碘戊烷。

22. 溴乙烷与氢氧化钠水溶液共热，主要产物是乙烯。（×）

正确答案： 溴乙烷与氢氧化钠水溶液共热，主要产物是乙醇。

23. 卤代烃中常用作灭火剂的是四氯化碳，电冰箱和冷冻器中目前常用的冷冻剂是氟氯烷。（×）

正确答案： 卤代烃中常用作灭火剂的是四氯化碳，电冰箱和冷冻器中目前常用的冷冻剂是二氟二氯甲烷。

24. 某饱和一元醇 1.5g 跟足量的金属钠反应，产生 280mL(标准状况)H_2，该醇的分子式是 C_2H_6O。（×）

正确答案： 某饱和一元醇 1.5g 跟足量的金属钠反应，产生 280mL(标准状况)H_2，该醇的分子式是 C_3H_8O。

25. 化合物 $CH_3OCH_2CH_2CH_3$ 的系统名称是甲正丙醚。(√)

26. 乙醇与水能形成氢键，但本身不能形成分子间氢键。(×)

正确答案：乙醇不仅与水能形成氢键，本身也能形成分子间氢键。

27. 按分析对象不同，分析方法可分为化学分析和仪器分析。(×)

正确答案：按分析对象不同，分析方法可分为无机分析和有机分析。

28. 我国法定计量单位包括国家选定的非国际单位制单位。(√)

29. 国际单位制是国际计量大会(CGPM)所采用和推荐的一贯单位制。(√)

30. 分子的电子光谱比原子的线状光谱简单。(×)

正确答案：分子的电子光谱比原子的线状光谱复杂。

31. 电化学分析的分类方法惟一，结构清晰。(×)

正确答案：电化学分析的分类方法多样，目前很难有一致意见。

32. 色谱分析法所分析的样品，必须有颜色。(×)

正确答案：色谱分析法所分析的样品，不必有颜色。

33. 对流传热的特点是物体内分子没有宏观的相对位移。(×)

正确答案：传导传热的特点是物体内分子没有宏观的相对位移。

34. 吸收属于传质过程，用来分离气体混合物。(√)

35. 原料混合物经精馏塔分离后，在塔顶得到纯度较高的重组分产品。(×)

正确答案：原料混合物经精馏塔分离后，在塔顶得到纯度较高的轻组分产品。

36. 进料汽相中轻组分浓度越低，进料位置也越低。(√)

37. 油料的蒸发性能亦称汽化性能，通常是通过馏程、蒸气压和气液比等指标体现出来。(√)

38. 对二甲苯按易燃有毒物品规定储运，冬季可不考虑防冻措施。(×)

正确答案：对二甲苯按易燃有毒物品规定储运，由于低温易结晶，冬季应有防冻措施。

39. 乙炔是合成橡胶、合成纤维和塑料的单体，也可直接用于切割和焊接。(√)

40. 盐酸羟胺为白色针状结晶，易潮解，溶于水、乙醇和甘油，不溶于乙醚。(√)

41. 润滑油及深色石油产品在实验条件下，冷却到液面不移动时的最高温度，称为凝点。(√)

42. 化纤的可纺性是指流体承受稳定的拉伸操作所具有的变形能力。(√)

43. 电路中，任何一个闭合回路上的总电压降等于0。(√)

44. 并联电路的总功率等于各个电阻功率的总和。(√)

45. 用人单位依法自愿参加工伤社会保险。(×)

正确答案：用人单位必须依法参加工伤社会保险。

46. 职业病防治法规定用人单位依法享有职业卫生保护的权利。(×)

正确答案：职业病防治法规定劳动者依法享有职业卫生保护的权利。

47. 急性毒性可常用 LD_{50}、LC_{50}表示。(√)

48. 火灾后被抢救下来的双氧水,其包装外面必须用雾状水淋洗后才能重新放回仓库。(√)

49. 工业粉尘毒物的形成和物理状态：多为固体物质在粉碎、碾磨、打砂、钻孔时形成的直径大于0.1μm 的固体微粒。(√)

50. 在生产条件下，工业毒物主要经呼吸道和皮肤进入体内而被吸收，而经消化道进入

人体而被吸收的较少。 (√)

51. 氯气伤害呼吸系统。 (√)

52. 压缩气体必须与氧化剂、易燃物品隔离贮存。 (√)

53. 放射性物品是指放射性比活度大于 7.4×10^4Bq/kg 的物品。 (√)

54. 通过检查容器外的标签内容来辨别罐装化学品。 (√)

55. 氢氟酸可用玻璃及陶瓷作容器。 (×)

正确答案：氢氟酸不能用玻璃及陶瓷作容器。

56. 三大公害指的是水污染、大气污染、噪声污染。 (√)

57. 物料特性值的变异性类型可分为均匀物料和不均匀物料。 (√)

58. 总体物料特性值的变异性及其类型是设计采样方案的基础。 (√)

59. 用总体特性平均值衡量的单侧下限的采样验收方案要求总体物料特性平均值越大越好。 (√)

60. 用总体特性平均值衡量的双侧限的采样验收方案要求总体物料特性平均值同时满足上、下限要求。 (√)

61. 用总体不合格品率衡量产品质量的单侧下限验收方案是指当单位产品的特性值大于等于单侧下限时为合格品，否则为不合格品。 (√)

62. 用总体不合格品率衡量产品质量的单侧上限验收方案是指当单位产品的特性值小于等于单侧上限时为合格品，否则为不合格品。 (×)

正确答案：用总体不合格品率衡量产品质量的单侧上限验收方案是指当单位产品的特性值小于单侧上限时为合格品，否则为不合格品。

63. 用总体不合格品率衡量产品质量的双侧限验收方案可以分为同时控制两侧不合格品率的采样验收方案和控制两侧不合格品率之和的采样验收方案两种。 (√)

64. 分析过程中使用的量具，如滴定管、容量瓶、移液管，可以不经过校正就使用。 (×)

正确答案：分析过程中使用的量具，如滴定管、容量瓶、移液管，必须经过校正才可以使用。

65. 用于测定微量硅、磷等的纯水，应先对水进行空白试验，才可应用于配制试剂。 (√)

66. 制备高纯水的脱盐方法有砂滤、膜过滤、活性炭吸附等。 (×)

正确答案：制备高纯水的脱盐方法有电渗析、反渗析、离子交换等。

67. 分析实验所用的水，要求其纯度越高越好。 (×)

正确答案：分析实验所用的水，要求其纯度符合标准的要求即可。

68. 对于任何一种酸，如果它本身的酸性越强，其 K_a 值就越大，其共轭碱的碱性也就越强。 (×)

正确答案：对于任何一种酸，如果它本身的酸性越强，其 K_a 值就越大，其共轭碱的碱性就越弱。

69. 对于多元酸碱，最弱的碱的常数对应着最弱的共轭酸的常数。 (×)

正确答案：对于多元酸碱，最弱的碱的常数对应着最强的共轭酸的常数。

70. 若分析反应要求控制溶液的 pH 在 0 ~ 2 或 12 ~ 14 范围内，则可选用强酸或强碱控制溶液的酸度。 (√)

71. 在滴定分析中，对基准物质有一定的要求，其中一条最好“具有较大的当量质量”，以减少称量误差。 (×)

72. 正确答案：在滴定分析中，对基准物质有一定的要求，其中一条最好“具有较大的摩尔质量”，以减少称量误差。

73. 标定碱或高锰酸钾的基准物二水合草酸应在 105～110℃干燥。 (×)

正确答案：标定碱或高锰酸钾的基准物二水合草酸应在室温空气干燥。

74. $K_2Cr_2O_7$ 是基准物质，可以直接用来标定其他物质溶液的浓度。 (√)

75. 标定氧化剂的基准物 As_2O_3 应在 105～110℃烘干。 (×)

正确答案：标定氧化剂的基准物 As_2O_3 应在室温干燥器中干燥保存。

76. 金属锌在空气中稳定，纯度可达 99.99%，故常用它作基准物质来标定 EDTA。 (√)

77. NaCl 不是基准物质，不能用直接法配制其标准溶液。 (×)

正确答案：NaCl 是基准物质，能用直接法配制其标准溶液。

78. 间接标定的系统误差比直接标定要大些。 (√)

79. 在水溶液中，酸和碱的反应，质子的转移是通过水合离子 H_3O^+ 来实现的。 (√)

80. 无色和有色的金属离子都能和 EDTA 形成有色络合物。 (×)

正确答案：无色的金属离子与 EDTA 形成无色的络合物，有色的金属离子能和 EDTA 形成有色络合物。

81. 配合物的条件稳定常数越大，其配合物的稳定性越小。 (×)

正确答案：配合物的条件稳定常数越大，其配合物的稳定性越大。

82. 在配位反应中，对 MY 的副反应主要是共存离子效应。 (×)

正确答案：在配位反应中，对 MY 的副反应主要是混合成络效应。

83. 条件电极电位是校正了外界因素的影响后的实际电极电位。 (√)

84. 两电对的电位差值越小，平衡常数值越大，反应越完全。 (×)

正确答案：两电对的电位差值越大，平衡常数值越大，反应越完全。

85. 因为要转化为称量形，所以沉淀形的纯度不一定要高。 (×)

正确答案：沉淀形的纯度要高，才能获得准确的结果。

86. 系统误差总是按一定的规律性重复出现，使得测定结果总是偏高和偏低。 (√)

87. 方法误差是由于分析方法本身所产生的误差。 (√)

88. 仪器和试剂引起的分析误差属于有某些恒定因素影响而出现的系统误差。 (√)

89. 滴定管读数的最后一位读不准可造成过失误差。 (×)

正确答案：滴定管读数的最后一位读不准可造成系统误差。

90. 每次用吸管转移溶液后的残留量稍有不同，这样引起的误差为系统误差。 (×)

正确答案：每次用吸管转移溶液后的残留量稍有不同，这样引起的误差为偶然误差。

91. 滴定分析过程中如果允许的相对误差大于 1%时，可不必对分析仪器进行校准。 (√)

92. 从随机误差的规律看，测定次数越多，分析结果的算术平均值越接近真实值，所以为了减少随机误差，测定次数越多越好。 (×)

正确答案：从随机误差的规律看，测定次数越多，分析结果的算术平均值越接近真实值，但测定次数太多费时费事，而且效果并不太显著。

93. 凡化学反应能满足滴定分析要求的，都能用直接滴定法测定。 (√)

94. Ag^+不能用 EDTA 直接滴定，可以用返滴定法进行测定。 (×)

正确答案： Ag^+不能用 EDTA 直接滴定，可以用置换滴定法进行测定。

95. 欲配 $C(1/6\ K_2Cr_2O_7) = 0.1000mol/L$ 标准溶液 1000mL，应准确称取基准物 $K_2Cr_2O_7$ 4.9030g，溶于 1L 水中。 (×)

正确答案： 欲配标准溶液 1000mL，应准确称取基准物 $K_2Cr_2O_7$ 4.9030g，溶于水，转入 1L 容量瓶中加水稀释至刻度，摇匀。

96. 强酸滴定弱碱化学计量点时 pH 值 > 7。 (×)

正确答案： 强酸滴定弱碱化学计量点时 pH 值 < 7。

97. 酸碱指示剂选择依据是指示剂变色点在滴定突跃范围之内。 (×)

正确答案： 酸碱指示剂选择依据是指示剂变色范围在滴定突跃范围之内。

98. 量取 9mL 浓 HCl 注入 1000mL 水中，就配成浓度约 0.2mol/L 的 HCl 溶液。 (×)

正确答案： 量取 9mL 浓 HCl 注入 1000mL 水中，就配成浓度约 0.1mol/L 的 HCl 溶液。

99. 通常用来标定 NaOH 标准溶液的基准物质是 $KHC_8H_4O_4$ 或 $H_2C_2O_4$，用酚酞作指示剂，终点时溶液由无色变为浅红色。 (√)

100. 当用 HCl 标准溶液滴定 NaOH 和 Na_2CO_3 时用酚酞作指示剂，H^+ 与 CO_3^{2-} 反应生成 HCO_3^- 化学计量点时 pH = 3.9。 (×)

正确答案： 当用 HCl 标准溶液滴定 NaOH 和 Na_2CO_3 时用酚酞作指示剂，H^+ 与 CO_3^{2-} 反应生成 HCO_3^- 化学计量点时 pH = 8.3。

101. 如果滴定突跃很小或无突跃，就没有指示剂可选，无法指示化学计量点的到达，也就不能准确测定。 (√)

102. EDTA 溶液中，其有效浓度[Y^{4-}]随溶液酸度的升高而升高。 (×)

正确答案： EDTA 溶液中，其有效浓度[Y^{4-}]随溶液酸度的升高而降低。

103. 酸效应曲线可用于确定单独滴定某金属离子的酸度。 (√)

104. 如果将标定好的 EDTA 标准溶液贮存于普通玻璃试剂瓶中，则测定金属离子时，结果会偏高。 (√)

105. 测定水的钙硬度时用 NaOH 调节溶液 pH 值，防止 Mg^{2+} 的干扰。 (√)

106. 讨论氧化还原滴定突跃范围一般按 ±0.1% 的误差来确定。 (√)

107. 沉淀滴定中，卤化物的浓度越大突跃范围就越小。 (×)

正确答案： 沉淀滴定中，卤化物的浓度越大突跃范围就越大。

108. 选择沉淀剂时应该使沉淀剂只与欲测组分生成沉淀，而不与试液中其他离子作用。 (√)

109. 重量分析中，得到较大的晶型沉淀时，其生成沉淀的聚集速度小于定向速度。 (√)

110. 对于有限次测定来说，算术平均值是真值的最佳估计值。 (√)

111. 用标准偏差表示精密度比用平均偏差好。 (√)

112. $\rho = 0.02g/L\ H_2SO_4$ 溶液的 pH 值是 3.39。 (√)

113. 0.10mol/L NaAc 溶液的 pH 值为 5.12。已知 $K_a = 1.8 \times 10^{-5}$。 (×)

正确答案：0.10mol/L NaAc 溶液的 pH 值为 8.88。

114. 利用各沉淀物的溶度积不同进行先后沉淀的过程叫分步沉淀。（√）

115. 二元弱酸 H_2A 在溶液中是分步离解的，若 $\frac{K_{a_1}}{K_{a_2}} > 10^2$，可认为溶液中的 H^+ 主要来自 H_2A 的第一级离解，由二级离解产生的 H^+ 极少，可以忽略不计。（√）

116. pH = 1.0 的盐酸与 pH = 2.0 的盐酸等体积混合后，溶液的 pH = 1.5。（×）

正确答案：pH = 1.0 的盐酸与 pH = 2.0 的盐酸等体积混合后，溶液的 pH = 1.26。

117. 所有缓冲溶液的 pH 值的计算方法是相同的。（×）

正确答案：由于形成缓冲溶液情况不同，缓冲溶液 pH 值的计算方法也有所不同。

118. 暂时硬度可通过煮沸而失去硬度。（√）

119. 非水滴定中，对酸的滴定选用酸性溶剂，对碱的滴定选用碱性溶剂。（×）

正确答案：非水滴定中，对酸的滴定选用碱性溶剂，对碱的滴定选用酸性溶剂。

120. 一元酸 HAc 的分布曲线上，当 $pH = pK_a$ 时，两种型体分布曲线相交于一点，$\delta_{HAc} = \delta_{Ac^-} = 0.50$ 处。（√）

121. 配位滴定中，直接滴定 M 离子的最高 pH 值可由 K'_{MY} 求得。（×）

正确答案：配位滴定中，直接滴定 M 离子的最高 pH 值是使沉淀不能生成为限度，可由 $M(OH)_n$ 的溶度积 K_{sp} 求得。

122. 配位滴定曲线中突跃部分的长短与 pH 值无关。（×）

正确答案：配位滴定曲线中突跃部分的长短与 pH 值有关。

123. 用酸度提高配位滴定的选择性时，酸度的选择原则一般是：被测离子的最小允许 pH 值 < pH < 干扰离子的最小允许 pH 值。（√）

124. 配位滴定中的掩蔽方法，其中沉淀掩蔽法是最理想的方法。（×）

正确答案：沉淀常有颜色和吸附现象，会影响终点的观察及滴定的准确度，所以沉淀掩蔽法不是一种理想的方法。

125. 在氨性溶液中可加入 KCN 掩蔽 Cu^{2+}、Zn^{2+}，测定合金中的 Zn^{2+}，用铬黑 T 滴定至终点后，再加入甲醛做解蔽剂释放 Zn^{2+} 用于测定。（√）

126. 我国通常把 1L 水中含 10mg CaO 称为 1 度，以 1°表示。（√）

127. 溶度积是指饱和溶液中所含溶质的量。（×）

正确答案：溶度积是指难溶盐饱和溶液中各离子浓度幂的乘积。

128. 根据同离子效应，在进行沉淀时，加入沉淀剂过量得越多，则沉淀越完全，所以沉淀剂过量越多越好。（×）

正确答案：根据同离子效应，在进行沉淀时，加入沉淀剂过量得越多，则沉淀越完全，但沉淀剂过量太多，可能会引起盐效应或配位效应而使沉淀的溶解度增加。

129. 在利用同离子效应降低沉淀溶解度时，应考虑到盐效应。（√）

130. 配位效应能使沉淀的溶解度增高，甚至不生成沉淀。（√）

131. 弱酸盐难溶化合物，其溶解度随酸度的增大而减小。（×）

正确答案：弱酸盐难溶化合物，其溶解度随酸度的增大而增大。

132. 对一些在热溶液中溶解度较大的沉淀，为避免沉淀溶解度加大而造成损失，须趁

热过滤和洗涤。 (×)

正确答案： 对一些在热溶液中溶解度较大的沉淀，为避免沉淀溶解度加大而造成损失，须在冷却下过滤和洗涤。

133. 使用电炉时间的连续工作时间可以很长，但要保持炉丝导电良好。 (×)

正确答案： 使用电炉时间的连续工作时间不应过长，以免影响其使用寿命。

134. 灼烧完毕后，应立即打开马弗炉炉门进行散热。 (×)

正确答案： 灼烧完毕后，不应立即打开炉门，以免炉膛骤然受冷碎裂。

135. 当天平从一个较冷的环境移到一个较暖的环境时，为了消除空气中水分在天平内部凝结的影响，可先将天平放置 2h 后再使用。 (√)

136. 电子分析天平标准偏差为零。 (×)

正确答案： 电子分析天平标准偏差不为零。

137. 电子天平从一地移至另一地使用时或使用一段时间(30d 左右)后应对天平重新校正。 (√)

138. 原子的线状光谱比分子的电子光谱复杂，呈带状光谱。 (×)

正确答案： 分子的电子光谱比原子的线状光谱复杂，呈带状光谱。

139. 当将某两种颜色的光按适当强度比例混合时，可以形成白光，这两种色光就称为互补色。 (√)

140. 摩尔吸光系数越大，比色测定的灵敏度越低。 (×)

正确答案： 摩尔吸光系数越大，比色测定的灵敏度越高。

141. 物质的原子、离子或分子吸收同内能相对应频率辐射，由低态过渡到高态，这种由于物质对辐射选择吸收得到的光谱称为发射光谱。 (×)

正确答案： 这种由于物质对辐射选择吸收得到的光谱称为吸收光谱。

142. 使用标准曲线时，标液和未知液测定在不同条件下进行是可以的。 (×)

正确答案： 使用标准曲线时，要求标液和未知液测定是在相同条件下进行的。

143. 溶液的浓度、酸度及显色时间和显色温度对显色反应都有影响。 (√)

144. 入射光强度与透射光强度之比称为透射比。 (×)

正确答案： 透射光强度与入射光强度之比称为透射比。

145. 摩尔吸光系数的单位为 mol/(L·cm)。 (×)

正确答案： 摩尔吸光系数的单位为 L/(mol·cm)。

146. 物质不变，浓度不同时，其最大吸收波长也不同。 (×)

正确答案： 物质不变，浓度不同时，其最大吸收波长不变。

147. 在比色分析中，空白溶液又称参比溶液，显色剂本身有颜色，被测液无色，可用蒸馏水作空白。 (×)

正确答案： 显色剂本身有颜色，被测液无色，可用加显色剂的试剂作空白。

148. 大多数有机显色剂本身为有色化合物，与金属离子反应生成的化合物一般是稳定的螯合物。 (√)

149. 显色反应能否满足分光光度法的要求，除了与显色剂的性质有关外，控制好显色反应条件十分重要。 (√)

150. 光谱带宽是指给定的辐射源发出的经单色器分离从出射狭缝发射出来的辐射光谱

峰高一半处的谱带宽度。（√）

151. 紫外可见分光光度法可根据样品的性质、待测组分的个数、含量及干扰情况选用定量方法。（√）

152. 标准对照法要求标准样品和待测样品浓度应接近。（√）

153. 吸收系数法是利用标准样品的吸收系数值进行定量的。（√）

154. 解联立方程法也可用于两种以上组分的同时测定，但是测量组分增多，分析结果的误差也增大。（√）

155. 分光光度法中，方法误差是指分光光度法本身所产生的误差。（√）

156. 天平、滴定管等计量器具，使用前必须经过计量检定后才能使用。（√）

157. 光电池在光电比色计起光源作用。（×）

正确答案：光电池产生光电流，形成电位差，起检测作用不起光源作用。

158. 硒光电池能承接 380～800nm 的波长，适宜紫外光区和红外光区。（×）

正确答案：硒光电池能承接 380～800nm 的波长，不适宜紫外光区和红外光区。

159. 分光光度法的测量范围仅限于可见光区域内。（×）

正确答案：分光光度法的测量范围不是仅限于可见光区域内。

160. 紫外吸收光谱与可见吸收光谱一样，常用吸收曲线来描述。（√）

161. 仪器预热时，要关上样品室暗箱盖，使检测器受光。（×）

正确答案：仪器预热时，要打开样品室暗箱盖，使检测器不受光。

162. 仪器停用期间，应在样品室和塑料仪器罩内放置数袋防潮硅胶，以免灯室受潮，反射镜面有霉点及沾污。（√）

163. 气体发生器相对于钢瓶气体具有方便快捷的优点，但净化过滤器的使用寿命比较短。（√）

164. 所有色谱仪在采用程序升温时，为了确保载气流速的稳定，都应选用流量控制。（×）

正确答案：毛细管色谱也应选用压力控制。

165. 虽然 N_2 的导热率小有利于提高灵敏度，但考虑到氢气和氦气与样品的导热率差的因素，分析烃类样品还是多选用氢气和氦气作为载气。（√）

166. 对于符合正态分布的峰来说，当分离度 $R=1.5$ 时，两个峰之间完全没有重合，被认为是达到了基线分离。（×）

正确答案：对于符合正态分布的峰来说，当分离度 $R=1.5$ 时，两个峰之间完全没有重合，未达到了基线分离。此时重合度为0.3%。

167. 拖尾因子 γ 大于 1 时，说明色谱峰出现拖尾现象。（√）

168. 色谱分析中，当某组分的计算保留指数等于资料提供的特定组分的保留指数值时，就可以确认此组分为资料上的特定组分。（×）

正确答案：色谱分析中，不能完全依靠保留指数定性。

169. 缩短色谱分析时间的最有效办法是提高柱效。（√）

170. 相对 FID 等其他色谱检测器，TCD 对载气纯度的要求较低。（×）

正确答案：相对 FID 等其他色谱检测器，TCD 对载气纯度的要求较高。

171. 越低的 TCD 池体温度，就可以设置越高的桥流值，因此能够得到更高的灵敏度。（√）

172. 虽然 TCD 池体温度越低灵敏度越高，但考虑到保护 TCD 的关系，一般池体温度不能低于高沸点组分的沸点。 (√)

173. 通常情况下，FID 检测器 N_2:H_2:Air 的比值应该在 1:1:10 左右，空气流量一般不小于 300mL/min。 (√)

174. 为了保护 FID 检测器，停检测器时，应先停 H_2 熄火，然后停 FID 的温度加热开关。 (√)

175. 程序升温的初始温度应设置在样品中最易挥发组分的沸点附近。 (√)

176. 使用皂膜流量计测量载气流速时，应注意使皂膜流量计竖直放置。 (√)

177. 色谱积分仪的基线确定包括缺省基线和修正基线两种。 (√)

178. CR－6A 用来进行峰起点判断的方法是斜率增加法，也就是一阶导数法。 (√)

179. CR－6A 用来进行不完全分离峰处理的参数主要是漂移。 (√)

180. 归一化法的特点是方便快速准确性高，缺点是要求所有组分都出峰和需要精确进样量。 (×)

正确答案：不需要精确进样量。

181. 和气相进样阀一样，液相进样阀出入口通常也装有截止阀以控制压力大气平衡。 (×)

正确答案：液相阀要保持压力确保液体不汽化。

182. 对于不使用电子流量控制的色谱仪，即使采用程序升温，如果需要进行分流，还是应该选用压力控制来控制柱前压。 (√)

183. 选用热敏电阻作为热敏元件，有利于减小 TCD 的体积。 (√)

184. 为了保证良好的基流，FID 的收集极和发射极之间的绝缘电阻要达到 $10^{14}\Omega$。 (√)

185. 装填色谱柱时，应在色谱柱一端填充脱脂棉，并连接到真空泵上，同时不断振动色谱柱。 (×)

正确答案：装填色谱柱时，应装填石英棉或玻璃毛。

186. 安装毛细管柱时，应注意防止石墨垫漏气，因此要用力拧紧 4 圈。 (×)

正确答案：安装毛细管柱时，应注意防止石墨垫漏气，因此要拧 1/4 圈。

187. 直接电位法是在被测物质的平衡体系不发生变化的条件下进行的。 (√)

188. 电位滴定法根据滴定中消耗的标准溶液的体积和浓度计算待测物质含量，实质上是一种容量分析方法。 (√)

189. 死停终点法是电位滴定法的一个特例，但原理完全相同。 (×)

正确答案：死停终点法是电位滴定法的一个特例，原理也有所不同。

190. 测定 pH 值的过程中，温度可以影响能斯特方程的斜率，不影响其斜距。 (×)

正确答案：测定 pH 值的过程中，温度可以影响能斯特方程的斜率，也影响其斜距。

191. 水的电导率反映水中存在的电解质的总含量的大小，测定电导率可以监测水质纯度。 (√)

192. 库仑分析中，调节气体流速的实质是改变转化率。 (×)

正确答案：库仑分析中，调节气体流速的实质是改变气体比。

193. 测定 pH 计时，应将温度补偿调节器调至溶液温度值。 (√)

194. 使用 pH 计时，如果采用逐次逼近法，则校正步骤测定一次即可。 (×)

正确答案：使用 pH 计时，如果采用逐次逼近法，则校正步骤必须重复多次。

195. 电导电极常数值确定的正确与否，会直接影响到测定的精度。（√）

196. 测定电导率时，溶液充满和不充满时，电导电极常数一致。（×）

正确答案：测定电导率时，溶液充满和不充满时，电导电极常数不一致。

197. 用电位滴定法测定醋酸纯度，标准规定两次测定结果的绝对差值不大于 0.1%，某人两次平行测定的数据为 99.96% 和 99.82%，标准中未注明判定方法，他判定不超差。（指标为≥98.0%）。（×）

正确答案：用电位滴定法测定醋酸纯度，标准规定两次测定结果的绝对差值不大于 0.1%，某人两次平行测定的数据为 99.96% 和 99.82%，标准中未注明判定方法，他判定超差。（指标为≥98.0%）

198. 某油品的氮含量，标准要求$\leqslant 5\times10^{-6}$，测定结果为5.2×10^{-6}，则应判定为合格。（×）

正确答案：某油品的氮含量，标准要求$\leqslant 5\times10^{-6}$，测定结果为5.2×10^{-6}，则应判定为不合格。

199. 评价卡尔费休法水分测定结果时，查看试剂消耗量是无意义的。（×）

正确答案：评价卡尔费休法水分测定结果时，必须查看试剂消耗量。

200. 微库仑法测定硫含量过程中，评价测定结果应关注各参数。（×）

正确答案：微库仑法测定硫含量过程中，评价测定结果不应关注参数，而应关注条件的一致性。

201. 使用卡尔费休水分测定仪时，应注意自动滴定管的校正。（√）

202. 使用卡尔费休水分测定仪时，各连接部的润滑与密封与测定仪使用寿命无关。（×）

正确答案：使用卡尔费休水分测定仪时，各连接部的润滑与密封是影响测定仪使用寿命的重要维护项目。

203. 使用电位滴定仪时，更换标准溶液后，一定要充分洗涤滴定管和所有的导管。（√）

204. 对电极的保养和维护是常用电位滴定仪日常维护的重要组成部分。（√）

205. 使用微库仑分析仪时，炉温到达设定温度后可以忽略。（×）

正确答案：使用微库仑分析仪时，应时刻注意裂解炉温度是否异常。

206. 铂-钴比色就是将试样的颜色与标准铂-钴比色液的颜色进行目测比较，并以铂-钴颜色单位表示结果。（√）

207. 在规定的冷却条件下，试样冷却到一定温度，有固体析出后，温度会回升，过程中的最低温度就是结晶点。（×）

正确答案：在规定的冷却条件下，试样冷却到一定温度，有固体析出后，温度会回升，回升达到的最高温度就是结晶点。

208. 酸洗比色是指在规定的条件下，将同体积的试样与 95% 硫酸进行振荡，将酸层与标准比色液的颜色作比较。（√）

209. 蒸馏有机混合物时，由开始沸腾的气相温度到蒸馏终结时的最高气相温度之间的温度间隔称为该有机混合物的馏程。（√）

210. GB 3143 可以测定所有石油产品的颜色。（×）

正确答案： GB 3143 适用于测定透明或稍带接近于参比的铂钴色号的液体化学产品的颜色。

211.GB 2012 适用于测定芳烃。（√）

212. 馏程测定是一种非条件性试验，只要严守操作规程，就能保证试验成功。（×）

正确答案： 馏程测定是一种条件性试验，必须严守操作规程，才能保证试验成功。

213. 中和 10g 石油产品所需的氢氧化钾毫克数称为酸值。（×）

正确答案： 中和 1g 石油产品所需的氢氧化钾毫克数称为酸值。

214. 测定石油沥青针入度的标准针应由硬化回火的不锈钢制成，洛氏硬度为 54～60。（√）

215. 测定样品的铂钴色度时，试样和标准比色液都应注满到刻线处。（√）

216. 应用 GB 3145 进行样品分析时，样品倾入小试管后应缓慢摇动。（×）

正确答案： 应用 GB 3145 进行样品分析时，样品倾入小试管后应滴加 1 滴蒸馏水。

217. 应用 GB 3145 测定样品时，插入小试管的温度计水银球的下边缘距离小试管底部应为 8～10mm。（√）

218. 配制重铬酸钾标准比色液前，比色管要用铬酸溶液清洗。（√）

219. 酸洗比色试验不要在直射的阳光下进行，比色时后面最好衬有白纸，以免受外界光线影响。（√）

220. GB 255 规定，装好仪器后，要先记录大气压力，然后对蒸馏烧瓶均匀加热。（√）

221. 测定酸值的过程中，将乙醇煮沸 5min 的目的是除去二氧化碳。（√）

222. 测定石油沥青的针入度前，要调节针入度计的水平，检查针连杆和导轨，以确认无水和其他外来物。（√）

223. 应用 GB 2012 时，结果与贮存时间无关。（×）

正确答案： 应用 GB 2012 时，有些试样，由于贮存时间较长，易得出较高的结果。

224. 应用 GB 3145 测定样品时，重复性要求两个测定结果间的差数不应大于 0.02℃。（√）

225. 应用 SH 0165 测定样品的减压馏程，平行测定两个馏出温度的差数应不大于 5℃。（√）

226. 测定铂钴色度用的稀释溶液可以保存 1 个月，最好不要新鲜配制。（×）

正确答案： 测定铂钴色度用的稀释溶液可以保存 1 个月，但最好新鲜配制。

227. 针入度的测定结果是两次测定的平均值，保留至整数。（×）

正确答案： 针入度的测定结果是三次测定的平均值，保留至整数。

228. 结晶点测定仪器的选择依据是产品种类和协议要求。（√）

229. 测定铂钴色度所用的纳氏比色管有 50mL 或 100mL 两种，在底部以上 50mm 处有刻度标记。（×）

正确答案： 测定铂钴色度所用的纳氏比色管有 50mL 或 100mL 两种，在底部以上 100mm 处有刻度标记。

230. 结晶点测定仪的维护工作与仪器类型无关。（×）

正确答案： 结晶点测定仪的维护工作与仪器类型有关。

单选题

1. 下列关于氯气的描述中，正确的是(D)。

A. Cl_2 以液态形式存在时可称作氯水或液氯

B. 红热的铜丝在氯气中燃烧后生成蓝色的 $CuCl_2$

C. 有氯气参加的化学反应必须在溶液中进行

D. 氯气有毒

2. 要检验某一溶液是否有 Cl^- 离子可选用的试剂是(C)。

A. $AgNO_3$ 溶液　　B. $AgNO_3$ 溶液和盐酸

C. $AgNO_3$ 溶液和 HNO_3　　D. $AgNO_3$ 溶液和 H_2SO_4

3. 下列表示中，哪一个是一种卤素原子的电子层结构(C)。

A. 7　　B. 2，5　　C. 2，8，7　　D. 2，8，8，7

4. 把足量的氯气通入碘化钾和溴化钾的混合液中，然后蒸干灼烧，最后残留物质是(A)。

A. KCl　　B. I_2 和 KCl　　C. Br_2 和 KCl　　D. I_2

5. 下列物质中，与 $AgNO_3$ 溶液混合后，不能产生黄色沉淀的是(C)。

A. 碘水　　B. KI 溶液　　C. KCl 溶液　　D. I_2

6. 下列关于 $^{42}_{20}Ca$ 的叙述中，错误的是(C)。

A. 质子数为 20　　B. 电子数为 20　　C. 中子数为 20　　D. 质量数为 42

7. 如果一个质子数和中子数都是 6 的碳原子质量为 1.993×10^{-26}kg，则一个氧原子的质量是(D)。

A. 16g　　B. 16　　C. 3.827×10^{-24}kg　　D. 2.657×10^{-26}kg

8. 元素的性质随着原子序数的递增呈现周期性变化的原因是(A)。

A. 元素原子的核外电子排布呈周期性变化

B. 元素原子的电子层数呈现周期性变化

C. 元素化合价呈周期性变化

D. 元素原子半径呈周期性变化

9. 元素周期表周期数是(C)。

A. 5　　B. 6　　C. 7　　D. 18

10. 在一定条件下，下列物质能与硫发生反应，且硫作为还原剂的是(D)。

A. Cu　　B. H_2　　C. Fe　　D. O_2

11. 下列关于 SO_2 的说法中，不正确的是(C)。

A. SO_2 是硫及某些含硫化合物在空气中燃烧的产物

B. SO_2 有漂白作用，也有杀菌作用

C. SO_2 溶于水后生成 H_2SO_4

D. SO_2 是一种大气污染物

12. 下列关于浓硫酸和稀硫酸的叙述中，正确的是(D)。

A. 常温时都能与铁发生反应，放出气体　　B. 加热时都能与铜发生反应

C. 都能作为气体干燥剂　　D. 硫元素的化合价都是 +6 价

13. 下列单质中，属于金刚石的同素异形体的是(B)。

A. 硅　　B. 石墨　　C. 锡　　D. 铂

14. 某化合物的分子式是 CO_x，其中碳元素和氧元素的质量比为 3:8，则 x 的数值是(B)。

A. 1　　B. 2　　C. 3　　D. 4

15. 下列的叙述中，正确的是(C)。

A. 相对分子质量相同的物质就是同一种物质

B. 通式相同的不同物质一定是同系物

C. 通式相同，在组成上相差一个或多个亚甲基的物质不一定是同系物

D. 分子式相同的不同物质一定是同系物

16. 异戊烷和新戊烷互为同分异构体的依据是(D)。

A. 具有相似的化学性质　　B. 具有相同的物理性质

C. 分子具有相同的空间结构

D. 分子式相同，但分子内碳原子的空间结构不同

17. 某烃相对分子质量为 86，控制一氯取代时，能生成 3 种一氯代烷，符合该烃题意的构造式有(B)。

A. 1 种　　B. 2 种　　C. 3 种　　D. 4 种

18. 下列反应中，能够说明烯烃分子具有不饱和结构的是(C)。

A. 燃烧　　B. 取代反应　　C. 加成反应　　D. 氧化反应

19. 2 – 丁烯与 1 – 丁烯的异构因素是(B)。

A. 碳链异构　　B. 位置异构

C. 顺反异构　　D. 既有碳链异构又有位置异构

20. 下列叙述中，正确的是(D)。

A. 炔烃和烯烃由于都含有不饱和键，所以化学性质相同

B. 炔烃和烯烃结构不同，故炔烃不能发生加成反应

C. 炔烃和烯烃结构不同，故加成试剂不同

D. 烯烃和炔烃的鉴别试剂是硝酸银或氯化亚铜的氨溶液

21. 某化合物 A，它经高锰酸钾氧化后得到乙酸和丙酮，根据上述事实，可推断 A 可能的构造式是(D)。

A. 1 – 戊烯　　B. 2 – 丁烯

C. 2 – 甲基丙烯　　D. 2 – 甲基 – 2 – 丁烯

22. 根据苯分子结构特点，下列说法正确的是(A)。

A. 苯分子容易发生取代反应　　B. 苯分子容易发生氧化反应

C. 苯分子容易发生加成反应　　D. 苯分子容易发生聚合反应

23. 在室温下，下列有机物不能使高锰酸钾和溴的 CCl_4 溶液都褪色的是(D)。

A. 甲基环丙烷　　B. 乙烯基乙炔　　C. 1，3 – 丁二烯　　D. 甲苯

24. 按照系统命名法，构造式 $CH_3CH(CH_2CH_3)CH_2CHClCH_2CH_3$ 的正确名称是(C)。

A. 2 – 乙基 – 4 – 氯己烷　　B. 3 – 氯 – 5 – 乙基己烷

C. 3 – 甲基 – 5 – 氯庚烷　　D. 3 – 氯 – 5 – 甲基庚烷

25. 下列有机物中，不属于烃的衍生物的是(B)。

A. 氯乙烷　　B. 甲苯　　C. 硝基苯　　D. 氯仿

26. 下列有关氟氯烃说法中，不正确的是(B)。

A. 氟氯烃是一类含氟和含氯的卤代烃

B. 氟氯烃化学性质稳定，有毒

C. 氟氯烃大多无色、无臭、无毒

D. 在平流层中，氟氯烃在紫外线照射下，分解产生的氯原子可引发损耗臭氧层的循环反应

27. 下列物质中，无色、无臭、无毒、无腐蚀、不燃烧的气体是(C)。

A. CH_4　　B. $CHCl_3$　　C. CF_2Cl_2　　D. CCl_4

28. 下列物质中，与 CH_3OH 属同系物的是(B)。

A. 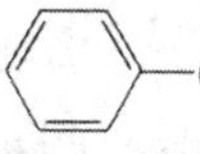 CH_2OH　　B. $CH_3CH(OH)CH_3$

C. $CH_2=CHCH_2OH$　　D. $CH_2(OH)CH_2(OH)$

29. 化合物 $CH_3CH(CH_3)OH$ 的系统名称是(D)。

A.1－丙醇　　B. 丙醇　　C.2－甲基丙醇　　D.2－丙醇

30. 禁止用工业酒精配制饮料酒，是因为工业酒精中含有下列物质中的(A)。

A. 甲醇　　B. 乙二醇　　C. 丙三醇　　D. 异戊醇

31. 被测组分含量(B)的为微量分析。

A. 小于 0.01%　　B. 1% ~ 0.01%　　C. 大于 1%　　D. 大于 10%

32. 半微量分析时试液体积取(B)。

A. 大于 10mL　　B. 1 ~ 10mL　　C. 0.01 ~ 1mL　　D. 小于 0.01mL

33. 对于法定计量单位，下述说法正确的是(D)。

A. 强制实施　　B. 国际单位制为基础

C. 可根据企业实际采用　　D.(A + B)

34. 下述物理量中属于国际单位制中基本量的是(C)。

A. 质量与体积　　B. 时间与温度　　C. 长度与电流　　D. 长度与体积

35. 红外吸收光谱是(B)。

A. 锐线光谱　　B. 分子吸收光谱　　C. 原子吸收光谱　　D. 原子发射光谱

36. 按照 IUPAC 的电化学分析分类方法，电导滴定属于(A)。

A. 没有电双层和电极反应

B. 有电双层而不考虑电极反应

C. 有电极反应并施加恒定激发信号

D. 有电极反应并施加可变的小振幅激发信号

37. 色谱法有时可以用于制备纯物质，这是因为色谱法可以做到(A)。

A. 无损分离　　B. 快速分离　　C. 高效分离　　D. 连续分离

38. 将凉水与热水在烧杯中混合，并用玻璃棒搅拌使其温度均匀，这种传热方式称为(C)。

A. 传导　　B. 自然对流　　C. 强制对流　　D. 热辐射

39. 用水吸收氯化氢气体制盐酸，是属于（B）

A. 单组分、化学吸收　　B. 单组分、物理吸收

C. 多组分、物理吸收　　D. 多组分、化学吸收

40. 鉴定石油产品规格的恩氏蒸馏过程属于（B）。

A. 闪蒸　　B. 渐次汽化　　C. 平衡汽化　　D. 精馏

41. 一个完整分馏塔的进料口上部称为（A）。

A. 精馏段　　B. 提馏段　　C. 进料段　　D. 汽化段

42. 精馏塔提馏段操作的必要条件是（D）。

A. 塔顶液相回流　　B. 塔顶汽相回流　　C. 塔底液相回流　　D. 塔底汽相回流

43. 精馏过程的结果是从塔顶到塔底，（D）。

A. 轻组分浓度逐渐减小，重组分浓度逐渐减小

B. 轻组分浓度逐渐增加，重组分浓度逐渐减小

C. 轻组分浓度逐渐增加，重组分浓度逐渐增加

D. 轻组分浓度逐渐减小，重组分浓度逐渐增加

44. 石脑油的干点用（D）测定。

A. 量热计　　B. 密度计　　C. 粘度计　　D. 馏程仪

45. 对乙烯样品进行全分析时（B）采样。

A. 可用球胆　　B. 一定要用钢瓶　　C. 用玻璃瓶　　D. 用塑料瓶

46. 一氯乙烷在乙二醇/环氧乙烷装置中用做（B）。

A. 氧化剂　　B. 抑制剂　　C. 还原剂　　D. 吸收剂

47. 石油产品含蜡多，凝点（D）。

A. 不变化　　B. 愈不确定　　C. 愈低　　D. 愈高

48. 在吹膜过程中，提高冷却线高度，薄膜的摩擦系数（A）。

A. 增大　　B. 减小　　C. 增大或减少　　D. 不变化

49. 纤维中大分子排列方向与纤维轴符合的程度叫（B）。

A. 粘度　　B. 结晶度　　C. 取向度　　D. 雾度

50. 某 100Ω 电阻两端的电压是 20V，那么这个电阻的发热功率是（C）W。

A. 0.2　　B. 1　　C. 4　　D. 5

51. 电流表内部结构是一个毫安表（C）。

A. 与一个高电阻的并联　　B. 与一个高电阻的串联

C. 与一个小电阻的并联　　D. 与一个小电阻的串联

52. 电压表内部结构是一个毫安表（B）。

A. 与一个高电阻的并联　　B. 与一个高电阻的串联

C. 与一个小电阻的并联　　D. 与一个小电阻的串联

53. 测量一个电阻的电压值时，电压表（A）。

A. 应调整到最高档，并联电阻连接　　B. 应调整到最高档，串联电阻连接

C. 应调整到最低档，并联电阻连接　　D. 应调整到最低档，串联电阻连接

54. 对放射工作场所和放射性同位素的运输、贮存，用人单位必须配置防护设备和报警装置，保证接触放射线的工作人员佩戴（C）。

A. 安全帽　B. 防护眼镜　C. 个人剂量计　D. 工作服

55. 制作干电池使用的二氧化锰具有(B)危害。

A. 刺激性　B. 有毒　C. 腐蚀性　D. 易燃性

56. 复印机会产生(A)。

A. 有害气体　B. 噪音　C. 高频电磁波　D. 有害固体

57. 当作业场所空气中有害化学品气体的浓度超过国家规定标准时，工人必须使用适当的(B)。

A. 预防药剂　B. 个人防护用品　C. 保健品　D. 指示器

58. 点燃煤气灯时，(A)。

A. 先关风门，划火，开煤气　B. 先开煤气，划火，关风门

C. 先关风门，开煤气，划火　D. 可随意操作

59. 工业粉尘毒物是直径(A)的固体微粒。

A. 大于 0.1μm　B. 小于 0.1μm　C. 小于 0.01μm　D. 0.001μm ~ 0.1μm

60. 毒物的剂量与效应之间的关系称为(A)。

A. 毒性　B. 中毒　C. 剧毒　D. 高毒

61. 毒物的毒性分为(A)。

A. 剧毒、高毒、中等毒、低毒、微毒 5 级　B. 剧毒、高毒、中等毒、低毒 4 级

C. 高毒、中等毒、低毒 3 级　D. 高毒、低毒 2 级

62. 闪点越低，火灾的危险性(A)。

A. 就越大　B. 就越小　C. 就越难确定　D. 就越容易预防

63. 放射性物品是指放射性比活度大于(B)的物品。

A. 7.4×10^2Bq/kg　B. 7.4×10^4Bq/kg　C. 7.4×10^3Bq/kg　D. 7.4Bq/kg

64. 氢氧化钠等强碱能和油脂起(C)，因而能灼伤动植物机体。

A. 酸碱反应　B. 氧化反应　C. 皂化反应　D. 还原反应

65. 常用危险化学品的标志设(A)。

A. 主标志和副标志　B. 危险标志和不危险标志

C. 大标志和小标志　D. 产品标志和性能标志

66. 灭火方法不同的危险化学品储存时(C)。

A. 只要不混放就可以　B. 可以混放

C. 不能同库　D. 可以同库

67. 危险化学品的包装和(B)必须符合国家规定。

A. 商标　B. 标志　C. 颜色　D. 状态

68. 各类危险化学品的包装应符合(B)规定。

A. GB/T 12463　B. GB 12463　C. GB 15603　D. BG/T 15603

69. 进行有关化学液体的操作时，应使用(B)保护面部。

A. 太阳镜　B. 防护面罩　C. 毛巾　D. 纱布

70. 由两种以上特性值变化性类型或两种以上特性平均值组成的物料是(D)。

A. 随机不均匀物料　B. 定向非随机不均匀物料

C. 周期非随机不均匀物料　D. 混合非随机不均匀物料

71. 与采取均匀物料相比，采取不均匀物料需要额外注意(D)。

A. 不应带进杂质　B. 避免吸水　C. 避免氧化　D. 采取随机采样

72. 通过检测样品求得的特性值数据的差异中，包括(C)。

A. 采样随机误差和采样系统误差　B. 实验随机误差和实验系统误差

C. 采样误差和实验误差　D. 采样系统误差和实验随机误差

73. 增加采样的重复次数可以缩小(A)。

A. 采样随机误差　B. 采样系统误差

C. 采样随机误差和采样系统误差　D. 两者都不能缩小

74. 计算样品的标准差，必须要已知的数据是(A)。

A. 样品的测定值　B. 样品的平均值　C. 样品数　D. 样品量

75. 应用总体特性平均值单侧下限采样验收方案时，α 表示(A)。

A. 第一种错判概率　B. 第二种错判概率

C. 样品标准差　D. 特性平均值

76. 总体物料的特性值的标准差为已知时，应用总体特性平均值单侧上限采样验收方案判定为合格的条件是总体物料的特性平均值(D)k。

A. >　B. ≥　C. <　D. ≤

77. 总体物料的特性值的标准差为未知时，应用总体特性平均值单侧下限采样验收方案判定为不合格的条件是总体物料的特性平均值与 k_s 之差(A)μ_1。

A. >　B. ≥　C. <　D. ≤

78. 应用总体特性平均值双侧限的采样验收方案判定为合格的条件是：总体物料的特性平均值与 μ_0 之差的绝对值(D)d。

A. >　B. ≥　C. <　D. ≤

79. 总体物料的特性值的标准差为未知时，应用总体不合格品率单侧上限采样验收方案判定为不合格的条件是总体物料的特性平均值与 k_s 之差(A)U。

A. >　B. ≥　C. <　D. ≤

80. 用电导率仪测定三级水的电导率时，配备电极常数为(C)的电导池。

A. $0.001 \sim 0.01cm^{-1}$　B. $0.01 \sim 0.1cm^{-1}$　C. $0.1 \sim 1cm^{-1}$　D. $1 \sim 10cm^{-1}$

81. 高纯水的制备过程中，脱盐主要是除去(C)。

A. 悬浮物　B. 有机物　C. 各种盐类　D. 颗粒

82. 一级水应用于(A)。

A. 有严格要求的分析实验　B. 无机痕量分析等试验

C. 一般化学分析试验　D. 任何一种试验都可用

83. 在水溶液中，酸给出质子的能力越强，表示(A)。

A. 酸性越强　B. 酸性越弱　C. 碱性越强　D. K_b 越大

84. 已知 NH_3 的 $K_b = 1.8 \times 10^{-5}$，则 NH_4^+ 的 K_a 为(C)。

A. 1.8×10^{-5}　B. 1.8×10^{-9}　C. 5.6×10^{-10}　D. 5.6×10^{-4}

85. 欲配制 pH = 5 的缓冲溶液应选用(C)。

A. $HCOOH(K_a = 5.6 \times 10^{-5}) - HCOONa$　B. 10^{-5}mol/LHCl

C. $HAc(K_a = 1.8 \times 10^{-5}) - NaAc$　D. $NH_3(K_b = 1.8 \times 10^{-5}) - NH_4Cl$

86. 能用来做基准试剂的是(C)。

A. NaOH　　B. H_2SO_4　　C. Na_2CO_3　　D. HCl

87. 标定酸用的基准物如 $NaHCO_3$、Na_2CO_3、$KHCO_3$ 均在(D)干燥并恒重。

A. 90～105℃　　B. 110～115℃　　C. 250～270℃　　D. 270～300℃

88. 标定氢氧化钠标准溶液不能选用的试剂有(D)。

A. 邻苯二甲酸氢钾　　B. 草酸　　C. 标准盐酸溶液　　D. 硼砂

89. 标定还原剂的基准物不能选(B)。

A. $K_2Cr_2O_7$　　B. As_2O_3　　C. $KBrO_3$　　D. KIO_3

90. 标定 I_2 常用(B)基准物质。

A. $K_2Cr_2O_7$　　B. As_2O_3　　C. $KBrO_3$　　D. KIO_3

91. 标定 EDTA 用基准物质碳酸钙的干燥条件是(A)。

A. 110℃　　B. 120℃　　C. 130℃　　D. 室温干燥器中

92. 标定 $AgNO_3$ 标准溶液的基准物 NaCl 最好选用(C)。

A. 分析纯　　B. 化学纯　　C. 基准试剂　　D. 实验试剂

93. 用基准物质直接标定标准溶液的浓度后，为了更准确地保证其浓度，采用(D)进行验证。

A. 直接标定法　　B. 间接标定法

C. 用标准物质标定标准溶液法　　D. 比较法

94. 根据酸碱质子理论，HCO_3^- 属于(D)。

A. 酸性物质　　B. 碱性物质　　C. 中性物质　　D. 两性物质

95. EDTA 几乎能与周期表中大部分金属离子配合，形成具有(B)元环的稳定的配合物。

A. 四　　B. 五　　C. 六　　D. 七

96. pH = 4 时 $\lg KCaY = 10.69$，$\lg \alpha Y(H) = 8.44$，则条件稳定常数是(C)。

A. 2.25　　B. 19.13　　C. 1.78 × 102　　D. 1.74 × 1010

97. 在配位反应中，当溶液中有辅助配位剂 L 存在与金属离子形成配合物，称为(B)。

A. 羟基络合效应　　B. 配位效应　　C. 酸效应　　D. 共存离子效应

98. 下列关于标准电极电位说法错误的是(D)。

A. 准电极电位是相对于标准氢电极而言的

B. 标准电极电位是在 298.15K 下，压力为 101.325kPa 下测得的

C. 标准电极电位涉及到的有关物质浓度均为 1mol/L

D. 气体压力不影响标准电极电位

99. 条件电极电位的大小，说明在某些外在因素影响下，氧化还原电对(C)的氧化还原能力。

A. 理论　　B. 计算　　C. 实际　　D. 可能

100. 衡量氧化还原反应完成的程度用(C)。

A. 电极电位　　B. 能斯特方程式　　C. 平衡常数　　D. 滴定突跃

101. 通常温度每升高 10℃，化学反应速度可提高(B)倍。

A. 1～2　　B. 2～3　　C. 3～5　　D. 10

102. 在一定温度下，难溶化合物在其饱和溶液中，各离子浓度的乘积是一常数，

称为(B)。

A. 稳定常数　　B. 溶度积常数　　C. 电离常数　　D. 平衡常数

103. 重量分析对沉淀形的溶解度要求(A)。

A. 越小越好　　B. 越大越好　　C. 无要求　　D. 易溶

104. 为了减少称量误差，提高分析的准确度，重量分析对称量形的要求(D)。

A. 化学组成固定　　B. 沉淀纯度要高　　C. 性质稳定　　D. 摩尔质量要大

105. 下列关于系统误差论述中错误的是(D)。

A. 方法误差属于系统误差　　B. 系统误差包括操作误差

C. 系统误差又称可测误差　　D. 系统误差呈正态分布

106. 在滴定分析中，由于滴定终点和化学计量点不一致所引起的滴定误差属于(A)。

A. 方法误差　　B. 偶然误差　　C. 操作误差　　D. 仪器误差

107. 在称量过程中使用了未校准的砝码，会造成(D)。

A. 方法误差　　B. 偶然误差　　C. 操作误差　　D. 仪器误差

108. 使用试剂不纯会造成(A)。

A. 系统误差　　B. 过失误差　　C. 方法误差　　D. 操作误差

109. 用分析天平称样时，直接用手拿砝码放在天平上会造成(A)。

A. 系统误差　　B. 偶然误差　　C. 过失误差　　D. 方法误差

110. 测得分析结果的精密度越高，其(B)越小。

A. 系统误差　　B. 偶然误差　　C. 相对误差　　D. 绝对误差

111. 进行对照实验时，常用(A)和被测样品在同一条件下，用同一方法进行定量分析，并对结果进行对比。

A. 标准样品　　B. 计量标准　　C. 工作基准　　D. 方法标准

112. 在分析中做空白试验的目的是(B)。

A. 提高精密度　　B. 消除系统误差

C. 减小偶然误差　　D. 消除过失误差

113. 在一般分析中，通常要求测定(B)次。

A. 2～3　　B. 3～5　　C. 5～7　　D. 越多越好

114. 直接滴定法是用标准溶液(A)滴定被测组分。

A. 直接　　B. 间接　　C. 置换　　D. 取代

115. 间接滴定法适用于(A)物质的测定。

A. 与标准溶液不能直接反应的物质的测定

B. 反应物为固体

C. 能发生置换反应

D. 能发生取代反应

116. 置换滴定法中是用标准溶液滴定(C)。

A. 被测溶液

B. 第二种标准溶液

C. 加入的试剂与被测组分反应生成的生成物

D. 加入的试剂反应完后剩余部分

117. 用来测定物质含量的具有准确浓度的溶液称做(B)。

A. 一般溶液　　B. 标准溶液　　C. 悬浊液　　D. 电解质

118. 缓冲溶液的配制计算是根据(D)进行计算的。

A. 缓冲溶液的浓度　　B. 缓冲溶液的组成

C. 缓冲溶液的缓冲容量　　D. 缓冲溶液 pH 值的计算公式

119. NaOH 滴定弱酸 CH_3COOH 时，化学计量点时后溶液的 pH 值取决于(A)。

A. NaOH　　B. CH_3COOH

C. CH_3COONa　　D. $CH_3COONa - CH_3COOH$

120. 用 0.1000mol/L NaOH 滴定 0.1000mol/L HAc 时指示剂应选(B)。

A. 甲基橙　　B. 酚酞　　C. 甲基红　　D. 溴酚蓝

121. 配制酸标准溶液，通常采用 HCl 的主要原因是(B)。

A. 更便宜　　B. 在常温条件下更稳定

C. 更易配制　　D. 更常见

122. 在配制 NaOH 标液时，未赶除 CO_2，则用 $H_2C_2O_4$ 标定该标准溶液，用于测定 CH_3COOH 含量时，其测定结果(C)。

A. 偏低　　B. 偏高　　C. 无影响　　D. 无法确定

123. 在用双指示剂法进行混合碱的分析时，如果 $V_1 > 0$，$V_2 = 0$ 则样品含有(A)。

A. NaOH　　B. $NaHCO_3$　　C. Na_2CO_3　　D. $Na_2CO_3 + NaHCO_3$

124. 在水溶液中，直接滴定弱酸或弱碱时，要求 CK_a 或 CK_b(C)。

A. $\geqslant 10^{-6}$　　B. $\leqslant 10^{-6}$　　C. $\geqslant 10^{-8}$　　D. $\leqslant 10^{-8}$

125. 已知某 EDTA 溶液中，Y_4^- 离子的浓度为其总浓度的 10%，则 Y_4^- 离子的酸效应系数等于(D)。

A. 100　　B. 90　　C. 50　　D. 10

126. 在酸效应曲线上找出被测金属离子位置，由此作水平线，所得 pH 值就是单独滴定该金属离子的(A)。

A. 最低允许 pH 值　B. 最高允许 pH 值　C. 最恰当 pH 值　D. 最准确 pH 值

127. 用 EDTA 滴定金属离子中，计量点后，溶液中金属离子浓度主要取决于(A)。

A. 配合物的条件稳定常数　　B. EDTA 的浓度

C. 金属离子本身浓度　　D. 金属指示剂性质

128. 以铬黑 T 为指示剂，缓冲溶液调 pH 值为 10，EDTA 滴定至指示剂变色，此时测得的水的硬度为(B)。

A. 钙硬　　B. 总硬　　C. 镁硬　　D. 水硬

129. 氧化还原滴定曲线电位突跃的大小与(D)。

A. 氧化剂电对条件电位有关　　B. 还原剂电对条件电位有关

C. 氧化剂电对标准电位有关

D. 氧化剂与还原剂两电对的条件电位之差有关

130. 用 0.1000mol/L $AgNO_3$ 滴定 0.1000mol/L Cl^- 溶液，化学计量点的 Cl^- 浓度为(B) mol/L。已知 $K_{sp}(AgCl) = 1.8 \times 10^{-10}$。

A. 0.1000　　B. 1.3×10^{-5}　　C. 3.6×10^{-6}　　D. 5.0×10^{-5}

131. 测定样品的 SO_4^{2-}，采用重量法，可生成 $CaSO_4$、$SrSO_4$、$PbSO_4$、$BaSO_4$ 等沉淀，而选择形成 $BaSO_4$ 的最主要原因在于(C)。

A. $BaSO_4$ 最廉价　　B. $BaSO_4$ 最稳定

C. $BaSO_4$ 溶解度最小　　D. $BaSO_4$ 处理最方便

132. 当聚集速度(B)定向速度时，形成晶形沉淀。

A. 大于　　B. 小于　　C. 等于　　D. 没关系

133. $\rho=0.27g/L$ HCl 溶液的 pH 值是(A)。

A. 2.13　　B. 2.1　　C. 11.87　　D. 11.8

134. 已知 AgCl 的 $K_{sp}=1.8\times10^{-10}$，在$[Ag^+]=0.1mol/L$ 的溶液中，产生 AgCl 沉淀所需要最小 Cl^- 浓度为(A)mol/L。

A. 1.8×10^{-9}　　B. 1.3×10^{-5}　　C. 4.5×10^{-6}　　D. 1.4×10^{-6}

135. 称取烘干的基准物 $Na_2CO_3$0.1500g，溶于水，以甲基橙为指示剂，用 HCl 标准溶液滴定至终点，消耗 25.00mL，则 HCl 的浓度为(B)mol/L。

A. 0.05660　　B. 0.1132　　C. 0.1698　　D. 0.2264

136. 计算 0.10mol/L Na_2CO_3 溶液的 pH 值为(B)。已知 H_2CO_3 的 $K_{a_1}=4.2\times10^{-7}$，$K_{a_2}=5.6\times10^{-11}$。

A. 2.38　　B. 11.62　　C. 4.76　　D. 9.24

137. 用 HCl 滴定 NaOH 到达终点时，溶液中只有反应物 NaCl，即无剩余的 NaOH，那么溶液的 pH=(B)。

A. 1　　B. 7　　C. 10　　D. 14

138. 0.010mol/L CH_3COOH 和 0.010mol/L CH_3COONa 缓冲溶液的 pH 值为(B)。已知 $K_a=1.8\times10^{-5}$。

A. 4.27　　B. 4.74　　C. 6.75　　D. 9.54

139. 钙镁离子的硫酸盐和氯化物所形成的硬度为(B)。

A. 暂时硬度　　B. 永久硬度　　C. 总硬度　　D. 水的硬度

140. 总浓度为 Cmol/L 的 HOAc 溶液，它在溶液中的两种存在型体的分布系数关系为(C)。

A. <1　　B. >1　　C. =1　　D. 不确定

141. pH=4.00 时，用 2.0×10^{-3}mol/L EDTA 滴定同浓度的 Zn^{2+} 溶液，判断能否准确滴定(B)。已知 $\lg KZnY=16.50$，pH=4.00 时 $\lg\alpha Y(H)=8.44$。

A. 能　　B. 不能　　C. 不能确定　　D. 无法计算

142. 下列关于配位滴定突跃范围大小的说法错误的是(C)。

A. K'越大，突跃范围越大　　B. 被测金属浓度越大，突跃范围越大

C. 酸度越大，突跃范围越大　　D. H^+浓度越小，突跃范围越大

143. 被测离子 M 与干扰离子 N 浓度相同时，能否利用控制溶液酸度的方法进行选择性滴定，主要取决于(A)。

A. $\lg K'_{MY}$与 $\lg K'_{NY}$之差　　B. $\lg K'_{MY}$与 $\lg K'_{NY}$之和

C. $\lg K'_{MY}$与 $\lg K'_{NY}$之积　　D. $\lg K'_{MY}$与 $\lg K'_{NY}$之比

144. 在 Ca^{2+}、Mg^{2+} 的混合液中，用 EDTA 法测定 Ca^{2+}，要消除 Mg^{2+} 的干扰，宜用(D)。

A. 控制酸度法　B. 络合掩蔽法　C. 离子交换法　D. 沉淀掩蔽法

145. 解蔽的方法适用于被(A)掩蔽的离子。

A. 配位　B. 沉淀　C. 氧化还原　D. 酸度

146. 生活用水总硬度要求(B)。

A. ≤8°　B. ≤25°　C. ≤10°　D. ≤14°

147. 已知一定温度下 $BaSO_4$ 的 $K_{sp}=1.8\times10^{-10}$，计算在 400mL $BaSO_4$ 饱和溶液中，由于溶解度所损失的沉淀的质量为(B)g。

A. 6.5×10^{-4}　B. 1.2×10^{-3}　C. 3.2×10^{-4}　D. 1.8×10^{-7}

148. 在 AgBr 的饱和溶液中，加入 $AgNO_3$，使 AgBr 的沉淀减少，其主要是由于(A)。

A. 同离子效应　B. 盐效应　C. 配位效应　D. 酸效应

149. 盐效应能使沉淀的溶解度(C)。

A. 不变　B. 减小　C. 升高　D. 无法确定

150. 在含有 AgCl 沉淀的溶液中加入氨水，沉淀的溶解度增大，这主要是由于(C)。

A. 同离子效应　B. 盐效应　C. 配位效应　D. 酸效应

151. 影响弱酸盐沉淀溶解度的主要因素是(C)。

A. 盐效应　B. 同离子效应　C. 酸效应　D. 配位效应

152. 同一沉淀，其颗粒越小则其表面积越大，因此溶解度就(A)。

A. 越大　B. 越小　C. 不变　D. 不确定

153. 加热容器是玻璃制品或金属制品时，电炉上应垫上(B)。

A. 加热套　B. 石棉网　C. 耐火泥　D. 不用垫任何物品

154. 常用工作温度为 1300℃的马弗炉发热元件是(B)。

A. 热力丝　B. 硅碳棒　C. 热电偶　D. 电阻丝

155. 为延长寿命，一般马弗炉长期工作温度应比额定温度(A)。

A. 低 50℃　B. 高 50℃　C. 低 100℃　D. 高 100℃

156. 样品称量时，若使用标称值相同的砝码，应该(B)。

A. 优先使用有"*"标记的　B. 优先使用无"*"标记的

C. 都一样　D. 可任意选择

157. 当电子天平显示(A)时，可进行称量。

A. 0.0000　B. CAL　C. TARE　D. OL

158. 电子天平在安装后，称量之前必不可少的一个环节是(C)。

A. 清洁各部件　B. 清洗样品盘　C. 校准　D. 稳定

159. 紫外光的跃迁类型是(B)。

A. K 层和 L 层电子　B. 中层电子和价电子

C. 分子转动　D. 分子振动

160. 可见光的跃迁类型是(C)。

A. K 层和 L 层电子　B. 中层电子

C. 价电子　D. 分子振动

161. 黄色光的互补色是(C)。

A. 红色　B. 绿色　C. 蓝色　D. 紫色

162. 摩尔吸光系数的单位为(B)。

A. mol/cm　B. L/(mol·cm)　C. L/g　D. g/(L·cm)

163. 测定吸光度使用(B)。

A. 粘度计　B. 分光光度计　C. 雾度计　D. 温度计

164. 标准曲线的作用是(B)。

A. 定性　B. 定量

C. 确定最大吸收波长　D. 确定最大吸光度

165. 实际工作中经常发现标准曲线不成直线的情况，特别是当吸光物质的浓度(B)时，明显的表现向下或向上偏离。

A. 低　B. 高　C. 适中　D. 无变化

166. 在光谱分析中，(B)是最主要的显色反应。

A. 氧化反应　B. 络合反应　C. 还原反应　D. 分解反应

167. 在分光光度法中其原理为(B)。

A. 牛顿定律　B. 朗伯－比耳定律

C. 布朗定律　D. 能斯特定律

168. 有甲乙两个不同浓度同种有色溶液，在同一波长下测定，当甲溶液用 1cm 比色皿，乙溶液用 2cm 比色皿时，获得的吸收光度值相同，它们的浓度关系为(D)。

A. 甲是乙的二分之一　B. 甲等于乙

C. 乙是甲的二倍　D. 甲是乙的二倍

169. 有色溶液的浓度增加一倍，最大吸收波长(C)。

A. 增加一倍　B. 减小一倍　C. 不变　D. 不一定

170. 在分光光度分析中，将试样中被测组分转变成有色化合物的反应叫(C)。

A. 合成反应　B. 氧化还原反应　C. 显色反应　D. 络合反应

171. 在分光光度分析中，硫氰酸盐是(B)显色剂。

A. 分析　B. 无机　C. 有机　D. 氧化还原

172. 用于标志仪器出射狭缝所提供标准波长单色性的是(B)。

A. 分辨率　B. 光谱带宽　C. 透过率　D. 吸光度

173. 对于单一组分的测定，(B)法是实际工作中用得最多的一种定量方法。

A. 标准对照　B. 工作曲线　C. 吸收系数　D. 解联立方程

174. 标准对照法工作曲线(B)。

A. 是曲线　B. 过原点　C. 不过原点　D. 是抛物线

175. 吸收系数法中样品吸收系数的来源是(B)。

A. 文献　B. 标样测定　C. 理论计算　D. 任意给定

176. 使用不纯的单色光时，测得的吸光度(B)。

A. 有正误差　B. 有负误差　C. 无误差　D. 误差不定

177. 分光光度计检定稳定度的暗电流和光电流时记录的是(C)示值。

A. 灵敏度　B. 吸光度　C. 透射比　D. 波长准确度

178. 检查仪器在全波长或某一指定波长范围内，光束能量平衡的情况和检测器接收能量变化给电路带来的影响是(C)。

A. 波长准确度　　B. 漂移　　C. 基线平直度　　D. 噪声

179. 721 分光光度计的测量范围是(D)。

A. 200～1000nm　　B. 320～1000nm　　C. 400～760nm　　D. 400～800nm

180. 物质在光辐射能或其他能(热能、电能)作用下发生跃迁，哪一种跃迁吸收紫外光和可见光(B)。

A. 物质内层电子跃迁　　B. 物质外层电子跃迁

C. 物质分子振动　　D. 物质分子转动

181. 在吸收曲线的波长最短的一端，吸收峰较大但不成峰形的部分称为(D)。

A. 肩峰　　B. 谷　　C. 吸收峰　　D. 末端吸收

182. 紫外可见光分光光度计使用的灵敏度(C)为宜。

A. 置最低挡　　B. 置最高挡　　C. 确保分析的低档　　D. 1 挡

183. 单色器是仪器的(A)。

A. 核心部分　　B. 次要部分　　C. 可有可无的部分　　D. 电源部分

184. 清除载气中的微量水分，通常使用变色硅胶过滤器。正常状态良好的变色硅胶过滤器，装填的变色硅胶呈(D)。

A. 黄色　　B. 粉色　　C. 白色　　D. 蓝色

185. 为了提高分离度,某实验室对原来的色谱仪进行了改造。在原来 3m 的柱子后新增了一根 1m 的柱子。如果原来使用的是稳流表控制柱前压,那么不调整稳流表的情况下(A)。

A. 柱前压较原来为高，柱子内流量基本不变

B. 柱前压较原来为低，柱子内流量基本不变

C. 柱前压较原来基本不变，柱子能流量减小

D. 柱前压和柱子流量较原来都基本不变

186. 在一个完整的色谱气路图中，可以没有的项目是(D)。

A. 气源和稳压装置 B. 定量管　　C. 色谱柱　　D. 打印机

187. TCD 检测器的灵敏度和桥流的(D)成正比。

A. 二分之一次方　　B. 一次方　　C. 二次方　　D. 三次方

188. 在 FID 的火焰中，有机物被电离成为(D)。

A. 正、负离子　　B. 正、负电子

C. 正离子和电子　　D. 正、负离子和电子

189. 以 N_2 为载气，使用 TCD 检测器无法检测到的组分是(B)。

A. 甲烷　　B. 氮气　　C. 二氧化碳　　D. 氢气

190. 下列说法不属于 FID 性能特点的是(B)。

A. 高灵敏度　　B. 池体积小　　C. 线性范围宽　　D. 只对有机物定量

191. 从色谱开始进样到组分峰达到最大值的时间与惰性组分流出时间的差值，被称为(C)。

A. 保留时间　　B. 相对保留时间

C. 调整保留时间　　D. 绝对保留时间

192. 在平衡状态下，某一组分在固定液与流动相中的浓度之比称为(B)。

A. 相对溶解度　B. 分配系数　C. 容量因子　D. 分离度

193. 色谱柱中气相与液相体积之比称为(D)。

A. 气液比　B. 分配系数　C. 容量因子　D. 相比

194. 计算待测组分保留指数 I 时，应采用(B)。

A. 保留时间　B. 调整保留时间

C. 相对保留值　D. 净保留时间

195. 对于相邻的两个色谱峰，其分离度 R 与理论塔板数 n 的(C)次方成正比。

A. 2　B. 1　C. 0.5　D. 0

196. 选用(A)作为载气，可以使 TCD 检测器设定更大的桥流值。

A. 氦气　B. 氮气　C. 氩气　D. 二氧化碳

197. 对于 TCD 检测器桥流，TCD 池体温度越高，允许的最大桥流(C)。

A. 越高　B. 与低温时相同　C. 越小　D. 不确定

198. 测定水中的醇类物质含量时，采用的 TCD 检测器的最低设定温度为(D)℃。

A. 醇类组分的最高沸点　B. 60

C. 100　D. A 和 C 中的最大者

199. 当载气(N_2)和氢气的流量设定到合适值后，从最小的空气流量逐渐增加，FID 的响应值的变化趋势是(A)。

A. 先增大，然后基本不变　B. 逐渐增大

C. 逐渐减小　D. 先增大，后减小

200. 对于 FID 来说，燃烧产生的水分在收集极凝结将严重影响信号质量和寿命，因此使用温度不能低于(B)℃，且略高于柱箱的最高温度。

A. 50　B. 100　C. 200　D. 400

201. 最适合采用程序升温色谱方法分析的是(D)。

A. 同分异构体的分离　B. 碳原子数相同的烷烯炔

C. 组分比较多的样品　D. 组分沸点分布比较宽的样品

202. 所谓线性程序升温，指的是(D)。

A. 单个升温过程中单位时间内温度的升高值相等

B. 只有一个升温过程的程序升温

C. 单个升温过程，且初始保留时间为 0

D. 初始和终止保留时间都是 0 的单阶程序升温

203. 测定 FID 空气流速的最佳位置是(A)。

A. 压力或流量控制阀的出口　B. 进样口与色谱柱的接口处

C. 色谱柱与检测器的接口处　D. 检测器后

204. 处理机或工作站可以进行积分等处理的谱图信号是(D)。

A. 连续的模拟信号　B. 间断的模拟信号

C. 连续的数字信号　D. 间断的数字信号

205. 在 CR－6A 处理机上，判断峰顶的方法是一阶导数(B)。

A. 等于 0　B. 由正变负　C. 由负变正　D. 达到最大值

206. CR－6A 处理机的衰减增加 1，意味着谱图的单位纵坐标(A)。

A. 增大一倍　B. 增大 10 倍　C. 减小一倍　D. 减小 10 倍

207. CR－6A 处理机的取样间隔用峰宽来表示，在其他型号的处理机上，还可以用(C)来表示。

A. 峰宽　B. 漂移　C. 取样频率　D. 格式

208. 在使用 CR－6A 处理机时，由面积归一化法变更为外标法，应更改(B)参数和 ID 表。

A. 终止时间　B. 方法　C. 格式　D. ID 表

209. 在使用 CR－6A 处理机时，要对谱图中的组分进行分组处理，应更改(C)参数和 ID 表。

A. 终止时间　B. 方法　C. 格式　D. ID 表

210. 液相进样阀通常有(B)个接口。

A. 2　B. 4　C. 6　D. 8

211. 使用分流不分流进样口的目的在于(C)。

A. 提供高效稳定的进样量　B. 浓缩多次进样中的关心组分

C. 减小进入色谱柱的样品量　D. 节约载气

212. TCD 检测器的热导池由(B)和池体两部分组成。

A. 热丝　B. 热敏元件　C. 热敏电阻　D. 电热丝

213. FID 的电离室主要由收集极和发射极(极化极)构成，其中(A)。

A. 发射极为正极，在喷嘴处　B. 发射极为负极，在喷嘴处

C. 发射极为正极，围绕在火焰外　D. 发射极为负极，围绕在火焰外

214. 填充色谱柱一般有(B)两种类型。

A. 螺旋形和方形　B. 螺旋形和 U 型　C. 螺旋形和直型　D. U 型和直型

215. 使用毛细管色谱柱时，以下说法不正确的是(B)。

A. 为了避免石英毛细管柱折断，柱子两头连接应避免出现过急的弯

B. 为了达到量好的分流效果，毛细管柱应深入到分流不分流进样口的衬管中部

C. 切割毛细管色谱柱时，应该用锋利的刀子切成平口，不带毛刺

D. 暂时不用的毛细管柱，两段应该用废的进样隔垫封闭

216. 电位分析法根据其原理可分为(B)。

A. 直接电位法和间接电位法　B. 直接电位法和电位滴定法

C. 电位滴定法和间接电位法　D. 直接电位法、间接电位法和电位滴定法

217. 死停终点法中所用的电极是(A)。

A. 两支相同的铂电极　B. 两支有所不同的铂电极

C. 两支相同的银电极　D. 两支有所不同的银电极

218. 死停终点法中，两支电极间外加小量电压一般为(B)mV。

A. 1～100　B. 10～100　C. 30～100　D. 50～100

219. 下列因素，对 pH 值测定没有影响的是(C)。

A. 温度　B. 溶液的 pH 值　C. 不对称电位　D. 钠离子

220. 电导池常数确定的正确与否，与电导率测定的精度的关系是(A)。

A. 直接影响　B. 间接影响　C. 线形影响　D. 无影响

221. 在钢铁行业中，可以用(A)求得钢铁材料中碳和硫的含量。

A. 电导率的变化值 B. 电导率 C. 摩尔电导率 D. 极限电导率

222. 卡尔费休法测定水分，对卡尔费休试剂的标定频率为不少于(B)。

A. 1 次/星期 B. 2 次/星期 C. 1 次/月 D. 2 次/月

223. 电位滴定分析中，绝对误差取决于等当点滴定曲线的斜率，该斜率(A)。

A. 取决于滴定反应平衡常数 B. 可通过实验技巧改变

C. 可通过改进仪器改变 D. 不影响方法选择

224. 电位滴定分析中，等当点处滴定曲线的斜率与具体试验所选择的参数(C)。

A. 无关，但斜率比较条件相同 B. 无关，所以斜率比较可以条件不同

C. 有关，所以斜率比较条件相同 D. 有关，但斜率比较条件不同

225. pH 计使用过程中，如果采用逐次逼近法校正电极系数，则调节定位时仪器显示值为(B)。

A. 零点 B. 第一种标液的实际 pH 值

C. pH 差值 D. 第二种标液的实际 pH

226. pH 计的电极系数校正器和温度补偿器对仪器的校正途径(D)。

A. 不同，前者改变灵敏度，后者改变活度值

B. 不同，前者改变活度值，后者改变灵敏度

C. 相同，都改变活度值

D. 相同，都改变灵敏度

227. 技术要素电导率的标准溶液一般选择氯化钾水溶液，则下列叙述不能成为选择理由的是(B)。

A. 有精确测定数值 B. 相对分子质量适中

C. 不吸水 D. 纯度足够高

228. 利用库仑法测定样品的水分，如果四次测定结果分别为 20.5×10^{-6}、20.8×10^{-6}、20.5×10^{-6}、20.6×10^{-6}，则以≤3%的方法要求误差处理数据，最终测定结果应为(B)。

A. 20.5×10^{-6} B. 20.6×10^{-6} C. 20.55×10^{-6} D. 20.53×10^{-6}

229. 应用库仑法测定样品中的水分，数据评价应首先考虑(A)。

A. 准确度 B. 精密度 C. 偏差 D. 相对偏差

230. 化验员李某利用自动电位滴定仪测定某油品中的硫化氢含量，测定结果为 56.8×10^{-6}。在评价其测定结果的过程中，如果标准要求测定误差≤3%，则在再次测定中，其测定值的最小值应为(C)。

A. 54.9×10^{-6} B. 55.0×10^{-6} C. 55.1×10^{-6} D. 55.2×10^{-6}

231. 库仑法测定样品水分时，针尖应(C)。

A. 进入电解液 B. 刚接触电解液

C. 尽量接近电解液 D. 远离电解液

232. 维护库仑水分测定仪时，不能增加滴定池密封性的是(C)。

A. 进样垫更换 B. 排泄嘴处加润滑脂

C. 电极接口紧固 D. 干燥管连接紧固

233. 使用电位滴定仪时，导管内气泡对滴定结果的影响是(B)。

A. 滴定管前的有影响，滴定管后的无影响

B. 滴定管前的无影响，滴定管后的有影响

C. 滴定管前后都有影响

D. 滴定管前后都无影响

234. 使用电位滴定仪时，使用过程中的电极维护是指(D)。

A. 电极更换　　B. 电极保存　　C. 电极选择　　D. 电极洗涤

235. 对微库仑仪的裂解管的维护工作不应包括(B)。

A. 清洗　　B. 更换

C. 反烧　　D. 保证进样口密封

236. 下列关于物质结晶点的说法错误的是(B)。

A. 纯物质有固定不变的结晶点　　B. 物质含有杂质则结晶点升高

C. 其得到有规定的条件　　D. 是物质由液体变为固体时的温度

237. 初馏点对应的温度是(C)时，烧瓶内的气相温度。

A. 形成第一滴回流液　　B. 冷凝器入口形成第一滴馏出物

C. 冷凝器末端流出口滴出第一滴馏出液　D. 量筒底部接受到第一滴馏出液

238. 铂钴色号为 35 的标准比色液，一般用(C)mL 的容量瓶配制。

A. 100　　B. 250　　C. 500　　D. 1000

239. 测定结晶点，其主要目的是(A)。

A. 可判断物质的纯度　　B. 可以得到油品组成

C. 可以清除杂质　　D. 可以满足上级要求

240. 重质石油产品的馏程测定采用减压馏程的原因是(A)。

A. 重质组分在加热时分解　　B. 轻质组分在加热时分解

C. 重质组分不能沸腾　　D. 馏程太宽

241. 测定石油产品酸值过程中，盐酸的作用是(B)。

A. 滴定标准溶液　　B. 调和乙醇酸性

C. 滴定氢氧化钠纯度　　D. 滴定氢氧化钾纯度

242. 针入度的单位是(C)。

A. cm　　B. mm　　C. 0.1mm　　D. μm

243. 比色管架底部衬有白色底板的目的是(A)。

A. 提高观察颜色的效果　　B. 视觉美观

C. 美化环境　　D. 满足标准要求

244. 用分光光度计在 480mμm 下以 1cm 比色皿测定标准比色母液的消光值，其范围应为(C)。

A. 0.110～0.120　　B. 0.130～0.145　　C. 0.105～0.120　　D. 0.055～0.065

245. GB 2012 中，试样应经过过滤，并弃去第一个(B)mL 滤液。

A. 5　　B. 10　　C. 15　　D. 20

246. GB 2012 中，水浴温度应控制在(B)℃ ± 1℃。

A. 10　　B. 20　　C. 30　　D. 50

247. SH 0165 规定，蒸馏过程中残压波动不得超过(B)mL 汞柱。

A. 0.2　　B. 0.5　　C. 0.8　　D. 1.0

248. SH 0165 中，从初馏点到馏出 10%的时间(C)。

A. 为 2～3min　B. 不超过 5min　C. 不超过 6min　D. 没有规定

249. 配制甲酚红指示剂时，回流时间是(A)。

A. 5min　B. 1h　C. 30min　D. 10min

250. 检查化验员王某的铂钴色度报告时，发现有如下表示方式，错误的是(D)。

A. 5Hazen 单位　B. 具体描述颜色　C. 15 铂钴色号　D. 5#

251. GB 2012 规定，标准比色液中重铬酸钾含量为 0.5g/L 时，重复性要求两个测定结果之差不大于(B)g/L。

A. 0.05　B. 0.1　C. 0.2　D. 0.4

252. GB 3145 中，再现性要求两个测定结果间的差数不应大于(D)℃。

A. 0.01　B. 0.02　C. 0.03　D. 0.04

253. 下列关于温度计使用的叙述，错误的是(D)。

A. 沾有油脂或其他物质时，应用棉花仔细擦净

B. 要保持温度计清洁

C. 要使温度计免受急剧震动

D. 温度计固定于塞孔中时，塞孔要比温度计直径略大

254. 测定铂钴色度用的稀释溶液可以保存(A)。

A. 1 个月　B. 1 天　C. 1 星期　D. 半年

255. 酸值的计算公式正确的是(A)。

A. $\frac{56.1\times V\times C}{G}$　B. $\frac{56.1\times G}{V\times C}$　C. $\frac{56.1\times C}{V\times G}$　D. $\frac{56.1\times V}{C\times G}$

256. 应用 GB 4509 测定针入度为 50 的试样，再现性要求三次测定的最大差值不应大于平均值的(C)。

A. 4%　B. 6%　C. 8%　D. 10%

257. 在铂钴色度测定中，分光光度计的比色皿选择(B)。

A. 5mm　B. 1cm　C. 2cm　D. 5cm

258. 应用 GB 2012 测定样品时，对比色管的要求不包括(C)。

A. 上刻线距比色管外底表面 70mm ± 1mm　B. 高约 100mm

C. 内径 12mm ± 0.5mm　D. 壁厚 1～2mm

259. 维护自动搅拌的结晶点测定仪，对搅拌系统的日常维护工作一般不包括(D)。

A. 润滑　B. 紧固　C. 除尘　D. 更换

260. 蒸馏烧瓶的洗涤，不可能用到的洗涤液是(D)。

A. 轻质汽油　B. 铬酸洗液　C. 液碱　D. 浓盐酸

261. 为了更好的保护减压蒸馏测定装置，蒸馏停止加热后首先应做的工作是(B)。

A. 缓慢放空　B. 取下保温罩　C. 停真空泵　D. 迅速放空

多选题

1. 下列说法正确的是(B，C)。

A. 用湿润的淀粉碘化钾检验 Cl^- 离子

B. Cl^- 离子没有氧化性

C. 用硝酸银溶液检验 Cl^- 离子时必须加硝酸银

D. 氯化钠中的氯离子可以置换碘化钾中的碘离了

2. 下列说法正确的是(A, B, C)。

A. 卤素有相似的化学性质，原因是它们的最外电子层都有 7 个电子

B. 氧化性 $F_2 > Cl_2 > Br_2 > I_2$，原因是随着电子层数递增非金属性减弱

C. 随核电荷数的增加非金属性逐渐减弱

D. 通常情况下卤素原子半径随氟、氯、溴、碘依次减小

3. 下列物质中，在光照下易分解的是(A, D)。

A. 氯水　　B. NaBr　　C. KI　　D. AgBr

4. 下列物质中，能使淀粉碘化钾溶液变蓝的是(A, B)。

A. 氯水　　B. 碘水　　C. KBr　　D. KI

5. 下列关于原子量的叙述，正确的是(B, D)。

A. 原子量就是用原子质量单位表示原子的质量

B. 原子量是一个没有单位的比值

C. 原子量就是原子的实际质量

D. 计算原子量的基准是碳 - 12 原子质量的 1/12

6. Ca 和 Ca^{2+} 两微粒中，不相同的是(B, C, D)。

A. 核内质子数　　B. 核外电子数　　C. 最外层电子数　　D. 核外电子层数

7. 原子序数从 3 ~ 9 的元素，随着核电荷数的递增而逐渐增大的是(B, D)。

A. 电子层数　　B. 电子数　　C. 原子半径　　D. 非金属性

8. 下列数字是元素的原子序数，其相应元素能形成化合物分子式为 A_2B 型的是(A, C)。

A. 3 和 8　　B. 13 和 17　　C. 11 和 16　　D. 12 和 16

9. 下列说法中，符合ⅦA 族元素性质的是(B, C, D)。

A. 从上到下原子半径逐渐减小　　B. 易形成 -1 价离子

C. 最高价氧化物的水化物显酸性　　D. 从上到下氢化物的稳定性依次减弱

10. 下列气体中，能污染大气，但可以用碱溶液吸收的是(B, C)。

A. CO　　B. Cl_2　　C. SO_2　　D. N_2

11. 下列金属中，可用于制造常温下盛放浓硫酸的容器的是(A, D)。

A. Fe　　B. Cu　　C. Zn　　D. Al

12. 下列各组化合物中，属同系物的是(A, B)。

A. C_2H_6 和 C_4H_{10}　　B. C_3H_8 和 C_6H_{14}　　C. C_8H_{18}和 C_4H_8　　D. C_5H_{12}和 C_7H_{14}

13. 下列对同分异构体的推导说法正确的是(A, B, C, D)。

A. 首先把所有的碳原子连成一个直链，得到一个异构体

B. 写出少一个碳原子的直链，把一个碳原子当作侧链连接在主链上，并依次变动侧链位置，又得到几个异构体

C. 再写出少两个碳原子的直链，把两个碳原子当作一个侧链或两个侧链连在主链上，其余依此类推

D. 把所有碳原子剩余的价键连上氢原子

14. 下列各组物质中，能用高锰酸钾鉴别的是(B，C)。

A. 乙烯和丙烯　　B. 丙烷和丙烯

C. 环丙烷和丙烯　　D. 甲烷和丁烷

15. 下列说法正确的是(B，C，D)。

A. 邻、对位定位基都能使苯环活化

B. 间位定位基都能使苯环钝化

C. —OH、—CH_3、—R、—Cl、—Br 都是邻对位定位基

D. —NO_2、—SO_3H、—COOH 都是间位定位基

16. 下列说法正确的是(A，B，C)。

A. 溴乙烷的化学性质比乙烷活泼　　B. 溴乙烷易发生水解反应

C. 溴乙烷易发生消去反应　　D. 溴乙烷的化学性质与乙烷一样不活泼

17. 在 1 – 氯丙烷和 2 – 氯丙烷分别与 NaOH 的醇溶液共热的反应中，两反应(A，D)。

A. 产物相同　　B. 产物不同

C. 碳氢键断裂的位置相同　　D. 碳氢键断裂的位置不同

18. 下列系统命名法正确的是(C，D)。

A. 2,2 – 二甲基乙醇　　B. 2 – 甲基乙醇

C. 3 – 甲基 – 2 – 丁醇　　D. 3,3 – 二甲基 – 2 – 丁醇

19. 下列各组液体混合物不能用分液漏斗分开的是(A，C，D)。

A. 乙醇和水　　B. 四氯化碳和水　　C. 乙醇和苯　　D. 四氯化碳和苯

20. 下列反应中，属于消去反应的是(C，D)。

A. 苯与浓硫酸、浓硝酸混合，温度保持在 50～60℃

B. 溴丙烷与氢氧化钠溶液混合，静置

C. 乙醇与浓硫酸共热，温度保持在 170℃

D. 1 – 氯丁烷与乙醇、氢氧化钾共热

21. 我国法定计量单位是由(A，B)二部分构成。

A. 国际单位制单位　　B. 由国家选定的非国际单位制单位

C. SI 单位　　D. SI 单位的倍数单位

22. 下列单位属于国际单位制基本单位的是(A，B，D)。

A. K　　B. mol　　C. m^3　　D. s

23. 下列分析方法属于电解分析的是(A，C，D)。

A. 恒电流电重量分析法　　B. 离子选择性电极分析法

C. 汞阴极电解分离法　　D. 控制阴极电位电重量分析法

24.(B，C)有利于吸收的进行。

A. 高温　　B. 高压　　C. 低温　　D. 低压

25. 液体混合物在加热汽化过程中所形成的蒸汽与液体始终保持平衡接触状态，只是在达到必要的加热温度后才最终进行汽液分离。这种蒸馏方式称为(A，B)。

A. 闪蒸　　B. 平衡汽化　　C. 渐次汽化　　D. 精馏

26. 如果某塔进料为(A，B)，则进料位置应在塔上部。

A. 过冷液态　　B. 饱和液态　　C. 汽液混合状态　　D. 气态

27. 工业循环水中常要加入(A，D)。
A. 氧化剂　B. 缓蚀剂　C. 还原剂　D. 分散剂

28. 反映润滑油流动性的质量指标主要有(A，B，C)。
A. 粘度　B. 倾点　C. 凝点　D. 含水

29. 聚乙烯的主要测试指标是(A，B)。
A. 熔融指数　B. 密度　C. 干点　D. 倾点

30. 基尔霍夫定律由(A，C)几个定律组成。
A. 电压定律　B. 电阻定律　C. 电流定律　D. 电场定律

31. 电阻的电功率(B，D)。
A. 与电阻两端的电压成正比　B. 与电阻两端的电压的平方成正比
C. 与通过电阻的电流成正比　D. 与通过电阻的电流的平方成正比

32. 以下有关电流表的说法，正确的是(B，D)。
A. 使用电流表时应放置在最高档进行测量
B. 使用电流表时应放置在最高档进行粗测，然后逐渐调整到合适的量程测量
C. 电流表的量程越大，它的内阻就越大
D. 电流表的量程越小，它的内阻就越大

33. 苯及其同系物损害人的(A，B)。
A. 造血系统　B. 神经系统　C. 呼吸系统　D. 运动系统

34. 化验室预防中毒的措施主要是(A，B，C，D)。
A. 改进方法，用低毒品代替高毒品　B. 通风排毒
C. 消除二次污染　D. 选用有效的防护用具

35. 根据毒物侵入的途径，中毒分为(A，B，C)。
A. 摄入中毒　B. 呼吸中毒　C. 接触中毒　D. 局部中毒

36. 三氯甲烷侵害人的(A，B，C)。
A. 肝　B. 心　C. 肾　D. 眼

37. 防止辐射的措施是(A，B，C)。
A. 控制辐射源的质量　B. 围封隔离放射源
C. 运用时间、距离和屏蔽三要素　D. 不使用辐射源

38. 具有腐蚀性的物品是(A，D)。
A. 氢氧化钠　B. 乙醇　C. 脱盐水　D. 硫酸

39. 关于对总体物料特性值的变异性及其类型的理解，正确的是(A，B，C，D)。
A. 客观存在　B. 要通过数据估计
C. 一般不进行实测　D. 一般根据经验和已知信息推断

40. 我们在计算样品的标准差的过程中，无须必知的数据是(A，B，D)。
A. 样品数　B. 样品的平均值
C. 样品的测定值　D. 样品量

41. 总体特性平均值采样验收方案包括(A，B，D)。
A. 单侧上限验收方案　B. 单侧下限验收方案
C. 样品标准差验收方案　D. 双侧限验收方案

42. 总体物料的特性值的标准差为已知时，应用总体不合格品率单侧下限采样验收方案判定为合格的条件包括(A，B)k。

A. 大于　　B. 等于　　C. 小于　　D. 不等于

43. 用总体不合格品率衡量产品质量的双侧限验收方案包括(A，B)。

A. 同时控制两侧不合格品率　　B. 控制两侧不合格品率之和

C. 控制上限不合格品率　　D. 控制下限不合格品率

44. 以下量器需要校准的有(A，C，D)。

A. 高精确度定量分析工作用滴定管　　B. 使用多年的量筒、量杯

C. 长期使用受到浸蚀的容量瓶　　D. 质量不甚可靠的吸量管

45. 分析试验室用水的标准检验方法的特点是(A，B)。

A. 严格　　B. 费时　　C. 简单　　D. 快速

46. 高纯水的制备过程中，预处理主要是除去(A，B)。

A. 悬浮物　　B. 有机物　　C. 各种盐类　　D. 颗粒

47. 三级水储存于(B，C)。

A. 不可储存，使用前制备　　B. 密闭的、专用聚乙烯容器

C. 密闭的、专用玻璃容器　　D. 普通容器即可

48. 酸的离解常数越大，表示(A，C)。

A. 酸将质子给予水分子的能力越大　　B. 碱从水分子中夺取质子的能力越大

C. 酸越强　　D. 碱越强

49. 选择缓冲溶液时，应使其(B，C，D)。

A. 酸性或碱性不能太强　　B. 所控制的 pH 值在缓冲范围之内

C. 有足够的缓冲容量　　D. 对分析过程无干扰

50. 基准物质最好摩尔质量较大，目的是(B，D)。

A. 试剂颗粒大，容易称量　　B. 称量样较多

C. 计算容易　　D. 减少称量误差

51. 标定盐酸溶液常用的基准物有(A，B)。

A. 无水碳酸钠　　B. 硼砂　　C. 草酸　　D. 基准碳酸钙

52. 标定 NaOH 溶液常用的基准物有(C，D)。

A. 无水碳酸钠　　B. 硼砂　　C. 草酸　　D. 邻苯二甲酸氢钾

53. 一般用重铬酸钾基准物可以标定(A，C)。

A. $Na_2S_2O_3$　　B. I_2　　C. $FeSO_4$　　D. $AgNO_3$

54. 标定 $KMnO_4$ 可以选用(B，D)基准物质。

A. $Na_2S_2O_3$　　B. $H_2C_2O_4\cdot 2H_2O$　　C. $FeSO_4$　　D. $Na_2C_2O_4$

55. 标定 EDTA 一般可以选(A，B，C)。

A. 锌粒　　B. 氧化锌　　C. 碳酸钙　　D. 碳酸钠

56. 标定硝酸银标准溶液用的基准物有(A，B)。

A. 氯化钠　　B. 氯化钾　　C. 碳酸钠　　D. 碳酸氢钠

57. 标定的方法有(A，B，C)。

A. 用基准物质标定　　B. 用标准溶液标定

C. 用标准物质标定标准溶液　　D. 比较法

58. 近年来质子理论在化学领域中得到广泛应用，其原因是(A，B，C)。

A. 进一步揭示酸碱反应本质

B. 能对酸碱平衡进行严格的定量计算

C. 使水溶液和非水溶液中的酸碱平衡统一

D. 能解释不含质子但有酸碱性的物质

59. 氨羧配位剂因含有(B，C)两种配位能力很强的配位原子，因而能与许多金属离子形成稳定的螯合物。

A. 羟基氧　　B. 氨基氮　　C. 羧基氧　　D. 氨基氧

60. 在配位反应中，对络合剂 Y 的副反应主要是(C，D)。

A. 羟基络合效应　　B. 配位效应　　C. 酸效应　　D. 共存离子效应

61. 根据有关电对的电极电位可以(B，C，D)。

A. 判断反应速度　　B. 判断反应方向

C. 判断反应次序　　D. 判断反应完全程度

62. 下列有关条件电极电位的说法，正确的是(A，B，D)。

A. 是在特定条件下的电位，即氧化型和还原型总浓度均为 1mol/L

B. 校正了各种外界因素后的实际电极电位

C. 可以通过能斯特方程式计算出来

D. 在条件不变时为一常数

63. 下列有关氧化还原反应平衡常数的说法正确的是(B，C)。

A. 能说明反应的速度

B. 能衡量反应完成的程度

C. 平衡常数同有关电对的电位有关，因此可以根据能斯特方程式求得

D. 不同类型的反应，平衡常数要求相同

64. 哪些物质不宜用加热的方法来提高反应的速度(A，C)。

A. 易挥发的物质　　B. 易氧化的物质

C. 因加热易被空气氧化的物质　　D. 易水解的物质

65. 利用溶度积原理判断$[M]_m[A]_n = K_{sp}$时，为(C，D)。

A. 未饱和溶液　　B. 过饱和溶液　　C. 平衡状态　　D. 饱和溶液

66. 称量分析对沉淀形式的要求包括(B，D)。

A. 组成必须与化学式相符　　B. 溶解度必须很小

C. 有足够的稳定性　　D. 易转化为称量形式

67. 滴定分析操作中出现下列情况，导致系统误差的有(A，C，D)。

A. 滴定管未经校准　　B. 滴定时有溶液溅出

C. 指示剂选择不当　　D. 试剂中含有干扰离子

68. 下列操作中属于方法误差的是(A，B，D)。

A. 称量分析中，沉淀的溶解、灼烧时分解或挥发

B. 滴定分析中反应进行不完全或有副反应

C. 滴定过程中加错指示剂

D. 化学计量点与滴定终点不符合

69. 下列情况属于仪器误差的是(A，C)。

A. 砝码未校准

B. 天平的零点稍有变动

C. 滴定管未校正

D. 读取滴定管体积时，最后一位数估测不准

70. 下列情况属于操作误差的是(A，B，C)。

A. 洗涤沉淀不充分　　B. 灼烧温度过高

C. 终点颜色判断不准　　D. 加错指示剂

71. 偶然误差的性质包括(C，D)。

A. 在多次平行测定中重复出现　　B. 对分析结果的影响比较恒定

C. 随机产生　　D. 影响分析结果的精密度

72. 对照试验的作用是(B，C，D)。

A. 检查试剂是否带入杂质　　B. 减少或消除系统误差

C. 检查所用分析方法的准确性　　D. 检查仪器是否正常

73. 消除或减免系统误差的方法有(A，B)。

A. 校准仪器误差　　B. 进行空白试验　　C. 增加测定次数　　D. 遵守操作规程

74. 酸碱直接滴定法主要应用于下列哪些情况(A，B，C)。

A. 强酸强碱　　B. $CK_a \geqslant 10^{-8}$的无机酸、有机酸、混合酸

C. $CK_b \geqslant 10^{-8}$的无机碱、有机碱、生物碱　　D. 任何酸碱

75. 下列关于间接滴定法的叙述，正确的有(A，C，D)。

A. 适用于标准溶液与被测组分不能直接反应的测定

B. 间接反应生成的中间产物可以直接滴定

C. 间接反应生成的中间产物，不能直接滴定，需经过一定处理，方可进行滴定

D. 利用间接滴定法可以用氧化还原法测定 Ca^{2+}

76. 返滴定法又叫(A，B)。

A. 剩余量滴定法　　B. 回滴法　　C. 间接滴定法　　D. 中间物滴定法

77. 置换滴定法中生成另一中间物，才能滴定，故也把它称为(C，D)。

A. 返滴法　　B. 间接滴定法　　C. 中间物滴定法　　D. 滴定中间物法

78. 标准滴定溶液是指(A，D)。

A. 确定了准确浓度的溶液

B. 准确地确定了溶液中所含元素、离子、化合物浓度的溶液

C. 用于测定杂质含量的溶液

D. 用于滴定分析的溶液

79. 配制弱酸及其共轭碱组成的缓冲溶液，主要是计算(A，B)。

A. 如果是液体计算出所需液体体积　　B. 如果是固体计算出固体的质量

C. 所加入的强酸或强碱的量　　D. 所加入的弱酸或弱碱的量

80. 强碱滴定弱酸 NaOH – HAc 和强碱滴定强酸 NaOH – HCl 的滴定曲线的区别有(A，B，C)。

A. NaOH – HAc 滴定曲线起点的 pH 值比 NaOH – HCl 滴定曲线起点的 pH 值高

B. NaOH－HAc 滴定开始后 pH 值升高较快

C. NaOH－HAc 滴定体系在临近化学计量时溶液的 pH 值在碱性范围内

D. 当接近化学计量点时，NaOH－HAc 滴定曲线的斜率迅速降低

81. 用 0.01000mol/L HNO_3 溶液滴定 20.00mL 0.01000mol/L KOH 溶液的突跃范围为 pH＝5.3～8.7，可选用的指示剂有(B，C)。

A. 甲基橙　　B. 甲基红　　C. 酚酞　　D. 百里酚酞

82. NaOH 标准溶液不能用直接法配制的原因是(B，C)。

A. NaOH 是分析纯　　B. NaOH 有很强的吸水性

C. NaOH 吸收空气的 CO_2　　D. NaOH 是强碱

83. 以双指示剂法测定烧碱中 NaOH 与 Na_2CO_3 含量时，下列叙述正确的是(A，C，D)。

A. 析出试液后应立即滴定

B. 析出试液后不必立即滴定

C. 以酚酞为指示剂滴定时，滴定速度不要太快

D. 以酚酞为指示剂滴定时，应不断摇动

84. 下列关于强酸强碱滴定可行性的判断，说法正确的是(A，B，C)。

A. 所有强酸强碱均能准确滴定

B. 化学计量点的 pH 值均为 7.00

C. 浓度不同突跃大小不同，可选用的指示剂多少也不同

D. 酸碱浓度越大，滴定突跃越小，可选的指示剂越少

85. 在 EDTA 配位滴定中，下列有关酸效应系数的叙述，何者是正确的(B，C)。

A. 酸效应系数越大，配合物的稳定性越大

B. 酸效应系数越小，配合物的稳定性越大

C. pH 值越小，酸效应系数越大

D. 酸效应系数越大，配位滴定曲线的 PM 突跃范围越大

86. 以下有关酸效应曲线的说法正确的是(A，C)。

A. 酸效应曲线上被测离子以下的离子都干扰测定

B. 酸效应曲线上被测离子以上的离子都不干扰测定

C. 在曲线上可找到滴定某金属离子的最低允许 pH 值

D. 曲线上没有标明被测的离子，不能在曲线上找到滴定的最低允许 pH 值

87. 在直接配位滴定法中，终点时一般情况下溶液显示的颜色为(A，C)。

A. 被测金属离子与 EDTA 配合物的颜色

B. 被测金属离子与指示剂配合物的颜色

C. 游离指示剂的颜色

D. EDTA 与指示剂配合物的颜色

88. 国家标准规定的标定 EDTA 溶液的基准试剂有(A，B，C)。

A. MgO　　B. ZnO　　C. $CaCO_3$　　D. 锌片

89. 水硬度测定中，正确的测定条件包括(A，C)。

A. 总硬度：pH＝10，EBT 为指示剂

B. 钙硬度：pH≥12，XO 为指示剂

C. 钙硬度：调 pH 之前，先加 HCl 酸化并煮沸
D. 水中微量 Cu^{2+} 可借加三乙醇胺掩蔽

90. 对于对称电位来说，化学计量点时电极电位与(B，C)有关。
A. 浓度　B. 两电对的标准电极电位
C. 转移的电子数　D. 温度

91. 沉淀滴定的滴定曲线的突跃范围的大小与(A，B)有关。
A. 溶液中卤化物的原始浓度　B. 沉淀物的溶解度
C. 溶液的酸度　D. 干扰情况

92. 沉淀的形成状态主要由(A，B)决定。
A. 聚集速度　B. 定向速度　C. 径向速度　D. 横向速度

93. 对有限次测量而言，可以用(A，C)来表示数据的集中趋势。
A. 算术平均值　B. 真值　C. 中位数　D. 总体平均值

94. 通常采用(A，B，C)表示数据的分散程度。
A. 平均偏差　B. 标准偏差
C. 平均值的标准偏差　D. 总体平均值

95. 计算一元弱酸溶液 H^+ 浓度，何时用近似式，何时用最简式，决定于结果准确度的要求，与(A，B，C)有关。
A. 计算的相对误差　B. 弱酸的浓度　C. 离解常数　D. 强度

96. 下列关于沉淀转化的说法正确的有(A，B，D)。
A. 沉淀转化的条件决定于两种沉淀的 K_{sp} 比值
B. 两种沉淀的 K_{sp} 比值越小，沉淀转化就容易
C. 两种沉淀的 K_{sp} 比值越小，沉淀转化就困难
D. 沉淀转化作用是基于溶度积原理

97. 必须同时满足(A，B，C)条件，计算多元酸溶液的$[H^+]$采用最简式。
A. $CK_{a_1} \geqslant 20kW$　B. $\frac{C}{K_{a_1}} \geqslant 500$
C. $\frac{2K_{a_2}}{[H^+]} \approx \frac{2K_{a_2}}{\sqrt{CK_{a_1}}} \ll 1$　D. $\frac{C}{K_{a_1}} < 500$

98. 有关两种不同 pH 值的酸或碱等体积混合后溶液的 pH 值的说法，正确的是(A，B，D)。
A. 两种溶液都是酸性，混合后溶液的酸度决定于两种溶液的$[H^+]$之和
B. 若两种溶液都是碱性，混合后溶液的酸度决定于两种溶液的$[OH^-]$之和
C. 若两种溶液一为酸性一为碱性，混合后溶液的酸度决定于两种溶液的$[H^+]$和$[OH^-]$之和
D. 若两种溶液一为酸性一为碱性，混合后溶液的酸度决定于两种溶液的$[H^+]$和$[OH^-]$之差

99. 缓冲溶液的 pH 值决定于(B，C)。
A. 此缓冲溶液的缓冲容量　B. 组成此缓冲溶液的弱酸或弱碱的 K_a，K_b
C. 共轭酸碱对的浓度比值的大小　D. 此缓冲溶液的缓冲范围

100. 不属于暂时硬度的物质是(C，D)。

A. $Ca(HCO_3)_2$　　B. $Mg(HCO_3)_2$　　C. $CaCl_2$　　D. $MgCl_2$

101. 根据质子理论，非水溶剂可分为(A，B)。

A. 质子性溶剂　　B. 非质子性溶剂　　C. 离子性溶剂　　D. 非离子性溶剂

102. 溶液中某型体的平衡浓度在总浓度中所占的分数，称为(A，C)，以 δ 表示。

A. 分布系数　　B. 平衡系数　　C. 摩尔分数　　D. 电离系数

103. 影响配位滴定突跃范围的因素包括(B，C，D)。

A. 滴定速度　　B. 配合物稳定常数

C. 掩蔽剂的存在　　D. 溶液的酸度

104. 在配位滴定中，对配位掩蔽剂的要求有(A，C，D)。

A. 干扰离子形成的配合物应是无色或浅色的

B. 干扰离子与掩蔽剂形成的配合物应比与 EDTA 形成的配合物稳定性小

C. 掩蔽剂应不与被测离子配位，或其配合物的稳定性远小于 EDTA 与被测离子所形成配合物的稳定性

D. 滴定要求的 pH 范围内，具有很强的掩蔽能力

105. 可以用(A，B)表示物质的溶解能力。

A. 溶解度　　B. 溶度积　　C. 离解常数　　D. 平衡常数

106. $PbSO_4$ 在 Na_2SO_4 溶液中的溶解度，随 Na_2SO_4 的浓度增大，先是减小然后又逐渐增大，最后超过其在纯水中的饱和溶解度，这是由于(B，C)。

A. 开始减小是由于酸效应　　B. 开始减小是由于同离子效应

C. 最后增大是由于盐效应　　D. 最后增大是由于配位效应

107. AgCl 在 HCl 溶液中的溶解度，随 HCl 的浓度增大，先是减小然后又逐渐增大，最后超过其在纯水中的饱和溶解度，这是由于(B，D)。

A. 开始减小是由于酸效应　　B. 开始减小是由于同离子效应

C. 最后增大是由于盐效应　　D. 最后增大是由于配位效应

108. 酸度主要对(A，B，C)溶解度有影响。

A. 弱酸盐　　B. 多元酸盐　　C. 难溶酸盐　　D. 强酸盐

109. 下列影响因素中，使沉淀溶解度可能增加的是(B，C，D)。

A. 同离子效应　　B. 盐效应　　C. 络合效应　　D. 酸效应

110. 下列仪器可以直接在电炉上加热的是(B，C)。

A. 表面皿　　B. 蒸发皿　　C. 瓷坩埚　　D. 量杯

111. 下列有关马弗炉的说法正确的有(A，B，C)。

A. 力丝结构的马弗炉最高使用温度为 950℃

B. 硅碳棒式马弗炉最高使用温度为 1350℃

C. 由于炉膛四周都有炉丝，所以通电以后，整个炉膛周围被均匀加热而产生高温

D. 硅碳棒式马弗炉一般配镍铬 - 镍铝热电偶

112. 用高温炉灼烧完毕后应(B，C)。

A. 立即打开炉门，让其快速降温　　B. 先拉下电闸，切断电源

C. 炉门先开一条小缝，让其降温快速　　D. 立即清洁炉膛

113. 用分析天平称量完毕后，应做的工作为(A，B，C)。
A. 及时取出所称样品
B. 指数盘转到 0 位
C. 拔下电源
D. 为使电器元件不受潮，不必拔下电源插头

114. 精度要求高的电子分析天平理想的放置条件是(A，C)。
A. 室温 20℃ ± 2℃　　B. 室温 25℃ ± 2℃
C. 相对湿度 45% ~ 60%　　D. 相对湿度 70% ~ 80%

115. 远红外线的跃迁类型有(A，B)。
A. 分子转动　　B. 低位振动　　C. 价电子　　D. 中层电子

116. 下列是混合光的有(A，B，C，D)。
A. 日光　　B. 日光灯光　　C. 钨丝灯光　　D. 手电光

117. 摩尔吸光系数是当(A，C)时溶液的吸光度。
A. 物质的浓度为 1mol/L　　B. 物质的浓度为 1g/100mL
C. 液层厚度为 1cm　　D. 液层厚度为 2cm

118. 吸光度加和定律要求(A，B)。
A. 同一波长下
B. 对光有吸收的物质之间没有相互作用
C. 不同波长下
D. 对光有吸收的物质之间有相互作用

119. 朗伯定律和比耳定律的使用是(B，D)。
A. 无条件的　　B. 有一定条件的
C. 两定律条件相同　　D. 两定律条件不同

120. 引起朗伯 - 比耳定律偏离原因有(A，B，D)。
A. 入射光为非单色光　　B. 溶液中的化学反应
C. 波长变化不均匀　　D. 比耳定律的局限性

121. 在光谱分析中显色反应分为(A，C)。
A. 络合反应　　B. 酸碱反应
C. 氧化还原反应　　D. 分解反应

122. 分光光度分析的理论基础为(B，C，D)。
A. 布朗定律　　B. 朗伯定律　　C. 比耳定律　　D. 朗伯比耳定律

123. 紫外可见分光光度计使用的比色皿有(A，B)。
A. 玻璃比色皿　　B. 石英比色皿　　C. 塑料比色皿　　D. 聚酯比色皿

124. 在分光光度法中，参比溶液的作用包括(A，B)。
A. 消除吸收池壁对光的影响　　B. 提高准确度
C. 便于计算吸光度　　D. 提高检测器的灵敏度

125. 在分光光度分析中，对显色反应要求(A，B，C，D)。
A. 选择性好　　B. 灵敏度高
C. 有色物组成恒定　　D. 反应条件易控制

126. 下列因素影响显色反应的有(B，D)。

A. 湿度　B. 温度　C. 光度　D. 酸度

127. 分光光度法工作曲线的坐标通常是(B，C)。

A. 纵坐标为透过率　B. 纵坐标为吸光度

C. 横坐标为浓度　D. 横坐标为波长

128. 采用吸收系数法时，应(A，D)。

A. 先测定标准样品准确的吸收系数

B. 不用测定标准品准确的吸收系数

C. 标准样品和待测样品浓度应非常接近

D. 标准样品和待测样品测定条件相同

129. 分光光度法的定量方法有(A，B，C，D)。

A. 标准对照法　B. 工作曲线法　C. 吸收系数法　D. 解联立方程法

130. 分光光度法的方法误差主要由(B，C)所引起。

A. 操作者　B. 溶液偏离比耳定律

C. 溶液中干扰物质影响　D. 过失误差

131. 紫外与可见光分光光度计如 751 型，它的光源是(A，C)。

A. 钨丝灯　B. 空心阴极灯　C. 氢灯　D. 能斯特灯

132. 正确使用分光光度计的方法是：(A，C)。

A. 开样品室盖预热 20min 左右　B. 关样品室盖预热 20min 左右

C. 确保分析灵敏度放低档　D. 灵敏度放最高档

133. 电流表指针偏转于右边 $T=100\%$ 处，无法回“0”位(A，C)。

A. 取出仪器光电管暗盒内硅胶，更换干燥处理过的硅胶

B. 换灯

C. 用电吹风从硅胶筒送入适量的干燥热风

D. 换电源

134. 绘制色谱气路图的目的在于(A，B，D)。

A. 了解样品在色谱仪中的分离过程　B. 方便色谱仪的调试和检修

C. 掌握色谱仪的构成部件　D. 有助于建立一个新的分析方法

135. 以下可以提高 TCD 检测器的灵敏度的方法有(A，D)。

A. 增大桥流

B. 提高载气流速

C. 降低载气流速

D. 换用与样品组分导热系数差异更大的载气

136. 下列组分，在 FID 中有响应的是(C，D)。

A. 氦气　B. 氮气　C. 甲烷　D. 甲醇

137. 下列物质，经色谱分离后，可以采用 TCD 检测的有(A，B，C，D)。

A. 甲烷　B. 乙烯　C. 丁二烯　D. 苯

138. FID 属于质量型检测器，对于烃类物质的质量响应值基本相同。但(A,D)是例外。

A. 甲烷　B. 乙烯　C. 丁二烯　D. 苯

139. 以下色谱术语中，经过压力校正的有(B，C，D)。

A. 调整保留时间　　B. 净保留时间　　C. 净保留体积　　D. 比保留体积

140. 用来衡量色谱柱柱效的常用参数是(A，D)。

A. 理论塔板数　　B. 分配系数　　C. 容量因子　　D. 理论塔板高度

141. 以下关于分离度的说法，正确的是(A，B，D)。

A. 柱效越高，分离度越大　　B. 保留时间越长，分离度越高

C. 载气流速越快，分离度越高　　D. 色谱柱越长，分离度越高

142. 下面 4 种气体都可以用作 FID 色谱仪的载气，但是使用(B，D)作载气，可以获得更高的灵敏度和更宽的线性范围。

A. 氢气　　B. 氮气　　C. 氦气　　D. 氩气

143. 相对来说，对于(B，C)这几种色谱分析，特别适合使用程序升温。

A. 气液色谱　　B. 气固色谱　　C. 制备色谱　　D. 毛细管色谱

144. CR－6A 处理机的记录参数只能改变色谱峰的视觉效果，不能改变积分和计算结果。这样的参数有(B，D)。

A. 峰宽　　B. 走纸速度　　C. 增益　　D. 衰减

145. CR－6A 处理机的峰处理参数有(A，B)。

A. 峰宽　　B. 斜率　　C. 取样频率　　D. 格式

146. 采用面积归一化法处理色谱分析结果，应满足以下(A，B，C)条件。

A. 所有组分均出峰

B. 各组分间的相对校正因子接近于 1

C. 所有组分的浓度都在检测器的线性范围之内

D. 所有组分的校正因子都已经知道

147. 使用液相进样阀进样，要避免(A，B，C)。

A. 样品中有固体杂质堵塞进样阀　　B. 进样阀内存在气泡

C. 阀体内样品发生交叉污染　　D. 不同样品用一个进样阀进样

148. TCD 检测器的热导池结构有(A，C，D)。

A. 直通式　　B. 半直通式　　C. 扩散式　　D. 半扩散式

149. FID 检测器的主要构成部件包括(A，B)。

A. 喷嘴　　B. 收集极　　C. 热丝　　D. 池体

150. 老化新购入的毛细管色谱柱时，适宜的老化温度可以选择(B，D)。

A. 标称最高使用温度　　B. 标称最高使用温度减去 30℃

C. 分析时最高操作温度　　D. 分析时最高操作温度加 30℃

151. 电位滴定的类型包括(A，C)。

A. 直接滴定法　　B. 酸碱滴定法　　C. 置换滴定法　　D. 沉淀滴定法

152. 钠差对 pH 值测定的影响包括(A，D)。

A. 测定结果偏低

B. 测定结果偏高

C. 使水分子活度减小造成偏差

D. 在电极与液面间进行离子交换造成误差

153. 温度对电导率测定的影响表现在(A, B, C, D)。

A. 温度变化造成溶液浓度变化　B. 温度变化造成离子活度变化

C. 温度变化使溶液中粒子间作用力改变　D. 温度变化造成溶液粘度变化

154. 库仑法测定样品的水分，进样量(C, D)。

A. 是固定的　B. 随进样器材改变

C. 随样品水分含量改变

D. 对于同一样品应尽量保持进样量一致

155. 库仑分析过程中的技术要素包括(A, B, C, D)。

A. 滴定池处理　B. 气体流速调节　C. 偏压调节　D. 采样电阻调节

156. pH 计使用过程中，电极系数校正方法包括(A, B)。

A. 逐次逼近法　B. 一次校正法　C. 差值校正法　D. 零点校正法

157. 电导率测定中，选择测量电源频率的方法正确的是(A, C)。

A. 电阻一定时，电容越大频率越低　B. 电阻一定时，电容越大频率越高

C. 电容一定时，电阻越大频率越低　D. 电容一定时，电阻越大频率越高

158. 电导率标准溶液一般选择氯化钾水溶液的原因是(A, B, D)。

A. 有精确测定数值　B. 不吸水

C. 相对分子质量适中　D. 易得足够纯度

159. 利用卡尔费休法测定水分时，数据处理过程包括(A, B, C, D)。

A. 数据计算　B. 数据取舍

C. 有效数字保留　D. 最终结果报出

160. 应用电位滴定法测定样品中物质含量的常用表示方法包括(A, D)。

A. 百分含量　B. 千分含量　C. 万分含量　D. 10^{-6}含量

161. 利用微库仑法测定石脑油中硫含量，用 50×10^{-6}的标样测量转化率后，测得样品结果为 48，则结果正确表示为(A, C)。

A. 48×10^{-6}　B. 48ng/μL　C. 0.0048%　D. 0.00048%

162. 库仑法测定样品中的水分，王某测定结果为 32.6×10^{-6}，现为了评价其测定结果，应采取的措施为(A, B, C, D)。

A. 王某重新测定　B. 张某测定

C. 查明标准要求的误差　D. 由王某测定标准样品

163. 评价电位滴定分析结果时，应该关注的仪器参数包括(A, B)。

A. 搅拌速度　B. 滴定速度　C. 采样间隔　D. 初始体积

164. 微库仑法测定氯含量的过程中，下述情况可以使测定结果准确性变差的是(A, D)。

A. 载气波动　B. 偏压高　C. 增益高　D. 进样速度改变

165. 下列注意事项中，可以保护电位滴定设备不受损害的是(B, D)。

A. 不使用过快的滴定速度

B. 不使用过快的搅拌速度

C. 不设置过大的最大滴定体积

D. 不使设备在异常的电压条件下使用

166. 对电位滴定仪的电极维护应包含的内容是(A，B)。

A. 电极洗涤　B. 电极保存　C. 电极更换　D. 电极选择

167. 现今所用微库仑仪，在测定完成后，浸泡电解池常用(A，B)。

A. 蒸馏水　B. 电解液　C. 自来水　D. 高纯水

168. 对微库仑仪滴定池的维护工作包括(A，B，C)。

A. 滴定池的清洗　B. 电极的清洗

C. 滴定池的保存　D. 操作滴定池

169. 下列关于铂钴比色的说法，正确的是(A，B，C)。

A. 是目测比较　B. 以铂钴颜色单位表示结果

C. 铂的量以氯铂酸计　D. 铂的量以氯铂酸钾计

170. 关于物质结晶点与物质纯度关系的理解，正确的是(A，B)。

A. 纯物质有固定不变的结晶点　B. 物质含有杂质则结晶点降低

C. 纯物质的结晶点是一个温度范围　D. 物质含有杂质则结晶点升高

171. 下列关于酸洗比色的说法，正确的是(A，B，C)。

A. 有规定的条件　B. 属于目视比色

C. 比较溶液酸层　D. 比较溶液油层

172. 关于标准铂钴对比溶液，理解正确的是(A，B，C，D)。

A. 一般有 25 个色号

B. 最小铂钴色号为 0

C. 最大铂钴色号为 450

D. 配制铂钴色号为 60 的标准对比液需取 30mL 标准比色母液

173. 下列关于结晶点测定原理的叙述，正确的是(A，B)。

A. 可判断物质的纯度　B. 不同的纯物质有不同的结晶点

C. 可以准确判定油品组成　D. 与是否含有杂质无关

174. 下列关于酸洗比色的说法，错误的是(C，D)。

A. GB 2012 适用于测定芳烃

B. 高锰酸钾可检验储备稀酸溶液中可被氧化物质

C. 高锰酸钾可检验标准比色溶液中可被氧化物质

D.GB 2012 适用于测定所有石油产品

175. 下列关于酸值测定的说法，错误的是(B，C，D)。

A. 标准滴定溶液是氢氧化钾醇溶液

B. 标准滴定溶液是氢氧化钾水溶液

C. 盐酸的作用是滴定标准溶液

D. 中和 10 克石油产品所需的氢氧化钾毫克数称为酸值

176. 在非另行规定的情况下测定石油沥青的针入度应选择的条件是(A，C)。

A. 温度为 25℃　B. 温度为 0℃　C. 时间为 5s　D. 时间为 60s

177. 观察溶液的颜色时，应(A，B，D)。

A. 在日光灯或日光照射下　B. 正对白色背景

C. 侧面观察　D. 从上往下观察

178. 应用 GB 3145 测定样品时，关于测定步骤的叙述正确的是(A，B)。

A. 试管装好试样和温度计后插入冷却浴

B. 试样温度为 6℃时，应取出小试管插入大试管

C. 小试管装好试样和温度计后进行搅拌

D. 试样温度为 4℃时，应取出小试管插入大试管

179. 下列关于 GB 3145 的技术要素的叙述，正确的是(A，C，D)。

A. 温度计 4.0～4.4℃处的刻线与软木塞的上边缘平齐

B. 温度计 3.0～3.4 处的刻线与软木塞的上边缘平齐

C. 最高点温度恒定时间不能少于 30s

D. 温度计水银球的下边缘距离小试管底部应为 8～10mm

180. 下列关于 GB 255 的描述，正确的是(A，B，C)。

A. 装好仪器后，要先记录大气压力

B. 对蒸馏烧瓶加热要均匀

C. 记录残留物的体积时温度应为 20℃ ± 3℃

D. 记录残留物的体积时温度应为 25℃ ± 3℃

181. 下列初馏时间的控制符合 GB 255 规定的是(A，B，D)。

A. 溶剂油为 5～10min　　B. 航空汽油为 7～8min

C. 喷气燃料为 7～8min　　D. 重柴油为 10～20min

182. 采用 GB 4509 测定针入度大于 200 的试样，下列说法正确的是(A，B，D)。

A. 至少用三根针　　B. 每次测定后针留在试样中

C. 每次测定后应将针取出　　D. 三次测定完成后将针取出

183. 报告铂钴色度时，如果试样的颜色与任何标准铂钴对比溶液的颜色不符，则应(B，C)。

A. 报告不能测定　　B. 估计一个接近的铂钴色号

C. 描述观察到的颜色　　D. 向溶液中加入标准对比溶液调和

184. 应用 GB 3145 测定样品时,对于含水的试样应将结果修正,正确的叙述为(A,C)。

A. 其修正公式为 $t = t_0 + \Delta t_1 + \Delta t_2 + 0.09$

B. 其修正公式为 $t = t_0 + \Delta t_1 - \Delta t_2 + 0.09$

C. 不进行 Δt_2 补正的条件是 $\Delta t_2 < 0.01$℃

D. 不进行 Δt_2 补正的条件是 $\Delta t_2 < 0.02$℃

185. 应用 GB 6536 时，下列需要进行大气压力校正的大气压力值为(B，C)。

A. 769mm 汞柱　　B.700mm 汞柱　　C.780mm 汞柱　　D.751mm 汞柱

186. 下列关于温度计保存的方法，正确的是(A，B，D)。

A. 保持温度计清洁

B. 装在有柔软衬垫物的盒子里

C. 温度计固定于塞孔中时，塞孔要比温度计直径略大

D. 要使温度计免受急剧震动

187. 关于铂钴色度标准比色母液的储存，正确的是(B，C，D)。

A. 放入易于观察颜色的带塞白色玻璃瓶中　　B. 放入带塞棕色玻璃瓶中

C. 置于暗处　　　　D. 可以保存 1 年

188. 对于酸值在 0～0.1mg KOH/g 的试样，下列叙述符合 GB 264 的是(B，C)。

A. 重复性要求两个测定结果之差不应大于 0.02mgKOH/g

B. 重复性要求两个测定结果之差不应大于 0.01mgKOH/g

C. 再现性要求两个测定结果之差不应大于 0.04mgKOH/g

D. 再现性要求两个测定结果之差不应大于 0.02mgKOH/g

189. 关于选择结晶点测定仪器的叙述，正确的是(A，C)。

A. 依据是产品种类和协议要求

B. 依据是产品种类和上级要求

C. GB 3145 中，选择小试管的长度应为 125～127mm

D. GB 3145 中，选择小试管的长度应为 117～123mm

190. 关于配制铂钴标准比色溶液的容量瓶，说法正确的是(A，D)。

A. 有两种　　　　B. 有一种

C. 容量瓶容积为 500mL　　　　D. 容量瓶容积为 500mL 或 250mL

191. GB 2012 中，对比色管的要求包括(A，B，D)。

A. 上刻线距比色管外底表面 70mm ± 1mm　　　　B. 高约 100mm

C. 内径 12mm ± 0.5mm　　　　D. 壁厚 1～2mm

192. 对于自动搅拌的结晶点测定仪，对搅拌系统的日常维护工作一般包括(A，B，C)。

A. 润滑　　B. 紧固　　C. 除尘　　D. 更换

193. 对减压馏程测定装置的真空泵的维护工作包括(A，B，C)。

A. 注油　　B. 清洗入口纱网　　C. 换油　　D. 换定子

四、技能操作鉴定要素细目表

鉴定范围						鉴定点	
一级		二级		三级		代码	名称
代码	名称	代码	名称	代码	名称		
A	技能要求	A	化学分析操作	A	溶液配制	001	物质的量浓度标准溶液的配制
						002	滴定度标准溶液的配制
						003	缓冲溶液的配制
				B	滴定操作	001	指示剂的选择
						002	混合酸碱的滴定
						003	间接碘量法
						004	酸碱标准溶液的标定
						005	氧化还原标准溶液的标定
						006	EDTA 标准溶液的标定
						007	沉淀滴定标准溶液的标定
				C	重量分析	001	氯化钡中钡的测定
						002	$BaCl_2 \cdot 2H_2O$ 中结晶水的测定

续表

鉴定范围						鉴定点	
一级		二级		三级		代码	名称
代码	名称	代码	名称	代码	名称		
		B	电化学分析操作	A	水分测定	001	液态样品水分测定
						002	固态样品水分测定
				B	微库仑仪测定	001	低含量硫样品测定
						002	高含量硫样品测定
						003	低含量氯样品测定
						004	高含量氯样品测定
				C	电位滴定测定	001	乙酸纯度的电位滴定法测定
						002	溴指数的电位滴定法测定
		C	光谱分析操作	A	光谱仪器	001	752 型分光光度计的使用
						002	光谱仪器的日常维护
				B	分光光度计的操作	001	分光光度法测定水中二氧化硅
						002	邻菲罗啉法测定水中微量铁
						003	磺基水杨酸法测定铁
						004	8－羟基喹啉法测定水中铝
						005	磷钼蓝法测定水中磷酸盐
		D	色谱分析操作	A	色谱气路图	001	TCD 色谱仪的气路图的绘制
						002	毛细管 FID 色谱仪气路图的绘制
				B	色谱日常维护	001	色谱仪键盘的常用操作
						002	程序升温程序的调试
						003	色谱仪的开停机操作
						004	数据处理机常用参数的设置
				C	色谱定量计算	001	混合芳烃样品的测定(面积归一化法)
						002	气态样品中烃类组成的分析(部分归一化法)
		E	油品分析操作	A	铂钴色度测定	001	液体化学产品颜色测定法
				B	酸洗比色	001	油品酸洗比色的测定
				C	结晶点测定	001	苯结晶点的测定
				D	蒸馏测定	001	苯类产品馏程的测定
						002	石油产品蒸馏的测定
						003	减压馏程的测定
				E	酸值测定	001	酸值的测定
				F	针入度测定	001	针入度的测定

五、技能操作试题

试题 1：0.1000mol/L$K_2Cr_2O_7$ 标准溶液的配制

（考核时间：30min）

序号	考核内容	考核要点	配分	评分标准	检测结果	扣分	得分	备注
1	操作前准备	计算用量	10	公式不正确扣 10 分				
				结果不正确扣 10 分				
2		洗涤玻璃器皿	10	挂水珠扣 5 分				
				没用蒸馏水润洗的扣 3 分				
				没有检查容量瓶是否漏水扣 5 分				
3	称量操作	称　样	30	没有调节天平水平扣 2 分				
				没检查天平托盘的扣 5 分				
				称量时不戴手套扣 3 分				
				药品散落扣 5 分				
				取出药品放回原试剂瓶扣 5 分				
				药品随意撣掉扣 5 分				
				重新称量扣 5 分				
				取、称药品动作不规范扣 5 分				
4	溶液配制操作	溶　解	10	用洗瓶没向同一方向旋转加水溶解扣 5 分				
				溶解过程中有外溅现象扣 5 分，必须重新做				
				没用玻璃棒转移溶液的扣 5 分				
5		转移和定容	20	玻璃棒离开烧杯嘴，没及时收回最后一滴溶液扣5 分				
				转移时溶液外溅扣 10 分				
				用洗瓶吹洗烧杯和玻璃棒次数少于三次扣 5 分				
				加水稀释至约 3/4 体积时，没有摇匀或溶液外溅扣 5 分				
				调节液面过多或过少扣 5 分				
				没有将溶液摇匀的扣 5 分				
6	结果	计算结果	5	计算结果不正确扣 5 分				
7		标　识	10	未贴标签扣 5 分				
				标识不完整的扣 5 分				
8		操作台面	5	操作过程中桌面混乱扣 5 分				
合　计			100					

试题 2：pH4.5 的醋酸 – 醋酸钠缓冲溶液的配制

（考核时间：30min）

序号	考核内容	考核要点	配分	评分标准	检测结果	扣分	得分	备注
1	操作前准备	计算用量	10	公式不正确扣 10 分				
				结果不正确扣 5 分				
2		洗涤玻璃器皿	10	挂水珠扣 3 分				
				没用蒸馏水润洗的扣 2 分				
				没有检查容量瓶是否漏水扣 5 分				
3	药品的量取	称　量	15	没有调节天平水平扣 5 分				
				没检查天平托盘扣 5 分				
				药品散落扣 5 分				
				取出药品放回原试剂瓶扣 5 分				
				药品随意掸掉扣 5 分				
				取、称药品动作不规范扣 5 分				
4		量取溶液	15	用量筒量取液体试剂操作不规范的扣 5 分				
				溶液有洒落现象的扣 5 分				
5	溶液配制操作	溶　解	5	溶解过程中有外溅现象扣 5 分				
6		转移和定容	35	混合液没冷却就转移的扣 5 分				
				没用玻璃棒转移溶液的扣 5 分				
				玻璃棒离开烧杯嘴，没及时收回最后一滴溶液扣 5 分				
				转移时溶液外溅扣 10 分				
				用洗瓶吹洗烧杯和玻璃棒次数少于三次扣 5 分				
				加水稀释至约 3/4 体积时，没有摇匀或溶液外溅扣 5 分				
				调节液面过多或过少扣 5 分				
				没有将溶液摇匀的扣 5 分				
7	结果	标　识	5	未贴标签扣 5 分				
				标识不完整的扣 3 分				
8		操作台面	5	操作过程中桌面混乱扣 3 分				
	合　计		100					

试题 3：混合酸碱的滴定

（考核时间：120min）

序号	考核内容	考核要点	配分	评分标准	检测结果	扣分	得分	备注
1	准备	计算试剂的用量	10	公式不正确扣 5 分				
				结果不正确扣 5 分				
2		洗　涤	10	挂水珠扣 3 分				
				没用蒸馏水润洗的扣 5 分				
				没有检查容量瓶是否漏水扣 2 分				
3	样品测定	称　样	10	没有调节天平水平扣 3 分				
				没检查天平托盘扣 3 分				
				药品散落扣 3 分				
				取出药品放回原试剂瓶扣 3 分				
				药品随意撂掉扣 3 分				
				取、称药品动作不规范扣 3 分				
4		配　样	10	溶解过程中有外溅现象扣 3 分				
				试样没完全溶解扣 3 分				
				玻璃棒离开烧杯嘴，没及时收回最后一滴溶液扣 3 分				
				转移时溶液外溅扣 3 分				
				用洗瓶吹洗烧杯和玻璃棒次数少于三次扣 5 分				
5		取　样	15	没用试液润洗或用量过多或过少扣 5 分				
				插入液面过深或过浅扣 5 分				
				眼睛与刻线不平行扣 5 分				
				移液管不垂直，不成 30°扣 5 分				
				液体完全转移后未停留 30s 的扣 5 分				
6		滴　定	20	指示剂加入不正确的扣 3 分				
				没用试液润洗或用量过多或过少扣 5 分				
				滴定速度过快过慢均扣 5 分				
				不熟练运用 1 滴、1/2 滴、1/4 滴的滴定技术扣 5 分				
				调零或滴定结束后等候时间不足就读取数据扣 5 分				
				终点颜色判断不正确的扣 5 分				
7	结果	混合碱组成判断	5	判断不正确的扣 5 分				
8		精密度	10	平均偏差 ≤0.0001，在此范围不扣分				
				平均偏差 0.0001～0.0002，在此范围内扣 3 分				

续表

序号	考核内容	考核要点	配分	评分标准	检测结果	扣分	得分	备注
8				平均偏差 0.0002 ~ 0.0003，在此范围内扣6分				
				平均偏差 > 0.0003，在此范围内扣 10 分				
9		准确度	10	绝对误差≤0.0010，在此范围内不扣分				
				绝对误差 0.0010 ~ 0.0020，在此范围内扣3分				
				绝对误差 0.0020 ~ 0.0030，在此范围内扣6分				
				绝对误差 > 0.0030，在此范围内扣10 分				
10		原始记录	5	原始记录不齐全扣 2 分				
11			5	数据处理不正确、不规范的扣 5 分				
合　计			100					

试题 4：硫酸铜中铜含量的测定

（考核时间：120min）

序号	考核内容	考核要点	配分	评分标准	检测结果	扣分	得分	备注
1	准备	计算试剂的用量	5	公式不正确扣 5 分				
				结果不正确扣 5 分				
2		洗　涤	10	挂水珠扣 3 分				
				没用蒸馏水润洗的扣 5 分				
				没有检查容量瓶是否漏水扣 2 分				
3	样品测量	称　样	20	没有调节天平水平扣 5 分				
				没检查天平托盘扣 2 分				
				药品散落扣 5 分				
				取出药品放回原试剂瓶扣 5 分				
				药品随意摔掉扣 5 分				
				取、称药品动作不规范扣 5 分				
4		滴　定	35	溶解试样时有外溅现象的扣 5 分				
				加入的试剂过多或过少扣 5 分				
				没溶解即加 KI 的扣 5 分				
				加入试剂后没立即用标准溶液滴定的扣5 分				
				滴定管没用试液润洗或用量过多或过少扣5 分				
				滴定速度过快过慢均扣 5 分				
				不熟练运用 1 滴、1/2 滴、1/4 滴的滴定技术扣 5 分				
				调零或滴定结束后等候时间不足就读取数据扣 5 分				
				终点颜色判断不正确的扣 5 分				

续表

序号	考核内容	考核要点	配分	评分标准	检测结果	扣分	得分	备注
5	结果	精密度	10	平均偏差≤0.0001，在此范围不扣分				
				平均偏差 0.0001～0.0002，在此范围内扣3分				
				平均偏差 0.0002～0.0003，在此范围内扣6分				
				平均偏差＞0.0003，在此范围内扣10分				
6		准确度	10	绝对误差≤0.0010，在此范围不扣分				
				绝对误差 0.0010～0.0020，在此范围内扣3分				
				绝对误差 0.0020～0.0030，在此范围内扣6分				
				绝对误差＞0.0030，在此范围内扣10分				
7		原始记录	10	原始记录不齐全扣3分				
				数据处理不正确、不规范的扣3分				
合　计			100					

试题5：0.1mol/L NaOH标准溶液的标定

（考核时间：90min）

序号	考核内容	考核要点	配分	评分标准	检测结果	扣分	得分	备注
1	准备	计算基准物的用量	5	公式不正确扣5分				
				结果不正确扣5分				
2		洗　涤	10	挂水珠扣3分				
				没用蒸馏水润洗的扣5分				
				没有检查容量瓶是否漏水扣2分				
3	减量法操作	称　样	25	没有调节天平水平扣5分				
				没检查天平托盘的扣5分				
				药品散落扣5分				
				取出药品放回原试剂瓶扣5分				
				药品随意摔掉扣5分				
				取、称药品动作不规范扣5分				
				作废一次称量扣5分				
4	标定	溶　解	5	溶解过程中有外溅现象扣5分				
5		滴　定	25	滴定管没用试液润洗或用量过多或过少扣5分				
				滴定速度过快过慢均扣5分				
				不熟练运用1滴、1/2滴、1/4滴的滴定技术扣5分				

续表

序号	考核内容	考核要点	配分	评分标准	检测结果	扣分	得分	备注
				调零或滴定结束后等候时间不足就读取数据扣5分				
				加指示剂过多或过少的扣2分				
				终点颜色判断不正确的扣5分				
				没作空白试验的扣5分				
6	结果	精密度	10	平均偏差≤0.0001，在此范围不扣分				
				平均偏差0.0001~0.0002，在此范围内扣3分				
				平均偏差0.0002~0.0003，在此范围内扣6分				
				平均偏差>0.0003，在此范围内扣10分				
7		准确度	10	绝对误差≤0.0010，在此范围不扣分				
				绝对误差0.0010~0.0020，在此范围内扣3分				
				绝对误差0.0020~0.0030，在此范围内扣6分				
				绝对误差>0.0030，在此范围内扣10分				
8		原始记录	10	原始记录不齐全扣2分				
				数据处理不正确、不规范的扣3分				
合计			100					

试题6：0.02mol/L $KMnO_4$ 标准溶液的标定

（考核时间：90min）

序号	考核内容	考核要点	配分	评分标准	检测结果	扣分	得分	备注
1	准备	计算基准物的用量	5	公式不正确扣5分				
				结果不正确扣5分				
2		洗涤	10	挂水珠扣3分				
				没用蒸馏水润洗的扣5分				
				没有检查容量瓶是否漏水扣2分				
3		溶液配制	5	配制 H_2SO_4 操作不规范的扣5分				
4	减量法操作	称样	20	没有调节天平水平扣3分				
				没检查天平托盘扣2分				
				药品散落扣5分				
				取出药品放回原试剂瓶扣5分				
				药品随意掸掉扣5分				
				取、称药品动作不规范扣5分				
				作废一次称量扣5分				

续表

序号	考核内容	考核要点	配分	评分标准	检测结果	扣分	得分	备注
5	标定	滴　定	30	$Na_2C_2O_4$ 没有完全溶解即滴定的扣 5 分				
				加热温度过高或过低的扣 5 分				
				近终点时温度过低的扣 5 分				
				温度计测量温度后没有用蒸馏水冲洗的扣 5 分				
				滴定速度过快过慢均扣 5 分				
				不熟练运用 1 滴、1/2 滴、1/4 滴的滴定技术扣5 分				
				终点颜色判读错误的扣 5 分				
				没作空白试验的扣 5 分				
6	结果	精密度	10	平均偏差≤0.0001，在此范围不扣分				
				平均偏差 0.0001 ~ 0.0002，在此范围内扣 3 分				
				平均偏差 0.0002 ~ 0.0003，在此范围内扣 6 分				
				平均偏差 > 0.0003，在此范围内扣 10 分				
7		准确度	10	绝对误差≤0.0010，在此范围内不扣分				
				绝对误差 0.0010 ~ 0.0020，在此范围内扣 3 分				
				绝对误差 0.0020 ~ 0.0030，在此范围内扣 6 分				
				绝对误差 > 0.0030，在此范围内扣 10 分				
8		原始记录	10	原始记录不齐全扣 2 分				
				数据处理不正确、不规范的扣 5 分				
合　计			100					

试题 7：0.02mol/L EDTA 标准溶液的标定

（考核时间：90min）

序号	考核内容	考核要点	配分	评分标准	检测结果	扣分	得分	备注
1	准备	计算基准物的用量	5	公式不正确扣 5 分				
				结果不正确扣5 分				
2		洗　涤	5	挂水珠扣 5 分				
				没有检查容量瓶是否漏水扣 5 分				
3		配制 EDTA 溶液	5	配制 EDTA 标准溶液不规范的扣 5 分				

续表

序号	考核内容	考核要点	配分	评分标准	检测结果	扣分	得分	备注
4	基准溶液制备	称样	10	没有调节天平水平扣1分				
				没检查天平托盘扣2分				
				药品散落扣3分				
				取出药品放回原试剂瓶扣2分				
				取、称药品动作不规范扣2分				
				作废一次称量扣5分				
5		配制	20	没用少量水润湿$CaCO_3$，没有盖好表皿的扣5分				
				没有从烧杯口逐滴加入HCl溶液的扣5分				
				没用水吹洗表皿和杯壁的扣5分				
				转移、定容溶液操作不规范的扣5分				
6	标定	滴定	25	移液管使用不规范的扣5分				
				加入30mL水、10% NaOH溶液5mL和钙指示剂后没有混匀的扣3分				
				滴定速度过快过慢均扣5分				
				不熟练运用1滴、1/2滴、1/4滴的滴定技术扣5分				
				终点颜色判读错误的扣5分				
				没作空白试验的扣2分				
7	结果	精密度	10	平均偏差≤0.0001，在此范围不扣分				
				平均偏差0.0001～0.0002，在此范围内扣3分				
				平均偏差0.0002～0.0003，在此范围内扣6分				
				平均偏差>0.0003，在此范围内扣10分				
8		准确度	10	绝对误差≤0.0010，在此范围不扣分				
				绝对误差0.0010～0.0020，在此范围内扣3分				
				绝对误差0.0020～0.0030，在此范围内扣6分				
				绝对误差>0.0030，在此范围内扣10分				
9		原始记录	10	原始记录不齐全扣5分				
				数据处理不正确、不规范的扣5分				
合计			100					

试题 8：0.1mol/L $AgNO_3$ 标准溶液的标定

（考核时间：90min）

序号	考核内容	考核要点	配分	评分标准	检测结果	扣分	得分	备注
1	准备	计算基准物的用量	5	公式不正确扣 5 分				
				结果不正确扣 5 分				
2		洗　涤	5	挂水珠扣 5 分				
				没有检查容量瓶是否漏水扣 5 分				
3		配制 $AgNO_3$ 溶液	5	配制 $AgNO_3$ 标准溶液不规范的扣 5 分				
4	基准溶液制备	称　样	15	没有调节天平水平扣 3 分				
				没检查天平托盘扣 2 分				
				药品散落扣 5 分				
				取出药品放回原试剂瓶扣 5 分				
				取、称药品动作不规范扣 5 分				
				作废一次称量扣 5 分				
5		配　制	10	溶液外溅扣 5 分				
				玻璃棒离开烧杯嘴，没及时收回最后一滴溶液扣 5 分				
				调节液面过多或过少扣 5 分				
6	标定	滴　定	30	移液管使用不规范的扣 5 分				
				指示剂加入过多或过少的扣 5 分				
				滴定速度过快过慢扣 5 分				
				不熟练运用 1 滴、1/2 滴、1/4 滴的滴定技术扣 5 分				
				终点颜色判读错误的扣 5 分				
				没作空白试验的扣 2 分				
7	结果	精密度	10	平均偏差 $\leqslant$0.0001，在此范围不扣分				
				平均偏差 0.0001 ~ 0.0002，在此范围内扣 3 分				
				平均偏差 0.0002 ~ 0.0003，在此范围内扣 6 分				
				平均偏差 > 0.0003，在此范围内扣 10 分				
8		准确度	10	绝对误差 $\leqslant$0.0010，在此范围不扣分				
				绝对误差 0.0010 ~ 0.0020，在此范围内扣3 分				
				绝对误差 0.0020 ~ 0.0030，在此范围内扣6 分				
				绝对误差 > 0.0030，在此范围内扣 10 分				
9		原始记录	10	原始记录不齐全扣 5 分				
				数据处理不正确、不规范的扣 5 分				
合　计			100					

试题9：氯化钡中钡的测定

（考核时间：240min）

序号	考核内容	考核要点	配分	评分标准	检测结果	扣分	得分	备注
1	准备	溶液的准备	5	配制酸溶液操作不规范的扣5分				
				其他溶液配制不规范的扣5分				
2		空坩埚的灼烧和恒重	10	灼烧温度过高或时间过长扣5分				
				没有放在干燥器中冷却扣5分				
				没有冷却至室温即称重扣5分				
				没有恒重的扣3分				
3	实际操作	试样的称取、溶解	15	减量法称量操作不规范的扣5分				
				药品散落扣5分				
				作废一次称量扣3分				
				加热时没有盖上表面皿扣5分				
				加热煮沸的扣3分				
				试样溶解后取出玻璃棒的扣5分				
4		沉　淀	10	稀硫酸没有加热的扣5分				
				加稀硫酸没有边滴加边搅拌扣5分				
				没有检验上层清液的扣5分				
				陈化时没有盖表面皿或陈化不充分的扣2分				
5		过滤和洗涤	25	没有选择慢速定量滤纸进行过滤的扣5分				
				过滤时没有选用倾斜法的扣5分				
				洗涤沉淀不充分的扣5分				
				洗涤液用量不合适的扣5分				
				沉淀转移过程中有撒落现象的扣5分				
				没有检验滤液中 Cl^- 的扣5分				
6		灼烧和称重	15	沉淀没有先在煤气灯上干燥、炭化、灰化的扣5分				
				灼烧温度过高或过低的扣5分				
				没有在石棉网上稍冷或在干燥器中没有冷却至室温即称量的扣3分				
				没有进行重复灼烧或灼烧时间过长或过短的扣5分				
7	结果	精密度	5	平均偏差≤0.0001，在此范围不扣分				
				平均偏差 0.0001～0.0002，在此范围内扣2分				
				平均偏差 0.0002～0.0003，在此范围内扣3分				
				平均偏差＞0.0003，在此范围内扣5分				

续表

序号	考核内容	考核要点	配分	评分标准	检测结果	扣分	得分	备注
8		准确度	5	绝对误差≤0.0010，在此范围不扣分				
				绝对误差 0.0010～0.0020，在此范围内扣2分				
				绝对误差 0.0020～0.0030，在此范围内扣3分				
				绝对误差＞0.0030，在此范围内扣5分				
9		原始记录	5	原始记录不齐全扣5分				
10			5	数据处理不正确、不规范的扣5分				
合计			100					

试题10：液体样品水分测定

（考核时间：50min）

序号	考核内容	考核要点	配分	评分标准	检测结果	扣分	得分	备注
1	准备	仪器检查	30	不检查电解液量扣5分				
				未检查滴定池密闭性扣10分				
				未检查搅拌速度扣5分				
				未检查仪器工作状态扣10分				
2	测定	进样	35	方法调用不正确扣10分				
				进样前样品未混合均匀扣5分				
				分析启动不正确扣5分				
				进样时间控制不正确扣5分				
				进样针位置不正确扣10分				
				未进行小进样量测试扣5分				
3		样品分析	20	未用待测试样润洗注射器扣5分				
				润洗次数不够扣5分				
				仪器未稳就进样扣10分				
				进样过程中试样撒落扣5分				
4	结果	结果	10	重复性不合规定扣5分				
				准确度不合规定扣5分				
5	台风	清理桌面	5	桌面不整洁扣5分				
合计			100					

试题11：固体样品水分测定

（考核时间：50min）

序号	考核内容	考核要点	配分	评分标准	检测结果	扣分	得分	备注
1	准备	仪器检查	35	不检查电解液量扣5分				
				未检查滴定池密闭性扣10分				
				未检查固体进样装置扣5分				
				未检查搅拌速度扣5分				
				未检查仪器工作状态扣10分				
2	测定	进　样	35	方法调用不正确扣10分				
				进样方法不正确扣5分				
				药匙不清洁扣5分				
				分析启动不正确扣5分				
				样品暴露在空气中时间过长扣5分				
				未进行小进样量测试扣5分				
3		样品分析	15	仪器未稳就进样扣10分				
				进样过程中试样撒落扣5分				
4	结果	结　果	10	重复性不合规定扣5分				
				准确度不合规定扣5分				
5	台风	清理桌面	5	桌面不整洁扣5分				
合　计			100					

试题12：高含量硫样品测定

（考核时间：60min）

序号	考核内容	考核要点	配分	评分标准	检测结果	扣分	得分	备注
1	准备	检查仪器状况	20	未检查气路连接扣5分				
				未检查气流量扣3分				
				未检查炉温设定扣4分				
				未检查电极连接扣8				
2		电解液的配制	10	试剂称量错误扣5分				
				天平使用错误扣3分				
				移液管使用错误扣3分				
				试剂称量过程中有撒落扣2分				
				容量瓶使用错误扣2分				
3		电解池的操作	20	未用电解液冲洗电解池数次扣5分				
				电解液加入量不正确扣7分				
				电解池连接错误扣5分				
				搅拌速度不合适扣5分				

续表

序号	考核内容	考核要点	配分	评分标准	检测结果	扣分	得分	备注
4	测定	标样测定	18	未用标样清洗注射器扣3分				
				回收率不合适扣10分				
				进样速度不合适扣3分				
				校准次数过多或过少扣3分				
5		样品测定	19	未用样品清洗注射器扣3分				
				样品分析过程中有参数变动扣10分				
				进样速度不合适扣3分				
				样品测定次数过多或过少扣3分				
6	结果	计算结果及重复性	10	计算错误扣5分				
				重复性不在规定范围扣5分				
				准确性不在规定范围扣5分				
7	台风	清理桌面	3	桌面不整洁扣3分				
合计			100					

试题13：低含量氯样品测定

（考核时间：60min）

序号	考核内容	考核要点	配分	评分标准	检测结果	扣分	得分	备注
1	准备	检查仪器状况	20	未检查气路连接扣5分				
				未检查气流量扣3分				
				未检查炉温设定扣4分				
				未检查电极连接扣8分				
2		电解液的配制	10	试剂用量错误扣5分				
				量筒使用错误扣3分				
				容量瓶使用错误扣5分				
3		电解池的操作	20	未用电解液冲洗电解池数次扣5分				
				电解液加入量不正确扣7分				
				电解池连接错误扣5分				
				搅拌速度不合适扣5分				
4	测定	标样测定	18	未用标样清洗注射器扣3分				
				回收率不合适扣10分				
				进样速度不合适扣3分				
				校准次数过多或过少扣3分				
5		样品测定	19	未用样品清洗注射器扣3分				
				样品分析过程中有参数变动扣10分				
				进样速度不合适扣3分				
				样品测定次数过多或过少扣3分				

续表

序号	考核内容	考核要点	配分	评分标准	检测结果	扣分	得分	备注
6	结果	计算结果及重复性	10	计算错误扣5分				
				重复性不在规定范围扣5分				
				准确性不在规定范围扣5分				
7	台风	清理桌面	3	桌面不整洁扣3分				
合计			100					

试题14：乙酸纯度的电位滴定法测定

（考核时间：50min）

序号	考核内容	考核要点	配分	评分标准	检测结果	扣分	得分	备注
1	准备	仪器条件检查	35	未检查标液标识扣10分				
				未进行导管清洗扣10分				
				未检查导管内有无气泡扣5分				
				气泡排除方法不正确扣5分				
				未检查电极扣10分				
2	测定	乙酸含量测定	45	搅拌速度设置不当扣10分				
				电极在样品中位置不当扣10分				
				天平使用不当扣5分				
				样品重量输入错误扣5分				
				样品取量不当扣5分				
				仪器操作错误扣10分				
3	结果	计算结果及重复性	15	重复性不在规定范围扣7分				
				准确性不在规定范围扣8分				
4	台风	清理桌面	5	桌面不整洁扣5分				
合计			100					

试题15：752分光光度计操作

（考核时间：60min）

序号	考核内容	考核要点	配分	评分标准	检测结果	扣分	得分	备注
1	准备	开机预热	15	未检查仪器扣5分				
				灵敏度没有在最低位扣5分				
				先开机后插电源扣5分				
				未使仪器预热20min扣5分				
				预热仪器时未使光路切断扣5分				

续表

序号	考核内容	考核要点	配分	评分标准	检测结果	扣分	得分	备注
2	仪器调节	波长调节	10	没按规定调节单色光波长扣10分				
				波长调节不准确扣5分				
3		灵敏度选择	10	选择灵敏度错误扣10分				
				在实验过程中变动灵敏度档扣5分				
4		"0"点调节	10	没按规定调节"0"点扣10分				
5		$T=100\%$调节	10	没按规定调节 $T=100\%$扣10分				
6	测定	比色操作	25	比色皿液面过高或过低扣5分				
				读数不准确扣10分				
				读数后没有打开比色皿暗箱盖扣10分				
7	结束	关机后处理	20	未将仪器条件旋钮复位扣5分				
				未按正确关机次序操作扣10分				
				未将比色皿取出洗净扣5分				
				未将比色皿座架及暗箱用软纸擦净扣5分				
				台面混乱扣5分				
合　计			100					

试题16：光谱仪器的日常维护

（考核时间：60min）

序号	考核内容	考核要点	配分	评分标准	检测结果	扣分	得分	备注
1	检查	外观检查	10	没有检查仪器电路扣5分				
				没有检查仪器外观扣5分				
				没有检查各旋钮位置扣5分				
2	环境	室　温	10	未保持在要求的范围内扣10分				
3		相对湿度	10	未保持在要求的范围内扣10分				
4		防尘、防震和防电磁干扰	10	周围有强磁场扣5分				
				有强震动扣5分				
				不用时未用防尘罩罩上扣5分				
5		防腐蚀	10	没有发现、处置仪器周围的腐蚀性物质扣5分				
				当测量具有挥发性或腐蚀性样品溶液时，吸收池未加盖扣5分				
6	光源	保护光源	10	手直接接触窗口或灯泡扣10分				
				窗口或灯泡有油污未正确擦拭扣5分				
7	单色器	保护单色器	15	随意打开单色器扣5分				
				样品室和仪器罩内未放置防潮硅胶扣15分				

续表

序号	考核内容	考核要点	配分	评分标准	检测结果	扣分	得分	备注
8	吸收池	清洗吸收池	15	使用后未立即洗净扣5分				
				未用擦镜纸或柔软的绵织物擦去水分扣5分				
				未用适当的溶剂洗涤污染的比色皿扣5分				
9	光电器件	保护光电器件	10	强光照射扣10分				
				受潮积尘扣5分				
合计			100					

试题17：邻菲罗啉法测定水中微量铁

（考核时间：90min）

序号	考核内容	考核要点	配分	评分标准	检测结果	扣分	得分	备注
1	准备	仪器准备	15	没有检查仪器扣5分				
				没按要求顺序开机扣5分				
				仪器没有预热扣5分				
				没有调节“0”点扣5分				
				没有调节 $T=100\%$ 扣5分				
				没有设定适宜灵敏度扣5分				
2		试剂准备	10	配制不准确扣5分				
				标识不全面扣5分				
				试剂有散落扣5分				
3	实际操作	标准曲线溶液及试样溶液的配制	15	吸量管使用不规范扣5分				
				没有按顺序量取各种溶液扣5分				
				溶液量取体积不准确扣5分				
				容量瓶使用不规范扣5分				
4		比色操作	20	使用比色皿方法不正确扣5分				
				比色皿没按浓度由浅到深顺序排列扣5分				
				没按要求设定测定波长扣5分				
				没用参比液调节“100%”扣5分				
				读数不准确扣5分				
				未再次确认读数扣5分				
5		关机及后处理	10	关机顺序不正确扣5分				
				旋钮未复位扣5分				
				比色皿未取出、未清洗扣5分				
				比色室内没有放置硅胶扣5分				

续表

序号	考核内容	考核要点	配分	评分标准	检测结果	扣分	得分	备注
6	结果报告	计算结果并考察重复性	25	标准曲线描绘不正确扣 10 分				
				未标出未知液浓度扣 5 分				
				计算公式不准确扣 5 分				
				结果不准确扣 5 分				
				平行性未达到要求扣 5 分				
				原始记录不及时、有涂改扣 5 分				
				报告不工整扣 5 分				
7	台面	台　面	5	台面混乱扣 5 分				
合　　计			100					

试题 18：8－羟基喹啉法测定水中铝

（考核时间：90min）

序号	考核内容	考核要点	配分	评分标准	检测结果	扣分	得分	备注
1	准备	仪器准备	15	没有检查仪器扣 5 分				
				没按要求顺序开机扣 5 分				
				仪器没有预热扣 5 分				
				没有调节“0”点扣 5 分				
				没有调节 $T=100\%$ 扣 5 分				
				没有设定适宜灵敏度扣 5 分				
2		试剂准备	10	配制不准确扣 5 分				
				标识不全面扣 5 分				
				试剂有散落扣 5 分				
3	实际操作	标准曲线溶液及试样溶液的配制	15	吸量管使用不规范扣 3 分				
				没有按顺序量取各种溶液扣 3 分				
				溶液量取体积不准确扣 3 分				
				容量瓶使用不规范扣 3 分				
				萃取方法不符合要求扣 5 分				
				加热时间不准确扣 5 分				
				没趁热加入邻菲罗啉扣 5 分				
4		比色操作	20	使用比色皿方法不正确扣 5 分				
				比色皿没按浓度由浅到深顺序排列扣5 分				
				没按要求设定测定波长扣 5 分				
				没用参比液调节“100%”扣 5 分				
				读数不准确扣 5 分				
				未再次确认读数扣 5 分				

续表

序号	考核内容	考核要点	配分	评分标准	检测结果	扣分	得分	备注
5		关机及后处理	10	关机顺序不正确扣5分				
				旋钮未复位扣5分				
				比色皿未取出、未清洗扣5分				
				比色室内没有放置硅胶扣5分				
6	结果报告	计算结果并考察重复性	25	标准曲线描绘不正确扣10分				
				未标出未知液浓度扣5分				
				计算公式不准确扣5分				
				结果不准确扣5分				
				平行性未达到要求扣5分				
				原始记录不及时、有涂改扣5分				
				报告不工整扣5分				
7	台风	台 面	5	台面混乱扣5分				
合 计			100					

试题19：磷钼蓝法测定水中的磷酸盐

（考核时间：90min）

序号	考核内容	考核要点	配分	评分标准	检测结果	扣分	得分	备注
1	准备	仪器准备	15	没有检查仪器扣5分				
				没按要求顺序开机扣5分				
				仪器没有预热扣5分				
				没有调节“0”点扣5分				
				没有调节 $T=100\%$ 扣5分				
				没有设定适宜灵敏度扣5分				
2		试剂准备	10	配制不准确扣5分				
				标识不全面扣5分				
				试剂有散落扣5分				
3	实际操作	标准曲线溶液及试样溶液的配制	15	吸量管使用不规范扣5分				
				没有按顺序量取各种溶液扣5分				
				溶液量取体积不准确扣5分				
				容量瓶使用不规范扣5分				
4		比色操作	20	使用比色皿方法不正确扣5分				
				比色皿没按浓度由浅到深顺序排列扣5分				
				没按要求设定测定波长扣5分				
				没用参比液调节“100%”扣5分				
				读数不准确扣5分				
				未再次确认读数扣5分				

续表

序号	考核内容	考核要点	配分	评分标准	检测结果	扣分	得分	备注
5		关机及后处理	10	关机顺序不正确扣5分				
				旋钮未复位扣5分				
				比色皿未取出、未清洗扣5分				
				比色室内没有放置硅胶扣5分				
6	结果报告	计算结果并考察重复性	25	标准曲线描绘不正确扣10分				
				未标出未知液浓度扣5分				
				计算公式不准确扣5分				
				结果不准确扣5分				
				平行性未达到要求扣5分				
				原始记录不及时、有涂改扣5分				
				报告不工整扣5分				
7	台风	台　面	5	台面混乱扣5分				
合　计			100					

试题20：FID色谱仪气路图的绘制

（考核时间：50min）

序号	考核内容	考核要点	配分	评分标准	检测结果	扣分	得分	备注
1	色谱气路检查	气源检查	20	无法找到供气线路每个扣5分				
				在用压力表判断错误每个扣5分				
2		进样方式检查	15	不能正确说明进样装置位置扣5分				
				多个进样装置判断少一个扣5分				
3		柱连接检查	10	柱连接方式判断错误扣5分				
				柱数目错误扣5分				
4		检测器检查	10	未检查检测器类型扣10分				
				类型说明错误扣5分				
				未检查辅助气扣5分				
5	绘制	气路图绘制	35	气源、压力或流量控制表、定量管、进样阀、进样口、吹扫气路、辅助气路、色谱柱、检测器等少绘制一个扣5分				
				位置绘制错误每处扣5分				
				数据处理机是否绘入不计分				
6	结果	卷面情况	10	每个涂改污点扣3分				
				划改一处扣1分				
合　计			100					

试题 21：色谱仪键盘的常用操作

（考核时间：30min）

<table>
<tr><th>序号</th><th>考核内容</th><th>考核要点</th><th>配分</th><th>评分标准</th><th>检测结果</th><th>扣分</th><th>得分</th><th>备注</th></tr>
<tr><td rowspan="2">1</td><td rowspan="14">色谱键盘操作</td><td rowspan="2">进样口温度</td><td rowspan="2">10</td><td>未检查进样口温度扣 5 分</td><td></td><td></td><td></td><td></td></tr>
<tr><td>不能正确设定扣 5 分</td><td></td><td></td><td></td><td></td></tr>
<tr><td rowspan="3">2</td><td rowspan="3">设定程序升温程序</td><td rowspan="3">30</td><td>不能正确检查柱箱温度程序扣 5 分</td><td></td><td></td><td></td><td></td></tr>
<tr><td>升温程序设定参数设定错误一个扣 5 分</td><td></td><td></td><td></td><td></td></tr>
<tr><td>不能运行此程序扣 5 分</td><td></td><td></td><td></td><td></td></tr>
<tr><td rowspan="2">3</td><td rowspan="2">检测器温度</td><td rowspan="2">10</td><td>不能检查检测器温度扣 5 分</td><td></td><td></td><td></td><td></td></tr>
<tr><td>不能正确设定扣 5 分</td><td></td><td></td><td></td><td></td></tr>
<tr><td rowspan="2">4</td><td rowspan="2">检测器的切换</td><td rowspan="2">10</td><td>不能切换检测器扣 10 分</td><td></td><td></td><td></td><td></td></tr>
<tr><td>切换错误扣 5 分</td><td></td><td></td><td></td><td></td></tr>
<tr><td rowspan="2">5</td><td rowspan="2">设定 TCD 桥流</td><td rowspan="2">10</td><td>不能找到并设定扣 10 分</td><td></td><td></td><td></td><td></td></tr>
<tr><td>设定方法错误扣 5 分</td><td></td><td></td><td></td><td></td></tr>
<tr><td rowspan="2">6</td><td rowspan="2">设定 TCD 极性</td><td rowspan="2">10</td><td>不能找到 TCD 极性按键扣 10 分</td><td></td><td></td><td></td><td></td></tr>
<tr><td>设定方法错误扣 5 分</td><td></td><td></td><td></td><td></td></tr>
<tr><td rowspan="2">7</td><td rowspan="2">设定 FID 灵敏度</td><td rowspan="2">10</td><td>不能找到并设定 FID 灵敏度扣 10 分</td><td></td><td></td><td></td><td></td></tr>
<tr><td>设定方法错误扣 5 分</td><td></td><td></td><td></td><td></td></tr>
<tr><td>8</td><td>熟练度</td><td>操作手法熟练</td><td>10</td><td>每次出现操作迷惑和更正扣 2 分</td><td></td><td></td><td></td><td></td></tr>
<tr><td colspan="3">合　计</td><td>100</td><td></td><td></td><td></td><td></td><td></td></tr>
</table>

试题 22：程序升温程序的调试

（考核时间：60min）

<table>
<tr><th>序号</th><th>考核内容</th><th>考核要点</th><th>配分</th><th>评分标准</th><th>检测结果</th><th>扣分</th><th>得分</th><th>备注</th></tr>
<tr><td rowspan="2">1</td><td rowspan="10">建立运行和调整过程</td><td rowspan="2">程序升温设定</td><td rowspan="2">25</td><td>不能正确检查柱箱温度程序扣 5 分</td><td></td><td></td><td></td><td></td></tr>
<tr><td>设定升温程序参数错误一个扣 5 分</td><td></td><td></td><td></td><td></td></tr>
<tr><td rowspan="2">2</td><td rowspan="2">进样分析</td><td rowspan="2">10</td><td>进样手法不正确扣 5 分</td><td></td><td></td><td></td><td></td></tr>
<tr><td>不能运行程序升温扣 5 分</td><td></td><td></td><td></td><td></td></tr>
<tr><td rowspan="2">3</td><td rowspan="6">参数调整</td><td rowspan="2">15</td><td>不能正确判断初始温度设定情况扣 10 分</td><td></td><td></td><td></td><td></td></tr>
<tr><td>不能正确更改初始温度设定扣 5 分</td><td></td><td></td><td></td><td></td></tr>
<tr><td rowspan="2">4</td><td rowspan="2">15</td><td>不能正确判断升温速度情况扣 10 分</td><td></td><td></td><td></td><td></td></tr>
<tr><td>不能正确更改升温速度设定扣 5 分</td><td></td><td></td><td></td><td></td></tr>
<tr><td rowspan="2">5</td><td rowspan="2">15</td><td>不能正确判断终止温度和时间设定情况扣 10 分</td><td></td><td></td><td></td><td></td></tr>
<tr><td>不能正确更改终止温度或时间设定每个扣 5 分</td><td></td><td></td><td></td><td></td></tr>
<tr><td rowspan="2">6</td><td rowspan="2">结果</td><td rowspan="2">调整结果</td><td rowspan="2">20</td><td>能够在三次分析内达到满意结果不扣分，多一次分析扣 5 分</td><td></td><td></td><td></td><td></td></tr>
<tr><td>不能达到满意结果扣 10 分</td><td></td><td></td><td></td><td></td></tr>
<tr><td colspan="3">合　计</td><td>100</td><td></td><td></td><td></td><td></td><td></td></tr>
</table>

试题 23：色谱仪的开停机操作

（考核时间：50min）

序号	考核内容	考核要点	配分	评分标准	检测结果	扣分	得分	备注
1	关机	检查色谱仪配置并写出关机步骤	30	未说明首先关闭氢气熄灭 FID 扣 5 分				
				未说明进样口、柱箱、检测器温度降到合适温度每项扣 5 分				
				未说明先关闭检测器控制器电源后关总电源扣 5 分				
				未说明先关闭柱箱温控电源后关总电源扣 5 分				
				未说明载气应该最后关闭扣 5 分				
				未说明关闭处理机电源扣 5 分				
2		熄灭 FID	10	不能正确熄灭 FID 扣 10 分				
				出现调节氢气流量错误一次扣 5 分				
3		关闭电源	10	不能准确找到电源开关每次扣 5 分				
				关闭主机电源前没有关闭加热电源或控制器电源扣 8 分				
				忘记关闭处理机电源扣 5 分				
4	紧急停机	写出在电源断电时的处理办法	10	未说明要马上关闭氢气扣 5 分				
				未说明马上关闭所有电源开关扣 5 分				
				未说明系统降到室温前保持载气流速扣5 分				
5		写出在载气突然掉压的情况下的处理办法	10	未说明马上给柱箱和进样口降温扣 5 分				
				未说明迅速恢复载气供给扣 5 分				
				未说明无法恢复载气应关闭色谱仪扣 5 分				
6	开机	打开色谱仪	20	在打开总电源前打开加热电源或检测器电源每项扣 5 分				
				未检查和开启载气扣 5 分				
				未设定进样口、柱箱、检测器温度每项扣 3 分				
				未打开处理机电源等电源每项扣 5 分				
7		FID 点火	10	点火前没有检查 FID 温度扣 5 分				
				温度不到合适温度点火扣 3 分				
				点火失败扣 5 分				
合计			100					

试题24：数据处理机常用参数的设置

（考核时间：40min）

序号	考核内容	考核要点	配分	评分标准	检测结果	扣分	得分	备注
1	色谱处理机操作	处理机参数	20	不能正确设定走纸速度和衰减参数每个扣5分				
				不能正确说明参数的意义每项扣5分				
2		峰处理参数	50	不能正确设定采样峰宽、检出灵敏度(斜率)、漂移、最小峰面积、加倍时间和停止时间参数每个扣5分				
				不能正确说明参数的意义每项扣5分				
3		计　算	30	不能正确设定方法、格式、样品重量和内标物重量参数每个扣5分				
				不能正确说明意义每项扣5分				
合　计			100					

试题25：混合芳烃样品的测定(面积归一化法)

（考核时间：60min）

序号	考核内容	考核要点	配分	评分标准	检测结果	扣分	得分	备注
1	进样	进样分析三次	20	进样手法错误每次扣5分				
				进样量不合理每个扣5分				
2	结果计算	记录峰面积	10	峰识别错误每个扣3分				
				记录面积错误每个扣3分				
3		结果计算	20	公式错误或未列出扣5分				
				计算结果错误每个扣5分				
				有效数字保留错误扣2分				
4		偏差计算	10	最大相对偏差公式错误扣5分				
				结果错误扣5分				
5	分析准确性	分析结果考察	40	中间组分与真实值偏差>10%扣30分				
				中间组分与真实值偏差>5%扣20分				
				中间组分与真实值偏差>3%扣10分				
				中间组分与真实值偏差>1%扣5分				
				最大相对偏差>8%扣10分				
				最大相对偏差>3%扣5分				
				最大相对偏差>1%扣2分				
合　计			100					

试题 26：芳烃酸洗比色的测定

（考核时间：90min）

序号	考核内容	考核要点	配分	评分标准	检测结果	扣分	得分	备注
1	准备	玻璃器皿的准备	4	件数不够或不清扣 2 分				
				玻璃器皿不干燥、不清洁扣 2 分				
2		储备重铬酸钾溶液的配制	16	试剂选择错误扣 4 分				
				未稀释至刻线扣 4 分				
				未混合均匀扣 4 分				
				称量、量取错误扣 4 分				
3		标准比色液的配制	18	溶液混淆扣 4 分				
				未稀释至刻线扣 2 分				
				未混合均匀扣 2 分				
				量取错误扣 2 分				
				标准比色液装入比色管中未盖上磨口塞扣 4 分				
				磨口处未用石蜡封扣 4 分				
4	测定	样品处理	32	在直射阳光下进行试验扣 8 分				
				第一个比色管标准比色液未充满至比色管上刻度线扣 5 分				
				第二个比色管浓度配制错误扣 10 分				
				未充满至比色管上刻度线扣 2 分				
				未过滤试样扣 4 分				
				未弃去滤液扣 4 分				
				未注入至下刻度线扣 2 分				
				未盖上塞子恒温扣 2 分				
				温度不恒定扣 3 分				
5		取样比色	30	95%硫酸未在水浴中恒温扣 8 分				
				将 95%硫酸注入第三个比色管中放入水浴，未静置 10min ± 5s 扣 8 分				
				光线不好扣 6 分				
				未正确比较扣 8 分				
合计			100					

试题 27：苯结晶点的测定

（考核时间：60min）

序号	考核内容	考核要点	配分	评分标准	检测结果	扣分	得分	备注
1	准备	玻璃器皿的准备	5	未检查玻璃器皿准备情况扣 5 分				

续表

序号	考核内容	考核要点	配分	评分标准	检测结果	扣分	得分	备注
2	测定	测定试样	60	量取试样不准确扣5分				
				未加一滴蒸馏水扣5分				
				未剧烈摇动半分钟扣5分				
				温度计4.0～4.4℃刻线与软木塞上缘不齐平扣5分				
				水银球不在试管中心扣5分				
				水银球下缘距小试管底距离不对扣5分				
				小试管未冷至6℃扣5分				
				取出未擦干扣5分				
				未迅速插入大试管再插入冷浴扣5分				
				冷却时没有搅拌试样扣5分				
				温度读数不准确扣5分				
				温度在最高点没恒定至少30s扣5分				
3	结果	结果补正并考察方法的精密度	35	结果不进行补正扣10分				
				重复性大于0.02℃扣10分				
				误差>0.04℃扣15分				
				误差>0.03℃扣5分				
				误差>0.02℃扣2分				
合计			100					

试题28：苯类产品馏程的测定

（考核时间：50min）

序号	考核内容	考核要点	配分	评分标准	检测结果	扣分	得分	备注
1	准备	试样及仪器的准备工作	40	未对试样进行脱水扣5分				
				试样量取不准确扣5分				
				注入试样时温度不恒定扣5分				
				温度计水银柱中心未与单球分馏管球部中心相重合扣5分				
				插入冷凝管的支管不到一半扣5分				
				蒸馏瓶下未垫上石棉环扣5分				
				冷凝管的末端与入口的落差不为100mm扣5分				
				牛角管尖端插入异径量筒深度少于25cm，不与异径量筒壁接触扣5分				

续表

序号	考核内容	考核要点	配分	评分标准	检测结果	扣分	得分	备注
2	测定	加热蒸馏	40	从加热到初馏时间不在 5~10min 范围内扣 5 分				
				馏出速度未保持 4~5mL/min 扣 6 分				
				没记录要求各点的馏出温度扣 4 分				
				未调节冷凝管的冷凝水使馏出液温度保持在 20℃ ±3℃扣 5 分				
				馏出 96mL 时未撤火扣 5 分				
				终馏点观察错误扣 5 分				
				撤火后不到 3min 后，计算蒸馏损失扣 5 分				
				蒸馏损失大于 1%扣 5 分				
3	结果	分析结果精密度考察	20	未取平行测定两个结果的算术平均值作为馏程测定结果扣 5 分				
				重复性大于 0.1℃扣 5 分				
				误差 >0.1℃扣 10 分				
合　计			100					

试题 29：石油产品馏程的测定

（考核时间：55min）

序号	考核内容	考核要点	配分	评分标准	检测结果	扣分	得分	备注
1	准备	试样及仪器安装的准备	40	试验前冷凝管未除掉上次蒸馏留下的液体扣 5 分				
				水槽中水温未保持蒸馏相应样品的温度扣 5 分				
				量筒周围浴的温度不符合规范扣 5 分				
				试油温度不在规定范围内扣 5 分				
				试油注入蒸馏瓶时，液体流入支管扣 3 分				
				温度计插入蒸馏瓶位置不正确扣 5 分				
				蒸馏瓶支管未插入冷凝管内 25~50mm 扣 3 分				
				冷凝管下端位于量筒的中心，至少伸入 25mm，未按规定操作扣 3 分				
				接收馏出液的量筒密封不严密扣 5 分				
2	测定	蒸馏过程	40	从加热到初馏点时间不符合规定扣 5 分				
				初馏点到 10%时间不符合规定扣 5 分				
				各馏出点温度记录不准确扣 3 分				
				样品馏出速度不符合规定扣 10 分				

续表

序号	考核内容	考核要点	配分	评分标准	检测结果	扣分	得分	备注
				各馏出温度未进行温度校正扣3分				
				残留液为5mL时进行加热强度调整，到终馏点的时间不符合规范扣5分				
				蒸馏到达终馏点时未停止加热扣5分				
				烧瓶未冷却就将残留物倒入量筒中扣5分				
3	结果	报出结果及重复性	20	初馏点两次结果之差不符合规定值扣5分				
				终馏点两次结果之差不符合规定值扣5分				
				中间馏分两次结果之差不符合规定值扣5分				
				结果报出不详扣5分				
合计			100					

试题30：减压馏程的测定

（考核时间：70min）

序号	考核内容	考核要点	配分	评分标准	检测结果	扣分	得分	备注
1	准备	试样及仪器安装的准备	35	有水试样试验前未脱水扣3分				
				量取试样不准确扣2分				
				未装瓷片扣2分				
				未记试样的温度扣3分				
				温度计位置不正确扣5分				
				各磨口处未涂少量真空脂，磨口外未涂一层火棉胶(残压较大可不涂)扣2分				
				高型烧杯水面低于受器量筒100mL刻线扣3分				
				高型烧杯水温与量取试样温度之差大于3℃扣5分				
				系统气密程度不符合要求扣5分				
				残压不符合要求扣5分				
2	测定	分析过程	35	从加热到初馏时间未控制在10～20min扣5分				
				初馏点到10%时间超过6min扣5分				
				10%～90%时每分钟馏出不是4～5mL扣10分				
				馏出90%时未最后调整一次加热强度扣5分				
				90%到终馏点时间超过5min扣5分				
				记录不详扣2分				
				蒸馏时残压波动超过0.5mmHg扣3分				

续表

序号	考核内容	考核要点	配分	评分标准	检测结果	扣分	得分	备注
3	结果	分析结果的报出及重复性考察	30	温度未冷却至100℃以下，缓慢地放空扣10分				
				减压下各点温度换算为常压温度错误扣10分				
				重复测定两次的两个结果之差大于下列数值：馏出温度为5℃；馏出量为1mL，各扣10分				
				未取重复两次结果的算术平均值作为测定结果扣5分				
合　计			100					

试题31：石油沥青针入度的测定

（考核时间：170min）

序号	考核内容	考核要点	配分	评分标准	检测结果	扣分	得分	备注
1	制备	试样制备	16	未均匀加热、搅拌试样扣3分				
				加热温度过高，不符合规定扣2分				
				倒入试样深度不大于预计穿入深度10mm扣3分				
				在规定室温下，冷却时间不符合规定扣5分				
				试验温度波动大扣5分				
				两个试样皿和平底玻璃皿在水浴中恒温时间不符合规定扣3分				
2	测定	试验步骤	64	未调整针入度仪的水平扣3分				
				测定前未用合适溶剂擦拭针尖扣5分				
				未按实验条件放好砝码、固定标准针扣3分				
				未调节针入度仪上表盘读数为零扣6分				
				未检查针连杆和导轨，上面有水和其他物质扣5分				
				调节针尖离试样表面过近或过远，不会观察扣4分				
				手未紧压按钮扣6分				
				未同时启动秒表，计时错误扣6分				
				标准针未自由下落，穿入沥青试样扣5分				
				未拉下活杆，使其与针连杆顶端相接触扣8分				
				表盘指针读数错误扣8分				
				未取重复三次测定值的平均值作为测定结果扣5分				
3	结果	报告结果及重复性	20	三次测定值相差大于规定值扣5分				
				重复性超过平均值的4%扣15分				
合　计			100					

第三部分

高级工

一、石油化工行业职业标准(高级工工作要求)

职业功能	工作内容	技能要求	相关知识
分析准备	(一)准备试液	能制备分析所用的标准溶液和其他相关溶液	标准溶液的制备方法
	(二)准备仪器设备	能按照标准要求准备相关仪器设备,选择合适仪器设备,确认使用状态	仪器使用说明书和注意事项
	(三)计算机	能熟练操作与分析仪器配套使用的计算机	计算机操作应用的一般知识
分析与测定	(一)化学分析	能熟练运用化学分析的手段进行较为复杂的石油化工产品性质的测定	1. 常用的化学分析方法和原理 2. 相关标准中各分析项目的要求
	(二)仪器分析	1. 能按操作规程使用分析仪器及其配套设备 2. 能对分析仪器进行简单故障处理	1. 分析仪器的工作原理及仪器结构、操作方法等知识 2. 相关标准中各分析项目的要求
	(三)物测分析	能熟练掌握物性测试的原理和方法	物性测试基础知识
测后工作	(一)解决分析技术问题	能解决分析过程中遇到的一般技术问题,并能验证其方法的合理性	分析化学相关技术
	(二)审定分析报告	能对其他分析人员制作的分析报告按管理规定进行审核,内容包括: 1. 填写内容是否与原始记录相符 2. 检验依据是否适用 3. 环境条件是否满足要求 4. 分析结果是否正确	对分析报告的要求
养护设备	(一)安装调试验收仪器设备	能读懂新购置的国产简单仪器设备的说明书、能按规程协助安装、调试,并能协助验证其技术参数是否达到规定要求	简单仪器设备的工作原理及结构组成
	(二)排除仪器设备故障	1. 能按程序检查常用仪器设备故障,并能排除常见故障 2. 能正确更换仪器设备常用的易耗件	分析仪器的故障检修方法
技术管理与创新	(一)编写仪器操作规程	能协助制订一般分析仪器设备的操作规程	一般分析仪器设备的使用方法及注意事项
	(二)编写分析操作规程	能协助编写相关产品和原材料的分析操作规程	相关产品和原材料的分析方法和标准
	(三)改进分析装置	能协助改进实验装置,提高分析效率和分析结果的准确性	各种实验装置的结构及各部件的作用
培训与指导	(一)传授技艺	1. 能向初、中级分析化验工传授与其工作内容相关的专业知识 2. 能较系统地示范石油化工产品的化学分析、仪器分析等实际操作的技术、技巧	传授技艺、技能的基本方法

二、理论知识鉴定要素细目表

行业通用理论知识鉴定要素细目表

鉴定范围						鉴定点		
一级		二级		三级		代码	名称	重要程度
代码	名称	代码	名称	代码	名称			
A	基本要求	B	基础知识	A	记录填写基础知识	001	班组交接记录的填写要求	X
						002	班组安全活动记录填写要求	X
				B	识图基础知识	001	剖视图知识	X
						002	断面图知识	X
						003	化工设备图表示方法	X
						004	零件图的内容	X
				C	安全环保基础知识	001	清洁生产审计的程序	X
						002	HSE 管理体系文件架构	X
						003	ISO 14001 环境管理体系的组成要素	X
						004	ISO 14000 系列标准的指导思想	X
						005	ISO 14001 环境管理体系的运行模式	X
						006	防尘防毒的技术措施	X
						007	防尘防毒的管理措施	X
						008	国家劳动安全卫生管理体制职责划分的内容	X
						009	ISO 14001 环境管理体系建立的步骤	X
						010	HSE 危害辨识	X
						011	HSE 风险评价的概念	X
						012	HSE 风险评价的目的	X
				D	质量基础知识	001	不合格品的处置途径	X
						002	ISO 9001 族标准质量管理审核的特点	X
						003	ISO 9000 族标准第一、第二、第三方审核的区别	X
						004	质量统计直方图	X
						005	质量统计排列图	X
						006	质量统计因果图	X
						007	质量统计控制图	X
						008	不良产品的分级	X
				E	计算机基础知识	001	Word 绘图	X
						002	Excel 公式与函数的运用	X
						003	Excel 数据的简单分析与管理	X
						004	Excel 简单的图表处理	X

续表

鉴定范围						鉴定点		
一级		二级		三级		代码	名称	重要程度
代码	名称	代码	名称	代码	名称			
B	相关知识	E	管理知识	A	生产管理	001	班组的管理	X
						002	班组的成本核算	X
				B	编写技术文件	001	总结的格式	X
						002	报告的格式	X
						003	请示的格式	X

工种理论知识鉴定要素细目表

鉴定范围						鉴定点		
一级		二级		三级		代码	名称	重要程度
代码	名称	代码	名称	代码	名称			
A	基本要求	B	基础知识	G	无机化学	001	离子键的概念	X
						002	共价键的概念	X
						003	氮族元素的性质	X
						004	化学平衡的建立原理	Z
						005	影响化学平衡移动的条件	X
						006	电离平衡的基本概念	X
						007	水的电离原理	X
						008	溶液的酸碱性的概念	X
						009	盐类的水解原理	X
				H	有机化学	001	三元环烷烃的破环规律	Z
						002	烃的鉴别方法	X
						003	苯的同系物的鉴别方法	X
						004	苯提纯分离的方法	Z
						005	苯衍生物取代规律	Y
						006	乙二醇的特性	X
						007	苯酚的化学性质	Y
						008	乙醛的化学性质	X
						009	丙酮的化学性质	X
						010	甲酸的化学性质	X
						011	乙酸的化学性质	X
						012	乙二酸的化学性质	X
						013	含氧有机化合物的鉴别方法	Y

续表

鉴定范围						鉴定点		
一级		二级		三级		代码	名称	重要程度
代码	名称	代码	名称	代码	名称			
				I	分析化学	001	分析化学在工业中的应用	X
						002	置信度的定义	X
						003	平均值的置信区间的定义	X
						004	Q检验法	X
						005	格鲁布斯检验法	X
						006	极限数值的表示方法	X
						007	光谱分析特点	X
						008	电化学分析特点	X
						009	色谱分析的应用范围	X
				J	工艺原理及流程	001	精馏塔内的传质传热过程	X
						002	简单了解精馏塔的影响因素	X
						003	气液相平衡	Y
						004	气化冷凝	Y
						005	常减压装置工艺特点	X
						006	催化裂化装置工艺特点	X
				K	物料性质	001	润滑剂的性质	X
						002	急冷介质的性质	X
						003	粘稠液体的性质	X
				L	产品应用	001	基础有机物及其衍生物的应用	X
						002	渣油类产品的应用	X
						003	石油化工常用添加剂的应用	Y
				M	电工基础知识	001	正弦交流电的有效值	X
						002	正弦电路中的电感元件	Y
						003	正弦电路中的电容元件	Y
						004	正弦交流电路的功率	X
				N	实验室安全	001	职业中毒急救方法	X
				O	危险化学品安全	001	防止人的行为错误	X
B	相关知识	A	技术管理与创新	A	全面质量管理	001	质量管理概述	X
						002	质量管理体系	X
						003	产品质量检验的概述	X
				B	技术创新	001	抽样检验方法	X
						002	统计过程控制方法	X

续表

鉴定范围						鉴定点		
一级		二级		三级		代码	名称	重要程度
代码	名称	代码	名称	代码	名称			
		B	化学分析	A	分析准备	001	正确选用天平的方法	Y
						002	非自动杠杆天平称量原理	X
						003	蒸馏法制纯水的方法	Z
						004	配位滴定方式	X
						005	高锰酸钾标准溶液的配制与标定	X
						006	重铬酸钾法中标准溶液的配制与标定	X
						007	硫代硫酸钠标准溶液的配制与标定	X
						008	碘标准溶液的配制与标定	X
						009	$AgNO_3$ 标准溶液的配制与标定	X
						010	NH_4SCN 标准溶液的配制与标定	X
						011	提高沉淀纯度的方法	X
				B	分析与测定	001	多元酸的滴定方法	X
						002	多元碱的滴定方法	X
						003	高锰酸钾法	X
						004	重铬酸钾法	X
						005	直接碘量法	X
						006	间接碘量法	Y
						007	溴酸钾法	Y
						008	莫尔法方法原理	X
						009	莫尔法测定条件	X
						010	佛尔哈德法 - 直接滴定法	X
						011	佛尔哈德法 - 返滴定法	X
						012	法扬司法方法原理	X
						013	法扬司法测定条件	X
				C	测后工作	001	重量分析中的结果计算	X
						002	容量仪器的修正方法	X
				D	设备使用与维护	001	使用玻璃仪器常见问题的解决方法	X
						002	单盘天平常见故障的排除方法	Y
						003	电子天平常见故障的排除方法	X
						004	离子交换法制纯水方法	X
						005	电渗析法制纯水方法	Y
		C	光谱分析	A	分析准备	001	分解试样的一般要求	Y
						002	分离富集在分析化学中的应用	Z

续表

鉴定范围						鉴定点		
一级		二级		三级		代码	名称	重要程度
代码	名称	代码	名称	代码	名称			
						003	溶剂萃取分离法	Y
						004	影响可见吸收的因素	X
						005	示差分光光度法特点	X
						006	双波长分光光度法特点	X
						007	导数分光光度法特点	X
						008	计量学分光光度法特点	X
						009	紫外分光光度法概述	X
						010	原子吸收原理	X
				B	分析与测定	001	显色剂用量对显色反应的影响	X
						002	溶液酸度对显色反应的影响	X
						003	温度对显色反应的影响	X
						004	显色时间对显色反应的影响	X
						005	溶剂的影响	Y
						006	入射光波长的选择方法	X
						007	吸光度范围的控制方法	X
						008	狭缝宽度的选择方法	X
						009	灵敏度选择的原则	X
						010	共存离子的消除方法	X
						011	紫外分光光度法测定的注意事项	X
						012	原子吸收操作的注意事项	X
				C	测后工作	001	紫外吸收的定性分析方法	X
						002	紫外吸收的定量分析方法	Y
						003	示差分光光度法定量分析方法	X
						004	双波长分光光度法定量分析方法	Y
						005	导数分光光度法定量分析方法	X
						006	计量学分光光度法定量分析方法	X
				D	设备使用与维护	001	分光光度计使用中常见的问题	X
						002	单波长双光束分光光度计的原理	X
						003	双波长分光光度计结构	X
						004	分光光度计检定要领	X
						005	紫外分光光度计的维护方法	X
						006	原子吸收光谱仪的基本结构	X

续表

鉴定范围						鉴定点		
一级		二级		三级		代码	名称	重要程度
代码	名称	代码	名称	代码	名称			
		D	色谱分析	A	分析准备	001	相对响应值	Y
						002	噪声和漂移的区别	X
						003	灵敏度和检测限的关系	X
						004	塔板理论原理	X
						005	速率理论原理	X
						006	填料粒度选择方法	Z
						007	流动相流速的影响因素	X
						008	固定相的影响因素	Y
						009	柱子长度的选择方法	X
						010	柱箱温度的确定方法	X
				B	分析与测定	001	分流不分流进样－衬管	X
						002	分流不分流进样－温度选择方法	X
						003	分流不分流进样－分流比	X
						004	分流不分流进样－进样量与速度	X
						005	分流不分流进样－分流歧视	Y
						006	分流不分流进样－溶剂效应	Y
						007	常用载体的性质	Y
						008	常用固定液的选择方法	Y
						009	吸附色谱柱	Y
						010	毛细管柱的特点	X
						011	毛细管柱的应用	X
						012	宽口径毛细管和微填充柱的联系	Z
						013	隔垫吹扫的作用	X
				C	测后工作	001	内标法的结果计算	X
						002	标准加入法的结果计算	Y
						003	ID 表的建立	X
						004	工作站的积分参数	X
						005	工作站的定量计算	X
						006	工作站的报告输出格式	X
				D	设备使用与维护	001	FPD 的应用注意事项	X
						002	ECD 的使用注意事项	X
						003	样品前处理方法	Y
						004	预切气路	Y
						005	色谱仪的时间程序	X
						006	气相色谱的新型气源	X

续表

鉴定范围						鉴定点		
一级		二级		三级		代码	名称	重要程度
代码	名称	代码	名称	代码	名称			
		E	电化学分析	A	分析准备	001	指示电极的特点	X
						002	参比电极的特点	X
						003	离子选择性电极特点	X
						004	法拉第电解定律	X
						005	能斯特方程式	X
						006	直接电位定量方法	X
						007	电位滴定测定终点的方法	X
						008	恒电流库仑分析法的概念	X
						009	恒电位库仑分析法的概念	X
						010	微库仑分析的概念	X
						011	极谱分析的过程	Y
						012	极谱分析的特点	Y
				B	分析与测定	001	pH 计的基本构造	X
						002	pH 计的常见的故障	X
						003	pH 计常见故障的原因	X
						004	电导率仪的基本构造	X
						005	电导率仪常见故障的原因	X
						006	电导率仪的常见的故障	X
						007	微库仑分析的影响因素	X
						008	微库仑分析仪的仪器参数	X
						009	水分测定的影响因素	X
						010	水分分析仪的仪器参数	X
						011	电位滴定分析的影响因素	X
						012	电位滴定仪的仪器参数	X
				C	测后工作	001	pH 计性能综合评价原则	X
						002	电导率仪性能综合评价原则	X
						003	水分分析过程分析方法	X
						004	电位滴定分析过程分析方法	X
						005	微库仑分析过程分析方法	X
				D	设备使用与维护	001	pH 计的常见故障处理方法	X
						002	电导率仪的常见故障处理方法	X
						003	微库仑分析仪的仪器参数调整方法	X
						004	水分测定仪的仪器参数调整方法	X
						005	电位滴定分析仪的仪器参数调整方法	X

续表

鉴定范围						鉴定点		
一级		二级		三级		代码	名称	重要程度
代码	名称	代码	名称	代码	名称			
		F	油品分析	A	分析准备	001	运动粘度的定义	Y
						002	恩氏粘度的定义	Y
						003	开口闪点的定义	Y
						004	闭口闪点的定义	Y
						005	燃点的定义	Y
						006	运动粘度测定原理	X
						007	恩氏粘度的测定原理	Z
						008	开口闪点的测定原理	X
						009	闭口闪点的测定原理	X
						010	燃点的测定原理	X
						011	残炭分析测定原理	X
						012	热值分析测定原理	X
						013	辛烷值分析测定原理	X
						014	铜片腐蚀分析测定原理	Z
				B	分析与测定	001	运动粘度的测定步骤	X
						002	运动粘度测定的技术要素	X
						003	恩氏粘度的测定步骤	X
						004	测定恩氏粘度的技术要素	X
						005	闭口闪点的测定步骤	X
						006	测定闭口闪点的技术要素	X
						007	开口闪点的测定步骤	X
						008	测定开口闪点的技术要素	X
						009	燃点的测定步骤	X
						010	测定燃点的技术要素	X
						011	残炭分析的测定步骤	Z
						012	热值分析的测定步骤	X
						013	辛烷值分析的测定步骤	X
						014	铜片腐蚀分析的测定步骤	X
						015	残炭分析的技术要素	X
						016	热值分析的技术要素	X
						017	辛烷值分析的技术要素	X
						018	铜片腐蚀分析的技术要素	Z

续表

鉴定范围						鉴定点		
一级		二级		三级		代码	名称	重要程度
代码	名称	代码	名称	代码	名称			
				C	测后工作	001	开口闪点测定的数据处理方法	X
						002	闭口闪点测定的数据处理方法	X
						003	燃点测定的数据处理方法	X
						004	运动粘度测定的数据处理方法	X
						005	恩氏粘度测定的数据处理方法	Z
						006	分析结果的技术评价原则	X
				D	设备使用与维护	001	运动粘度测定仪的维护方法	X
						002	恩氏粘度测定仪的维护方法	X
						003	开口闪点测定仪的维护方法	X
						004	闭口闪点测定仪的维护方法	X
						005	残炭分析仪的日常维护方法	X
						006	热值分析仪的日常维护方法	X
						007	辛烷值分析仪的日常维护方法	X
						008	铜片腐蚀分析仪的日常维护方法	X

三、理论知识试题

行业通用理论知识试题

判断题

1. 班组交接班记录必须凭旧换新。 (√)

2. 车间主要领导参加班组安全日活动每月不少于2次。 (×)

正确答案：车间主要领导参加班组安全日活动每月不少于3次。

3. 在剖视图中，零件后部的不见轮廓线、虚线一律省略不画。 (×)

正确答案：在剖视图中，零件后部的不见轮廓线、虚线一般省略不画，只有对尚未表达清楚的结构，才用虚线画出。

4. 剖面图是剖视图的一种特殊视图。 (×)

正确答案：剖面图是零件上剖切处断面的投影，而剖视图是剖切后零件的投影。

5. 化工设备图的视图布置灵活，俯(左)视图可以配置在图面任何地方，但必须注明"俯(左)视图"的字样。 (√)

6. 化工设备图中的零件图与装配图一定分别画在不同的图纸上。 (×)

正确答案：化工设备图中的零件图可与装配图画在同张图纸上。

7. 零件图不需要技术要求，在装配图中表述。 (×)

正确答案：零件图一般需要技术要求。

8. 零件图用视图、剖视图、剖面图及其他各种表达方法，正确、完整、清晰地表达零

件的各部分形状和结构。(√)

9. ISO 14000系列标准对管理标准的一个重大改进，就是建立了一套对组织环境行为的评价体系，这便是环境行为评价标准。(√)

10. 环境管理体系的运行模式，遵守由查理斯・德明提供的规划策划(PLAN)、实施(DO)、验证(CHECK)和改进(ACTION)的运行模式，可简称PDCA模式。(√)

11. 环境管理体系的运行模式与其他管理的运行模式相似，共同遵循PDCA运行模式，没有区别。(×)

正确答案：环境管理体系的运行模式与其他管理的运行模式相似，除了共同遵循PDCA运行模式外，它还有自身的特点，那就是持续改进，也就是说它的环线是永远不能闭合的。

12. 采取隔离操作，实现微机控制不属于防尘防毒的技术措施。(×)

正确答案：采取隔离操作，实现微机控制是防尘防毒的技术措施之一。

13. 严格执行设备维护检修责任制，消除"跑冒滴漏"是防尘防毒的技术措施。(×)

正确答案：严格执行设备维护检修责任制，消除"跑冒滴漏"是防尘防毒的管理措施。

14. 在ISO 14001环境管理体系中，初始环境评审是建立环境管理体系的基础。(√)

15. 在HSE管理体系中，定量评价指不对风险进行量化处理，只用发生的可能性等级和后果的严重度等级进行相对比较。(×)

正确答案：在HSE管理体系中，定性评价指不对风险进行量化处理，只用发生的可能性等级和后果的严重度等级进行相对比较。

16. HSE管理体系规定，在生产日常运行中各种操作、开停工、检维修作业、进行基建及变更等活动前，均应进行风险评价。(√)

17. 对某项产品返工后仍需重新进行检查。(√)

18. ISO 9000族标准中，质量审核是保证各部门持续改进工作的一项重要活动。(√)

19. ISO 9000族标准的三种审核类型中，第三方审核的客观程度最高，具有更强的可信度。(√)

20. 平顶型直方图的形成由单向公差要求或加工习惯等引起。(×)

正确答案：平顶型直方图的形成往往因生产过程有缓慢因素作用引起。

21. 质量统计排列图分析是质量成本分析的方法之一。(√)

22. 质量统计因果图的作用是为了确定"关键的少数"。(×)

正确答案：质量统计排列图的作用是为了确定"关键的少数"。

23. 质量统计控制图上出现异常点时，才表示有不良品发生。(×)

正确答案：不一定。在质量统计控制图上，即使点子都在控制线内，但排列有缺陷，也要判作异常。

24. 国际上通用的产品不良项分级共分三级。(×)

正确答案：国际上通用的产品不良项分级共分四级。

25. 在计算机应用软件Word中插入的文本框不允许在文字的上方或下方。(×)

正确答案：Word中插入的文本框通过设置文本框格式当中的版式允许在文字的上方或下方。

26. 在计算机应用软件Word中绘制图形要求两个图形能准确对齐可通过调整绘图网格的水平、垂直间距来实现。(√)

27. 在计算机应用软件 Excel 中“COUNTIF(　　)”函数的作用是计算某区域满足条件的单元格数。 (√)

28. Excel 数据表中汉字排序一般是按拼音顺序排序，但也可以按笔画排序。 (√)

29. Excel 数据表中分类汇总的选项包括分类字段、汇总方式两方面的内容。 (×)

正确答案： Excel 数据表中分类汇总的选项包括分类字段、汇总方式多方面的内容。

30. Excel 数据表中修改图表中的数据标志是通过图表区格式选项中的数据标志选项实现的。 (×)

正确答案： Excel 数据表中修改图表中的数据标志是通过数据系列格式选项中的数据标志选项实现的。

31. 班组建设不同于班组管理，班组建设是一个大概念，班组管理从属于班组建设。 (√)

32. 一般来说，班组的成本核算是全面的统计核算、业务核算和会计核算。 (×)

正确答案： 一般来说，班组的成本核算是局部核算和群众核算。

33. 总结的基本特点是汇报性和陈述性。 (×)

正确答案： 总结的基本特点是回顾过去，评估得失，指导将来。

34. 报告的目的在于把已经实践过的事情上升到理论认识，指导以后的实践，或用来交流，加以推广。 (×)

正确答案： 报告的主要目的是下情上达，向上级汇报工作、反映情况、提出意见和建议。

35. 为了减少发文，可以把若干问题归纳起来向上级写综合请示，但不能多方请示。 (×)

正确答案： 要坚持“一文一事”的原则，切忌“一文数事”使上级机关无法审批。

单选题

1. 班组交接班记录填写时，一般要求使用的字体是(B)。

A. 宋体　　B. 仿宋　　C. 正楷　　D. 隶书

2. 下列选项中不属于班组安全活动的内容是(A)。

A. 对外来施工人员进行安全教育

B. 学习安全文件、安全通报

C. 安全讲座、分析典型事故，吸取事故教训

D. 开展安全技术座谈、消防、气防实地救护训练

3. 安全日活动常白班每周不少于(D)次，每次不少于 1h。

A. 4　　B. 3　　C. 2　　D. 1

4. 当物体结构形状复杂，虚线就愈多，为此，对物体上不可见的内部结构形状采用(C)来表示。

A. 旋转视图　　B. 局部视图　　C. 全剖视图　　D. 端面图

5. 单独将一部分的结构形状向基本投影面投影需要用(B)来表示。

A. 旋转视图　　B. 局部视图　　C. 全剖视图　　D. 端面图

6. 用剖切平面把物体完全剖开后所得到的剖视图称为(D)。

A. 局部剖视图　　B. 局部视图　　C. 半剖视图　　D. 全剖视图

7. 画在视图外的剖面图称为(A)剖面图。

A. 移出　　B. 重合　　C. 局部放大　　D. 局部

8. 重合在视图内的剖面图称为(B)剖面图。

A. 移出　　B. 重合　　C. 局部放大　　D. 局部

9. 化工设备图中，表示点焊的焊接焊缝是(A)。

A.○　　B.⋃　　C.△　　D.◿

10. 下列选项中，不属于零件图内容的是(D)。

A. 零件尺寸　　B. 技术要求　　C. 标题栏　　D. 零件序号表

11. 在HSE管理体系中，(C)是管理手册的支持性文件，上接管理手册，是管理手册规定的具体展开。

A. 作业文件　　B. 作业指导书　　C. 程序文件　　D. 管理规定

12. ISO 14001环境管理体系共由(B)个要素所组成。

A. 18　　B. 17　　C. 16　　D. 15

13. ISO 14000系列标准的指导思想是(D)。

A. 污染预防　　B. 持续改进　　C. 末端治理　　D. 污染预防，持续改进

14. 不属于防尘防毒技术措施的是(C)。

A. 改革工艺　　B. 湿法除尘　　C. 安全技术教育　　D. 通风净化

15. 防尘防毒治理设施要与主体工程(A)同时施工、同时投产。

A. 同时设计　　B. 同时引进　　C. 同时检修　　D. 同时受益

16. 在HSE管理体系中，物的不安全状态是指使事故(B)发生的不安全条件或物质条件。

A. 不可能　　B. 可能　　C. 必然　　D. 必要

17. 在HSE管理体系中，风险指发生特定危害事件的(C)性以及发生事件结果严重性的结合。

A. 必要　　B. 严重　　C. 可能　　D. 必然

18. 在(B)情况下不能对不合格品采取让步或放行。

A. 有关的授权人员批准　　B. 法律不允许

C. 顾客批准　　D. 企业批准

19. 不合格品控制的目的是(C)。

A. 让顾客满意　　B. 减少质量损失

C. 防止不合格品的非预期使用　　D. 提高产品质量

20. 在ISO 9001族标准中，内部审核是(D)。

A. 内部质量管理体系审核

B. 内部产品质量审核

C. 内部过程质量审核

D. 内部质量管理体系、产品质量、过程质量的审核

21. 在ISO 9001族标准中，第三方质量管理体系审核的目的是(C)。

A. 发现尽可能多的不符合项

B. 建立互利的供方关系

C. 证实组织的质量管理体系符合已确定准则的要求

D. 评估产品质量的符合性

22. ISO 9000 族标准规定，(C)属于第三方审核。

A. 顾客进行的审核　　B. 总公司对其下属公司组织的审核

C. 认证机构进行的审核　　D. 对协作厂进行的审核

23. 在 ISO 9000 族标准中，组织对供方的审核是(D)。

A. 第一方审核　　B. 第一、第二、第三方审核

C. 第三方审核　　D. 第二方审核

24. 数据分组过多或测量读数错误而形成的质量统计直方图形状为(A)型。

A. 锯齿　　B. 平顶　　C. 孤岛　　D. 偏峰

25. 把不同材料、不同加工者、不同操作方法、不同设备生产的两批产品混在一起时，质量统计直方图形状为(D)型。

A. 偏向　　B. 孤岛　　C. 对称　　D. 双峰

26. 在质量管理过程中，以下哪个常用工具可用于明确“关键的少数”(A)。

A. 排列图　　B. 因果图　　C. 直方图　　D. 调查表

27. 质量统计图中，图形形状像“鱼刺”的图是(D)图。

A. 排列　　B. 控制　　C. 直方　　D. 因果

28. 在质量统计控制图中，若某个点超出了控制界限，就说明工序处于(D)。

A. 波动状态　　B. 异常状态

C. 正常状态　　D. 异常状态的可能性大

29. 质量统计控制图的上、下控制限可以用来(B)。

A. 判断产品是否合格　　B. 判断过程是否稳定

C. 判断过程能力是否满足技术要求　　D. 判断过程中心与技术中心是否发生偏移

30. 产品的不良项分为 A、B、C、D 四级，A 级不良项是指产品的(C)不良项。

A. 轻微　　B. 一般　　C. 致命　　D. 严重

31. 产品的不良项分为 A、B、C、D 四级，C 级不良项是指产品的(B)不良项。

A. 轻微　　B. 一般　　C. 致命　　D. 严重

32. 在计算机应用软件 Word 中插入的图片(A)。

A. 可以嵌入到文本段落中

B. 图片的位置可以改变，但大小不能改变

C. 文档中的图片只能显示，无法用打印机打印输出

D. 不能自行绘制，只能从 Office 的剪辑库中插入

33. 在 Excel 97 工作表中，单元格 C4 中有公式“= A3 + $ C $ 5”，在第 3 行之前插入一行之后，单元格 C5 中的公式为(A)。

A. = A4 + $C $6　　B. = A4 + $C $5　　C. = A3 + $C $6　　D. = A3 + $C $5

34. 图中所指的按钮是(B)。

A. 降序按钮　　B. 升序按钮　　C. 插入字母表　　D. 删除字母表

35. 建立图表的方法是从(C)菜单里点击图表。

A. 编辑　　B. 视图　　C. 插入　　D. 工具

36. 班组管理是在企业整个生产活动中，由(D)进行的管理活动。

A. 职工自我　　B. 企业　　C. 车间　　D. 班组自身

37. 属于班组经济核算主要项目的是(C)。

A. 设备完好率　B. 安全生产　C. 能耗　D. 环保中的三废处理

多选题

1. 属于班组交接班记录的内容是(A，B，C)。

A. 生产运行　B. 设备运行　C. 出勤情况　D. 安全学习

2. 下列属于班组安全活动的内容是(B，C，D)。

A. 对外来施工人员进行安全教育

B. 学习安全文件、安全通报

C. 安全讲座、分析典型事故，吸取事故教训

D. 开展安全技术座谈、消防、气防实地救护训练

3. 化工设备装配图中，螺栓连接可简化画图，其中所用的符号可以是(C，D)。

A. 细实线 +　B. 细实线 ×　C. 粗实线 +　D. 粗实线 ×

4. 下列选项中，属于零件图内容的是(A，C)。

A. 零件尺寸　B. 零件的明细栏　C. 技术要求　D. 零件序号表

5. 清洁生产审计有一套完整的程序，是企业实行清洁生产的核心，其中包括以下(B，C，D)阶段。

A. 确定实施方案　B. 方案产生和筛选　C. 可行性分析　D. 方案实施

6. HSE 体系文件主要包括(A，B，C)。

A. 管理手册　B. 程序文件　C. 作业文件　D. 法律法规

7. 下列叙述中，属于生产中防尘防毒技术措施的是(A，B，C，D)。

A. 改革生产工艺　B. 采用新材料新设备

C. 车间内通风净化　D. 湿法除尘

8. 下列叙述中，不属于生产中防尘防毒的管理措施的有(A，B)。

A. 采取隔离法操作，实现生产的微机控制

B. 湿法除尘

C. 严格执行安全生产责任制

D. 严格执行安全技术教育制度

9. 我国在劳动安全卫生管理上实行“(A，B，C，D)”的体制。

A. 企业负责　B. 行业管理　C. 国家监察　D. 群众监督

10. 在 HSE 管理体系中，危害识别的状态是(A，B，C)。

A. 正常状态　B. 异常状态　C. 紧急状态　D. 事故状态

11. 在 HSE 管理体系中，可承受风险是根据企业的(A，B)，企业可接受的风险。

A. 法律义务　B. HSE 方针　C. 承受能力　D. 心理状态

12. 在 HSE 管理体系中，风险控制措施选择的原则是(A，B)。

A. 可行性、　B. 先进性、安全性　C. 经济合理　D. 技术保证和服务

13. 对于在产品交付给顾客及产品投入使用时才发现不合格产品，可采用以下方法处置(B，D)。

A. 一等品降为二等品　B. 调换

C. 向使用者或顾客道歉　D. 修理

14. 在 ISO 9000 族标准中，关于第一方审核说法正确的是(A，B，D)。
A. 第一方审核又称为内部审核
B. 第一方审核为组织提供了一种自我检查、自我完善的机制
C. 第一方审核也要由外部专业机构进行的审核
D. 第一方审核的目的是确保质量管理体系得到有效地实施
15. 质量统计排列图的作用是(A，B)。
A. 找出关键的少数　B. 识别进行质量改进的机会
C. 判断工序状态　D. 度量过程的稳定性
16. 质量统计因果图具有(C，D)特点。
A. 寻找原因时按照从小到大的顺序　B. 用于找到关键的少数
C. 是一种简单易行的科学分析方法　D. 集思广益，集中群众智慧
17. 质量统计控制图包括(B，C，D)。
A. 一个坐标系　B. 两条虚线　C. 一条中心实线　D. 两个坐标系
18. 产品不良项的内容包括(A，C，D)。
A. 对产品功能的影响　B. 对质量合格率的影响
C. 对外观的影响　D. 对包装质量的影响
19. 在计算机应用软件 Word 中页眉设置可以实现的操作是(A，B，D)。
A. 在页眉中插入剪贴画　B. 建立奇偶页内容不同的页眉
C. 在页眉中插入分隔符　D. 在页眉中插入日期
20. 在计算机应用软件 Excel 中单元格的格式可以进行(A，B，C)等操作。
A. 复制　B. 粘贴　C. 删除　D. 连接
21. 自动筛选可以实现的条件是(A，C，D)。
A. 自定义　B. 数值　C. 前 10 个　D. 全部
22. 对于已生成的图表，说法正确的是(A，B，D)。
A. 可以改变图表格式　B. 可以更新数据
C. 不能改变图表类型　D. 可以移动位置
23. 班组的劳动管理包括(A，B，D)。
A. 班组的劳动纪律　B. 班组的劳动保护管理
C. 对新工人进行“三级教育”　D. 班组的考勤、考核管理
24. 班组生产技术管理的主要内容有(A，C，D)。
A. 定时查看各岗位的原始记录，分析判断生产是否处于正常状态
B. 对计划完成情况进行统计公布并进行分析讲评
C. 指挥岗位或系统的开停车
D. 建立指标管理账
25. 在班组经济核算中，从项目的主次关系上看，属于主要项目的有(A，C，D)指标。
A. 产量　B. 安全生产　C. 质量　D. 工时
26. 总结与报告的主要区别是(A，C，D)不同。
A. 人称　B. 文体　C. 目的　D. 要求

27. 报告与请示的区别在于(A，B，C，D)不同。

A. 行文目的　　B. 行文时限　　C. 内容　　D. 结构

28. 请示的种类可分为(A，B，C，D)的请示。

A. 请求批准　　B. 请求指示　　C. 请求批转　　D. 请求裁决

简答题

1. 清洁生产审计有哪几个阶段？

答：①筹划与组织；②预评估；③评估；④方案产生和筛选；⑤可行性分析；⑥方案实施；⑦持续清洁生产。

2. ISO 14001 环境管理体系由哪些基本要素构成？

答：ISO 14001 环境管理体系由环境方针、规划、实施、测量和评价、评审和改进等五个基本要素构成。

3. 防尘防毒的主要措施是什么？

答：我国石化工业多年来治理尘毒的实践证明，在大多数情况下，靠单一的方法防尘治毒是行不通的，必须采取综合治理措施。即首先改革工艺设备和工艺操作方法，从根本上杜绝和减少有害物质的产生，在此基础上采取合理的通风措施，建立严格的检查管理制度，这样才能有效防止石化行业尘毒的危害。

4. 什么叫消除二次尘毒源？

答：对于因“跑冒滴漏”而散落地面的粉尘、固、液体有害巷质要加强管理，及时清扫、冲洗地面，实现文明生产，叫消除二次尘毒源。

5. 什么是劳动安全卫生管理体制中的“行业管理”？

答：劳动安全卫生管理体制中的“行业管理”就是行业主管部门根据本行业的实际和特点切实提出本行业的劳动安全卫生管理的各项规章制度，并监督检查各企业的贯彻执行情况。

6. 简述 ISO 14001 环境管理体系建立的步骤。

答：一般而言，建立环境管理体系过程包括以下六大阶段：①领导决策与准备；②初始环境评审；③体系策划与设计；④环境管理体系文件编制；⑤体系运行；⑥内部审核及管理评审。

7. HSE 管理体系中危害识别的思路是什么？

答：①存在什么危害(伤害源)？②谁(什么)会受到伤害？③伤害怎样发生？

8. 什么是第一方审核，第二方审核，第三方审核？

答：第一方审核又成为内部审核，第二方审核和第三方审核统称为外部审核。①第一方审核指由组织的成员或其他人员以组织的名义进行的审核。这种审核为组织提供了一种自我检查、自我完善的机制。②第二方审核是在某种合同要求的情况下，由与组织有某种利益关系的相关方或由其他人员以相关方的名义实施的审核。这种审核旨在为组织的相关方提供信任的证据。③第三方审核是由独立于受审核方且不受其经济利益制约的第三方机构依据特定的审核准则，按规定的程序和方法对受审核方进行的审核。

9. 什么是排列图？

答：排列图又叫帕累托图，在质量管理中，排列图是用来寻找影响产品质量的主要问题，确定质量改进关键项目的图。

10. 控制图的主要用途是什么？

答：①分析用的控制图主要用于分析工艺过程的状态，看工序是否处于稳定状态；②管理用的控制图主要用于预防不合格品的产生。

11. 国际上通用的产品不良项分为几级?

答: 国际上通用的产品不良项分级共分为: 致命(A级)、严重(B级)、一般(C级)、轻微(D级)四级。

12. 班组在企业生产中的地位如何?

答: ①班组是企业组织生产活动的基本单位; ②班组是企业管理的基础和一切工作的立脚点; ③班组是培养职工队伍, 提高工人技能的课堂; ④班组是社会主义精神文明建设的重要阵地。

13. 班组管理有哪些基本内容?

答: ①建立和健全班组的各项管理制度; ②编制和执行生产作业计划, 开展班组核算; ③班组的生产技术管理; ④班组的质量管理; ⑤班组的劳动管理; ⑥班组的安全管理; ⑦班组的环境卫生管理; ⑧班组的思想政治工作。

14. 班组经济核算的基本原则和注意事项是什么?

答: 班组经济核算应遵循"干什么、管什么、算什么"的原则, 力求注意三个问题: 一是计算内容少而精; 二是分清主次; 三是方法简洁。

15. 总结的写作要求是什么?

答: ①要新颖独特, 不能报流水账; ②要重点突出, 找出规律, 避免事无巨细面面俱到; ③要实事求是, 全面分析问题, 从中找出经验教训; ④要材料取舍得当; ⑤要先叙后议或夹叙夹议。

16. 什么是报告?

答: 报告是下级机关向上级机关汇报工作、反映情况、提出意见或建议和答复上级机关的询问时使用的行文。

17. 请示的特点是什么?

答: 请示的最大特点是请求性。指本机关、本部门打算办理某件事情, 而碍于无权自行决定、或者无力去做, 或不知该不该办, 必须请求上级机关批准、同意后方可办理。

工种理论知识试题

判断题

1. 氮族元素的最外层电子数为5, 随着核电荷数的递增, 得电子的能力逐渐减弱, 非金属性逐渐增强。 (×)

正确答案: 氮族元素的最外层电子数为5, 随着核电荷数的递增, 得电子的能力逐渐减弱, 非金属性逐渐减弱。

2. 化学平衡状态是指在一定条件下的可逆反应里, 正反应和逆反应的速率相等, 反应混合物中各组分的浓度在不断的变化。 (×)

正确答案: 化学平衡状态是指在一定条件下的可逆反应里, 正反应和逆反应的速率相等, 反应混合物中各组分的浓度保持不变的状态。

3. 在弱电解质的电离过程中, 分子电离成离子的速率逐渐的减小, 同时离子结合成分子的速率逐渐的增大, 当二者速率接近相等时, 就达到了电离平衡状态。 (×)

正确答案: 在弱电解质的电离过程中, 分子电离成离子的速率逐渐的减小, 同时离子结合成分子的速率逐渐的增大，当二者速率相等时，就达到了电离平衡状态。

4. 在25℃时水的密度最大。（×）

正确答案： 在4℃时水的密度是最大。

5. 强酸弱碱所生成的盐，其水溶液呈酸性，其原因是强酸酸性强。（×）

正确答案： 强酸弱碱所生成的盐，其水溶液呈酸性，其原因是该盐水解生成难电离的弱碱，使水不断电离，溶液中 H^+ 浓度大于 OH^-。

6. 1,1,2－三甲基环丙烷与HBr加成后，生成的产物是2,2－二甲基－3－溴丁烷。（×）

正确答案： 1,1,2－三甲基环丙烷与HBr加成后，生成的产物是2,3－二甲基－2－溴丁烷。

7. 用碱洗方法分离石油烃中的苯。（×）

正确答案： 用酸洗方法分离石油烃中的苯。

8. 与苯环直接相连的原子，凡是只以单键相连的，都是邻、对位定位基。（×）

正确答案： 与苯环直接相连的原子，一般具有单键，具有未共享电子对或带负电荷的，都是邻、对位定位基。

9. 在甲醇、乙二醇和丙三醇中，能用新配制的 $Cu(OH)_2$ 溶液鉴别的物质是丙三醇。（×）

正确答案： 在甲醇、乙二醇和丙三醇中，能用新配制的 $Cu(OH)_2$ 溶液鉴别的物质是乙二醇和丙三醇。

10. 乙醛催化加氢生成醇称为还原反应。（√）

11. 丙酮是含有羟基官能团化合物，分子中碳原子和氧原子以单键相连。（×）

正确答案： 丙酮是含有羰基官能团化合物，分子中碳原子和氧原子以双键相连。

12. 甲酸能发生银镜反应，乙酸则不能。（√）

13. 在羧酸分子中，由于羧基上羟基中的氢原子可以电离为离子，故大多数羧酸可以用中和法测定其含量。（√）

14. 近代分析使用的都是精密仪器，具有快速、简便、灵敏等特点，所以逐渐取代化学分析。（×）

正确答案： 近代分析使用的都是精密仪器，具有快速、简便、灵敏等特点，但它所给出的是许多化学性质的信息，还需化学分析予以标定。

15. 置信度的高低说明估计的把握程度的大小。（√）

16. 置信度 P 越小，t 值越小，则同一体系的置信区间越窄。（√）

17. 用Q检验法舍弃一个可疑值后，应对其余数据继续检验，直至无可疑值为止。（√）

18. 极限数值的有效位数应全部写出。（√）

19. 紫外吸收光谱与可见吸收光谱一样，是由K层和L层电子的跃迁而产生。（×）

正确答案： 紫外吸收光谱与可见吸收光谱一样，是由价电子的跃迁而产生。

20. 电化学分析仪的选择性都很好，电导分析法也不例外。（×）

正确答案： 电导分析法选择性不好。

21. 凝胶色谱用于分析低分子有机化合物。（×）

正确答案： 用于测定有机高分子的相对分子质量。

22. 在精馏塔塔板上传质、传热的结果是：下降的液相中轻组分部分汽化，上升的汽相中重组分部分冷凝。（√）

23. 某精馏塔操作压力越低，越不利于汽化和分馏。（ × ）

正确答案： 某精馏塔操作压力越高，越不利于汽化和分馏。

24. 精馏塔要控制的三大平衡为物料平衡，热量平衡和进出料的平衡。（ × ）

正确答案： 精馏塔要控制的三大平衡为物料平衡，热量平衡和汽液相平衡。

25. 若汽化在液体表面和内部同时进行，则称为蒸发。（ × ）

正确答案： 若汽化在液体表面和内部同时进行，则称为沸腾。

26. 常压塔底吹入过热水蒸气的作用是汽提出塔底产品中的重组分。（ × ）

正确答案： 常压塔底吹入过热水蒸气的作用是汽提出塔底产品中的轻组分。

27. 大分子的烷烃在催化裂化催化剂上反应后，全部生成小分子的烯烃。（ × ）

正确答案： 大分子的烷烃在催化裂化催化剂上反应后，生成小分子的烷烃和烯烃。

28. 润滑油液相锈蚀测定法中，水浴温度应控制在60℃ ± 1℃。（ √ ）

29. 液体受外力作用移动时，液体分子间产生内摩擦力的性质叫粘度。（ √ ）

30. 测定油品的运动粘度时，必须选用符合技术要求的粘度计。（ √ ）

31. 环己烷不能由纯苯加氢制得。（ × ）

正确答案： 纯苯在镍触媒存在下，液相加氢制得环己烷。

32. 密度是体现渣油燃烧性能的主要指标。（ × ）

正确答案： 密度是体现渣油组成的主要指标。

33. 在直流电下，电感元件相当于短路。（ √ ）

34. 感抗反映了电感元件对正弦电流的限制能力。（ √ ）

35. 电容元件接收的平均功率为零。（ √ ）

36. 通常，变压器标识的容量是指它的视在功率。（ √ ）

37. 当502胶将自己的皮肤粘合在一起时，可以用丙酮液体慢慢溶解。（ √ ）

38. 个人可以通过邮寄向有危险化学品经营资质的单位购买危险化学品。（ × ）

正确答案： 个人不可以通过邮寄向有危险化学品经营资质的单位购买危险化学品。

39. 质量管理是通过使顾客满意而达到企业长期成功的管理方式。（ √ ）

40. 质量保证是向顾客或组织的领导提供信任，表明其体系、过程或产品满足质量要求。（ √ ）

41. 质量检验是通过对产品的质量特性观察和判断，结合测量、试验所进行的适用性评价活动。（ × ）

正确答案： 质量检验是通过对产品的质量特性观察和判断，结合测量、试验所进行的符合性评价活动。

42. 抽样必须遵循的通则是真实可靠、随机抽样，而且要具有一定的数量。（ √ ）

43. 系统误差影响分析结果的准确度，随机误差影响分析结果的精密度。（ √ ）

44. 化验室选择什么样的天平应在了解天平的技术参数和各类天平特点的基础上进行。（ √ ）

45. 蒸馏水中不含有杂质。（ × ）

正确答案： 蒸馏水中仍含有一些杂质。

46. 用$Na_2C_2O_4$标定$KMnO_4$溶液时，若溶液酸度过高，标定结果会偏低。（ × ）

正确答案： 用$Na_2C_2O_4$标定$KMnO_4$溶液时，若溶液酸度过高，标定结果会偏高。

47. $K_2Cr_2O_7$ 不是基准物质，它的标准溶液必须用标定法配制。（×）

正确答案：$K_2Cr_2O_7$ 是基准物质，它的标准溶液可以直接配制。

48. $Na_2S_2O_3$ 标准溶液配制好后应储存于棕色瓶中。（√）

49. 碘溶液腐蚀金属和橡皮，所以滴定时应装在棕色酸式滴定管中。（√）

50. 标定 $AgNO_3$ 溶液可用银量法中的任一方法，但最好选用与测定样品相同的方法，可消除方法的系统误差。（√）

51. NH_4SCN 是基准物，可直接配制成标准溶液。（×）

正确答案：NH_4SCN 不是基准物，只能用间接法配制成标准溶液。

52. 沉淀的吸附作用与溶液中杂质离子的浓度和沉淀条件有关。（√）

53. 为了获得较好的分析结果，应以较浓的 NaOH 溶液和 H_3PO_4 试液进行滴定。（√）

54. 用醋酸滴定 Na_2CO_3 时，第一突跃不够明显，第二突跃也不很理想。（√）

55. $KMnO_4$ 是强氧化剂，其氧化能力与溶液的酸度有关，在酸性较弱的情况下，其氧化能力最强。（×）

正确答案：$KMnO_4$ 是强氧化剂，其氧化能力与溶液的酸度有关，在强酸性的情况下，其氧化能力最强。

56. 重铬酸钾法在酸性条件下使用，也可在碱性及中性条件下使用。（×）

正确答案：重铬酸钾法在酸性条件下使用。

57. 直接碘量法不能在碱性溶液中进行，因为碘在这种条件下发生歧化反应。（√）

58. 间接碘量法滴定速度应很慢。（×）

正确答案：间接碘量法滴定速度应适当快些。

59. $KBrO_3-KBr$ 标准溶液必须用间接法配制。（×）

正确答案：$KBrO_3-KBr$ 标准溶液可用直接法配制。

60. 莫尔法的依据是分级沉淀原理。（√）

61. 莫尔法中，若酸度过高会使测定结果偏高或测不出。（√）

62. 佛尔哈德法的最大优点是可以在酸性介质中进行滴定，许多弱酸根离子不干扰测定。（√）

63. 用佛尔哈德法测定 I^- 时应先加 $AgNO_3$ 标准溶液，后加铁铵矾指示剂，以防 Fe^{3+} 氧化 I^-。（√）

64. 吸附指示剂是利用生成化合物的种类不同来指示滴定终点的。（×）

正确答案：吸附指示剂是结构发生改变引起颜色的变化来指示滴定终点的。

65. 吸附指示剂大多是有机弱酸，所以溶液的酸度越大越有利于终点的判断。（×）

正确答案：吸附指示剂大多是有机弱酸，起指示作用的是它们的阴离子，当溶液的酸度较大时，指示剂阴离子与 H^+ 结合形成不带电的指示剂分子，而不被沉淀吸附，无法指示终点。

66. 化学因数中，在分子分母中，所求元素或物质中主体元素的数目不一定必须相等。（×）

正确答案：化学因数中，在分子分母中，所求元素或物质中主体元素的数目必相等。

67. 若10℃时读的滴定管的体积为10.05mL的水的质量为10.07g，则10℃时实际体积为10.12mL。(已知10℃时每1mL的水的质量为0.99839g)。（×）

正确答案：10℃时实际体积为10.09mL。

68. 新买来的滴定管或容量瓶等的磨口塞漏水，不可自己进行磨口配合。 (×)

正确答案：新买来的滴定管或容量瓶等的磨口塞漏水，可以自己进行磨口配合。

69. 分析工作者对自己使用的天平应掌握简单的检查方法，具备排除一般故障的知识。 (√)

70. 电子天平的测定值漂移，可能是被称物带静电，应将被称物装入金属容器中称量。 (√)

71. 自来水通过阳离子交换柱除去阴离子，再通过阴离子交换柱除去阳离子。 (×)

正确答案：自来水通过阳离子交换柱除去阳离子，再通过阴离子交换柱除去阴离子。

72. 电渗析法适于单独制取纯水。 (×)

正确答案：电渗析法不适于单独制取纯水，可以与反渗透或离子交换法联用。

73. 用邻菲罗啉分光光度法测定水中铁，若水样是以 Fe_2O_3 和 $Fe(OH)_3$ 沉淀形式存在，须加盐酸煮沸使其溶解。 (√)

74. 一个好的分离或富集方法，是确保分析质量的前提。 (√)

75. 溶剂萃取在无机分析中主要用于元素的分离和富集，在有机物的萃取分离中，利用相似互溶原则进行萃取分离。 (√)

76. 由于蒸馏水不纯引起的系统误差属于试剂误差，可用空白实验来校正。 (√)

77. 示差分光光度法测的吸光度值与试液浓度减去参比溶液浓度所得的差值成正比。 (√)

78. 双波长分光光度法只可用于样品溶液中单组分的测定。 (×)

正确答案：双波长分光光度法可用于样品溶液中单组分和多组分的测定。

79. 导数分光光度法：标准溶液和样品使用不同的波长。 (×)

正确答案：导数分光光度法：标准溶液和样品使用相同的波长。

80. 计量学分光光度法是指应用化学计量学中的一些计算方法对分光光度法测定数据进行数学处理后，同时得出共存的被测组分各自含量的计算分光光度法。 (√)

81. 紫外分光光度法是基于物质对紫外区域辐射的选择性吸收来进行分析测定的方法。 (√)

82. 原子吸收光谱的检测系统是光源发出的光经过火焰吸收、单色器分光后到光电倍增管上，转成电信号到记录部分上去。 (√)

83. 在比色分析，被测样品无色要加一种显色剂和样品生成有色化合物，显色剂的加入量越多越有利于比色测定。 (×)

正确答案：显色剂的加入量不宜太大，否则会增大试剂空白深度，或改变显色产物的络合比，不利于比色测定。

84. 用邻菲罗啉分光光度法测铁时，应先加入邻菲罗啉，后调溶液的 pH 值。 (×)

正确答案：用邻菲罗啉分光光度法测铁时，应先调溶液的 pH 值，后加入邻菲罗啉。

85. 显色反应在室温下进行即可。 (×)

正确答案：对不同的显色反应应通过实验选择其适宜的显色温度。

86. 所有显色反应在显色剂加入后要立即进行比色测定。 (×)

正确答案：应根据显色反应的具体情况选择适宜的比色时间。

87. 有机溶剂常降低有色化合物的离解度，从而降低显色反应的灵敏度。 (×)

正确答案：有机溶剂常降低有色化合物的离解度，从而提高显色反应的灵敏度。

88. 在光电比色中，滤光片透过的光应该是溶液最吸收的光，选滤光片同溶液的颜色应是互补，如溶液是绿色，滤光片应是紫色。（√）

89. 非单色光和溶液中的副反应可引起比耳定律偏离。（√）

90. 分光光度计单色器的狭缝宽度增大，工作曲线的线性范围变大。（×）

正确答案：狭缝宽度太大，工作曲线的线性范围变窄。

91. 用分光光度计测定时，灵敏度越大越好。（×）

正确答案：在确保测定达到要求情况下，尽量选用低灵敏度挡。

92. 干扰消除的方法分为两类，一类是不分离的情况下消除干扰，另一类是分离杂质消除干扰。应尽可能采用第二类方法。（×）

正确答案：干扰消除的方法分为两类，一类是不分离的情况下消除干扰，另一类是分离杂质消除干扰。应尽可能采用第一类方法。

93. 使用分光光度计测定样品时，控制溶液的酸度是消除干扰的简便而重要的方法。（√）

94. 分光光度计中棱镜是由玻璃或石英制成，石英棱镜适用于可见分光光度计，玻璃棱镜适用于紫外分光光度计。（×）

正确答案：分光光度计中棱镜是由玻璃或石英制成，玻璃棱镜适用于可见分光光度计，石英棱镜适用于紫外分光光度计。

95. 紫外光源多为气体放电光源，如氢灯和氘灯。（√）

96. 原子吸收光谱的波长范围是 190 ~ 800nm 之间。（√）

97. 有机化合物定性一般用红外光谱，紫外光谱定性多用在有机化合物的官能团上。（√）

98. 朗伯 - 比耳定律只能适用于单色光和低浓度的有色溶液。（√）

99. 紫外光谱的定量分析基础是郎伯 - 比耳定律，即吸光度 $A = \lg(I_0/I_t) = KCL$，当 L 以 cm，C 以 g/L 表示时，$K = \varepsilon$ 称摩尔吸光系数。（×）

正确答案：紫外光谱的定量分析基础是郎伯 - 比耳定律，即吸光度 $A = \lg(I_0/I_t) = KCL$，当 L 以 cm，C 以 mol/L 表示时，$K = \varepsilon$ 称摩尔吸光系数。

100. 示差分光光度法测的吸光度值与试液浓度减去参比溶液浓度所得的差值成反比。（×）

正确答案：示差分光光度法测的吸光度值与试液浓度减去参比溶液浓度所得的差值成正比。

101. 对于混浊样品或背景吸收大的样品，有时很难找到合适的参比溶液，采用双波长分光光度法可以在一定范围内解决这一问题。（√）

102. 导数分光光度法：标准溶液和样品使用相同的波长。（√）

103. 分光光度计的电流表指针无偏转(不动)，很可能是电流表或仪器内部放大系统线路不通。（√）

104. 双波长分光光度计使用两个光源获得不同波长。（×）

正确答案：双波长分光光度计使用一个光源，经单色器获得不同波长。

105. 玻璃滤光片可以获得单色光的原因是有色玻璃对不同波长光的吸收率相同。（×）

正确答案：玻璃滤光片可以获得单色光的原因是有色玻璃对不同波长光的吸收率不同。

106. 乙二醇紫外透光率分析所用比色皿可用丙酮清洗。 (×)

正确答案：乙二醇紫外透光率分析所用比色皿不许用丙酮清洗。

107. 原子吸收法测量是被测元素的基态自由原子对光辐射的共振吸收。 (√)

108. 色谱检测器的相对响应值是衡量一个检测器性能的重要指标，各常见物质在通用检测器上的相对响应值都可以查到。 (√)

109. 色谱上，漂移就是一种特殊的噪声。 (×)

正确答案：色谱上，漂移和噪声完全不同。

110. 色谱分析中，只要组分浓度达到检测限，那么就可以进行定量分析。 (×)

正确答案：色谱分析中，达到检测限就可以定性，定量需要更高一些的浓度。

111. 根据色谱的塔板理论，组分间分配系数差异越大，越难得到分离。 (×)

正确答案：根据色谱的塔板理论，组分间分配系数差异越大，越容易分离。

112. 根据速率理论，选用低相对分子质量的载气有利于提高理论塔板数。 (×)

正确答案：根据速率理论，选用高相对分子质量的载气有利于提高理论塔板数。

113. 60～100 目的填料最适合于填充 3mm 内径的不锈钢色谱柱。 (√)

114. 通常色谱仪的载气流速设定在最佳流速或者更高一点。 (√)

115. 选择合适的固定相是达到良好分离效果的关键。 (√)

116. 为了易于控温，柱箱温度一般至少要比室温高 10～15℃。 (√)

117. 对于不同的样品，即使都采用分流进样，适宜的衬管形状可能也不相同。 (√)

118. 有时候色谱仪分流不分流进样口温度设定在低于样品沸点的值更有利。 (√)

119. 在不分流状态下，进入分流不分流进样口的样品全部进入色谱柱。 (×)

正确答案：在隔垫吹扫气路有时也会有部分损失。

120. 合理利用溶剂效应，可以获得更高的灵敏度和定量准确性，这又被称作溶剂聚焦。 (√)

121. 玻璃微珠是一种新型的大比表面积色谱载体。 (×)

正确答案：玻璃微珠是一种新型的小比表面积色谱载体。

122. 选择色谱固定液时，首先应遵循“相似相溶原理”。 (×)

正确答案：选择色谱固定液时，首先应遵循“相似性原则”。

123. 由于毛细管色谱柱的柱容量很小，因此要采用分流进样来减小进样量。 (√)

124. 使用毛细管色谱柱时，严禁在没有载气的情况下加热色谱柱。 (√)

125. 注射器进样口都提供有隔垫吹扫功能，这是为了减少注射器针尖的样品夹带。 (×)

正确答案：避免隔垫挥发组分进入色谱柱。

126. 采用阀进样时，完全可以不用设置隔垫吹扫气路的流量。 (×)

正确答案：只要有注射器进样口在气路中，就应该设定流量来防止隔垫的渗出。

127. 标准加入法要求必须严格精确进样体积。 (×)

正确答案：不需要。

128. ID 表是数据处理机进行峰定性和定量的依据。 (√)

129. 色谱处理机采用面积归一化法进行计算时，ID 表内的校正因子没有实际用途。 (√)

130. 无论积分过程多么完美，也不能取代采集良好的色谱图。 (√)

131. 为保证色谱原始数据的完整性，HP Chem 工作站对再处理的结果在报告上加以特别标识。 （√）

132. 关闭 FPD 时，应首先关闭 H_2 流量。 （√）

133. 使用 ECD 时，应使基流尽量小。 （×）

正确答案：使用 ECD 时，应使基流尽量大。

134. 样品前处理过程的关心组分收率应达到或接近 100%。 （×）

正确答案：采用标准添加法等特殊方法时，可以接受略小一点的收率。

135. 采用预切气路的目的在于去除样品中的难挥发组分。 （×）

正确答案：采用预切气路的目的在于去除样品中的高沸点不关心组分。

136. 在启动 GC-14B 的程序升温程序时，总是同时启动了存在的主机时间程序。（√）

137. 普通气体发生器发生的气体不能直接用于色谱供气，要首先对气体进行纯化。 （√）

138. 指示电极的电位随着待测离子浓度的变化而变化，能指示待测离子的浓度。（√）

139. 指示电极是测量电池电动势的基准。 （×）

正确答案：参比电极是测量电池电动势的基准。

140. 能斯特方程式表示电极电位与溶液中离子活度有一定关系，在一定条件下可用浓度代替活度。 （√）

141. 电位滴定中，确定终点的方法分三类。 （×）

正确答案：电位滴定中，确定终点的方法分作图法和计算法两类。

142. 电生滴定剂要达到 100%的电流效率，其最大允许电流是发生电解质在电极上进行反应的极限电流，测定中绝对不允许超过。 （√）

143. 在控制电位库仑分析中，背景电流是与电流效率有关的最重要的问题。 （√）

144. 微库仑与恒电流库仑滴定的相似之处是：都是利用电生中间体来滴定被测物质。 （√）

145. 经典极谱分析法是以滴汞电极为工作电极，以大面积的甘汞电极或静汞电极为参比电极，通过对试液电解获得的电流-电压曲线进行定量和定性分析的方法。 （√）

146. 极谱分析过程中，溶液要尽量搅拌均匀。 （×）

正确答案：极谱分析过程中，溶液要保持静止，不搅拌。

147. pH 计一般是由电极和电位测量仪器两部分组成的。 （√）

148. 测定 pH 值的过程中，示值稳定缓慢说明 pH 计有故障。 （√）

149. 电源电压不稳与 pH 计指针大幅跳动没有直接联系。 （√）

150. 电导法测量仪器的电导池包括电导电极和溶液。 （√）

151. 电导率测定中，电导率仪设备不校准的原因可能是设备电路故障。 （√）

152. 测量未知溶液电导率时，测量时发现指针快速升至最大值，应首先考虑是仪器故障。 （×）

正确答案：测量未知溶液电导率时，测量时发现指针快速升至最大值，应首先考虑是仪器量程的位置。

153. 微库仑分析中，燃烧管对分析没有影响。 （×）

正确答案：微库仑分析中，燃烧管的形状对分析有影响。

154. 微库仑分析用的滴定池，一般希望使用较小的池体积，较低的滴定剂浓度。（√）

155. 滴定池内电解液的量对库仑计法水分的测定有影响。（√）

156. 离子的活度系数、液体接界电位及仪器的校正情况对电位滴定法的影响很小，甚至没有影响。（√）

157. 预设终点电位滴定仪的滴定终点设定值是否适宜，将会直接影响电位滴定结果。（√）

158. 评价 pH 计性能的好坏，首先要看其测定的稳定性。（×）

正确答案：评价 pH 计性能的好坏，首先要看其测定的准确度。

159. 电导率仪性能的好坏很大程度上取决于电导池性能的好坏。（√）

160. 电位滴定分析中，过程分析的目的是精细操作、防范故障、确保测定精密度。（√）

161. 氧化库仑法测定硫含量时，调节的氧分压越低，二氧化硫收率越低。（×）

正确答案：氧化库仑法测定硫含量时，调节的氧分压越低，二氧化硫收率越高。

162. 测定 pH 值时，测量重现性不好，可以通过摇匀溶液来观察问题能否解决。（√）

163. 检查校准程序是处理电导率测定中示值超过范围的恰当方法之一。（√）

164. 库仑计法测定水分含量时，检测终点灵敏度的调节应该根据样品水分含量调节。（√）

165. 应用曲线记录型电位滴定仪进行电位滴定时，如何调整得到最佳滴定剂流速对于滴定分析至关重要。（√）

166. 恩氏粘度是样品和同样量的水在同温度下流出所需时间的比值。（×）

正确答案：恩氏粘度是样品在规定温度下和同样量的水在 20℃ 下流出所需时间的比值。

167. 闪点是指可燃性液体的蒸气同空气的混合物在临近火焰时能发生短暂闪火的最低温度。（√）

168. 闭口闪点仪器中，油品的蒸发实际上是在开口的容器中进行的。（×）

正确答案：闭口闪点仪器中，油品的蒸发是在闭口的容器中进行的。

169. 石油产品加热到它的蒸气能被接触的火焰点着并燃烧不少于 3s 时的最低温度，称为燃点。（×）

正确答案：石油产品在规定条件下加热到它的蒸气能被接触的火焰点着并燃烧不少于 5s 时的最低温度，称为燃点。

170. 测定运动粘度时，选择新粘度计即可。（×）

正确答案：测定运动粘度时，必须选择检定期内的粘度计。

171. 测定石油产品的闭口闪点，脱水与否以水含量是否大于 0.05 为基准。（√）

172. 石油产品在规定的实验条件下，受热蒸发而形成的焦黑色残留物，称为残炭。（√）

173. 用实验方法或按公式计算测定试样中的氢含量，向总热值中引入水蒸气生成热的修正系数，即得净热值。（√）

174. 辛烷值是表示汽油燃料抗爆震性能的条件单位，有马达法辛烷值和研究法辛烷值两种。（√）

175. 储存测定铜片腐蚀的试样，为了安全，可采用镀锡铁皮容器。（×）

正确答案：储存测定铜片腐蚀的试样，不可采用镀锡铁皮容器。

176. 测定运动粘度时，样品量应稍低于标线 a。（×）

正确答案：测定运动粘度时，样品量应稍高于标线 a。

177. 试油中存有气泡会影响装油体积。 (√)

178. 恩氏粘度计加上盖后，流出孔下要放置接受瓶，然后要绕着木塞旋转插着温度计的盖，以便温度计进行准确测量。 (×)

正确答案：恩氏粘度计加上盖后，流出孔下要放置接受瓶，然后要绕着木塞旋转插着温度计的盖，以便利用温度计搅拌试样。

179. 进行恩氏粘度仲裁实验时，如果重复测定的两次结果超出精确度要求，进行第三次测定前则不必按方法规定清洗仪器。 (×)

正确答案：进行恩氏粘度仲裁实验时，如果重复测定的两次结果超出精确度要求，进行第三次测定前仍须按方法规定清洗仪器。

180. 测定闭口闪点，点火试验在试样温度达到预期闪点前10℃时进行。 (√)

181. 测定开口闪点，点火器火焰长度应预先调整为3～4mm。 (√)

182. 测定开口闪点，如果闪火现象不明显，必须在试样升高1℃时点火证实。 (×)

正确答案：测定开口闪点，如果闪火现象不明显，必须在试样升高2℃时点火证实。

183. 测定燃点时，必须将测定闪点的试样更换。 (×)

正确答案：测定燃点时，须将测定闪点的试样进行继续加热。

184. 测定燃点时，点火试验所遵循的原则与测定开口闪点所遵循的原则一致。 (√)

185. 测定残炭含量时，如果预计残炭量为3，则量取试样量应为10g±0.5g。 (√)

186. 测定燃料的辛烷值有内插法和压缩比法两种。 (√)

187. 测定铜片腐蚀，比较铜片要求铜片和腐蚀标准色板对光线成45°角折射。 (√)

188. 测定残炭含量时，外铁坩埚内沙层厚度约为25mm。 (√)

189. 测定总热值时，含硫酸钡的烧杯应放置在沸腾的水浴上恒温。 (√)

190. 测定辛烷值时，每次试验，无论是试样或是参比燃料，都应把燃料－空气混合比调节到获得最大爆震强度。 (√)

191. 测定柴油的铜片腐蚀与测定煤油的铜片腐蚀相比，只是在浴中放置的时间不同。 (×)

正确答案：测定柴油的铜片腐蚀与测定煤油的铜片腐蚀相比，只是浴温度不同。

192. GB 261的精密度再现性不适用于20#航空润滑油。 (√)

193. 燃点测定是在开口容器中进行的，所以大气压力对于燃点测定没有影响。 (×)

正确答案：大气压力变化对燃点的测定结果有影响，需要修正。

194. 运动粘度测定结果的数值，要求保留四位有效数字。 (√)

195. 油品分析中，分析过程中的技术要素是影响分析结果精密度的主要原因。 (√)

196. 运动粘度测定所用的恒温浴的恒温液应依据测定油品的性质选择，并应保持恒温液洁净。 (√)

197. 每次测定恩氏粘度前，内容器都应洗净擦干。 (×)

正确答案：每次测定恩氏粘度前，内容器都应洗净，但绝对不允许擦拭。

198. 测定开口闪点的测定装置应放在避风的地方并用防护屏围着，以使闪点能够看得更清楚。 (√)

199. 闭口闪点仪用防护屏围着是为了有效地避免气流和光线的影响。 (√)

200. 测定残炭含量时，瓷坩埚必须在高温炉中煅烧。 (√)

201. 对于热值测定，应经常检查装入量热计的水量，使每次实验均使用相同数量的水。 (√)

202. 测定辛烷值试验中，清洗夹套、检查磨损属于每天的维护保养。 (×)

正确答案： 清洗夹套、检查磨损属于每500h的检查维修项目。

203. 对于铜片腐蚀测定用试验弹应定期检查其耐压性能。 (√)

单选题

1. 下列各数值表示有关元素的原子序数，其所表示的各原子组中能以离子键相互结合成稳定化合物的是(C)。

A. 10与19　　B. 6与16　　C. 11与17　　D. 14与8

2. 下列物质中，只有共价键的是(D)。

A. NaOH　　B. NaCl　　C. NH_4Cl　　D. H_2S

3. 下列关于氮的叙述中不正确的是(B)。

A. 氮分子为非极性分子

B. 氮气的性质活泼，在常温下能与 H_2、O_2 等非金属反应

C. 液氮可作冷冻剂

D. 氮有多种化合物

4. 在一定条件下，使NO和 O_2 在一密闭容器中进行反应，下列说法中不正确的是(B)。

A. 反应开始时，正反应速率最大，逆反应速率为零

B. 随着反应的进行，正反应速率逐渐减小，最后为零

C. 随着反应的进行，逆反应速率逐渐增大，最后不变

D. 随着反应的进行，正反应速率逐渐减小，最后不变

5. 下列各反应达到化学平衡后，加压或降温都能使化学平衡向逆反应方向移动的是(B)。

A. $2NO_2 \rightleftharpoons N_2O_4$(正反应为放热反应)

B. $C(s) + CO_2 \rightleftharpoons 2CO$(正反应为吸热反应)

C. $N_2 + 3H_2 \rightleftharpoons 2NH_3$(正反应为放热反应)

D. $H_2S \rightleftharpoons H_2 + S(s)$(正反应为吸热反应)

6. 下列说法不正确的是(D)。

A. 水是一种弱电解质

B. 水的电离过程是一个吸热过程

C. 升高温度有利于水的电离

D. 25℃时，1L纯水可电离出 1×10^{-14}mol H^+ 浓度

7. 体积相同、pH相同的HCl溶液和 CH_3COOH 溶液，与NaOH溶液中和时两者消耗NaOH的物质的量(C)。

A. 相同　　B. HCl多　　C. CH_3COOH 多　　D. 无法比较

8. 欲中和100mL 0.125moL/L $Ba(OH)_2$ 溶液，需要0.250moL/L HCl溶液(B)。

A. 125mL　　B. 100mL　　C. 75.0mL　　D. 50.0mL

9. 下列反应中，正确的是(B)。

A.  CH_3 + HBr $\longrightarrow$ $CH_3CH(CH_3)CH_2Br$

B. 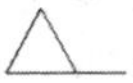 CH_3 + HBr $\longrightarrow$ $CH_3CH_2CHBrCH_3$

C.  CH_3 + HBr $\longrightarrow$ $CH_3CH_2CH_2CH_2Br$

D.  CH_3 + HBr $\longrightarrow$ $CH_3C(CH_3)BrCH_3$

10. 下列物质能用溴水鉴别的是(B)。

A. 乙烯和丙烯　B. 甲烷和乙烯　C. 己烷和苯　D. 环丙烷和丙炔

11. 用化学方法区别乙苯和苯的试剂是(A)。

A. 高锰酸钾　B. 溴水　C. 碱　D. 硝酸银的氨溶液

12. 下列说法正确的是(B)。

A. 苯与环己烷的分离可采用碱洗法　B. 苯与环己烷的分离可采用酸洗法

C. 苯与甲苯的分离可采用乙醚萃取　D. 苯和甲苯的分离可采用水洗法

13. 苯环上分别连接下列基团时，最能使苯环钝化的基团是(D)。

A. $-NH_2$　B. $-COOH$　C. $-Cl$　D. $-NO_2$

14. 下列物质中可作汽车水箱防冻剂的物质是(C)。

A. 乙醇　B. 甲醇　C. 乙二醇　D. 丙三醇

15. 下列各组物质中，只用溴水可鉴别的是(C)。

A. 苯、乙烷　B. 乙烯、乙烷、乙炔

C. 乙烯、苯、苯酚　D. 乙烷、乙苯、1,3-己二烯

16. 某有机化合物结构简式为 CH_3CHO，下列对其化学性质的判断中，正确的是(A)。

A. 能被银氨溶液氧化　B. 能使高锰酸钾溶液褪色

C. 1mol 该有机物只能与 1mol Br_2 发生加成反应

D. 不能与氢气发生加成反应

17. 可以说明 CH_3COOH 是弱酸的事实是(D)。

A. CH_3COOH 与水能以任意比混溶

B. CH_3COOH 能与 Na_2CO_3 溶液反应，产生 CO_2 气体

C. 1mol/L 的 CH_3COOH 水溶液能使紫色石蕊试液变红

D. 1mol/L 的 CH_3COONa 溶液的 pH 约为 9

18. 乙二酸易发生的反应是(C)。

A. 取代反应　B. 加成反应　C. 氧化反应　D. 聚合反应

19. 甲酸、乙酸、乙二酸可用下列哪组试剂鉴别(A)。

A. 银氨溶液和高锰酸钾　B. 高锰酸钾和溴水

C. 氢氧化钠和碳酸氢钠　D. 银氨溶液和氨水

20. 下列各组物质中，能用碳酸氢钠鉴别的是(C)。

A. 甲酸和乙酸　B. 乙醛和丙酮　C. 甲酸和苯酚　D. 乙二酸和甲酸

21. 一般对标准物质和成品分析，准确度要求高，应选用(B)。

A. 在线分析方法　B. 国家、部颁标准等标准分析方法

C. 化学分析方法　　D. 灵敏度高的仪器分析

22. 置信度是指以测定结果(A)为中心包括总体平均值落在区间的概率。

A. 平均值　　B. 真值　　C. 单次测定数值　　D. 标准偏差

23. Q 检验法时如果 $Q_{计} \geqslant Q_{表}$，则可疑值应(A)。

A. 舍弃　　B. 保留

C. 继续用格鲁布斯法检验　　D. 增加测定次数继续检验

24. 格鲁布斯检验法时如果 $G_{计} \geqslant G_{表}$，则可疑值应(A)。

A. 舍弃　　B. 保留

C. 继续用 Q 法检验　　D. 增加测定次数继续检验

25. 对于表达极限数值的符号"≤A"其最规范的基本用语为(C)。

A. 不大于 A　　B. 不多于 A　　C. 小于或等于 A　　D. 不高于 A

26. 红外吸收法的测量原理符合(D)。

A. 反射定律　　B. 折射定律　　C. 衍射定律　　D. 朗伯 - 比耳定律

27. 脉冲伏安法测定水中痕量砷时，灵敏度可达到(B)。

A. 0.001ppb　　B. 0.01ppb　　C. 0.1ppb　　D. 1ppb

28. 气相色谱适合于分析(A)。

A. 气体样品和易挥发样品　　B. 固体样品

C. 热不稳定样品　　D. 高分子样品

29. 在某精馏塔精馏段，从第四层塔板上升的汽相比从第三层塔板上升的汽相，(C)。

A. 温度低，重组分含量高　　B. 温度低，轻组分含量高

C. 温度高，重组分含量高　　D. 温度高，轻组分含量高

30. 某精馏塔塔顶产品为石脑油，如果塔顶温度过低，会引起石脑油(A)。

A. 干点下降　　B. 干点上升　　C. 产品变重　　D. 产品收率增加

31. 在精馏塔的塔板上，如果汽相和液相达到平衡，以下说法不正确的是(B)。

A. 温度必然相等

B. 液体不再汽化，气体不再冷凝

C. 各组分汽化的分子数和冷凝的分子数必然相等

D. 是一种动态平衡状态

32. 液体混合物汽化过程中，(A)。

A. 液相中重组分浓度不断增加

B. 液相中轻组分浓度不断增加

C. 气体和液体呈平衡状态

D. 液体汽化的分子数小于气体冷凝的分子数

33. 将原油分离成各种燃料油、润滑油馏分(或二次加工原料)的过程是(C)。

A. 催化裂化　　B. 加氢精制　　C. 常减压蒸馏　　D. 延迟焦化

34. 以下(D)不是催化裂化装置的产品。

A. 液化气　　B. 汽油　　C. 柴油　　D. 航空煤油

35. 润滑油闪点测定方法(A)。

A. 开口杯和闭口杯法　　B. 只能是开口杯法

C. 只能是闭口杯法　　D. 开口杯和闭口杯法均不可

36. 下列方法中不能加快溶质溶解速度的有(D)。

A. 震荡　　B. 加热　　C. 搅拌　　D. 过滤

37. 高粘度油品中含水，在测馏程时(D)。

A. 可不考虑　　B. 无关紧要　　C. 不影响结果　　D. 影响结果

38. 40%的(B)水溶液俗称福尔马林。

A. 甲醇　　B. 甲醛　　C. 乙酸　　D. 乙醛

39. 体现渣油燃烧性能主要指标的是(A)。

A. 闪点　　B. 密度　　C. 含水量　　D. 雾度

40. 乙醛肟常用做锅炉给水的(A)。

A. 除氧剂　　B. 除二氧化硅　　C. pH 值调节剂　　D. 分散剂

41. 正弦交流电路是指(C)。

A. 电路中任意一点的电压值呈周期性变化的电路

B. 电路中所有电源都是正弦变化的电路

C. 电路中所有电源都呈正弦变化且频率相同的电路

D. 电路中任意一点电流在每个周期的平均值为 0 的电路

42. 在纯电容电路中，(C)。

A. 电压和电流同相　　B. 电压比电流超前 $\pi/2$

C. 电流比电压超前 $\pi/2$　　D. 电流比电压超前 π

43. 在正弦交流电路中，瞬时功率的变化频率，(B)。

A. 与电压和电流的频率相同　　B. 是电压和电流的频率的 2 倍

C. 是电压和电流的频率的一半　　D. 是一个稳定的值，不变化

44. 高温作业对人体的损伤主要是(A)。

A. 中暑　　B. 中毒　　C. 损伤呼吸系统　　D. 损伤神经系统

45. 从事易燃易爆作业的人员应穿(C)，以防静电危害。

A. 合成纤维工作服　　B. 防油污工作服

C. 含金属纤维的棉布工作服　　D. 化纤服

46. 在产品的制造和销售过程中所发生的质量成本称为(C)。

A. 内部故障成本　　B. 间接质量成本

C. 直接质量成本　　D. 外部故障成本

47. 质量管理体系内部审核组成员应由(D)。

A. 领导指定人员　　B. 质管办工作人员

C. 有经验的技术骨干　　D. 与被审核无直接关系的内审员构成

48. 对不合格品采取返工、降级、报废等措施都属于对不合格的(C)。

A. 返修　　B. 让步　　C. 纠正　　D. 纠正措施

49. 在对铸件进行检验时，根据样品中包含的不合格铸件数和根据样本中包含的不合格砂眼数判断产品批是否合格的判定方式属于(B)检验。

A. 计点和计量　　B. 计件和计点

C. 计数和计量　　D. 计数和序贯

50. 配制一般溶液，称量几到几十克物质，准确到0.1g，应选择天平(C)。

A. 最大载荷200g，分度值0.01g　B. 最大载荷100g，分度值0.1mg

C. 最大载荷100g，分度值0.1g　D. 最大载荷2g，分度值0.01mg

51. 机械天平是根据(C)原理设计。

A. 平衡　B. 稳定　C. 杠杆　D. 等臂

52. 在液体不沸腾的条件下进行的蒸馏方法称为(B)。

A. 真空蒸馏　B. 亚沸蒸馏　C. 红外蒸馏　D. 二次蒸馏

53. 由于 Ag^+ 与EDTA配合不稳定，加入 $Ni(CN)_4^{2-}$，用EDTA测 Ag^+，这属于(D)。

A. 直接滴定　B. 返滴定　C. 间接滴定　D. 置换滴定

54. 在标定高锰酸钾溶液时，若温度过高，则 $H_2C_2O_4$ 分解为(D)。

A. CO_2　B. CO　C. CO_3^{2-}　D. CO_2 和 CO

55. 配制 $K_2Cr_2O_7$ 标准溶液用(A)法。

A. 直接法　B. 间接法　C. 标定法　D. 滴定法

56. 配制硫酸亚铁铵 $(NH_4)_2Fe(SO_4)_2\cdot 6H_2O$ 标准溶液时，须加数滴(B)以防硫酸亚铁铵水解。

A. HCl　B. H_2SO_4　C. HNO_3　D. H_3PO_4

57. 在配制好的 $Na_2S_2O_3$ 溶液中，为了避免细菌的干扰，常加入(A)。

A. Na_2CO_3　B. NaCl　C. NH_4Cl　D. NaOH

58. 一般情况下，配制碘标准溶液用(B)法。

A. 直接法　B. 间接法　C. 称量法　D. 滴定法

59. 市售的 $AgNO_3$ 不能直接配制标准溶液的原因在于(B)。

A. $AgNO_3$ 很贵，应节约使用　B. $AgNO_3$ 中杂质太多

C. 浓度不好计算　D. $AgNO_3$ 不易溶解

60. 欲配制250mL 0.1mol/L的 NH_4SCN 溶液，可称取(B)g分析纯的 NH_4SCN。$M(NH_4SCN) = 76.12$ g/mol。

A. 1　B. 2　C. 3　D. 4

61. 选用有机沉淀剂，可减少(B)现象。

A. 后沉淀　B. 共沉淀　C. 再沉淀　D. 均匀沉淀

62. 用标准NaOH溶液滴定 H_3PO_4 溶液时，滴定到第一计量点时，溶液为(C)。

A. 中性　B. 碱性　C. 酸性　D. 不确定

63. Na_2CO_3 滴定到第一化学计量点时的pH值是(D)。已知 Na_2CO_3 的 $K_{b_1} = 1.8\times10^{-4}$，$K_{b_2} = 2.4\times10^{-8}$。

A. 3.89　B. 4.67　C. 7.82　D. 8.31

64. $KMnO_4$ 滴定 H_2O_2，开始时 $KMnO_4$ 褪色很慢，后来逐渐变快，其原因是(D)。

A. 滴定过程中，消耗 H^+ 离子，使反应速度加快

B. 滴定过程中，产生 H^+ 离子，使反应速度加快

C. 滴定过程中，反应物浓度越来越小，使反应速度加快

D. 反应产生 Mn^{2+}，它是 $KMnO_4$ 与 H_2O_2 反应的催化剂

65. 用 $K_2Cr_2O_7$ 滴定 Fe^{2+} 通常在(A)性介质中进行。

A. 强酸　B. 强碱　C. 中性　D. 弱碱

66. 直接碘量法又称碘滴定法，溶液(A)为终点。

A. 蓝色出现　B. 蓝色消失　C. 粉红色出现　D. 粉红色消失

67. 测定电极电位比 0.54V 大的氧化性物质，应采用(B)。

A. 直接碘量法　B. 间接碘量法　C. 碘量法　D. 都可以

68. $KBrO_3$ 是强氧化剂，在(B)溶液中，BrO_3^- 被还原性物质还原为 Br^-。

A. 碱性　B. 酸性　C. 中性　D. 任何 pH 下的

69. 莫尔法测 Cl^-，终点时溶液的颜色为(D)。

A. 黄绿　B. 粉红　C. 红色　D. 砖红

70. 莫尔法在实验时指示剂常配成 5% K_2CrO_4 水溶液，相当于终点体积为 50 ~ 100mL 时需加入(A)mL 的指示剂。

A. 1 ~ 2　B. 2 ~ 3　C. 3 ~ 4　D. 4 ~ 5

71. 以铁铵矾为指示剂，用 NH_4CNS 标准溶液滴定 Ag^+ 时，应在下列(A)条件下进行。

A. 酸性　B. 弱酸性　C. 中性　D. 碱性

72. 佛尔哈德法返滴定测 I^- 时，指示剂必须在加入过量的 $AgNO_3$ 溶液后才能加入，这是因为(C)。

A. AgI 对指示剂的吸附性强　B. AgI 对 I^- 的吸附性强

C. Fe^{3+} 氧化 I^-　D. Fe^{3+} 水解

73. 吸附指示剂终点变色发生在(A)。

A. 沉淀表面　B. 沉淀内部　C. 溶液中　D. 不确定

74. 用法扬司法测定氯含量时，在荧光黄指示剂中加入糊精目的在于(C)。

A. 加快沉淀凝集　B. 减小沉淀比表面

C. 加大沉淀比表面　D. 加速沉淀的转化

75. 如果在 10℃时滴定用去 25.00mL 0.1mol/L 标准溶液，在 20℃时应相当于(A)mL。已知 10℃下 1000mL 水换算到 20℃时的校正值为 1.45。

A. 25.04　B. 24.96　C. 25.08　D. 24.92

76. 活塞长时间不用因尘土等粘住，可(B)。

A. 在水中加热至沸,再用木棒轻敲塞子　B. 泡在水中,几小时后打开

C. 用力拧　D. 微热外层，间以轻敲

77. 单盘天平的标尺刻度模糊甚至无标尺线，可能产生的原因是(A)。

A. 物镜位置不对　B. 棱镜架位置不对

C. 光源灯光与聚光管轴不重合　D. 聚光管位置不适当

78. 电子天平的显示器上无任何显示，可能产生的原因是(A)。

A. 无工作电压　B. 被承物带静电

C. 天平未经调校　D. 室温及天平温度变化太大

79. 氢型阳离子交换树脂能除去水中的(A)杂质。

A. 阳离子　B. 阴离子　C. 中性分子　D. 低分子

80. 将试样与固体溶剂混合，在高温下加热，使欲测组分转变为可溶于水或酸的化合物的方法是指(D)。

A. 分解　　B. 配位　　C. 溶解　　D. 熔融

81. 常见的分离和富集方法是(B)。

A. 溶解　　B. 沉淀和萃取　　C. 熔融　　D. 分光光度法

82. 基于物质在不同的溶剂中分配系数不等而进行分离的方法指的是(D)。

A. 沉淀分离法　　B. 吸附分离法　　C. 蒸馏分离法　　D. 萃取分离法

83. 显色剂用量(C)。

A. 越多越好　　B. 越少越好　　C. 适量　　D. 对显色无影响

84. 吸光度值与试液浓度减去参比溶液浓度所得的差值成正比的方法是指(A)。

A. 示差分光光度法　　B. 双波长分光光度法

C. 导数分光光度法　　D. 计量学分光光度法

85. 双波长分光光度法以(A)做参比。

A. 样品溶液本身　B. 蒸馏水　　C. 空白溶液　　D. 试剂

86. 导数分光光度法的标准溶液和样品使用(A)的波长。

A. 相同　　B. 不同　　C. 相同或不同均可　D. 相差较大

87. 计量学分光光度法是根据(B)建立多组分光谱分析数学模型。

A. 郎伯定律和加和性原理

B. 比耳定律和加和性原理

C. 郎伯定律和光路可逆原理

D. 比耳定律和光路可逆原理

88. 在化合物的分子中形成单键的是(B)电子。

A. n　　B. σ　　C. π　　D. Ω

89. 近紫外光的波长范围是(A)。

A. 200 ~ 400nm　　B. 400 ~ 800nm　　C. 800 ~ 1000nm　　D. 200 ~ 1000nm

90. 原子吸收方法基本原理是(B)发射出该元素的特征谱线被试样自由气态原子吸收，产生吸收信号。

A. 钨灯　　B. 元素空心阴极灯　C. 氘灯　　D. 能斯特灯

91. 邻菲罗啉在测定铁的显色反应中是(D)。

A. 分散剂　　B. 还原剂　　C. 氧化剂　　D. 显色剂

92. 溶液的酸度是显色反应一个很重要的条件，对显色反应(C)。

A. 无影响　　B. 影响很小　　C. 影响很大　　D. 影响可忽略

93. 显色反应的温度控制(C)。

A. 在高温下进行

B. 室温下进行即可

C. 对不同的显色反应应通过实验选择其适宜的显色温度

D. 在低温下进行

94. 适宜的显色时间和有色溶液的稳定程度可以通过(C)来确定。

A. 推断　　B. 文献　　C. 实验　　D. 计算

95. 影响吸光度的主要因素是(A)。

A 光的波长　B. 光的强度　C. 狭缝宽度　D. 比色皿的差异

96. 紫外可见光谱在(B)杂散光的影响较大。

A. 感应中间区　B. 感应极端区　C. 450 ~ 550nm　D. 550 ~ 650nm

97. 狭缝宽度太小，入射光强度(B)。

A. 太强　B. 太弱　C. 变大　D. 不变

98. 检测器是将光信号转变为(A)的器件。

A. 电信号　B. 声信号　C. 热能　D. 机械能

99. 由高态回到基态时以光的辐射释放能量所产生的光谱称(C)。

A. 电子光谱　B. 分子光谱　C. 发射光谱　D. 吸收光谱

100. 紫外吸收的定量分析符合(B)。

A. 牛顿定律　B. 郎伯－比耳定律　C. 反射定律　D. 折射定律

101. 示差分光光度法测的吸光度值与试液浓度减去参比溶液浓度所得的差值(D)。

A. 成 2 倍关系　B. 不成比例　C. 成反比　D. 成正比

102. 当样品中待测组分和干扰组分的吸收峰重叠且波长接近，干扰组分的吸收又很强时，待测组分的吸收峰只表现为肩峰，或两组分的吸收峰严重重叠，使用(C)法为宜。

A. 示差　B. 双波长　C. 导数　D. 计量学分光光度

103. 计量学分光光度法是(C)。

A. 外标法　B. 内标法　C. 定量方法　D. 定性方法

104. 乙二醇紫外透光率分析所用比色皿不许用(B)清洗。

A. 盐酸－乙醇液　B. 丙酮　C. 水　D. 洗涤液

105. 单波长双光束分光光度计使用(A)单色器。

A. 1 个　B. 2 个　C. 3 个　D. 4 个

106. 双波长分光光度计使用(A)光源，经单色器获得不同波长。

A. 1 个　B. 2 个　C. 3 个　D. 4 个

107. 手动和自动分光光度计检定用(C)的规程检定。

A. 完全不同　B. 相似　C. 一样　D. 自编

108. 通常在使用吸收池时，一定要(C)使用。

A. 加盖　B. 预热　C. 配套　D. 低温

109. 原子吸收光谱仪的原子化系统的作用是将试样中的待测元素转化成(D)。

A. 激发态分子　B. 激发态原子　C. 分子蒸气　D. 原子蒸气

110. 相对响应值是衡量一个检测器性能的重要指标，在数值上，它等于(D)。

A. 该组分的校正因子　B. 该组分的相对校正因子

C. 该组分校正因子的倒数　D. 该组分相对校正因子的倒数

111. 采用背景扣除技术，可以消除色谱分析中(A)带来的影响。

A. 漂移　B. 短期噪声　C. 长期噪声　D. 峰拖尾

112. 测量色谱仪检测器的灵敏度应该在(B)处进行。

A. 检测器能检测到的最低浓度　B. 检测器的线性范围内

C. 检测器能够检出的任何浓度范围　D. 能够得到的最高的组分浓度

113. 塔板理论的理论基础是(A)。

A. 热力学的相平衡理论　　B. 热力学的平衡常数理论

C. 动力学的传质理论　　D. 动力学的热传导理论

114. 根据速率理论计算，相同的色谱柱，在不同的载气流速下，具有(D)。

A. 相同的理论塔板高度和塔板数

B. 不同的理论塔板高度和相同的塔板数

C. 相同的理论塔板高度和不同的塔板数

D. 不同的理论塔板高度和塔板数

115. 对于不同直径的填充色谱柱，合适的填料为(C)。

A. 能得到的尺寸尽可能小而且均匀的填料

B. 柱子直径 1/5 左右且均匀的填料

C. 柱子直径的 1/18 且均匀的填料

D. 柱子直径 1/30 左右且均匀的填料

116. 一般来说，填充柱色谱仪载气流速设置在(B)mL/min 区间内为宜。

A. 10～50　　B. 20～80　　C. 60～150　　D. 100～200

117. 对于玻璃微珠载体，合适的固定液涂渍比例为担体体积的(D)。

A. 30%　　B. 15%　　C. 5%　　D. 1%

118. 要达到同样的理论塔板数，内径越大的柱子长度(B)。

A. 越短　　B. 越长

C. 与内径无关，一样长　　D. 条件不足，不能确定

119. 分流不分流进样口不分流进样方式、分流不分流进样口分流进样方式、普通进样口都有玻璃衬管，这三种衬管(A)。

A. 结构都不相同　　B. 仅前两种相同

C. 仅第一种和第三种相同　　D. 仅后两种相同

120. 液体注射器进样时合适的分流不分流进样口设定温度为(B)。

A. 柱箱最高温度 + 30℃　　B. 样品中高含量组分最高沸点 + 30℃

C. 样品中高含量样品最高沸点　　D. 柱箱最高温度 + 10℃

121. 通常，分流比是指(A)。

A. 分流气流量和柱流量的比值

B. 分流气流量和柱流量的比值 + 1

C. 分流不分流进样口载气进入流量和柱流量的比值

D. 分流不分流进样口载气进入流量和柱流量的比值 + 1

122. 调节分流不分流进样口的分流比一般通过调节(D)来完成。

A. 分流不分流进样口进口载气压力　　B. 柱子流量

C. 隔垫吹扫气路流量　　D. 分流气出口阀门开度

123. 采用分流不分流进样口的目的是(C)。

A. 避免胶垫渗出物进入色谱柱

B. 减少进样量以获得良好的谱峰宽度

C. 减少进样量以适应毛细管柱的小柱容量

D. 减少进样量以避免检测器超载

124. 下面样品中，采用色谱法分流进样时，最容易发生分流歧视的样品是(A)。

A. 裂解汽油　　B. 混合二甲苯　　C. 聚合级丙烯　　D. 混合碳四

125. 减小色谱的溶剂效应造成的不良后果的最佳办法是(C)。

A. 减小溶剂的使用量　　B. 提高进样口温度

C. 采用瞬间不分流进样　　D. 减小进样量

126. 分析极性和含氢键样品时，可以对硅藻土载体进行(C)处理。

A. 酸洗　　B. 碱洗　　C. 硅烷化　　D. 釉化

127. 色谱法分析组分比较复杂的样品，应该优先选用(B)固定液。

A. 弱极性　　B. 中等极性　　C. 强极性　　D. 氢键型

128. 国产的 GDX 类色谱固定相，属于(C)类固定相。

A. 分子筛气固色谱　　B. 硅胶气固色谱

C. 高分子多孔小球气固　　D. 中低极性气液色谱

129. 采用毛细管色谱柱时，色谱速率理论中的(A)项可以忽略不计。

A. 涡流扩散　　B. 分子扩散　　C. 传质阻力　　D. 气液交换

130. 普通毛细管色谱柱的内径一般为(B)。

A. 0.24mm　　B. 0.32mm　　C. 0.53mm　　D. 0.78mm

131. 宽口径毛细管色谱柱的内径一般为(C)。

A. 0.24mm　　B. 0.32mm　　C. 0.53mm　　D. 0.75mm

132. 采用色谱内标法时，应该通过文献或者测定得到(D)。

A. 内标物的绝对校正因子

B. 待测组分的绝对校正因子

C. 内标物的相对校正因子

D. 内标物相对于待测组分的相对校正因子

133. 色谱分析中，如果样品需要进行较为复杂的前处理，经常选用标准加入法，这是因为标准加入法具有(C)的特点。

A. 不需要特别的内标物　　B. 不需要精确进样量

C. 有效地消除收率误差　　D. 对色谱条件要求不高

134. 色谱 CR－6A 处理机建立 ID 表时的 mode 参数用于控制(B)。

A. 进行定量计算时选择的计算方法

B. 进行峰定性时选择的允许时间偏差计算方式

C. 接受并计算分析结果的终止时间

D. 进行峰定性时所允许的时间偏差大小

135. 对于 HP Chem 工作站来说，数据采集控制参数应该在(A)页面设计中完成。

A. 方法与运行控制　　B. 数据处理

C. 报告设计　　D. 打印控制

136. 对于 HP Chem 工作站允许用户定义自己的报告输出格式，这项工作应该在(C)页面中完成。

A. 方法与运行控制　　B. 数据处理

C. 报告设计　　D. 打印控制

137. 使用 FPD 时发现点火困难，应该采取的办法是(B)。

A. 加大氢气流量　　B. 减小氢气流量

C. 减小载气和补充气的量　　D. 减小空气流速

138. 使用 ECD 时，保持 ECD 长时间灵敏好用的最关键因素是(A)。

A. 保持系统的洁净　　B. 控制合适的进样量

C. 定期检查放射源是否泄漏　　D. 定期对 ECD 进行氢烘烤

139. 进行色谱样品前处理时，处理的转化率(D)。

A. 按 100%计算　　B. 不需要考虑

C. 必须用标准样品测定好

D. 根据处理方法和结果计算方法不同而有差异

140. 在含有预切气路的双气路色谱仪中，至少要有(C)根色谱柱。

A. 2　　B. 3　　C. 4　　D. 6

141. 在 GC-14B 型色谱仪上，启动色谱主机程序的按键是(B)。

A. RUN　　B. START　　C. PROG　　D. FUNC

142. 下列关于离子选择性电极的分类方法，正确的是(A)。

A. 原电极和敏化电极　　B. 原电极和酶电极

C. 晶体膜电极和非晶体膜电极　　D. 气敏电极和酶电极

143. 离子选择性电极的选择性主要由(B)决定。

A. 离子浓度　　B. 电极膜活性材料的性质

C. 待测离子活度　　D. 测定温度

144. 相同电量通过不同电解质溶液时，各种物质所析出的量与它们的化学当量(A)。

A. 成正比　　B. 成反比　　C. 不成正比　　D. 1:1

145. 直接电位定量方法分类正确的是(A)。

A. 直接测定法和标准加入法　　B. 标准比较法和标准加入法

C. 标准比较法和标准加入法　　D. 标准曲线法和标准加入法

146. 应用 $\Delta E/\Delta V-V$ 曲线法确定电位滴定终点，滴定终点对应(D)。

A. 曲线上升中点　　B. 曲线下降中点

C. 曲线最低点　　D. 曲线最高点

147. 控制电位库仑分析中，为了加快电解速度，通常工作电极电位要控制在比分解电压大一些的数值，但一般不超过(B)V。

A. 0.1　　B. 0.2　　C. 0.5　　D. 0.8

148. 下列关于微库仑分析的理解，错误的有(B)。

A. 发生电流由指示系统电信号的变化自动调节

B. 不产生电生中间体

C. 是一种动态库仑分析技术

D. 发生电流是变化的

149. 产生浓差极化的重要因素是(C)。

A. 电流　　B. 残余电流　　C. 电流密度　　D. 极限电流

150. 定位调节器的作用是(D)。

A. 调节电极系数　　B. 使仪器显示为零

C. 抵消待测离子电极电位　　D. 抵消待测离子活度为零时的电极电位

151. pH 计指针不稳定的可能原因不包括(A)。

A. 电极老化　　B. 电极部分接触不良

C. 电极陶瓷芯堵塞　　D. 预热不够

152. 自己用现成的仪器组合成电导仪时，可以用(D)作为测量电源。

A. 变压器　　B. 低频交流电源　　C. 音频振荡器　　D. 音频发生器

153. 影响库仑分析电流效率的因素不包括(D)。

A. 溶剂　　B. 共存元素　　C. 电极反应产物　　D. 电生滴定剂

154. 湿度对于水分测定的影响是(B)。

A. 潮湿的环境可能使测定结果偏低　　B. 潮湿的环境可能使测定结果偏高

C. 湿度对水分测定没有影响　　D. 湿度对含水量较大的试样影响较大

155. 卡尔费休法测定水含量时，终点的等待时间必须设置为(D)s。

A. 5　　B. 10　　C. 15　　D. 20

156. 电位滴定分析中，对搅拌速度的要求是(A)。

A. 相同　　B. 不同　　C. 高含量时快　　D. 低含量时快

157. 滴定速度对于电位滴定分析至关重要，滴定速度过快会导致测定结果(B)。

A. 偏低　　B. 偏高　　C. 无法衡量误差　　D. 精密度升高

158. 评价 pH 计性能的好坏，不需要关心的是(D)。

A. 测定的准确度　　B. 测定样品的范围

C. 测定的精密度　　D. 测定样品的性质

159. 在库仑计法水分分析过程中，为了科学合理的进行分析，首先应做的工作是(C)。

A. 仪器调整　　B. 按标准分析　　C. 样品性质确定　　D. 分析要素的把握

160. 电位滴定分析过程中，分析时间过长，其原因是(D)。

A. 样品量过大　　B. 样品含量高

C. 标准溶液浓度太小　　D. 前三者之一或复合作用

161. 分析微库仑分析的过程，考虑问题的出发点应围绕(A)展开。

A. 滴定池　　B. 放大器　　C. 样品性质　　D. 燃烧管

162. pH 计读数示值不稳定，则不当的操作是(D)。

A. 询问预热时间　　B. 检查电极

C. 检查陶瓷芯　　D. 检查电源电压

163. 测定电导率时设备读数不准，不当的处理方式是(B)。

A. 校准电导池　　B. 进行设备维修

C. 电导池污染　　D. 温度系数不正确

164. 氧化微库仑法测定硫含量时，转化率低，通过参数调整，正确的操作是(C)。

A. 增大电阻　　B. 减小电阻　　C. 增加偏压　　D. 减小偏压

165. 卡尔费休法测定水分含量时，调节搅拌速度以(D)为准。

A. 进样量　　B. 试剂消耗量　　C. 滴定速度　　D. 滴定池内无气泡

166. 运动粘度的单位是(A)。

A. cm^2/s　　B. $dyn \cdot s/cm^2$　　C. $dyn \cdot cm^2/s$　　D. s

167. 开口闪点一般用来测定(B)。

A. 轻质油料　　B. 重质油料　　C. 轻重两种油料　　D. 要求测定的油料

168. 汽油的闪点，实际上是它的(C)。

A. 爆炸极限　　B. 爆炸下限

C. 爆炸上限　　D. 有时是爆炸上限，有时是爆炸下限

169. 石油产品达到燃点时，燃烧时间不能少于(B)s。

A. 4　　B. 5　　C. 6　　D. 8

170. 任何运动粘度值都是指在(B)液体的运动粘度。

A. 固定温度　　B. 特定温度　　C. 任意温度　　D.4℃下

171. 恩氏粘度计的水值是指(B)。

A. 蒸馏水在 20℃从恩氏粘度计流出 100mL 所需时间

B. 蒸馏水在 20℃从恩氏粘度计流出 200mL 所需时间

C. 蒸馏水在 4℃从恩氏粘度计流出 100mL 所需时间

D. 蒸馏水在 4℃从恩氏粘度计流出 200mL 所需时间

172. 开口杯法测定石油产品的闪点，闪点低于 210℃的试样，内坩埚试样液面距离坩埚口部(C)mm。

A. 10　　B. 11　　C. 12　　D. 13

173. 开口杯法测定燃点，内坩埚底部与外坩埚底部应保持厚度(D)mm 的砂层。

A. 3～4　　B. 4～6　　C. 5～8　　D. 4～8

174. 测定净热值时，吸水剂采用(D)。

A. 氧化钙　　B. 浓硫酸　　C. 无水氯化钙　　D. 吸有硫酸的浮石

175. 烃类的爆震现象与相对分子质量的关系是(A)。

A. 相对分子质量越大，爆震越不易发生

B. 相对分子质量越小，爆震越不易发生

C. 两者非线性相关

D. 二者无关

176. 铜片腐蚀试验对温度和时间的要求是(C)。

A. 一定温度、不一定时间　　B. 不一定温度、一定时间

C. 一定温度、一定时间　　D. 时间温度均不固定

177. 测定运动粘度时，吸入样品的量应(C)。

A. 稍高于标线 b　　B. 稍低于标线 b

C. 稍低于标线 a　　D. 稍高于标线 a

178. 粘度测定时，如果试验温度为 20℃，则恒温时间为(A)min。

A. 10　　B. 15　　C. 20　　D. 30

179. 测定恩氏粘度时，内容器的试样温度应恒定到(B)℃。

A. ±0.1　　B. ±0.2　　C. ±0.05　　D. ±0.3

180. 测定恩氏粘度时，温度计达到规定温度后，要再保持(C)min，才迅速提起木塞，同时开动秒表。

A. 3　　B. 4　　C. 5　　D. 6

181. 测定闭口闪点，点火时，火焰要留在点火位置(C)s后立即回到原位。

A. 0.5　　B. 2　　C. 1　　D. 1.5

182. 测定开口闪点，温度到达预计闪点前40℃时，应控制升温速度为(A)。

A. 4℃±1℃　　B. 3℃±1℃　　C. 2℃±1℃　　D. 5℃±1℃

183. 测定开口闪点时，点火器火焰从坩埚一边移至另一边需要时间为(B)s。

A. 1　　B. 2~3　　C. 2~4　　D. 3~4

184. 测定燃点时，试样的升温速度为每分钟(D)。

A. 2℃　　B. 3℃±1℃　　C. 4℃　　D. 4℃±1℃

185. 测定燃点时，两只坩埚之间的砂层厚度(C)。

A. 不允许改变　　B. 允许按操作方便减薄

C. 允许减薄，但要满足升温控制　　D. 没有固定值

186. 测定残炭含量时，量取好试样后，应将试样放入(A)。

A. 内铁坩埚中央　　B. 外铁坩埚中央

C. 内铁坩埚靠近火焰处　　D. 外铁坩埚靠近火焰处

187. 测定残炭含量时，最后称量应在冷却(C)min后进行。

A. 20　　B. 30　　C. 40　　D. 60

188. 测定净热值时，空白试验应至少进行(B)次。

A. 1　　B. 2　　C. 3　　D. 4

189. 用压缩比法测定燃料辛烷值，对于低于100的试样，每评定(C)个试样后检查标准爆震强度一次。

A. 2　　B. 3　　C. 4　　D. 5

190. 测定残炭含量时，灯头应位于外铁坩埚底下约(D)mm。

A. 20　　B. 30　　C. 40　　D. 50

191. 测定辛烷值时，发动机转速在一次实验中最大变化应不超过(C)r/min。

A. 5　　B. 8　　C. 9　　D. 12

192. 测定喷气燃料的铜片腐蚀，水浴温度要求控制在(C)±1℃。

A. 40℃　　B. 50℃　　C. 100℃　　D. 120℃

193. 测定燃料油的铜片腐蚀，要求试管在浴中放置(B)h±5min。

A. 4　　B. 3　　C. 2　　D. 1

194. 对于开口闪点大于150℃的试样，考查重复性，两次测定结果的差数应不超过(C)℃。

A. 2　　B. 4　　C. 6　　D. 8

195. 以重复性来考查闭口闪点的精密度，对于闪点低于104℃的样品，两次测定结果的差数不应超过(B)℃。

A. 10　　B. 4　　C. 6　　D. 8

196. 测定运动粘度时，对于测定温度在 15～100℃的试样，重复性要求两个测定结果之差不超过算术平均值的(B)。

A. 0.05%　　B. 1.0%　　C. 2.2%　　D. 3.1%

197. 测定恩氏粘度时，对于流出时间为 300s 的试样，重复性要求两个流出时间之差不应大于(C)s。

A. 1　　B. 2　　C. 3　　D. 5

198. 我们在评价油品分析结果的时候，最关键的是看分析结果的(B)。

A. 精密度　　B. 准确度　　C. 偏差　　D. 相对偏差

199. 干燥恩氏粘度计内容器的常用方法为(C)。

A. 烘箱烘干　　B. 热空气吹干　　C. 空气吹干　　D. 超声干燥

200. 测定开口闪点时，内坩埚内剩余洗涤剂应(D)。

A. 烘箱干燥　　B. 自然干燥　　C. 空气吹干　　D. 煤气灯加热

201. 测定闭口闪点时，油杯一般用(B)洗涤。

A. 溶剂油　　B. 无铅汽油　　C. 铬酸洗液　　D. 乙醇

202. 残炭测定用瓷坩埚必须在高温炉中煅烧(C)h 后清洗烘干。

A. 0.5～1　　B. 1～1.5　　C. 1.5～2　　D. 2～2.5

203. 热值测定，检查装入量热计的水量的最终结果是(C)。

A. 每次实验水量相同　　B. 增加准确度

C. 增加精密度　　D. 保证试验顺利进行

204. 铜片腐蚀用试验弹需要试漏，其试漏时间要求是(A)。

A. 每次试验前　　B. 每隔一星期　　C. 每隔一个月　　D. 每隔半年

多选题

1. 下列各组物质中，化学键(离子键、共价键)相同的是(B，C)。

A. HI 和 NaI　　B. NaF 和 KCl　　C. Cl_2 和 HCl　　D. F_2 和 NaBr

2. 下列关于红磷和白磷性质的叙述中正确的是(A，B，D)。

A. 在空气中燃烧都生成 P_2O_5　　B. 白磷有毒，红磷无毒

C. 都不溶于水，但都能溶于 CS_2　　D. 白磷和红磷互为同素异形体

3. 证明氨水是弱碱的事实是(C，D)。

A. 氨水的导电性比氢氧化钠溶液弱得多　　B. 氨水只能跟强酸发生中和反应

C. NH_4Cl 的水溶液的 pH 值小于 7　　D. 0.01mol/L 氨水的 pH 值小于 12 大于 7

4. 下列说法正确的是(A，B，D)。

A. 在酸性或碱性稀溶液中，H^+ 和 OH^- 浓度的乘积总是一个常数为 1×10^{-14}

B. 在中性溶液里 H^+ 和 OH^- 浓度相等为 1×10^{-7}

C. 在酸性溶液里没有 OH^-

D. 在碱性溶液中 OH^- 浓度比 H^+ 大

5. 下列说法正确的是(C，D)。

A. 酸碱中和生成盐和水，而盐水解又生成酸和碱，所以说，酸碱中和反应都是可逆的

B. 某溶液呈中性(pH = 7)，这种溶液一定不含水解的盐

C. 强酸强碱生成的盐其水解呈中性

D. 强酸弱碱所生成的盐的水溶液呈酸性

6. 用虚线和箭头表示下列三元环与 HBr 加成时，破环的位置和氢原子加成的位置正确的是(A，B)。

A. 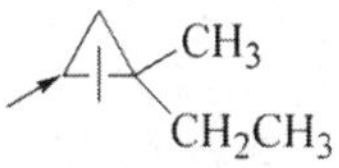

B. 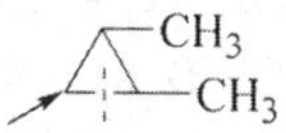

C. 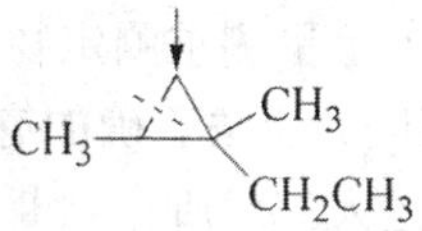

D. 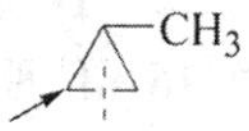

7. 下列判断正确的是(B，C)。

A. 苯和甲苯可以用浓硫酸进行鉴别　　B. 乙苯和环己烷可以用浓硫酸进行鉴别

C. 苯和甲苯可以用高锰酸钾进行鉴别　D. 苯和环己烷可以用高锰酸钾进行鉴别

8. 下列说法正确的是(B，C)。

A. —NO_2 为邻、对位定位基，但使苯环活化

B. 邻对位定位基(除卤素外)都使苯环活化

C. —NH_2 是邻对位定位基，使苯环活化

D. —OH 是间位定位基使苯环钝化

9. 燃烧 0.2mol 某有机物，得到 0.4mol CO_2 和 0.6mol H_2O，由此可得出的结论是(A，D)。

A. 该有机物含有 2 个碳原子和 6 个氢原子

B. 该有机物中碳元素和氢元素的原子个数比为 3:1

C. 该有机物中含有 2 个 CO_2 和 3 个 H_2O

D. 该有机物的 1 个分子里含有碳原子、氢原子和 1 个或 2 个氧原子

10. 下列说法正确的是(A，C)。

A. 纯净的苯酚是无色的固体　　B. 纯净的苯酚是粉红色的固体

C. 苯酚与三氯化铁反应呈现紫色　D. 苯酚无毒

11. 丙酮和下列化合物是同系物的是(A，C)。

A. $CH_3CH_2COCH_3$　　B. CH_3CH_2CHO

C. $CH_3C(CH_3)_2COCH_3$　　D. $CH_3CH(CH_3)CHO$

12. 下列说法中，能反映甲酸化学性质的有(A，B，C，D)。

A. 甲酸与其他羧酸一样有酸性

B. 甲酸能与碳酸氢钠反应生成盐和水

C. 甲酸能与斐林试剂作用生成铜镜

D. 甲酸加热到 160℃以上，就能分解成为 CO_2 和 H_2

13. 下列哪两种物质在浓硫酸作用下能发生酯化反应(A，D)。

A. 乙醇　　B. 乙醚　　C. 乙醛　　D. 乙酸

14. 下列说法正确的是(A，B，C，D)。

A. 乙二酸比其他二元酸酸性都强，这是因为两个羧基直接相连

B. 乙二酸俗名草酸

C. 乙二酸可作还原剂用以标定高锰酸钾溶液

D. 乙二酸可用作草制品的漂白剂

15. 当代分析化学发展的趋势包括(A，B，C)。
A. 在分析理论上趋向于与其他学科相互渗透
B. 在分析方法上趋向于各类方法相互融合
C. 在分析技术上趋向于准确、灵敏、快速、遥测和自动化
D. 在分析任务上更侧重测定物质的成分和含量
16. 下列有关置信度的说法正确的有(A，C，D)。
A. 置信度就是人们对所作判断的可靠把握程度
B. 从统计意义上的推断，通常把置信度定为 100%
C. 在日常中，人们的判断若有 90%或 95%的把握性，就认为这种判断基本上是正确的
D. 落在置信度之外的概率，称为显著性水平
17. 置信区间的宽度与(A，B)有关。
A. 标准偏差　B. 样本容量　C. 平均值　D. 真值
18. 下列关于 Q 检验法的说法，正确的有(A，B，C)。
A. Q 检验法符合数理统计原理　B. 适用于平行测定次数为 3 ~ 10 次的检验
C. 计算简便　D. 准确但计算量较大
19. 下列关于格鲁布斯检验法的说法，正确的有(A，B，D)。
A. 符合数理统计原理
B. 要将样本的平均值和实验标准偏差引入算式
C. 计算简便
D. 准确但计算量较大
20. 液相色谱适合于分析(B，C，D)。
A. 气体样品　B. 难挥发样品　C. 热不稳定样品　D. 可溶高分子样品
21. 实现精馏过程的必要条件包括(A，B，C，D)。
A. 各组分挥发度不同　B. 汽液两相接触时存在浓度差和温度差
C. 有一定的塔盘数　D. 有液相回流和汽相回流
22. 催化裂化装置一般由以下(B，C，D)部分组成。
A. 加氢精制　B. 吸收稳定　C. 反应 - 再生　D. 分馏
23. 可以用作急冷的介质是(A，B)。
A. 急冷油　B. 水　C. 乙醇　D. 甲醛
24. 用作聚酯的合成原料有(A，C)。
A. 对二甲苯　B. 间二甲苯　C. 乙二醇　D. 邻二甲苯
25. 渣油主要的测定指标有(A，B，C)。
A. 闪点　B. 密度　C. 含水量　D. 雾度
26. 聚乙烯中常加入(A，B)。
A. 爽滑剂　B. 抗静电剂　C. 絮凝剂　D. 消泡剂
27. 以下关于电感的说法，正确的是(A，C，D)。
A. 感抗只有在正弦交流电路中才有意义
B. 感抗等于电感元件两端任一时刻的电压与电流的商
C. 电感元件接收的平均功率为零

D. 日光灯的镇流器主要就是一个电感

28. 以下关于电容的说法，正确的是(A，C)。

A. 容抗只有在正弦交流电路中才有意义

B. 容抗等于电容元件两端任一时刻的电压与电流的商

C. 电容元件接收的平均功率为零

D. 日光灯的启辉器就是一个电容

29. 正弦交流电路中，用于表征功率的术语包括(A，B，C)。

A. 有功功率　B. 无功功率　C. 视在功率　D. 潜在功率

30. 组织编写质量管理体系文件的多少取决于(A，D)。

A. 产品复杂程度和人员能力　B. 主管领导意见

C. 顾客要求　D. 组织规模大小

31. 产品的标识包括(A，B，C，D)。

A. 产品标识　B. 状态标识

C. 可追溯性标识　D. 技术状态

32. 特殊检验水平主要用于(B，D)。

A. 大批量检验　B. 检验费用高的产品批验收

C. 生产质量不稳定的批交验　D. 破坏性检验

33. 质量因素引起的波动分为偶然波动和异常波动，下述说法正确的是(B，D)。

A. 偶然波动可以避免　B. 偶然波动不可以避免

C. 采取措施不可以消除异常波动　D. 采取措施可以消除异常波动

34. 选择天平的原则是(A，B，C)。

A. 不能使天平超载　B. 不应使用精度不够的天平

C. 不应滥用高精度天平　D. 天平精度越高越好

35. 天平的灵敏度与(A，C)成反比。

A. 与横梁的质量成反比　B. 与臂长成反比

C. 与重心距成反比　D. 与稳定性成反比

36. 利用不同的配位滴定方式，可以(B，C)。

A. 提高准确度　B. 能提高配位滴定的选择性

C. 扩大配位滴定的应用范围　D. 计算更方便

37. $KMnO_4$ 溶液不稳定的原因有(A，C)。

A. 还原性杂质的作用　B. H_2CO_3 的作用

C. 自身分解作用　D. 空气的氧化作用

38. 配制 I_2 标准溶液时，加入 KI 的目的是(A，B)。

A. 增大 I_2 的溶解度，以降低 I_2 的挥发性

B. 提高淀粉指示剂的灵敏度

C. 避免日光照射　D. 避免 I_2 与空气的接触

39. $AgNO_3$ 标准溶液放置在棕色瓶中的原因是(A，B，D)。

A. $AgNO_3$ 见光易分解　B. $AgNO_3$ 具有腐蚀性

C. $AgNO_3$ 很贵　D. $AgNO_3$ 与有机物接触起还原反应

40. NH_4SCN 标准溶液采用间接法配制的原因是(B，C)。

A. NH_4SCN 见光易分解　　B. NH_4SCN 常含有硫酸盐、硫化物等杂质

C. NH_4SCN 易潮解　　D. NH_4SCN 溶液不稳定

41. 为获得较纯净的沉淀，可采取下列措施(A，B，D)。

A. 选择适当的分析程序　　B. 再沉淀

C. 在较浓溶液中进行沉淀　　D. 洗涤沉淀

42. 根据大量实践证明，判断多元酸能否滴定的原则是(A，B，C)。

A. 当多元酸各级的 $C_aK_a \geq 10^{-8}$，则该级离解的 H^+ 可被滴定

B. 当相邻的两个 K_a 值，相差 10^5 时，在前一个化学计量点时将出现一个滴定突跃

C. 如相邻的 K_a 值相差小于 10^5 时，滴定时两个滴定突跃将混在一起，无法进行分步滴定

D. 多元酸中所有的 H^+ 都能被滴定

43. 已知 Na_2CO_3 的 $K_{b_1} = 1.8 \times 10^{-4}$，$K_{b_2} = 2.4 \times 10^{-8}$，当用 $C(HCl) = 0.1000mol/L$ 溶液滴定 $0.1000mol/L$ Na_2CO_3 溶液时，在第一个化学计量点选择(C，D)指示剂。

A. 甲基橙　　B. 溴甲酚绿

C. 酚酞　　D. 甲酚红 + 百里酚蓝

44. $KMnO_4$ 法不用 HCl 和 HNO_3 的原因是(A，D)。

A. HCl 具有还原性，能与 $KMnO_4$ 作用

B. HCl 具有氧化性，能与被测物质作用

C. HNO_3 具有还原性，能与 $KMnO_4$ 作用

D. HNO_3 具有氧化性，能与被测物质作用

45. 直接碘量法在(C，D)性介质中进行。

A. 强酸　　B. 强碱　　C. 中性　　D. 微酸性

46. 碘量法中为防止 I_2 的挥发，应(A，B，D)。

A. 加入过量 KI　　B. 滴定时勿剧烈摇动

C. 降低溶液酸度　　D. 使用碘量瓶

47. 下列测定中必须使用碘量瓶的有(B，C)。

A. $KMnO_4$ 法测定 H_2O_2　　B. 溴酸盐法测定苯酚

C. 间接碘量法测定 Cu^{2+}　　D. 用已知准确浓度的 $Na_2S_2O_3$ 溶液标定 I_2

48. 莫尔法不适于测定(C，D)。

A. Cl^-　　B. Br^-　　C. I^-　　D. SCN^-

49. 莫尔法要求的酸度条件是(C，D)。

A. 酸性　　B. 碱性　　C. 中性　　D. 微碱性

50. 佛尔哈德法返滴定法可用来测定(A，B，D)。

A. Br^-　　B. SCN^-　　C. Ag^+　　D. PO_4^{3-}

51. 下列关于吸附指示剂说法正确的有(A，B，C)。

A. 吸附指示剂是一种有机染料

B. 吸附指示剂能用于沉淀滴定中的法扬司法

C. 吸附指示剂指示终点是由于指示剂结构发生了改变

D. 吸附指示剂木身不具有颜色

52. 为保持沉淀呈胶体状态采取的措施是(A，C)。

A. 在适当的稀溶液中进行滴定　　B. 在较浓的溶液中进行滴定

C. 加入糊精或淀粉　　D. 加入适量电解质

53. 化学因数的特性有(A，B，C)。

A. 分子是所求组分的摩尔质量及其计量数的乘积

B. 分母是称量式的摩尔质量及其计量数的乘积

C. 在分子分母中，所求元素或物质中主体元素的数目必相等

D. 共同元素一定同时存在于分子分母中

54. 对容量瓶可使用(A，C)方法进行校正。

A. 绝对校正(称量)　　B. 相对校正(称量)

C. 相对校正(移液管)　　D. 相对校正(滴定管)

55. 凡士林等油状物粘住活塞，可以(B，C，D)。

A. 用力敲击　　B. 电吹风慢热

C. 微火慢热　　D. 微热外层后用木棒轻敲

56. 单盘天平的故障多发生在(B，C)。

A. 横梁部分　　B. 光学系统　　C. 机械减码装置　　D. 悬挂系统

57. 电子天平的显示不稳定，可能产生的原因是(A，B，C)。

A. 振动和风的影响　　B. 称盘与天平外壳之间有杂物

C. 被称物吸湿或有挥发性　　D. 天平未经调校

58. 离子交换法制取的纯水电导率可达到很低，但它的局限性是不能去除(A，B，C，D)。

A. 非电解质　　B. 胶体物质

C. 非离子化的有机物　　D. 溶解的氧气

59. 电渗析法的优点是(A，B，C)。

A. 消耗少量电能　　B. 无二次污染

C. 不需要占用人工　　D. 耗水量大

60. 微波是一种高频率的电磁波，具有(A，B，C)特性。

A. 反射　　B. 穿透　　C. 吸收　　D. 可视

61. 溶液的酸度对光度测定有显著影响，它影响待测组分的(A，B，C)。

A. 吸收光谱　　B. 显色剂形态

C. 待测组分的化合状态　　D. 吸光系数

62. 采用双波长分光光度法可以在一定范围内解决(A，D)很难找到合适的参比溶液的问题。

A. 混浊样品　　B. 吸光度很小　　C. 透过率很小　　D. 背景吸收大的样品

63. 溶液的酸度对光度测定有显著影响，它影响(A，B，C，D)。

A. 待测组分的吸收光谱　　B. 显色剂的形态

C. 待测组分的化合状态　　D. 显色化合物的组成

64. 有机溶剂可能(B，C，D)。

A. 降低显色反应的速度　　B. 提高显色反应的速度

C. 影响有色配合物的溶解度　　D. 影响有色配合物的组成

65. 获得单色光的方法有(A，B，C)。

A. 棱镜　　B. 光栅　　C. 滤光片　　D. 透镜

66. 影响吸光度测量的主要因素有(A，B，C，D)。

A. 非单色光　　B. 高浓度　　C. 化学平衡　　D. 溶剂效应

67. 常用的光电转换器有(A，B，C)。

A. 光电池　　B. 光电管　　C. 光电倍增管　　D. 光栅

68. 有机化合物中含有 π 键的不饱和基团，能在紫外与可见光区产生吸收，如(A，B，C，D)等称为生色团。

A. —CHO　　B. —COOH　　C. —N = N—　　D. —SO—

69. 原子吸收光谱测定石脑油中的铅时，对光源的使用，正确的说法是(A，B)。

A. 空心阴极灯　　B. 铅灯　　C. 铁灯　　D. 能斯特灯

70. 朗伯 - 比耳定律适用性的要求包括(A，B)。

A. 单色光　　B. 低浓度　　C. 复合光　　D. 高浓度

71. 在一定条件下，(A，B，C，D)与待测组分的浓度呈线性关系。

A. 一阶倒数　　B. 二阶倒数　　C. 三阶倒数　　D. n 阶倒数

72. 仪器接通电源后，指示灯及光源灯不亮，可能是(A，B，C，D)。

A. 电源线路、开关接触不好　　B. 仪器保险丝烧断

C. 电源插头接触不好　　D. 电源变压器损坏

73. 根据光度学分类，紫外可见分光光度计可分为(B，C)。

A. 单波长分光光度计　　B. 单光束分光光度计

C. 双光束分光光度计　　D. 双波长分光光度计

74. 分光光度计的检定项目有(A，B，C)。

A. 稳定度　　B. 杂散光　　C. 波长准确度　　D. 光源的材质

75. 温度变化会引起(A，B，C)不规则变化。

A. 色散系统　　B. 光学元件　　C. 精密零部件　　D. 光源的材质

76. 原子吸收光谱仪由(A，B，C，D)组成。

A. 光源　　B. 原子化系统　　C. 分光系统　　D. 检测系统

77. 相对响应值有两种，它们是(A，C)。

A. 质量相对响应值　　B. 浓度相对响应值

C. 摩尔相对响应值　　D. 体积相对响应值

78. 根据塔板理论，可以得出以下哪个结论(A，C)。

A. 分配系数差异越大,组分越容易分离　B. 载气流速越慢，组分越难分离

C. 色谱柱越短，组分越难分离　　D. 柱箱温度越高，组分越难分离

79. 相对于较大粒度的填料，选用较小色谱柱填料粒度可以(A，D)。

A. 减小峰宽　　B. 减小柱子压力降

C. 增大柱容量　　D. 增加柱效率

80. 用于控制载气流速的设备通常有(B，D)。

A. 减压阀　　B. 稳压阀　　C. 针型阀　　D. 稳流阀

81. 硅藻土类担体可以细化分为(A，D)几类。

A. 白色　　B. 黑色　　C. 褐色　　D. 红色

82. 选择合适长度的色谱柱，应该主要考虑(A，C，D)。

A. 单位长度色谱柱的效率　　B. 样品组分的多少

C. 样品中难分开组分要求的分离度　　D. 为柱子提供足够流量所需的柱前压

83. 色谱仪柱箱温度可以影响(A，B，C，D)，因此应严格控温。

A. 柱效率　　B. 分离度　　C. 选择性　　D. 分配系数

84. 分流不分流进样口设定温度过高可能造成(B，C)。

A. 柱前压增大　　B. 样品中组分发生裂解

C. 产生鬼峰　　D. 分流比不稳定

85. 分流不分流进样口的注射器进样速度越快越好，这是因为(B，C)。

A. 有利于快速得到分析结果　　B. 有利于得到良好的初始带宽

C. 能有效地防止不均匀气化　　D. 有利于保证分流比

86. 合适的色谱固定液应具有(A，B，C，D)的特点。

A. 沸点高　　B. 粘度低　　C. 化学稳定性高　　D. 选择性好

87. 毛细管柱和填充柱一样，可以分为(C，D)两种。

A. 宽口径毛细管柱　　B. 细口径毛细管柱

C. 分配毛细管柱　　D. 吸附毛细管柱

88. 宽口径毛细管和微填充色谱柱的共同特点是(A，B，C)。

A. 具有相对普通毛细管要高的柱容量

B. 具有相对于填充柱要高的理论塔板数

C. 可以在不分流的情况下进样

D. 较填充柱更长的柱长度

89. 在下面的色谱进样方式中，需要隔垫吹扫的有(B，C)。

A. 液相阀进样　　B. 填充柱气相注射器进样

C. 毛细管柱液相注射器分流进样　　D. 气相阀进样

90. 在色谱积分仪的 ID 表中，可以包含有以下(A，B，C)等重要信息。

A. 组分名称　　B. 组分校正因子

C. 标准流出时间　　D. 峰面积大小

91. 对于 HP Chem 工作站来说，主要由三个页面控制工作站的各种功能，它们是(A，B，C)。

A. 方法与运行控制　　B. 数据处理

C. 报告设计　　D. 打印控制

92. 在 HP Chem 工作站上，可以采用(A，B，C)方法来消除基线不稳造成的小峰的误识别。

A. 设定最小检出峰高　　B. 设定最小检出面积

C. 设定更高的峰检出域值　　D. 设定更大的基线漂移

93. 在工作站上，与积分仪最大的不同在于可以手动积分峰面积。它的功能主要包括(A,B)。

A. 手动设定峰的起点和终点　　B. 手动分割不完全分离峰

C. 手动设定基线漂移程度　　D. 手动设定数据采集频率

94. 使用 FPD 时，应特别保护用于检测的核心——光电倍增管。通常的保护措施有(A，C)。

A. 通电后严禁打开 FPD 帽　　B. 选用高纯度的 H_2 作为燃烧气

C. 选择合适的工作电压　　D. 确保点火时的温度在 120℃以上

95. 在色谱仪本身的时间程序中，可以进行的工作有(A，B，D)。

A. 改变 TCD 的桥电流　　B. 切换 FID 检测器的灵敏度

C. 清除不关心组分信号的输出　　D. 控制色谱仪连出的其他设备开关

96. 目前，气体发生器逐渐取代了钢瓶成为色谱的新型气源，这些用于色谱的气体发生器主要有(A，C)。

A. 氢气发生器　B. 氦气发生器　C. 氮气发生器　D. 氧气发生器

97. 关于指示电极的叙述，正确的是(A，B，C)。

A. 金属电极可以做成片状、棒状　　B. 银电极可以用细砂纸打磨

C. 金属表面应该清洁光亮　　D. 铂电极可用 20% 硝酸煮数分钟

98. 电化学分析用参比电极应具备的性质包括(A，B，C，D)。

A. 电位值恒定　　B. 微量电流不能改变其电位值

C. 对温度改变无滞后现象　　D. 容易制备，使用寿命长

99. 下列属于氟电极组成的是(A，B，C)。

A. 内参比电极　B. 内参比液　C. 单晶片　D. 外参比液

100. 对于离子浓度和离子活度的关系，理解正确的是(A，C，D)。

A. 离子活度通常小于离子浓度

B. 离子活度通常大于离子浓度

C. 溶液无限稀时，活度接近浓度

D. 实际应用中，能斯特方程中的离子活度由离子浓度替代

101. 为了使标准溶液的离子强度与试液的离子强度相同，通常采用的方法为(A，B)。

A. 固定离子溶液的本底　　B. 加入离子强度调节剂

C. 向溶液中加入待测离子　　D. 将标准溶液稀释

102. 恒电流库仑分析法指示终点的方法包含(A，B，C)。

A. 电流法　B. 电位法　C. 分光光度法　D. 色谱法

103. 下列几种电流，属于控制电位法背景电流的是(A，B，C，D)。

A. 充电电流　　B. 杂质法拉第电流

C. 动力电流　　D. 感应电流

104. 下列分析特点，属于极谱分析特点的是(A，B，C，D)。

A. 灵敏度高　　B. 可以进行多组分的同时测定

C. 分析速度快　　D. 分析所需试样量少

105. pH 值测定中，定位调节器标定不到标准溶液 pH 值的可能原因包括(B，C)。

A. 仪器内绝缘电阻失效　　B. 不对称电位相差太大

C. 标准溶液 pH 值不正确　　　　　　D. 溶液不均匀

106. 电导率仪开机时主机没有响应的原因有(A，B)。

A. 电源没有接通　　　　　　　　　B. 设备电路故障

C. 电导池脏　　　　　　　　　　　D. 校准程序错误

107. 电导率测定中，常见的电导率仪故障包括(B，C)。

A. 量程选择错误　　　　　　　　　B. 主机没有响应

C. 设备不校准　　　　　　　　　　D. 操作误差

108. 微库仑仪的增益对分析的影响是(A，D)。

A. 增大增益可以增大峰高　　　　　B. 增大增益可以降低峰高

C. 增大增益可以增大半峰宽　　　　D. 增大增益可以降低半峰宽

109. 进样量对于库仑计法水分测定的影响是(A，B，C)。

A. 进样量太小会加大测量误差对结果的影响

B. 进样量太大会使测定时间变长，增大测量误差

C. 进样量太小会使小含量试样无法检测

D. 进样量太大会使测量时间变长，但不影响结果精密度

110. 搅拌速度对于库仑计法水分测定的影响是(A，C)。

A. 搅拌速度过快会使测定结果重复性变差

B. 搅拌速度过快会使溶液产生泡沫，但不影响测定结果

C. 搅拌速度过慢会使溶液达到平衡缓慢，增大误差

D. 搅拌速度慢会使溶液稳定，减小误差

111. 电位滴定分析的影响因素包括(A，B，C，D)。

A. 溶液的离子强度　　　　　　　　B. 溶液的 pH 值

C. 温度　　　　　　　　　　　　　D. 干扰离子

112. 分析卡尔费休法水分测定的过程，应包含的内容有(A，B，C)。

A. 试剂消耗量　B. 仪器密闭性能　C. 搅拌速度　D. 试剂的性质

113. pH 计读数时，示值大幅变动，则相应的处理方法为(A，B，C，D)。

A. 检查电极　B. 检查插头　C. 检查分档开关　D. 检查有关调节器

114. 测定电导率时示值超过范围，正确的处理是(A，B)。

A. 检查池常数　　　　　　　　　　B. 检查校准程序和数值

C. 检查参考温度　　　　　　　　　D. 清洗电导池

115. 氧化微库仑法测定硫含量时，转化率高，通过参数调整，正确的操作是(A，D)。

A. 增大氧分压　B. 减小氧分压　C. 增加偏压　D. 减小偏压

116. 应用微机控制系统的电位滴定仪进行滴定时，正确的调整是(B，D)。

A. 调整滴定剂坐标比例改变纵坐标　B. 调整滴定剂坐标比例改变横坐标

C. 调整电位界值改变横坐标　　　　D. 调整电位界值改变纵坐标

117. 粘度是评价油品流动性能的指标，表示方法有(A，B，C，D)。

A. 绝对粘度　B. 运动粘度　C. 相对粘度　D. 条件粘度

118. 下列关于恩氏粘度的说法正确的是(A，D)。

A. 样品和水同样量　　　　　　　　B. 样品和水不是同样量

C. 样品和水测定温度一定相同　　D. 样品和水测定温度不一定相同

119. 下列关于闪点的说法，正确的是(A，D)。

A. 汽油的闪点实际上是爆炸上限

B. 汽油的闪点实际上是爆炸下限

C. 同一油品的闭口闪点比开口闪点高很多

D. 同一油品的闭口闪点比开口闪点低很多

120. 下列关于运动粘度的说法，正确的是(A，B，D)。

A. 测定对象一般为液体　　B. 温度特定

C. 温度固定　　D. 测定时，液体靠重力流动

121. 测定恩氏粘度计水值，方法正确的是(A，C)。

A. 测定温度为 20℃　　B. 测定温度为 4℃

C. 流出液体量为 200mL　　D. 流出液体量为 100mL

122. 测定石油产品的闭口闪点，火焰直径符合要求的数值为(B，C)。

A. 1mm　　B. 3mm　　C.3. 5mm　　D. 5mm

123. 开口杯法测定燃点，对于砂层规定的描述正确的是(A，B，C)。

A. 两坩埚之间砂层厚度可为 6mm

B. 两坩埚之间的砂层厚度应为 4～8mm

C. 细纱的表面应距离内坩埚口部边缘约 11mm

D. 细纱的表面应距离内坩埚口部边缘约 13mm

124. 关于石油产品残炭的测定，正确的叙述是(A，B，C)。

A. 规定的实验条件　　B. 残留物焦黑色

C. 装入量不超过内容积 3/4　　D. 装入物不超过内容积 1/2

125. 测定闪点低于 50℃的样品的闭口闪点的操作步骤包括(A，B)。

A. 用电加热装置加热　　B. 升温时不断搅拌

C. 升温时定期搅拌　　D. 控制升温速度为每分钟升高 2℃

126. 测定闭口闪点时，使用电热装置加热时，应注意(A，B，C，D)。

A. 闪点低于 50℃的试样，从开始到结束要不断搅拌

B. 闪点低于 50℃的样品，从开始到结束温度每分钟升高 1℃

C. 闪点高于 50℃的试样，开始加热速度要均匀上升

D. 闪点高于 50℃的试样，开始加热时要进行定期搅拌

127. 下列属于净热值测定步骤的是(A，B，C，D)。

A. 制备吸水剂　　B. 空白试验

C. 氢的测定　　D. 氢含量的测定

128. 下列操作，属于航空汽油铜片腐蚀测定步骤的是(A，B，D)。

A. 试样倒入试管 30mL 处　　B. 将铜片浸入试样中

C. 用软木塞塞住试管　　D. 把试管滑入试验弹中

129. 下列属于残炭含量测定技术要素的是(A，B，C，D)。

A. 按规定称取试样　　B. 预点火阶段控制在 10min ± 1.5min 内

C. 含水试样要脱水和过滤　　D. 试样要有代表性

130. 下列试验步骤，属于净热值测定试验步骤的是(A，B，C，D)。

A. 吸水剂的制备　　B. 空白试验

C. 氢的测定　　D. 氢含量的计算

131. 考查闭口闪点的精密度，对于闪点高于104℃的样品，应满足(A，D)。

A. 重复性允许差数为6℃　　B. 重复性允许差数为4℃

C. 再现性允许差数为10℃　　D. 再现性允许差数为8℃

132. 下列关于燃点测定数据处理的叙述，正确的是(A，B，C)。

A. 大气压力变化时需要修正　　B. 结果为两个结果的算术平均值

C. 两个结果的差数应不超过6℃　　D. 两个结果差数的要求与燃点高低有关

133. 计算恩氏粘度时，需要的数据为(B，C)。

A. 试样在测定温度下流出100mL的时间

B. 试样在测定温度下流出200mL的时间

C. 粘度计的水值 K_{20}

D. 粘度计的水值 K_{25}

134. 干燥运动粘度计的常用方法有(A，B)。

A. 烘箱中烘干　　B. 用通过棉花过滤的热空气吹干

C. 空气中自然干燥　　D. 微波干燥

135. 下列工作，属于对康氏残炭测定仪的维护工作的是(A，B，D)。

A. 保证沙层厚度　　B. 保证瓷坩埚洁净

C. 保证仪器安装正确　　D. 保证圆铁罩洁净不腐蚀

136. 辛烷值试验机的维护保养分为(A，B，C)三种类型。

A. 每日的检查维护　　B. 强制性的中短期检查维修

C. 长时间间隔的机器全面大修　　D. 每100h的维护检修

问答题

1. 什么是共价键?

答：原子间通过共用电子对，所形成的相互作用，叫做共价键。

2. 对于处于下列化学平衡状态的下列反应：$CO + H_2O(g) \rightleftharpoons CO_2 + H_2$，如果降低温度有利于 H_2 的生成，那么正反应是放热反应还是吸热反应？如果要提高CO的转化率，应该采取哪些措施？为什么?

答：正反应为放热反应。降低温度、增大反应物浓度或将生成的 CO_2、H_2 及时地分离出去。根据化学平衡移动原理，正反应为放热反应，那么降低温度可向放热反应方向移动，增大反应物的浓度和减小生成物的浓度都可使反应向正反应方向移动，为此上述做法都可提高CO的转化率。

3. 浓醋酸和浓氨水的导电能力很弱，但二者混合后的溶液导电能力却很强，为什么?

答：因为混合前两溶液都是弱电解质溶液，离子浓度很小所以各自的导电能力很弱，但混合后变成强电解质醋酸铵的水溶液，离子浓度增大，导电能力变强。

4. 试述用简便的化学方法鉴别甲烷、乙烯、乙炔三种物质。

答：方法1：将溴水分别通入三种气体中，溴水不褪色的是甲烷；再将剩余两种气体分别加入硝酸银氨溶液，有沉淀生成的是乙炔，没反应的是乙烯。

方法 2：分别点燃三种气体，火焰明亮和黑烟最浓的是乙炔，其次是乙烯，火焰呈蓝色没有黑烟的是甲烷。

5. 为检验苯中是否混有甲苯和己烯，某实验员向其中加入少量溴水后溴水褪色，于是他断定苯中混有甲苯，再继续加高锰酸钾溶液，结果高锰酸钾液褪色，于是他肯定苯中也混有乙烯。他的结论是否正确？为什么？

答：以上试验只能证明苯中混有己烯，不能证明苯中混有甲苯。因为甲苯不能使溴水褪色，己烯能使溴水褪色，也能使高锰酸钾褪色。如加溴水至不褪色为止，加热驱逐过量溴水后，再加酸化了的高锰酸钾溶液仍能使其褪色，可证明其中混有甲苯。

6. 苯中混有少量苯酚，如何除去？

答：在混合物中加入 NaOH 溶液，振荡反应后，静置使混合液分层，用分液漏斗分离两液层，上层是纯苯。

7. 什么叫银镜反应？写出其反应方程式。

答：可溶性银氨配合物[$Ag(NH_3)_2OH$]具有氧化作用，这种弱氧化剂遇到醛或还原糖时(在碱性介质中)会发生反应而析出单质银，沉积在玻璃或试管壁上形成光亮的银镜。反应式如下：

$$AgNO_3 + 3NH_3 \cdot H_2O = Ag(NH_3)_2OH + NH_4NO_3 + 2H_2O$$

$$CH_3CHO + 2\ Ag(NH_3)_2OH = CH_3COONH_4 + 2Ag \downarrow + 3NH_3 + H_2O$$

该反应一般称为银镜反应。

8. 劳动保护包括哪三方面内容？

答：①劳动安全卫生；②工作时间与休息、休假；③女职工和未成年工的特殊保护。

9. 职业中毒有哪些急救方法？

答：①现场出现职业中毒，应立即将患者移至上风向空气新鲜处(注意急救人员的自身防护)，松解患者衣扣腰带，清除口腔异物，并立刻通知医疗部门；②搬运中毒患者过程中避免强拖硬拉，以免对中毒患者造成进一步伤害。根据中毒原因迅速采取有效措施，若毒物是经皮肤侵入的，应立即将中毒者被污染的衣服鞋帽脱去，用清水彻底洗净皮肤；若毒物是经口腔侵入人体的，应立即采取催吐或是保护胃粘膜；若中毒者呼吸、心跳停止，应立即进行心肺复苏术，在医务人员到来之前，抢救不得中途停止；③医院接现场救护电话，问清中毒场所、中毒人数、中毒程度、已经采取的急救措施等，立即组织医疗救护队，赶赴中毒现场，了解患者各项生命指征，进行现场医疗救护工作，根据情况入院治疗或转上级医院治疗。

10. 简述配位返滴定的应用前提。(针对 EDTA 作配位剂)

答：在下列因素下使用返滴定：①直接滴定无适合指示剂或被测离子对指示剂有封闭作用；②被测离子与 EDTA 配位反应速度很慢；③被测离子发生水解等反应影响测定；④返滴定形成的配合物稳定性小于被测金属离子与 EDTA 的配合物。

11. 简述用草酸钠标定高锰酸钾溶液，草酸钠溶液为什么控制在 70～85℃？

答：因为 $Na_2C_2O_4$ 与 $KMnO_4$ 的反应在常温下速度较慢，因此需通过提高反应温度来加快反应速度。但温度过高(一般超过 90℃)，$C_2O_4^{2-}$ 在酸性条件下部分分解，导致标定结果偏高，其反应为：$2H^+ + C_2O_4^{2-} \longrightarrow CO_2 + CO \uparrow + H_2O$

接近终点时，溶液温度不能低于 65℃，因此控制温度一般在 70～85℃。

12. 简述高锰酸钾标准溶液的配制、标定中的注意事项。

答：配制时应注意以下方面：①由于市售高锰酸钾纯度不高，且高锰酸钾易被还原，故必须配成近似浓度溶液，再用基准物标定；②配成近似浓度溶液后，应加热煮沸并放置暗处2周，使还原性物质完全被氧化；③过滤除去二氧化锰后的滤液应储于棕色瓶内，避免高锰酸钾见光分解。

13. 用草酸钠标定时应注意哪些问题？

答：用草酸钠标定时应注意以下方面：①开始滴定时因反应速度慢，滴定速度要慢，待反应开始后，由于 Mn^{2+} 的催化作用，反应速度变快，滴定速度方可加快；②近终点时加热至65℃，使高锰酸钾与草酸钠反应完全；③用高锰酸钾作自身指示剂，溶液出现淡粉色30s不褪为终点；④控制合适的酸度，酸度太高，会促使草酸分解，太低，则反应速度减慢，甚至生成二氧化锰。

14. 配制 $Na_2S_2O_3$ 标准溶液时，应注意什么，为什么？

答：固体 $Na_2S_2O_3 \cdot 5H_2O$ 一般都含有杂质，且易风化，应配制成近似浓度的溶液后，再进行标定。$Na_2S_2O_3$ 溶液不稳定，浓度易改变，主要是由于溶解的 CO_2 的作用；空气中的 O_2 的作用；微生物的作用及光线促进 $Na_2S_2O_3$ 分解。因此，在配制好的 $Na_2S_2O_3$ 溶液后，缓缓加热煮沸10min，冷却，储入棕色瓶中，放置两周后过滤，再进行标定。

15. 简述碘量法误差来源及减小误差的方法。

答：碘量法误差来源于碘的挥发及 I^- 在酸性溶液中易被空气中的 O_2 氧化。

解决方法：针对于碘的挥发不应让溶液温度过高，一般室温下进行，振摇不宜过度剧烈，可加入过量的KI，在间接碘量法中，滴定反应在碘量瓶中进行。针对于易被氧化，可用棕色试剂瓶储存 I^- 标准溶液，避免日光照射，设法消除 Cu^{2+}、NO_2^- 等的催化作用，滴定速度适当快些。

16. 碘量法中淀粉的使用应注意哪些问题？

答：①淀粉必须是可溶性淀粉；②I_2 与淀粉的蓝色在热溶液中会消失，故不能在热溶液中进行；③溶液的酸度必须在中性或弱酸性，否则显色不灵敏；④淀粉必须在近终点时加入；⑤淀粉指示液用量适当，一般为2～5mL(5g/L的溶液)。

17. 以测定 Cl^- 为例，试述莫尔法的作用原理及反应条件。

答：以测定 Cl^- 为例，K_2CrO_4 作指示剂，用 $AgNO_3$ 标准溶液滴定，其反应为 $Ag^+ + Cl = AgCl\downarrow$ 白色；$2Ag^+ + CrO_4^{2-} = Ag_2CrO_4\downarrow$ 砖红色。这个方法的依据是分级沉淀原理，由于AgCl的溶解度比 Ag_2CrO_4 的溶解度小，因此在用 $AgNO_3$ 溶液滴定时，AgCl先析出沉淀，当滴定到 Ag^+ 与 Cl^- 达到化学计量点，微过量的 Ag^+ 使 CrO_4^{2-} 析出砖红色 Ag_2CrO_4 沉淀，即为滴定终点。

反应条件：指示剂用量 $[CrO_4^{2-}]$ 约为 5×10^{-3}mol/L。

控制溶液酸度pH值6.5～10.5，滴定时要剧烈摇动，以除去干扰离子。

18. 在用佛尔哈德法测定 I^- 时，是先加入过量 $AgNO_3$，还是先加铁铵矾指示剂，为什么？

答：用佛尔哈德法测定 I^- 时，应先加入过量的 $AgNO_3$，再加入铁铵矾指示剂。否则 Fe^{3+} 将氧化 I^- 为 I_2，影响分析结果的准确度。

19. 比色分析中理想的工作曲线应该是重现性好，而且是通过原点的直线。在实际工作中引起工作曲线不能通过原点的主要因素有哪些？

答：引起曲线不通过原点的主要因素有三点：①参比溶液的选择和配制不当；②显色反应

和反应条件的选择、控制不当；③用于显色溶液和参比溶液的比色皿厚度或光源性能不一致。

20. 简述吸收光谱产生机理。(提示 $\Delta E = E_2 - E_1$)

答：物质总是在不停运动着，分子内部运动有三种方式：电子相对原子核运动，原子在平衡位置附近的振动和分子本身绕其重心的转动，当分子从外界吸收能量后，分子外层电子或价电子由基态跃迁至激发态，$\Delta E = E_2 - E_1 = h\nu$，$E_2$ 为激发态，E_1 为基态能，ΔE 对一定分子来说也一定，即只能吸收相当于 ΔE 的光能，ΔE 在 1 ~ 20eV 相当于波长 60 ~ 1250nm 所具有能量，这正是紫外可见光区，所以分子吸收紫外光与可见光后产生外层电子跃迁，振动和转动能级能量可属于红外和远红外。

21. 在进行比色分析时，为何有时要求显色后放置一段时间再比，而有些分析却要求在规定的时间内完成比色？

答：①因为一些物质的显色反应较慢，需要一定时间才能完成，溶液的颜色也才能达到稳定，故不能立即比色；②而有些化合物的颜色放置一段时间后，由于空气的氧化、试剂的分解或挥发、光的照射等原因，会使溶液颜色发生变化，故应在规定时间内完成比色。

22. 为什么石墨法原子吸收测定中要使用惰性气体？

答：①在石墨炉中使用氩气、氮气等惰性气体，是用来保护石墨管不因高温灼烧而氧化；②另一方面是作为载气把气化的样品物质带走。

23. 原子吸收分析中，存在哪些类型的干扰？

答：在原子吸收分析中存在干扰：①电离干扰；②化学干扰；③背景干扰；④光谱干扰。

24. 紫外分光光度法对有机物进行定性分析的依据是什么？

答：主要依据是有机化合物在紫外光谱区的特征吸收光谱，吸收谱的曲线形状、数目、位置和相应摩尔吸光系数等，其中最大吸收波长和相应最大吸光系数是有机化合物定性的主要依据。

25. 一分光光度计主要部件是什么？(紫外与可见光)

答：①光源：钨丝灯、氘灯或氢灯；②单色器：棱镜、光栅；③吸收池：可见光区用玻璃、紫外用石英；④检测器：光电管、光电倍增管。

26. 什么叫基态原子？什么叫激发态原子？

答：①每个元素的原子都由原子核和核外电子组成，核外电子分层排布，每层都有确定能级，核外电子处于低能级时，原子能量最低、最稳定，原子处于基态称为基态原子。②当原子接受外界能量(热能、电能、光能)激发时最外层电子吸收一定能量跃迁到较高的能级上，原子处于激发态称为激发态原子。激发态不稳定在短时间又迁回原级，同时辐射出吸收的能量。

27. 简述噪声和漂移的产生原因。

答：噪声主要是因为检测器本身的不稳定的原因而产生，此外还有检测器和数据处理方面的机械和电噪声、载气不纯或压力控制不稳、柱子污染等其他原因。漂移产生的原因多是因为色谱仪的某些单元没有进入稳定状态。如柱子老化不够、进样口污染物沉积、钢瓶掉压、柱子和隔垫的流失等等。在程序升温中比较多见。

28. 简述灵敏度和检测限的异同。

答：灵敏度和检测限都是衡量检测器敏感程度的指标。灵敏度是指通过检测器物质的量变化时，该物质响应值的变化率。

检测限是指产生两倍于噪声信号的响应值时，进入检测器的组分的量。灵敏度用来表示检测器对组分的敏感程度，检测限说明检测器可以测量的组分大致最低浓度。前者越大，后者越小，检测器的性能越好。

29. 什么是分流歧视？造成分流歧视现象的原因是什么？

答： 分流歧视是指在一定的分流比下，样品中不同组分的实际分流比不相同的现象。分流歧视对色谱分析的准确性会有一定的影响。造成分流歧视出现的主要原因有：不均匀气化、分流比过大、进样口温度过低、毛细管色谱柱位置不正确。

30. 红色硅藻土载体和白色硅藻土载体有什么区别？

答： 红色硅藻土由硅藻土直接加粘合剂烧制而成，略呈酸性，内部孔径较小，呈浅红色。白色硅藻土由硅藻土加粘合剂和碳酸钠烧制而成，略呈碱性，内部孔径较大，呈白色或者灰色。

31. 选择气固色谱的固定相应遵循的原则是什么？

答： 对沸点接近，极性不同的组分，首先考虑使用氧化铝或硅胶；对沸点不同，极性相似的组分，首先考虑活性炭或氧化铝；待分析组分的沸点和极性都相近时，首先考虑用合适尺寸的分子筛分离分子直径不同的组分；一种吸附剂无法完全分离的复杂样品，可以考虑选用两种或多种吸附剂联合使用。

32. 简述隔垫吹扫气路的结构和目的。

答： 结构：载气进入进样装置后，经过加热器预热后，大部分载气进入衬管的同时，在进样隔垫下保留有一部分载气吹过，并进而进入隔垫下的吹扫气路出口排空。目的：由于隔垫多由硅橡胶材料制成，在高温下会发生部分降解，从而产生小分子。如果这些小分子进入色谱柱，就会造成基线不稳或者鬼峰。因此要用一路载气将这些降解产物带出色谱系统。隔垫吹扫气路就是为了这个目的设置的。

33. 什么叫电流效率？什么叫滴定效率？

答： 电流效率是指某一种物质在电极上发生电解反应时，所消耗的电量与通过电解池的总电量的比值。在一个滴定过程中，如果既有发生电解质参加电极反应，又有被测物质直接在电极上同时发生反应，则这个滴定过程的效率称为滴定效率。

34. pH 测定中，常见的故障有哪些？

答： 通电后指针和零点调节器失灵；按下读数开关后指针强烈甩动；指针大幅跳动或偏向一边；指针不稳定；指针达到平衡缓慢；测量重复性不好；标定时，定位调节器调不到该溶液的 pH 值。

35. 影响微库仑分析的仪器参量有哪些？

答： 偏压、增益、燃烧管形状、滴定池体积、发生电极和辅助电极之间的内阻。

36. 如何评价一台电导率仪的综合性能？

答： 仪器的准确度→仪器的精密度→仪器的操作可行性和仪器的价格→仪器的测定范围→仪器的寿命→仪器的维护费用，这一过程的某些环节在一定情况下反复影响，需要综合考虑才能最终评价。

37. 测定 pH 值时，发现电极斜率值标识不清，如果可供查阅的文献已经不存在，亦没有备件存在，请单独解决这一问题，并用公式推导说明。

答： 配制两个已知 pH 值的标准缓冲溶液，分别测定其电动势，根据 $E = E^0 + K\text{pH}$ 可得 $K = \Delta E / \Delta\text{pH}$。

38. 燃料的抗爆性与分子结构有何关系？

答： 化学结构不同相对分子质量接近的正构烷烃最易产生爆震，而高度分支的异构烃及芳烃最不容易产生爆震，环烷烃及烯烃介于其间。

39. 石油产品粘度与化学组成的关系如何？

答： 油品粘度与化学组成密切相关，它反映了油品烃类组成的特性，油品粘度通常随着它的馏程增高而增大。但在同一馏程的馏分，因化学组成的不同，粘度大小也不同，一般为烷烃 < 异构烷烃 < 环烷烃；在环状化合物中，随着侧链的增长及侧链数目的增加，粘度增加。

40. 测定粘度的试样为何必须脱水和除去机械杂质？

答： 当用来测试粘度的试样含有水或机械杂质时，在试验前必须经过脱水处理，并用滤纸过滤，除去机械杂质。因为有杂质存在，会影响液体石油产品在粘度计中正常流动。它粘附于毛细管内壁，会使流动时间增长，测定结果偏高，并使平行测定结果重现性差。有水分时，在较高测定温度下，它会汽化，低温时则凝结，均影响液体石油产品在粘度计中的正常流动，使测出的结果不是偏低就是偏高。

41. 化验员马某测定某试样的恩氏粘度，两次测定的流出时间分别为 124.0s 和 126.0s，然后据此计算出了恩氏粘度数值。试问操作是否正确？

答： 不正确。对于流出时间 ≤250s 的试样，两次测定流出时间之差不应大于 1s，马某测定数值不符合要求，所以计算失去了意义。

计算题

1. 某烃通入溴水后，和溴水反应生成一种无色液体，产物相对分子质量为 188，含碳量 12.76%，含氢量 2.13%，含溴量 85.1%，求这种产物的结构式。

解： 设该产物的分子式为 $C_xH_yBr_z$

$$x = \frac{188 \times 12.76\%}{12} = 2$$

$$y = \frac{188 \times 2.13\%}{1} = 4$$

$$z = \frac{188 \times 85.1\%}{80} = 2$$

答： 该烃分子式为 $C_2H_4Br_2$。

2. 两种有机物都含有碳 40%，氢 6.7%，氧 53.3%，它们的蒸气密度各为 1.34g/L 和 2.68g/L(以换算为标准状况)。计算求出这两种有机物的最简式、分子式。如果这两种有机物中只有一种具有还原性，另一种能和 Na_2CO_3 溶液反应，试确定它们的结构简式。

解： 设该两种有机物分别为 A 和 B

A 的蒸气密度是 1.34g/L，B 的蒸气密度是 2.68g/L，则：

A 的相对分子质量　　$M_a = 1.34 \times 22.4 = 30$

B 的相对分子质量　　$M_b = 2.68 \times 22.4 = 60$

A 分子中 C、H、O 的原子数为：

$$C = \frac{30 \times 40\%}{12} = 1$$

$$H = \frac{30 \times 6.7\%}{1} = 2$$

$$O=\frac{30\times 53.3\%}{16}=1$$

所以，A 的分子式是 CH_2O，最简式为 CH_2O

A 分子中 C、H、O 的原子数为：

$$C=\frac{60\times 40\%}{12}=2$$

$$H=\frac{60\times 6.7\%}{1}=4$$

$$O=\frac{60\times 53.3\%}{16}=2$$

所以，A 的分子式是 $C_2H_4O_2$，最简式为 CH_2O

按题意，A 与 B 一个具有还原性，一个具有酸性(能和 Na_2CO_3 溶液反应)，并根据 A，B 的分子式可知 A 是醛，B 是酸。结构简式分别是 HCHO 和 CH_3COOH。

答：最简式 CH_2O，分子式 CH_2O，$C_2H_4O_2$，结构式 HCHO，CH_3COOH。

3. 测定某样品中钙的含量(%)，6 次平行测定所得数据为 40.02、40.15、40.20、40.12、40.18、40.35，试用格鲁布斯法检验这组数据(置信度为 95%)的可疑值。已知 $n=6$ 时 $G_{0.95}=1.82$。

解：将数据排列为：40.02、40.12、40.15、40.18、40.20、40.35

$$\bar{x}=\frac{1}{n}\sum_{i=1}^{n}x_i=\frac{40.02+40.12+40.15+40.18+40.20+40.35}{6}=40.17\%$$

$$s=\sqrt{\frac{\sum_{i=1}^{n}(x_i-\bar{x})^2}{n-1}}=0.11\%$$

因$(40.35-40.17)>(40.17-40.02)$，故检验 40.35

$$0.1G_{计}=\frac{40.35-40.17}{0.11}=1.64$$

$G_{计}<G_{0.95}$，故 40.35 应保留。

答：用格鲁布斯法检验这组数据(置信度为 95%)的可疑值为 40.35 应保留。

4. 某精馏塔用于分离苯和甲苯混合物，进料量为 6900kg/h，其中苯的质量分率为 0.4，要求塔顶、底产品中苯的质量分率分别为 0.95、0.05。求塔顶、底产品的质量流量。

解：设塔顶、底产品的质量流量分别为 D 和 W

则：$6900=D+W$　　$6900\times 0.4=D\times 0.95+W\times 0.05$

计算得：$D=2683.3$kg/h　　$W=4216.7$kg/h

答：塔顶产品质量流量为 2683.3kg/h，塔底产品质量流量为 4216.7kg/h。

5. 某电阻性电器元件的直流额定值为 250V、40W，计算它在交流电下工作时的最大允许电压和此时达到的功率。

解：① 最大允许电压为：$250/1.414=177$V

② 此元件的电阻为：$R=U\times U/P=250\times 250/40=1562.5\Omega$

③ 此时的功率为：$P=U\times U/R=177\times 177/1562.5=20$W

6. 用基准纯 As_2O_3 标定 $KMnO_4$ 标准溶液，若 0.2112gAs_2O_3 在酸性溶液中恰好与 36.42mL $KMnO_4$ 反应，求该 $KMnO_4$ 标准溶液的物质的量浓度 $C\left(\frac{1}{5}KMnO_4\right)$。已知 $M(As_2O_3) = 197.84$ g/mol。

解： 以 As_2O_3 作基准物标定其他溶液时，必须先将 As_2O_3 溶于碱中，然后再于酸性介质中与 $KMnO_4$ 反应。反应如下：

$$As_2O_3 + 6NaOH = 2Na_3AsO_3 + 3H_2O$$

$$2MnO_4^{-} + 5AsO_3^{3-} + 6H^{+} = 2Mn^{2+} + 5AsO_4^{3-} + 3H_2O$$

As_2O_3 被氧化为 AsO_4^{3-}，电子得失为 2，每个 As_2O_3 分子含 2 个 As，故 $As_2O_3 \sim 2AsO_4^{3-} \sim 4e$

As_2O_3 基本单元的摩尔质量为 $\frac{M_{As_2O_3}}{4} = 49.46$

$$C\left(\frac{1}{5}KMnO_4\right) = \frac{0.2112}{49.46 \times 36.42 \times 10^{-3}} = 0.1172\text{mol/L}$$

答： 该 $KMnO_4$ 标准溶液的物质的量浓度为 $C\left(\frac{1}{5}KMnO_4\right)$0.1172mol/L。

7. 准确称量基准物 $K_2Cr_2O_7$ 2.4530g，溶解后在容量瓶中配成 500mL 溶液，计算此溶液的物质的量浓度 $C\left(\frac{1}{6}K_2Cr_2O_7\right)$？已知 $\frac{1}{6}K_2Cr_2O_7$ 的摩尔质量 $M = 49.03$g/mol。

解：

$$C\left(\frac{1}{6}K_2Cr_2O_7\right) = \frac{n}{V} = \frac{m}{MV} = \frac{2.4530}{49.03 \times 600} \times 1000 = 0.1001\text{mol/L}$$

答： 此溶液的物质的量浓度 $C\left(\frac{1}{6}K_2Cr_2O_7\right)$ 为 0.1001mol/L。

8. 标定 $C(Na_2S_2O_3) = 0.2$mol/L 的 $Na_2S_2O_3$ 溶液，若使其消耗体积为 25mL，应称基准试剂 $KBrO_3$ 多少克？已知 $M(KBrO_3) = 167.0$ g/mol。

解： 有关反应：$BrO_3^{-} + 6I^{-} + 6H^{+} = Br^{-} + 3I_2 + 3H_2O$

$$2S_2O_3^{2-} + I_2 = S_4O_6^{2-} + 2I^{-}$$

$$BrO_3^{-} \sim 6S_2O_3^{2-}$$

$$m(KBrO_3) = \frac{0.2 \times 25 \times 10^{-3} \times 167.0}{6} = 0.14\text{g}$$

答： 应称基准试剂 $KBrO_3$ 0.14g。

9. 称取 0.8046g 硫酸亚铁，溶解后在酸性条件下，以 $C\left(\frac{1}{5}KMnO_4\right) = 0.1125$mol/L 的 $KMnO_4$ 溶液滴定，用去 24.62mL。计算试样中 $FeSO_4 \cdot 7H_2O$ 的质量分数。已知 $M(FeSO_4 \cdot 7H_2O) = 278.01$g/mol。

解： $MnO_4^{-} + 5Fe^{2+} + 8H^{+} = Mn^{2+} + 5Fe^{3+} + 4H_2O$

$$\omega(FeSO_4 \cdot 7H_2O) = \frac{C\left(\frac{1}{5}KMnO_4\right) V \cdot M(FeSO_4 \cdot 7H_2O)}{m_s} \times 100\%$$

$$= \frac{0.1125 \times 24.62 \times 10^{-3} \times 278.01}{0.8046} \times 100\% = 95.70\%$$

答： 试样中 $FeSO_4 \cdot 7H_2O$ 的质量分数为 95.70%。

10. 称取含铁矿石 0.2000g，经处理后滴定消耗 $C\left(\frac{1}{6}K_2Cr_2O_7\right)=0.1000mol/L$ 的 $K_2Cr_2O_7$ 标准溶液 24.82mL，计算矿石中铁的质量分数。已知 $M(Fe)=56g/mol$。

解：

$$Cr_2O_7^{2-}+6Fe^{2+}+14H^+=2Cr^{3+}+6Fe^{3+}+7H_2O$$

$$\omega(Fe)=\frac{0.1000\times24.82\times10^{-3}\times56}{0.2000}=0.6950$$

答：矿石中铁的质量分数为 69.50%。

11. 称取 Na_2SO_3 试样 0.3878g，将其溶解，并以 50.00mL $C\left(\frac{1}{2}I_2\right)=0.09770mol/L$ 的 I_2 溶液处理，剩余的 I_2 需要 $C(Na_2S_2O_3)=0.1008mol/L$ 的 $Na_2S_2O_3$ 溶液 25.40mL 滴定至终点。计算试样中 $Na_2S_2O_3$ 的质量分数。已知 $M(Na_2SO_3)=126.04\ g/mol$。

解：

$$I_2+SO_3^{2-}+H_2O=SO_4^{2-}+2H^++2I^-$$

$$2S_2O_3^{2-}+I_2=S_4O_6^{2-}+2I^-$$

$$2S_2O_3^{2-}+I_2=S_4O_6^{2-}+2I^-$$

$$Na_2SO_3\sim I_2\sim 2e$$

故其基本单元取 $\frac{1}{2}Na_2SO_3$

$$\omega(Na_2SO_3)=\frac{\left[C\left(\frac{1}{2}I_2\right)V(I_2)-C(Na_2S_2O_3)V(Na_2S_2O_3)\right]M\left(\frac{1}{2}Na_2SO_3\right)}{m_s}\times100\%$$

$$=\frac{(0.09770\times50.00-0.1008\times25.40)\times10^{-3}\times63.02}{0.3878}\times100\%=37.78\%$$

答：试样中 $Na_2S_2O_3$ 的质量分数 37.78%。

12. 称取 0.2354g 含铜样品，用碘量法测定铜含量，如果析出的碘需要 25.00mL $C(Na_2S_2O_3)=0.1000mol/L$ 的硫代硫酸钠标准溶液滴定，求样品中铜的质量分数。已知 $M(Cu)=64g/mol$。

解：$2Cu^{2+}+4I^-=2CuI\downarrow+I_2$

$I_2+2S_2O_3{}^{2-}=S_4O_6{}^{2-}+2I^-$

其比例为：$2Cu^{2+}\sim I_2\sim 2S_2O_3{}^{2-}$

因此可计算出 $\omega(Cu)=\frac{0.1000\times25.00\times10^{-3}\times64}{0.2354}\times100\%=67.97\%$

答：样品中铜的质量分数为 67.97%。

13. 溶液中含有 Cl^- 和 $CrO_4{}^{2-}$ 离子，它们的浓度分别为 $[Cl^-]=0.100mol/L$，$[CrO_4{}^{2-}]=0.10mol/L$，当用 $AgNO_3$ 标准溶液滴定时，哪一种沉淀首先析出？当第二种离子开始沉淀时，第一种沉淀的离子是否沉淀完全，其浓度为多少？

解：$AgNO_3$ 与 Cl^-、$CrO_4{}^{2-}$ 的反应：

$$Ag^++Cl^-=AgCl$$

$$2Ag^++CrO_4{}^{2-}=Ag_2CrO_4$$

这两种沉淀反应所需 Ag^+ 浓度分别为：

当 AgCl 沉淀时所需 Ag^+ 为 $[Ag^+]=\frac{K_{sp}}{[Cl^-]}=\frac{1.8\times10^{-10}}{0.010}=1.8\times10^{-8}mol/L$

当 Ag_2CrO_4 沉淀时所需 Ag^+ 为 $[Ag^+]=\sqrt{\frac{K_{sp}}{[CrO_4^{2-}]}}=\sqrt{\frac{1.1\times10^{-12}}{0.10}}=3.3\times10^{-6}$mol/L

生成 AgCl 沉淀所需 Ag^+ 远远小于生成 Ag_2CrO_4 沉淀所需的 Ag^+，故首先达到 AgCl 的溶度积，AgCl先沉淀。由于溶液中 Cl^- 浓度不断减少，Ag^+ 不断增加，当溶液中 Ag^+ 增加到 3.3×10^{-6}mol/L时，则开始生成 Ag_2CrO_4 沉淀。

当 Ag_2CrO_4 开始沉淀时，此时溶液中 Cl^- 的浓度为

$$[Cl^-]=\frac{K_{sp}}{[Ag^+]}=\frac{1.8\times10^{-10}}{3.3\times10^{-6}}=5.5\times10^{-5}\text{mol/L}$$

说明 ${CrO_4}^{2-}$ 开始沉淀时，Cl^- 已沉淀完全。

答： AgCl 先沉淀，${CrO_4}^{2-}$ 开始沉淀时，Cl^- 已沉淀完全，其浓度为 5.5×10^{-5}mol/L。

14. 用佛尔哈德法测定一样品中 Cl^- 含量，称取样品 0.8357g，溶解后，将 50.00mL 浓度为 0.1030mol/L 的 $AgNO_3$ 加入到溶液中，剩余的 $AgNO_3$ 需用 0.09800mol/L 的 NH_4SCN 13.72mL 返滴定至终点，求样品中 Cl^- 的含量。已知 $M(Cl)=35.5$g/mol。

解：

$$Cl^- + Ag^+ = AgCl\downarrow$$

$$Ag^+ + SCN^- = AgSCN\downarrow$$

$$\omega(Cl^-)=\frac{(50.00\times0.1030-13.72\times0.09800)\times10^{-3}\times35.5}{0.8357}=0.1616$$

答： 样品中 Cl^- 的含量 16.16%。

15. 测定某试样中的 MgO 含量。将其沉淀为 $MgNH_4PO_4$，高温灼烧后得到称量式为 $Mg_2P_2O_7$，称其质量为 0.6300g，求试样中含 MgO 多少克？已知 $M(MgO)=40.32$g/mol，$M(Mg_2P_2O_7)=222.55$g/mol。

解：

计量关系 $2MgO\sim2MgNH_4PO_4\sim Mg_2P_2O_7$

化学因数 $F=\frac{2M(MgO)}{M(Mg_2P_2O_7)}$

$$m(MgO)=m(Mg_2P_2O_7)\frac{2M(MgO)}{M(Mg_2P_2O_7)}=0.6300\times\frac{2\times40.32}{222.55}=0.2283\text{g}$$

答： 试样中含 MgO 为 0.2283g。

16. 用邻菲罗啉比色法测定铁，已知比色试液中 Fe^{2+} 的含量为 50μg/100mL，用 1cm 厚度比色皿，在波长为 510nm 处测得的吸光度为 0.099，计算 Fe^{2+} – 邻菲罗啉络合物的摩尔吸光数？

解： 已知 $A=0.099$，$L=1$cm

$$[Fe^{2+}]=\frac{50\times10^{-6}\times\frac{1000}{100}}{55.85}=8.85\times10^{-6}\text{mol/L}$$

$$\varepsilon=\frac{A}{cL}=\frac{0.099}{8.95\times10^{-6}\times1}=1.106\times10^{-4}\text{L/(mol/L)}$$

答： Fe^{2+} – 邻菲罗啉络合物的摩尔吸光数 1.106×10^{-4}L/(mol/cm)。

17. 某待测溶液的浓度 C(g/L)，测量其百分透光度为 80%，当其浓度 $3C$(g/L)时，其吸光度及百分透光度各多少？

解：

$$A_1=2-\lg80=0.097$$

$$\frac{A_1}{A_2}=\frac{C_1}{C_2}$$

因为

$$\frac{C_1}{C_2}=\frac{1}{3}$$

所以

$$A_2=\frac{A_1C_2}{C_1}=3\times0.097=0.291$$

$$T=10^{-0.291}=1/1.954=51.2\%$$

答：吸光度及百分透光度各为0.291，51.2%。

18. 某有色化合物在分光光度法测定时，摩尔吸光系数为3.3×10^5，相对分子质量为135，若准确配制1L该化合物的溶液，使其在稀释25倍之后，放在1cm厚比色皿中测得吸光度为0.650，问应称取化合物多少克？

解：

$$A=\varepsilon CL \qquad (1)$$

$$C=\frac{G}{M} \qquad (2)$$

把(2)式 C 代入(1)式

$$G=\frac{AM}{\varepsilon L}=\frac{0.650\times135}{3.3\times10^5\times1}=2.66\times10^{-4}$$

由于稀释25倍，所以称取化合物$2.66\times10^{-4}\times25=6.65\times10^{-3}$g

答：称取化合物多少6.65×10^{-3}g。

19. 某色谱仪装有一颗2m长的填充色谱柱，用FID检测到甲烷出峰时间为3min，峰宽为30s，那么这个色谱柱的理论塔板高度为多少？

解：首先计算理论塔板数 n：

$$n=16\times\left(\frac{3}{0.5}\right)^2=576$$

计算得到理论塔板高度 H：　$H=\frac{L}{n}=\frac{2}{576}=0.0035\text{m}$

即3.5mm

20. 色谱法以甲苯为内标物测定某样品中的二氯乙烷含量时，甲苯与样品的配比为1:10。进样后测到甲苯和二氯乙烷的峰面积分别为0.92和1.40。如果已知甲苯相对于二氯乙烷的相对响应值为1.15，那么，原来样品中含有的二氯乙烷含量为多少？

解：由于相对响应值和相对校正因子互为倒数，因此甲苯相对于二氯乙烷的相对校正因子为$\frac{1}{1.15}$。

带入内标法计算公式得到：$\omega_i=\frac{A_i}{A_s}\times G_{W_{i/s}}\times\frac{W_s}{W}\times100\%$

$$w\%=\frac{1\times1.4\times1.15}{10\times0.92}\times100\%=17.5\%$$

21. 在分析某混合芳烃样品时，测的样品中苯的面积为1100，甲苯的面积为2000，（其他组分面积略）。精确称取40.00g该样品，加入0.40g甲苯后混合均匀，在同一色谱仪上进混合后样品测到苯的面积为1200，甲苯的面积为2400，试计算甲苯的含量。

解：由于两次进样苯的面积不同，调整第二次分析到两次分析中苯含量相同(即面积相同)时甲苯的校正面积为：

$$2400\times\frac{1100}{1200}=2200$$

甲苯的面积增加为 2200 - 2000 = 200

调整后，混合样品中甲苯的相对于原进样量下浓度的增加量为：

$$\frac{0.40}{40.00}\times 100\% = 1.0\%$$

所以，甲苯的绝对校正因子 g 为：

$$g=\frac{1.0\%}{200}=5.0\times 10^{-5}$$

所以，原样品中，甲苯的含量为

$$m = g\times A = 5.0\times 10^{-5}\times 2000\times 100\% = 10\%$$

22. 每当有一法拉第的电量通过电解池时，可以使多少克的银在阴极上析出？（银的原子量为 107.87）

解：

$$m=\frac{QM}{nF}=\frac{96500\times 107.87}{1\times 96500}=107.87\text{g}$$

23. 求半电池的电极电位。已知 $Cu/Cu^{2+}_{(0.1mol/L)}$，$E^0_{Cu^{2+}/Cu}=0.345V$。

解： $E=E^0+\frac{0.059}{n}\lg(0.1)=0.345+\frac{0.059}{2}\times(-1)=0.345-0.0295=0.3155V$

24. 电位滴定分析过程中发现，由于滴定速度过快，在用 0.02mol/L 的氢氧化钠滴定盐酸样品时，过量了约 0.4mL，如果样品体积为 20mL，滴定结果显示为 0.018mol/L，试计算真实值及测定误差。

解：

$$HCl + NaOH = NaCl + H_2O$$

$$\frac{20\times 0.018}{0.02}-0.4=18-0.4=17.6\text{mL}$$

$$\frac{17.6\times 0.02}{20}=0.0176\text{mol/L}$$

$$\frac{0.018-0.0176}{0.0176}=2.3\%$$

答： 真实值为 0.0176mol/L；测定误差为 2.3%。

25. 在一次库仑计法水分分析过程中，如果设定分析时间为 3min，则在分析结束后，仍可检测出水含量 58×10^{-6}，若样品测定值为 0.86%，测定允许误差为 1% 和 0.1%，分别计算说明设定时间是否合理，并提出调整意见。

解：

$$\frac{58}{0.86\times 10000+58}=0.7\%$$

$0.1\% < 0.7\% < 1\%$ 说明在 1%的允许误差条件下，该设定时间是允许的，但在 0.1%的允许误差条件下，该设定时间是不允许的。结束后仍能检测出水分，说明测定结束较早，应将设定时间适当延长。

26. 化验员李某在测定开口闪点时，记录的大气压力为 660mmHg，闪点为 180℃，试计算其闪点的修正数。

解：

$$\Delta t=(0.00015t+0.028)(760-P_1)=5.5℃$$

27. 化验员李某在测定燃点时，记录的大气压力为 700mmHg，燃点为 250℃，试计算其燃点的最终结果。

解：

$$\Delta t(0.00015t+0.028)(760-P_1)=3.9℃$$

$$t_0 = t + \Delta t = 253.9℃$$

28. 应用全浸式水银温度计时，如果测温刻度露出浴面的水银柱高度为30℃，测定粘度时的规定温度是100℃，温度计液柱露出部分的空气温度为35℃，试计算液柱露出部分的修正值。

解: $$\Delta t = k \times h(t_1 - t_2) = 0.00016 \times 30 \times (100 - 35) = 0.3℃$$

29. 粘度计常数为0.4208mm²/s，40℃时测定试样的流动时间为290.6s和289.8s，试计算试样的运动粘度。

解: $$\tau_{40} = \frac{290.6 + 289.8}{2} = 290.2\text{s}$$

$$V_{40} = c \times \tau_{40} = 0.4208 \times 290.2 = 122.1\text{mm}^2/\text{s}$$

四、技能操作鉴定要素细目表

鉴定范围						鉴定点	
一级		二级		三级		代码	名称
代码	名称	代码	名称	代码	名称		
A	技能要求	A	化学分析操作	A	仪器校准	001	滴定管的校准
						002	移液管和容量瓶的校准
				B	滴定操作	001	基准物的选择与处理
						002	酸碱滴定法的应用
						003	配位滴定法的应用
						004	氧化还原滴定法的应用
						005	沉淀滴定法的应用
		B	电化学分析操作	A	pH计应用	001	pH计的安装
						002	pH计常见故障的原因分析
						003	pH计常见故障的处理
				B	电导率仪应用	001	电导率仪的安装
						002	电导率仪常见故障的原因分析
						003	电导率仪的常见故障处理
				C	实验条件选择	001	水分测定仪实验条件的选择
						002	电位滴定仪实验条件的选择
						003	微库仑仪测定硫含量的实验条件选择
						004	微库仑仪测定氯含量的实验条件选择
		C	光谱分析操作	A	分光光度计条件选择	001	邻菲罗啉测铁条件试验
				B	分光光度计应用	001	分光光度法测乙二醇中铁
						002	盐酸副玫瑰苯胺分光光度法测大气
						003	分光光度法测混合苯中的砷
						004	分光光度法测污水中的硫化物

续表

<table>
<tr><th colspan="6">鉴定范围</th><th colspan="2">鉴定点</th></tr>
<tr><th colspan="2">一级</th><th colspan="2">二级</th><th colspan="2">三级</th><th rowspan="2">代码</th><th rowspan="2">名称</th></tr>
<tr><th>代码</th><th>名称</th><th>代码</th><th>名称</th><th>代码</th><th>名称</th></tr>
<tr><td rowspan="29"></td><td rowspan="29"></td><td rowspan="5"></td><td rowspan="5"></td><td rowspan="4"></td><td rowspan="4"></td><td>005</td><td>分光光度法测活性氧的含量</td></tr>
<tr><td>006</td><td>分光光度法测羰基数</td></tr>
<tr><td>007</td><td>变色酸法测定乙醇中的甲醇</td></tr>
<tr><td>008</td><td>水中挥发性酚的测定</td></tr>
<tr><td>C</td><td>原子吸收仪操作</td><td>001</td><td>原子吸收的操作</td></tr>
<tr><td rowspan="10">D</td><td rowspan="10">色谱分析操作</td><td rowspan="4">A</td><td rowspan="4">色谱仪调试</td><td>001</td><td>色谱分析条件的优化</td></tr>
<tr><td>002</td><td>分流比的设置</td></tr>
<tr><td>003</td><td>FID 供气配比的调节</td></tr>
<tr><td>004</td><td>毛细管柱的安装</td></tr>
<tr><td rowspan="3">B</td><td rowspan="3">程序编制和应用</td><td>001</td><td>色谱仪主机程序编制</td></tr>
<tr><td>002</td><td>数据处理机 ID 表的编制</td></tr>
<tr><td>003</td><td>未知样品浓度的测定(内标法)</td></tr>
<tr><td>C</td><td>色谱再计算</td><td>001</td><td>色谱结果的再计算</td></tr>
<tr><td>D</td><td>工作站应用</td><td>001</td><td>工作站应用</td></tr>
<tr><td>E</td><td>色谱仪日常维护</td><td>001</td><td>色谱仪的日常维护</td></tr>
<tr><td rowspan="12">E</td><td rowspan="12">油品分析操作</td><td rowspan="4">A</td><td rowspan="4">粘度测定</td><td>001</td><td>石油产品运动粘度(40℃)的测定</td></tr>
<tr><td>002</td><td>石油产品运动粘度(100℃)的测定</td></tr>
<tr><td>003</td><td>恩氏粘度计水值的测定</td></tr>
<tr><td>004</td><td>石油产品恩氏粘度的测定</td></tr>
<tr><td rowspan="4">B</td><td rowspan="4">闪点测定</td><td>001</td><td>闪点高于 50℃的试样的闭口闪点测定</td></tr>
<tr><td>002</td><td>闪点低于 50℃的试样的闭口闪点测定</td></tr>
<tr><td>003</td><td>闪点高于 210℃的试样的闪(燃)点测定</td></tr>
<tr><td>004</td><td>闪点低于 210℃的试样的闪(燃)点测定</td></tr>
<tr><td rowspan="4">C</td><td rowspan="4">油品特殊性质测定</td><td>001</td><td>汽油硫含量的测定(燃灯法)</td></tr>
<tr><td>002</td><td>石油产品辛烷值的测定</td></tr>
<tr><td>003</td><td>石油产品残炭的测定</td></tr>
<tr><td>004</td><td>石油产品铜片腐蚀的测定</td></tr>
</table>

五、技能操作试题

试题 1：滴定管校准

（考核时间：60min）

<table>
<tr><th>序号</th><th>考核内容</th><th>考核要点</th><th>配分</th><th>评分标准</th><th>检测结果</th><th>扣分</th><th>得分</th><th>备注</th></tr>
<tr><td rowspan="2">1</td><td rowspan="4">操作前准备</td><td rowspan="2">仪器处理</td><td rowspan="2">15</td><td>滴定管活塞没处理扣 10 分</td><td></td><td></td><td></td><td></td></tr>
<tr><td>滴定管没洗净扣 5 分</td><td></td><td></td><td></td><td></td></tr>
<tr><td rowspan="2">2</td><td rowspan="2">水温测试</td><td rowspan="2">15</td><td>没有测试水温扣 10 分</td><td></td><td></td><td></td><td></td></tr>
<tr><td>测试水温后没有及时记录扣 5 分</td><td></td><td></td><td></td><td></td></tr>
</table>

续表

序号	考核内容	考核要点	配分	评分标准	检测结果	扣分	得分	备注
3	实际操作	仪器校验	30	滴定管调零动作不规范扣 10 分				
				没有准确称量具塞锥形瓶重量至 0.01g 扣 5 分				
				放出纯水后，没有准确称量具塞锥形瓶重量至 0.01g 扣 15 分				
4	数据处理	计　算	15	计算方法不正确扣 15 分				
5		原始记录	15	原始记录不齐全扣 5 分				
				原始记录格式不正确扣 10 分				
6		结　论	10	结论不明确扣 5 分				
				没提出结论报告单扣 5 分				
合　计			100					

试题 2：移液管和容量瓶的校准

（考核时间：60min）

序号	考核内容	考核要点	配分	评分标准	检测结果	扣分	得分	备注
1	操作前准备	仪器处理	20	移液管和容量瓶没处理干净扣 5 分				
				洗涤操作不规范扣 5 分				
				仪器干燥没冷却就操作扣 10 分				
2	实际操作	移液管使用	30	移液管吸取蒸馏水动作不规范扣 10 分				
				移液管读数不准确扣 10 分				
				吸取蒸馏水次数记混乱扣 10 分				
3		仪器校准操作	50	转移液体动作不规范扣 10 分				
				液体转移时液体外溅扣 10 分				
				液体转移后停留时间不足扣 5 分				
				观察水弯月面动作不正确扣 5 分				
				水弯月面不相切没另做标记扣 10 分				
				标记不明显扣 5 分				
				标记不准确扣 5 分				
合　计			100					

试题 3：工业硫酸中硫酸含量测定

（考核时间：120min）

序号	考核内容	考核要点	配分	评分标准	检测结果	扣分	得分	备注
1	操作前准备	仪器准备	10	没有按操作要求正确准备玻璃仪器扣 5 分				
				没有按操作要求正确处理玻璃仪器扣 5 分				

续表

序号	考核内容	考核要点	配分	评分标准	检测结果	扣分	得分	备注
2	实际操作	样品称量	10	称量不准确扣5分				
				试样外溅扣5分				
				称三个平行样，每多称一个扣2分				
3		滴定操作	30	先取酸后加水扣10分				
				混匀后没有冷至室温扣5分				
				滴定操作不规范扣10分				
				终点颜色过深过浅均扣5分				
4	数据处理	精密度	15	精密度平均偏差≤0.0001，此范围不扣分				
				精密度平均偏差0.0001~0.0002，在此范围内扣5分				
				精密度平均偏差0.0002~0.0003，在此范围内扣10分				
				精密度平均偏差>0.0003，在此范围内扣15分				
5		准确度	15	准确度绝对误差≤0.0010，在此范围不扣分				
				准确度绝对误差0.0010~0.0020，在此范围内扣5分				
				准确度绝对误差0.0020~0.0030，在此范围内扣10分				
				准确度绝对误差>0.0030，在此范围内扣15分				
6		原始数据	20	原始记录不齐全扣3分				
				公式不正确扣2分				
				计算结果不正确扣5分				
				单位符号不正确扣5分				
				没有明确结论扣2分				
				转抄扣3分				
合计			100					

试题4：天然水总硬度的测定

（考核时间：180min）

序号	考核内容	考核要点	配分	评分标准	检测结果	扣分	得分	备注
1	操作前准备	天平使用	10	天平使用不正确扣5分				
				称量操作不规范扣5分				
2	实际操作	溶液配制	15	试剂配制不正确扣5分				
				EDTA溶液配制不正确扣10分				

续表

序号	考核内容	考核要点	配分	评分标准	检测结果	扣分	得分	备注
3		滴定操作	30	EDTA 标定不规范扣 10 分				
				EDTA 标定的终点颜色不准确扣 5 分				
				水硬度测定不正确扣 10 分				
				终点颜色不准确扣 5 分				
4	数据处理	精密度	15	精密度平均偏差≤0.0001,在此范围内不扣分				
				精密度平均偏差 0.0001～0.0002，在此范围内扣 5 分				
				精密度平均偏差 0.0002～0.0003，在此范围内扣 10 分				
				精密度平均偏差 > 0.0003，在此范围内扣 15 分				
5		准确度	15	准确度绝对误差≤0.0010,在此范围内不扣分				
				准确度绝对误差 0.0010～0.0020，在此范围内扣 5 分				
				准确度绝对误差 0.0020～0.0030，在此范围内扣 10 分				
				准确度绝对误差 > 0.0030，在此范围内扣 15 分				
6		原始记录	15	原始记录不齐全扣 5 分				
				公式不正确扣 5 分				
				计算结果不正确扣 5 分				
				单位符号不正确扣 4 分				
				水硬度表示方法不正确扣 5 分				
合计			100					

试题 5：水质化学需氧量(COD)的测定

（考核时间：240min）

序号	考核内容	考核要点	配分	评分标准	检测结果	扣分	得分	备注
1	操作前准备	试剂配制	15	药品称量操作不规范扣 5 分				
				药品有散失现象扣 5 分				
				试剂配制不规范扣 5 分				
2	实际操作	滴定操作	45	滴定操作步骤混乱扣 20 分				
				水浴加热后溶液仍保持淡红色，否则将水样稀释倍数加大，没有加大倍数扣 5 分				
				标定高锰酸钾溶液没做空白试验扣 5 分				
				终点颜色不准确扣 5 分				
				本方法的适用范围不清楚扣 10 分				

续表

序号	考核内容	考核要点	配分	评分标准	检测结果	扣分	得分	备注
3	数据处理	精密度	15	精密度平均偏差≤0.0001，在此范围内不扣分				
				精密度平均偏差 0.0001～0.0002，在此范围内扣 5 分				
				精密度平均偏差 0.0002～0.0003，在此范围内扣 10 分				
				精密度平均偏差＞0.0003，在此范围内扣 15 分				
4		准确度	15	准确度绝对误差≤0.0010，在此范围不扣分				
				准确度绝对误差 0.0010～0.0020，在此范围内扣 5 分				
				准确度绝对误差 0.0020～0.0030，在此范围内扣 10 分				
				准确度绝对误差＞0.0030，在此范围内扣 15 分				
5		原始数据	10	原始记录不齐全扣 2 分				
				公式不正确扣 5 分				
				计算结果不正确扣 5 分				
				单位符号不正确扣 3 分				
				化学耗氧量表示方法不正确扣 5 分				
合计			100					

试题 6：水试样中氯离子含量的测定（莫尔法）

（考核时间：240min）

序号	考核内容	考核要点	配分	评分标准	检测结果	扣分	得分	备注
1	实际操作	溶液配制	15	药品称量动作不规范扣 5 分				
				试剂配制操作不正确扣 10 分				
2		溶液标定	10	硝酸银标准溶液的配制与标定不规范扣 5 分				
				在标定过程中有漏液现象扣 5 分				
3		水样测定	25	水样滴定操作步骤混乱扣 10 分				
				铬酸钾浓度控制不准确扣 5 分				
				被测溶液酸度控制不准确扣 5 分				
				终点颜色不准确扣 5 分				
4	数据处理	精密度	15	精密度平均偏差≤0.0001，在此范围不扣分				
				精密度平均偏差 0.0001～0.0002，在此范围内扣 5 分				

续表

序号	考核内容	考核要点	配分	评分标准	检测结果	扣分	得分	备注
				精密度平均偏差 0.0002～0.0003，在此范围内扣 10 分				
				精密度平均偏差 ＞0.0003，在此范围内扣 15 分				
5	数据处理	准确度	15	准确度绝对误差≤0.0010，在此范围不扣分				
				准确度绝对误差 0.0010～0.0020，在此范围内扣 5 分				
				准确度绝对误差 0.0020～0.0030，在此范围内扣 10 分				
				准确度绝对误差 ＞0.0030，在此范围内扣 15 分				
6		原始记录	20	原始记录不齐全扣 5 分				
				公式不正确扣 5 分				
				计算结果不正确扣 5 分				
				单位符号不正确扣 5 分				
				化学耗氧量表示方法不正确扣 5 分				
合计			100					

试题 7：pH 计常见故障的原因分析

（考核时间：60min）

序号	考核内容	考核要点	配分	评分标准	检测结果	扣分	得分	备注
1	准备	仪器检查	20	开机前未检查电源扣 5 分				
				开机前未检查电路连接扣 5 分				
				开机前未检查电极扣 5 分				
2		开机预热		开机不正确扣 5 分				
				预热时间不够扣 10 分				
3	查找	异常现象	10	少指出一项扣 5 分				
4		故障发现	20	操作不正确扣 10 分				
				不能及时发现仪器故障扣 20 分				
5	原因分析	原因查找	45	原因查找顺序颠倒一次扣 10 分				
				原因查找错误一次扣 10 分				
				原因检查少查找一项扣 10 分				
6	台风	工作条理性	5	工作过程中条理紊乱扣 5 分				
合计			100					

注：考评员应提前设置仪器故障。

试题8：pH计的常见故障处理

（考核时间：60min）

序号	考核内容	考核要点	配分	评分标准	检测结果	扣分	得分	备注
1	查找	查找故障	55	仪器检查环节不正确扣10分				
				仪器使用不正确扣10分				
				故障查找不正确扣30分				
				故障原因查找顺序不正确扣10分				
				原因查找错误一次扣10分				
				原因检查少查找一项扣10分				
2	处理	故障处理	40	故障处理不正确扣30分				
				仪器恢复不正确扣10分				
				仪器恢复后工作不正常扣10分				
3	台风	工作的条理性	5	工作过程中条理紊乱扣5分				
合　计			100					

注：考评员应提前设置仪器故障。

试题9：电导率仪的安装

（考核时间：45min）

序号	考核内容	考核要点	配分	评分标准	检测结果	扣分	得分	备注
1	安装环境要求	房间要求	10	未提出电力供应、通风、没有阳光直射等必需条件，缺少一项扣8分				
2		试验台要求	5	未提出稳定性能、承重性能扣5分				
				未提出周围应留有足够的空间安装附件和人员操作扣5分				
3	安装步骤	开箱检验	15	未在安装前进行开箱检验扣10分				
				未填写开箱验收单扣10分				
4		说明书阅读	10	未阅读说明书扣5分				
				说明书使用不熟练扣5分				
5		安　装	55	仪器及附件放置不合理扣10分				
				仪器安装顺序错误每次扣10分				
				仪器安装过程中的连接失误每次扣5分				
				仪器安装过程中发生部件磕碰每次扣5分				
				安装完成后开机不正常扣10分				
6	台风	桌面整理	5	桌面不整洁扣5分				
合　计			100					

试题10：电导率仪的常见故障处理

（考核时间：60min）

序号	考核内容	考核要点	配分	评分标准	检测结果	扣分	得分	备注
1	查找	查找故障	55	仪器检查环节错误扣10分				
				仪器使用错误扣10分				
				故障查找错误扣30分				
				故障原因查找顺序错误扣10分				
				原因查找错误一次扣10分				
				原因检查少查找一项扣10分				
2	处理	故障处理	40	故障处理不正确扣30分				
				仪器恢复不正确扣10分				
				仪器恢复后工作不正常扣10分				
3	台风	工作的条理性	5	工作过程中条理紊乱扣5分				
合计			100					

注：考评员应提前设置仪器故障。

试题11：水分测定仪实验条件的选择

（考核时间：60min）

序号	考核内容	考核要点	配分	评分标准	检测结果	扣分	得分	备注
1	准备	样品情况调查	10	未询问样品来源和性质扣5分				
				样品选择错误扣10分				
2		仪器准备	15	状态少检查一项扣5分				
				开机不正确扣5分				
				预热时间不够扣5分				
3	条件选择	操作环境的选择	10	温度、光照等环境条件少指出一项扣5分				
4		进样量的选择	30	仪器操作存在失误扣10分				
				进样量选择方法错误扣10分				
				选择的进样量错误扣10分				
5		参数选择	30	搅拌速度选择错误扣10分				
				测定终点灵敏度选择错误扣10分				
				测定时间选择错误扣10分				
				其他参数选择错误每项扣5分				
6	台风	清理桌面	5	桌面不整洁扣5分				
合计			100					

试题12：电位滴定仪实验条件的选择

（考核时间：60min）

序号	考核内容	考核要点	配分	评分标准	检测结果	扣分	得分	备注
1	准备	样品情况调查	10	未询问样品来源和性质扣5分				
				样品选择错误扣10分				
2		仪器准备	15	状态少检查一项扣5分				
				开机不正确扣5分				
				预热时间不够扣5分				
3	条件选择	操作环境的选择	10	温度、光照等环境条件少指出一项扣5分				
4		进样量的选择	30	仪器操作存在失误扣10分				
				进样量选择方法错误扣10分				
				选择的进样量错误扣10分				
5		参数选择	30	搅拌速度选择错误扣10分				
				滴定速度选择错误扣10分				
				滴定终点灵敏度选择错误扣10分				
				其他参数选择错误每项扣5分				
6	台风	清理桌面	5	桌面不整洁扣5分				
合计			100					

试题13：微库仑仪测定硫含量实验条件的选择

（考核时间：100min）

序号	考核内容	考核要点	配分	评分标准	检测结果	扣分	得分	备注
1	准备	样品情况调查	5	未询问样品来源和性质扣5分				
				样品选择错误扣5分				
2		仪器准备	25	状态少检查一项扣5分				
				开机错误扣5分				
				溶液配置错误扣5分				
				滴定池操作错误扣10分				
3	条件选择	操作环境的选择	5	温度、光照等环境条件少指出一项扣5分				
4		进样速度的选择	15	仪器操作存在失误扣10分				
				进样速度选择方法错误扣5分				
				选择的进样速度错误扣5分				
5		参数选择	45	增益选择错误扣10分				
				偏压选择错误扣10分				
				气体配比选择错误扣10分				
				采样电阻选择错误扣10分				
				其他参数选择错误每项扣5分				
6	台风	清理桌面	5	桌面不整洁扣5分				
合计			100					

试题 14：邻菲罗啉法测铁条件试验

（考核时间：90min）

序号	考核内容	考核要点	配分	评分标准	检测结果	扣分	得分	备注
1	准备	仪器准备	15	没有检查仪器扣 5 分				
				没按要求顺序开机扣 5 分				
				仪器没有预热扣 5 分				
				没有调节“0”点扣 5 分				
				没有调节 $T = 100\%$ 扣 5 分				
				没有设定适宜灵敏度扣 5 分				
2		试剂准备	10	配制不准确扣 5 分				
				标识不全面扣 5 分				
				试剂有散落扣 5 分				
3	实际操作	显色剂用量选择	15	吸量管使用不规范扣 5 分				
				容量瓶使用不规范扣 5 分				
				没有按顺序量取各种溶液扣 5 分				
				显色剂用量间隔不合理扣 5 分				
4		比色操作	20	使用比色皿方法不正确扣 5 分				
				比色皿没按顺序比色扣 5 分				
				没按要求设定测定波长扣 5 分				
				没用参比液调节“100%”扣 5 分				
				读数不准确扣 5 分				
				未再次确认读数扣 5 分				
5		关机及后处理	10	关机顺序不正确扣 5 分				
				旋钮未复位扣 5 分				
				比色皿未取出、清洗扣 5 分				
				比色室内没有放置硅胶扣 5 分				
6	结果报告	结果分析	25	吸光度－显色剂用量曲线绘制不正确扣 10 分				
				结论不正确扣 10 分				
				原始记录不及时、有涂改扣 5 分				
				报告不工整扣 5 分				
7	台风	台　面	5	台面混乱扣 5 分				
合　计			100					

试题15：分光光度法测乙二醇中铁

（考核时间：90min）

序号	考核内容	考核要点	配分	评分标准	检测结果	扣分	得分	备注
1	准备	仪器准备	15	没有检查仪器扣5分				
				没按要求顺序开机扣5分				
				仪器没有预热扣5分				
				没有调节“0”点扣5分				
				没有调节 $T=100\%$ 扣5分				
				没有设定适宜灵敏度扣5分				
2		试剂准备	10	配制不准确扣5分				
				标识不全面扣5分				
				试剂有散落扣5分				
3	实际操作	标准曲线溶液及试样溶液的配制	15	吸量管使用不规范扣5分				
				没有按顺序量取各种溶液扣5分				
				溶液量取体积不准确扣5分				
				容量瓶使用不规范扣5分				
				未准确称取乙二醇样品重量扣5分				
4		比色操作	20	使用比色皿方法不正确扣5分				
				比色皿没按浓度由浅到深顺序排列扣5分				
				没按要求设定测定波长扣5分				
				没用参比液调节“100%”扣5分				
				读数不准确扣5分				
				未再次确认读数扣5分				
5		关机及后处理	10	关机顺序不正确扣5分				
				旋钮未复位扣5分				
				比色皿未取出、清洗扣5分				
				比色室内没有放置硅胶扣5分				
6	结果报告	计算结果并考察重复性	25	标准曲线绘制不正确扣10分				
				未标出未知液浓度扣5分				
				计算公式不准确扣5分				
				结果不准确扣5分				
				平行性未达到要求扣5分				
				原始记录不及时、有涂改扣5分				
				报告不工整扣5分				
7	台风	台　面	5	台面混乱扣5分				
合　计			100					

试题 16：分光光度法测混合苯中砷

（考核时间：90min）

序号	考核内容	考核要点	配分	评分标准	检测结果	扣分	得分	备注
1	准备	仪器准备	10	没有检查仪器扣 2 分				
				没按要求顺序开机扣 2 分				
				仪器没有预热扣 2 分				
				没有调节“0”点扣 2 分				
				没有调节 $T=100\%$ 扣 2 分				
				没有设定适宜灵敏度扣 2 分				
2		试剂准备	5	配制不准确扣 3 分				
				标识不全面扣 2 分				
				试剂有散落扣 2 分				
3	实际操作	标准曲线溶液及试样溶液的配制	25	容器未按要求脱砷扣 5 分				
				吸量管使用不规范扣 5 分				
				没有按顺序量取各种溶液扣 5 分				
				溶液量取体积不准确扣 5 分				
				容量瓶使用不规范扣 5 分				
				萃取不充分扣 5 分				
				加热后未充分冷却就继续加试剂扣 5 分				
				脱脂棉填充不均匀扣 5 分				
				显色时间控制不准扣 5 分				
4		比色操作	20	使用比色皿方法不正确扣 5 分				
				比色皿没按浓度由浅到深顺序排列扣 5 分				
				没按要求设定测定波长扣 5 分				
				没用参比液调节“100%”扣 5 分				
				读数不准确扣 5 分				
				未再次确认读数扣 5 分				
5		关机及后处理	10	关机顺序不正确扣 5 分				
				旋钮未复位扣 5 分				
				比色皿未取出、清洗扣 5 分				
				比色室内没有放置硅胶扣 5 分				
6	结果报告	计算结果并考察重复性	25	标准曲线绘制不正确扣 10 分				
				未标出未知液浓度扣 5 分				
				计算公式不准确扣 5 分				
				结果不准确扣 5 分				
				平行性未达到要求扣 5 分				
				原始记录不及时、有涂改扣 5 分				
				报告不工整扣 5 分				
7	台风	台　面	5	台面混乱扣 5 分				
合　计			100					

试题 17：分光光度法测污水中的硫化物

（考核时间：90min）

序号	考核内容	考核要点	配分	评分标准	检测结果	扣分	得分	备注
1	准备	仪器准备	15	没有检查仪器扣 5 分				
				没按要求顺序开机扣 5 分				
				仪器没有预热扣 5 分				
				没有调节“0”点扣 5 分				
				没有调节 $T=100\%$ 扣 5 分				
				没有设定适宜灵敏度扣 5 分				
2		试剂准备	10	配制不准确扣 5 分				
				标识不全面扣 5 分				
				试剂有散落扣 5 分				
3	实际操作	标准曲线溶液及试样溶液的配制	15	吸量管使用不规范扣 5 分				
				没有按顺序量取各种溶液扣 5 分				
				溶液量取体积不准确扣 5 分				
				容量瓶使用不规范扣 5 分				
				放置时间不够就比色扣 5 分				
4		比色操作	20	使用比色皿方法不正确扣 5 分				
				比色皿没按浓度由浅到深顺序排列扣 5 分				
				没按要求设定测定波长扣 5 分				
				没用参比液调节“100%”扣 5 分				
				读数不准确扣 5 分				
				未再次确认读数扣 5 分				
5		关机及后处理	10	关机顺序不正确扣 5 分				
				旋钮未复位扣 5 分				
				比色皿未取出、清洗扣 5 分				
				比色室内没有放置硅胶扣 5 分				
6	结果报告	计算结果并考察重复性	25	标准曲线绘制不正确扣 10 分				
				未标出未知液浓度扣 5 分				
				计算公式不准确扣 5 分				
				结果不准确扣 5 分				
				平行性未达到要求扣 5 分				
				原始记录不及时、有涂改扣 5 分				
				报告不工整扣 5 分				
7	台风	台　面	5	台面混乱扣 5 分				
合　计			100					

试题 18：分光光度法测羰基数

（考核时间：50min）

序号	考核内容	考核要点	配分	评分标准	检测结果	扣分	得分	备注
1	准备	仪器准备	15	没有检查仪器扣5分				
				没按要求顺序开机扣5分				
				仪器没有预热扣5分				
				没有调节“0”点扣5分				
				没有调节 $T=100\%$ 扣5分				
				没有设定适宜灵敏度扣5分				
2		溶液配制	10	配制不准确扣5分				
				标识不全面扣5分				
				试剂有散落扣5分				
3	实际操作	试样处理	35	玻璃仪器使用不规范扣5分				
				容量瓶未用氮气吹扫扣5分				
				没有按顺序量取各种溶液扣5分				
				恒温时间不正确扣10分				
				冰水槽中冷却时间不正确扣5分				
				样品洒落扣10分				
				测定时间控制不好扣5分				
4		比色操作	10	使用比色皿方法不正确扣5分				
				没按要求设定测定波长扣5分				
				没用参比液调节“100%”扣5分				
				读数不准确扣5分				
				未再次确认读数扣5分				
5		关机及后处理	10	关机顺序不正确扣5分				
				旋钮未复位扣5分				
				比色皿未取出、清洗扣5分				
				比色室内没有放置硅胶扣5分				
6	结果报告	计算结果并考察重复性	15	结果不准确扣5分				
				平行性未达到要求扣5分				
				原始记录不及时、有涂改扣5分				
				报告不工整扣5分				
7	台风	台　面	5	台面混乱扣5分				
合　计			100					

试题 19：变色酸法测定乙醇中的甲醇

（考核时间：90min）

序号	考核内容	考核要点	配分	评分标准	检测结果	扣分	得分	备注
1	准备	仪器准备	15	没有检查仪器扣 5 分				
				没按要求顺序开机扣 5 分				
				仪器没有预热扣 5 分				
				没有调节“0”点扣 5 分				
				没有调节 $T=100\%$ 扣 5 分				
				没有设定适宜灵敏度扣 5 分				
2		试剂准备	10	配制不准确扣 5 分				
				标识不全面扣 5 分				
				试剂有散落扣 5 分				
3	实际操作	标准曲线溶液及试样溶液的配制	15	吸量管使用不规范扣 5 分				
				没有按顺序量取各种溶液扣 5 分				
				溶液量取体积不准确扣 5 分				
				容量瓶使用不规范扣 5 分				
				水浴恒温不符合要求扣 5 分				
				未冷却加样扣 5 分				
4		比色操作	20	使用比色皿方法不正确扣 5 分				
				比色皿没按浓度由浅到深顺序排列扣 5 分				
				没按要求设定测定波长扣 5 分				
				没用参比液调节“100%”扣 5 分				
				读数不准确扣 5 分				
				未再次确认读数扣 5 分				
5		关机及后处理	10	关机顺序不正确扣 5 分				
				旋钮未复位扣 5 分				
				比色皿未取出、清洗扣 5 分				
				比色室内没有放置硅胶扣 5 分				
6	结果报告	计算结果并考察重复性	25	标准曲线绘制不正确扣 10 分				
				未标出未知液浓度扣 5 分				
				计算公式不准确扣 5 分				
				结果不准确扣 5 分				
				平行性未达到要求扣 5 分				
				原始记录不及时、有涂改扣 5 分				
				报告不工整扣 5 分				
7	台风	台面	5	台面混乱扣 5 分				
合计			100					

试题 20：原子吸收的操作(火焰原子化)

(考核时间：90min)

序号	考核内容	考核要点	配分	评分标准	检测结果	扣分	得分	备注
1	检查	电路和气路的检查	10	未检查各部件的电路连接是否正确扣 5 分				
				未检查气密性是否良好扣 5 分				
2	调试光源	空心阴极灯安装调试	15	没按规定安装空心阴极灯扣 5 分				
				没有按规定打开总电源和空心阴极灯高压电源扣 5 分				
				未调试光路至备用状态规定扣 5 分				
3	参数	参数设定	10	未按要求设定参数扣 5 分				
				预热时间不符合要求扣 5 分				
4	燃烧器	调节燃烧器位置	10	调节燃烧器位置，没有按规定扣 5 分				
				未调吸光度显示为 0.000 扣 5 分				
5	点火	点火步骤	20	未打开通风机开关扣 5 分				
				未打开助燃气(空气)开关，调输气压力为 0.2MPa，使流量约为 5.5L/min，扣 5 分				
				未开燃气(乙炔)开关，调输气压力为 0.05MPa，使流量约为 1.5L/min，扣 5 分				
				按下点火开关点燃火焰，待火焰正常即可测试，没有按规定扣 5 分				
6	调零	调　零	10	点火 5min 后，吸喷去离子水(或空白液体)，按“调零”旋钮调零，未按“调零”旋钮调零，扣 10 分				
7	测定	测定操作	15	吸喷标准溶液，没有按规定读数扣 5 分				
				测定三次，平行性不符合要求扣 5 分				
				测量完毕，再吸喷去离子水 10min 进行清洗，未进行清洗，扣 5 分				
8	关机	知道关机步骤	10	先关乙炔，再关空气，火焰熄灭，关掉元素灯，没有按规定扣 5 分				
				未关总电源和通风机开关，扣 5 分				
合　计			100					

试题 21：原子吸收的操作(石墨炉原子化)

(考核时间：90min)

序号	考核内容	考核要点	配分	评分标准	检测结果	扣分	得分	备注
1	检查	连接可靠	15	未检查电路扣 5 分				
				未检查载气扣 5 分				
				未检查冷却水扣 5 分				

续表

序号	考核内容	考核要点	配分	评分标准	检测结果	扣分	得分	备注
2	开机	仪器准备	25	未点燃使用的空心阴极灯扣5分				
				未按要求设定参数扣10分				
				预热时间不符合要求扣10分				
3	原子化	炉参数设定	30	未按要求设定干燥、灰化、原子化的温度，扣10分				
				未按要求设定干燥、灰化、原子化时间，扣10分				
				未按要求设定干燥、灰化、原子化升温速率，扣10分				
4	测定	测　定	15	未按要求进样扣10分				
				完成一次测量后，石墨管未按要求冷却扣5分				
				重复测定三次，平行性不符合要求扣5分				
5	测后	关　机	15	未按要求关闭氩气扣5分				
				未关冷却水扣5分				
				结束实验未按要求关机扣5分				
合　计			100					

试题22：色谱分析条件的优化

（考核时间：120min）

序号	考核内容	考核要点	配分	评分标准	检测结果	扣分	得分	备注
1	进样	进样分析	10	进样手法错误每次扣5分				
				进样量错误每次扣5分				
2	分析并调整	方案确定	20	柱箱温度调整方案错误扣10分				
				原因说不清或错误扣10分				
3			20	柱前压调整方案错误扣10分				
				原因说不清或错误扣10分				
4		实际调整	40	不能在色谱仪上正确进行调整每项扣10分				
				超过两次调整后，每次调整扣5分				
				每次调整无法正确说明调整原因扣5分				
5	最终结果	结果检验	10	无法得到分离良好的谱图扣5分				
				样品分析时间超过规定值扣5分				
合　计			100					

试题 23：分流比的设置

（考核时间：120min）

序号	考核内容	考核要点	配分	评分标准	检测结果	扣分	得分	备注
1	进样	进　样	10	进样量、手法错误每次扣 5 分				
2	分析并调整	方案设计	20	分流比调整方案错误扣 10 分				
				原因说不清或错误扣 10 分				
3		实际调整	30	不能在色谱仪上正确进行调整每项扣 10 分				
				超过两次调整后，每次调整扣 5 分				
				每次调整无法正确说明调整原因扣 5 分				
4	最终结果	结果检验	10	无法得到分离良好的谱图扣 5 分				
				样品分析时间超过规定值扣 5 分				
5	绘图	绘制分流不分流进样器结构简图	30	进气管路、进样胶垫、玻璃衬管、衬管内玻璃棉、隔离垫圈、胶垫清洗气路出口、分流气出口、毛细管柱位置和进入长度应绘制正确，标识清楚，每错误一处扣 5 分				
合　计			100					

试题 24：毛细管柱的安装

（考核时间：30min）

序号	考核内容	考核要点	配分	评分标准	检测结果	扣分	得分	备注
1	安装过程	色谱仪状态检查	10	未检查色谱电源是否关闭扣 5 分				
				未检查接口处温度每个扣 5 分				
2		安装工具的使用	10	割刀使用方式错误扣 5 分				
				其他工具使用方式错误每种扣 3 分				
3		安　装	30	安装螺母、石墨环前切割色谱柱每次扣 5 分				
				忘记切割色谱柱每次扣 10 分				
				没有用手拧紧扣 5 分				
				用扳手拧紧超过一圈或不足半圈扣 5 分				
4	结果检查	教师对学员安装情况的检查	50	毛细管柱两端出现急弯一处扣 5 分				
				两端把紧出现一处过松扣 5 分				
				出现一处毛细管柱被挤坏扣 10 分				
				两端深入长度出现一处不合适扣 10 分				
				两端切口不平滑垂直每处扣 5 分				
合　计			100					

试题 25：数据处理机 ID 表的编制

（考核时间：30min）

序号	考核内容	考核要点	配分	评分标准	检测结果	扣分	得分	备注
1	数据处理机 ID 表的编制	ID 表建立	20	不能删除原有 ID 表扣 10 分				
				参数设置错误导致 ID 表类型与题设不完全相同扣 10 分				
2		ID 表内容录入	40	少录入、重复录入每一条扣 10 分				
				录入错误每处扣 5 分				
				经更改后完成，每次更改扣 5 分				
3		ID 表更改	30	对原有 ID 表进行更改，漏改一处扣 10 分				
				修改错误每处扣 5 分				
				多次更改每次扣 5 分				
4		ID 表的作用	10	不能说明 ID 表的作用扣 10 分				
合　计			100					

试题 26：未知样品浓度的测定(内标法)

（考核时间：80min）

序号	考核内容	考核要点	配分	评分标准	检测结果	扣分	得分	备注
1	内标物加入	计　算	10	公式不清晰或没有扣 5 分				
				内标物用量计算错误扣 10 分				
2		称量加入	10	称取样品和内标物天平使用不规范，每次扣 5 分				
				内标物加入手法不正确扣 5 分				
3	分析和计算	分析样品三次	20	进样手法不规范每次扣 5 分				
				色谱峰识别错误每个扣 5 分				
				峰面积记录不及时每次扣 2 分				
4		结果计算	10	结果计算公式错误扣 5 分				
				结果计算错误扣 5 分				
5		最大相对偏差计算	10	公式错误扣 5 分				
				结果计算错误扣 5 分				
6	结果	结果考察	40	分析结果与真实值偏差＞10%扣 30 分				
				偏差＞5%扣 20 分				
				中间组分与真实值偏差＞3%扣 10 分				
				中间组分与真实值偏差＞1%扣 5 分				
				最大相对偏差＞8%扣 10 分				
				最大相对偏差＞3%扣 5 分				
				最大相对偏差＞1%扣 2 分				
合　计			100					

试题27：色谱结果的再计算

（考核时间：60min）

序号	考核内容	考核要点	配分	评分标准	检测结果	扣分	得分	备注
1	基础操作	样品分析	20	进样量、手法错误扣10分				
				不能正确储存分析数据扣10分				
2		参数变更	30	忘记检查原计算参数扣10分				
				不能按题设要求变更计算参数，每个参数扣5分				
3		再处理	10	不会进行数据再处理扣10分				
4	调整方案	参数调整	30	不能自行调整主要参数设定值并得到良好的积分结果扣30分				
				调整并再计算超过两次后，每次扣5分				
				不能正确说明调整理由每次扣5分				
				调整方向错误每次扣5分				
5		小峰消除	10	设计两种方案消除较小含量组分的峰，少一种方案扣5分				
合计			100					

试题28：色谱仪的日常维护

（考核时间：60min）

序号	考核内容	考核要点	配分	评分标准	检测结果	扣分	得分	备注
1	更换载气钢瓶	钢瓶基础知识考察	15	不能说明氢气钢瓶螺纹反扣扣5分				
				不能说明钢瓶更换时应保留0.2～1MPa扣5分				
				不能说明原因扣5分				
2		正确更换钢瓶	20	更换钢瓶前未调整减压阀到无出口压力扣5分				
				更换钢瓶前未关闭钢瓶和线路阀门每个扣5分				
				换钢瓶前未清洁新钢瓶接口处扣5分				
				打开新钢瓶阀门时未避免正对压力表扣5分				
				未重新调整减压阀出口压力到合适值扣5分				
				打开新钢瓶阀门后有漏气扣5分				
3		熟练度	10	更换钢瓶不熟练，时间过长酌情扣1～10分				

续表

序号	考核内容	考核要点	配分	评分标准	检测结果	扣分	得分	备注
4	更换进样口垫片	状态检查	10	更换垫片前应确认色谱仪未处于分析状态，未检查色谱仪状态扣10分				
5		高温防护	10	未佩戴高温防护措施扣10分				
6		更换垫片	10	更换速度慢扣5分				
				新垫片被粘污扣5分				
				螺丝拧得过紧扣5分				
7	更换处理机打印头	状态确认	10	更换打印头前未检查打印机是否处于关闭状态扣10分				
8		打印头更换	15	更换操作不熟练酌情扣1~10分				
				更换后处理机打印不正常扣10分				
合计			100					

试题29：石油产品运动粘度(40℃)的测定

（考核时间：150min）

序号	考核内容	考核要点	配分	评分标准	检测结果	扣分	得分	备注
1	准备	试样及粘度计的准备	30	未检查粘度计扣3分				
				试样含水或机杂未除去扣5分				
				恒温浴未恒定到40℃ ±0.1℃范围内扣5分				
				选择粘度计内径不符合要求扣5分				
				试样装入粘度计手法不正确扣10分				
				粘度计外壁沾有试样扣2分				
				将粘度计固定在恒温浴中,位置不准确扣5分				
				温度计位置安装不正确扣5分				
2	测定	测定过程	25	未用铅垂线将粘度计调成垂直状态扣5分				
				试验温度波动大，时间不足或超时扣5分				
				测定试样时产生气泡和裂隙扣5分				
				液面位置读错扣5分、记录时间错误扣5分				
3	结果	计算结果并考察精密度	35	未测四次流动时间来计算其算术平均值扣5分				
				各次流动时间与算术平均值差数不符合要求扣5分				
				计算40℃运动粘度值公式或计算错误扣10分				
				重复性超过算术平均值的1.0%扣5分				
				误差>算术平均值的2.2%扣10分				

续表

序号	考核内容	考核要点	配分	评分标准	检测结果	扣分	得分	备注
				误差＞算术平均值的1.5%扣6分				
				误差＞算术平均值的0.8%扣2分				
4	台风	清理桌面、量器具	10	未清洗粘度计及其他玻璃器皿扣5分				
				桌面未清理干净扣5分				
合　计			100					

试题30：恩氏粘度计水值的测定

（考核时间：150min）

序号	考核内容	考核要点	配分	评分标准	检测结果	扣分	得分	备注
1	准备	玻璃器皿的准备	20	未检查粘度计内容器准备情况扣10分				
				未检查接受瓶准备情况扣10分				
2		仪器的准备	20	未正确安装粘度计及其他器皿扣10分				
				新蒸馏的蒸馏水未冷却到20℃扣5分				
				蒸馏水注入到内容器中，三个尖钉的尖端没有刚好露出水面扣5分				
				装在外容器中相同温度的水没有浸到内容器的扩大部分扣5分				
				调整铁三角架螺钉，未使三个尖钉的尖端处在同一水平面上扣5分				
3	测定	测定水值	40	木塞拔出扣5分				
				流出管内未装满水扣5分				
				没立即将木塞插入流出管内扣5分				
				没重新将接受瓶中的水沿玻璃棒小心注入内容器扣5分				
				未将空接受瓶放在内容器上倒置1～2min再放回原位扣5分				
				内、外容器中的水未充分搅拌，温度不恒定扣5分				
				内容器未调整为水平状态扣3分，木塞与秒表动作不同步扣5分				
				读错体积扣5分，计时不准扣5分				
4	结果	结果考察	20	水值不在51s±1s内，扣5分				
				绝对误差＞0.5s扣15分				
				绝对误差＞0.3s扣8分				
				绝对误差＞0.2s扣3分				
合　计			100					

试题 31：石油产品恩氏粘度的测定

（考核时间：60min）

序号	考核内容	考核要点	配分	评分标准	检测结果	扣分	得分	备注
1	准备	准备工作	20	试样中水、气泡未除去扣 5 分				
				未用金属滤网过滤试样扣 5 分				
				内容器、流出管不清洁干燥扣 5 分				
				擦拭内容器，未用剪齐边缘的滤纸吸剩下液滴扣 5 分				
				塞木塞用力扣 5 分				
2	测定	分析过程	55	加热试样低于规定温度扣 5 分				
				油面低于尖钉的尖端扣 5 分				
				外容器中水温低于规定温度扣 5 分				
				内容器中试样温度不能保持 5min 扣 5 分				
				外容器水温波动大扣 5 分				
				拔起木塞扣 5 分				
				粘度计未加盖，未搅拌试样扣 5 分				
				达到规定的温度，未停止搅拌，未保持 5min 扣 5 分				
				木塞与秒表不同步扣 10 分				
				读错体积扣 3 分，计时不准扣 4 分				
				读取流出时间错误扣 5 分				
3	结果	计算 t℃的恩氏粘度并考察精密度	20	计算错误，未取重复测定两个结果的算术平均值的扣 5 分				
				相对误差 > 1.5% 扣 10 分				
				相对误差 > 1.0% 扣 5 分				
				相对误差 > 0.5% 扣 2 分				
4	台风	清理桌面、玻璃器皿	5	未清洗盛装试样容器，台面混乱扣 5 分				
合　计			100					

试题 32：闪点高于 50℃试样的闭口闪点测定

（考核时间：50min）

序号	考核内容	考核要点	配分	评分标准	检测结果	扣分	得分	备注
1	准备	试样及闪点测定器的准备	30	试样含水未脱水扣 5 分				
				烧杯不干净、干燥扣 5 分				
				试样高于脱水温度扣 5 分				
				试样未注满到环状标记处扣 5 分				

续表

序号	考核内容	考核要点	配分	评分标准	检测结果	扣分	得分	备注
				闪点测定器未放在避风和较暗的地方扣5分				
				火焰调整不符合规定扣5分				
				未检定过实验时的大气压力扣5分				
2	测定	分析测定	50	未进行搅拌扣5分				
				加热速率不均匀上升扣5分				
				在达到预计闪点前20℃时，升温速度控制不正确扣10分				
				在达到预计闪点前10℃时，每经过1℃进行点火试验不符合规范扣10分				
				试样点火时不停止搅拌扣5分				
				火焰停留时间过长扣5分				
				未正确判断闪点扣10分				
				大气压力对闪点有影响未修正扣5分				
3	结果	结果考察	20	未取重复测定两个结果的算术平均值作为试样的闪点扣5分				
				误差>4℃扣15分				
				误差>3℃扣10分				
				误差>2℃扣5分				
合计			100					

试题33：闪点低于210℃试样的闪点测定

（考核时间：60min）

序号	考核内容	考核要点	配分	评分标准	检测结果	扣分	得分	备注
1	准备	试样、坩埚的准备	40	试样未脱水扣5分				
				未检测试验时的大气压力扣5分				
				内坩埚未用溶剂油洗涤扣5分				
				试样注入内坩埚时，液面距离坩埚口部边缘不为12mm扣10分				
				试样向内坩埚注入时溅出，液面以上的坩埚壁粘有试样扣5分				
				温度计的水银球位置不对扣5分				
				点火器的火焰长度不对扣5分				
2	测定	测定分析	35	升温速度不是每分钟升高4℃±1℃扣10分				
				点火器的火焰距试样液面不是10~14mm扣5分				

续表

序号	考核内容	考核要点	配分	评分标准	检测结果	扣分	得分	备注
				点火器在坩埚内径上不做直线移动，所经时间错误扣5分				
				点火频次不对扣10分				
				不能正确判断闪点扣5分				
				如需大气压力对闪点影响修正，未对闪点修正扣5分				
3	结果	结果考察	25	未取重复测定两个结果的算术平均值作为试样的闪点扣10分				
				误差>6℃扣15分				
				误差>4℃扣10分				
				误差>2℃扣5分				
合计			100					

试题34：汽油辛烷值（研究法）的测定

（考核时间：90min）

序号	考核内容	考核要点	配分	评分标准	检测结果	扣分	得分	备注
1	准备	发动机的工作状况及试验条件	34	发动机转速为600r/min±6r/min，不符合规范扣3分				
				点火提前角固定在上止点前13.0°，不符合规范扣3分				
				火花塞间隙为0.51mm±0.13mm，不符合规范扣3分				
				无触点点火系统、传感器底部位置与转子末端0.08~0.013mm，不符合规范扣3分				
				进、排气阀间隙均为0.20mm±0.03mm，不符合规范扣3分				
				标准试验条件下，润滑油压力、温度的设定错误扣3分				
				冷却液温度不符合规范扣3分				
				化油器喉管直径为14.3mm，不符合规范扣3分				
				不能正确确定基础气缸高度扣5分				
				未将燃料－空气比调节到获得最大爆震强度扣5分				

续表

序号	考核内容	考核要点	配分	评分标准	检测结果	扣分	得分	备注
2		爆震测量仪的调整	11	发动机起动错误扣3分				
				爆震仪零点调整不当扣3分				
				时间常数调整不当扣2分				
				展宽调整不当扣3分				
3		试验机标准状态的调整和检查	32	未初步检查发动机标准爆震强度扣2分				
				调整气缸高度不当，使爆震表指针未在50或小一些位置上扣5分				
				错误调整燃料－空气比扣7分				
				爆震表读数偏离50±3的范围，未调整气缸高度扣8分				
				用甲苯校正标定特性				
				未正确测量进气温度扣5分				
4	测定	分析测定	13	确定标准爆震强度方法错误扣5分				
				用压缩比法评定试样燃料测试方法不当扣8分				
5	结果	报告结果并考察重复性	10	考察试样与参比燃料之差不在规定范围内扣5分				
				重复性不在规定范围内扣5分				
合计			100					

试题35：石油产品残炭的测定

（考核时间：120min）

序号	考核内容	考核要点	配分	评分标准	检测结果	扣分	得分	备注
1	准备	准备工作	15	试样含水未进行脱水扣5分				
				未检查瓷坩埚、玻璃珠的准备情况扣5分				
				取试样前未摇匀扣5分				
2	测定	分析测定	55	瓷坩埚、试样称量不准确扣5分				
				瓷坩埚放置位置错误扣5分				
				未盖铁坩埚盖子或手法错误扣5分				
				外铁坩埚内未平铺沙子扣5分				
				康氏残炭测定仪安装错误扣5分				
				火焰调整不正确扣10分				
				预点火阶段时间控制错误扣5分				
				油蒸气燃烧阶段时间控制错误扣10分				

续表

序号	考核内容	考核要点	配分	评分标准	检测结果	扣分	得分	备注
				试样蒸气停止燃烧，罩上看不见蓝烟时，未重新增强煤气喷灯的火焰扣5分，时间保持错误扣5分				
				总加热时间控制错误扣10分				
				冷却时间错误扣5分				
3	结果	计算结果并考察结果	30	计算结果错误或精确不对扣5分				
				重复性不在规定范围内扣10分				
				未取重复测定两个结果的算术平均值作为残炭值扣5分				
				测定结果与真实值之差不在规定范围内扣10分				
合计			100					

试题36：石油产品铜片腐蚀的测定

（考核时间：150min）

序号	考核内容	考核要点	配分	评分标准	检测结果	扣分	得分	备注
1	准备	试片的制备	40	未检查试验用具扣5分				
				取样不避光、不快速扣5分				
				铜片去瑕疵时，未用洗涤溶剂湿润砂纸扣10分				
				铜片去瑕疵不完全扣10分				
				未旋转摩擦扣10分				
				铜片与手接触扣5分				
2	测定并报出结果	测定并报出结果	60	试片不在1min内放入试样扣5分				
				未紧弹盖扣5分				
				试验时间、温度不符合规定条件每项扣10分				
				取出铜片未用不锈钢镊子扣5分				
				未用定量滤纸吸干铜片上的洗涤溶剂扣5分				
				和腐蚀标准色板比较与光线不成45°扣10分				
				腐蚀等级的判断错误扣10分				
				未报告结果、时间、温度每项扣5分				
合计			100					

第四部分

技师/高级技师

一、石油化工行业职业标准

技师工作要求

职业功能	工作内容	技能要求	相关知识
分析与测定	(一)解决分析技术难题	能解决分析工作中遇到的技术难题	1. 相应类别的分析项目 2. 分析技术
	(二)开展新分析项目	能根据本单位发展需要，参与新产品、新项目的分析工作	
	(三)仪器分析	能熟练操作常用分析仪器，并优化操作条件	仪器性能，测试范围及实验条件设定有关知识
	(四)物测分析	能处理制样和测试中的技术问题	物性测试的相关知识
分析仪器设备	(一)安装调试、验收仪器设备	1. 能参与仪器安装、调试工作，进行实验条件的选择与设定 2. 能根据所分析的项目，进行各种仪器设备、材料、药品的准备工作	1. 常见仪器的构造知识 2. 常见仪器工作原理 3. 分析手段与仪器设备的配套知识
	(二)排除仪器设备故障	1. 能按程序检查出较复杂仪器设备产生故障的原因，并能排除其一般故障 2. 常见技术故障的原因分析与解决	较复杂的分析仪器的故障检修方法
技术管理与创新	(一)组合分析装置	能根据分析方法的需要，协助组合分析新项目所需的装置	各类化学实验室的电器设备及常用仪器的用途
	(二)编写分析操作规程	能改进非标准分析方法(如生产过程控制分析)的操作规程	1. 各种产品的生产工艺 2. 分析操作规程的编写规定
培训与指导	(一)传授技艺	1. 能向初、中、高级工传授与其工作内容相关的专业知识(包括安全环保)和常用的数据处理知识 2. 能较系统地指导相关石油化工产品的化学分析、仪器分析、物性参数测定等实技操作	1. 技能培训的基本要求 2. 化学分析、仪器分析、物测分析的重点、难点和操作技能的要点
实验室管理	(一)制订资源配置计划	1. 能根据分析需要和单位的需求参与制订仪器设备购置的近期计划和长远规划 2. 能根据各个分析项目对化学试剂、标准物质需求的多少，估计其使用量，制订其购置计划 3. 能进行人力资源的配备与协调	资源配置有关知识
	(二)分析质量管理	1. 能准确分析影响分析质量的原因，并制订有效的解决办法 2. 能够发现异常数据并处理	分析质量管理基础知识
	(三)仪器及试剂管理	1. 能定期进行实验室仪器的周期检定 2. 能针对实验室的仪器设备、化学试剂和标准物质的具体情况，制订并实施管理措施	计量检定有关知识
	★(四)计量认证和审查认可(验收)	能根据实验室计量认证和审查认可(验收)的要求，编写管理手册中与相应类别分析有关的规章制度	计量认证、审查认可(验收)有关知识

续表

职业功能	工作内容	技能要求	相关知识
	★(五)实验室认可	能根据实验室认可的要求，编制相应类别分析的操作指导书	实验室认可的有关知识
	★(六)参与企业的质量管理	能根据质量管理和质量认证的要求，编制相关的程序文件和分析操作指导书	GB/T 19000 – ISO 9000 标准知识
	★(七)参与企业的环境管理	能根据企业的环境管理体系要素的相关要求，编制与相应类别分析相关的操作指导书	GB/T 2400 – ISO 14000 标准知识

注：前带有★号的“工作内容”为选择项，申报人员可以从(四)至(七)的四项工作内容中任选一项。

高级技师工作要求

职业功能	工作内容	技能要求	相关知识
分析与测定	(一)解决分析技术难题	能处理并解决较高难度的分析技术问题	国内外分析技术发展动态
	(二)引进分析新技术	能将当今国内外的新技术、新方法引进分析工作中，并取得应用成效	
技术管理与创新	(一)检索标准文献	能根据标准目录和标准化期刊检索标准文献，获得最新标准信息	标准化基础知识
	(二)数理统计的应用	能运用数理统计方法判断分析结果并指导生产	数理统计的应用知识
培训与指导	(一)专业培训	1. 能系统讲授石油化工产品分析的基本知识，并能指导学员的实际操作 2. 能制订分析化验工培训班教学计划 3. 能合理安排教学内容，选择适当的教学方式	理论与技能培训的方法
实验室规划设计	(一)确定规划方案	能根据本单位的需要，规划实验室的规模和功能	实验室规划一般要求
	(二)实验室设计	能提出相关实验室合理布局的设计要求	实验室布局要求
	(三)实验室配套设施设计	能做到实验室的设计安全合理，能正确选择符合分析要求的设备设施	实验室设施要求
技术交流	(一)参与技术交流与合作	应能胜任下列工作之一： 1. 参与本地区分析技术人员的培训、技术交流、实验室之间比对分析的工作 2. 协助地方产品质量监督部门制定有关产品的监督检查分析细则，编写监督检查的质量分析报告，并参与或协助组织召开有关产品的质量分析会议	本地区各石油化工生产企业的分析项目内容，实验室和分析人员的状况

续表

职业功能	工作内容	技能要求	相关知识
制定标准	(一)参与技术发展规划和标准制定	应能胜任下列工作之一： 1. 根据国内外分析技术发展动态，适时提出行业发展规划的建议 2. 参与国家标准、行业标准的制定和修订，并提出可得到各方代表广泛认可的建议或新条款 3. 参与完成企业标准的制定工作	1. 国内外分析技术发展动态 2. 制定标准的相关要求
技术总结	(一)技术探讨和经验总结	应能完成下列工作之一： 1. 系统全面地总结分析工作的实践经验 2. 正确总结分析仪器、设备的维护和检修经验与规律 3. 撰写分析工作中专题项目的研究报告 4. 撰写分析技术诀窍的总结报告 5. 组织QC小组活动，并能撰写QC报告	1. 技术报告和技术总结写作的有关知识 2. 分析工作现状和发展趋势 3. QC小组活动相关知识

二、理论知识鉴定要素细目表

行业通用理论知识鉴定要素细目表

鉴定范围						鉴定点		
一级		二级		三级		代码	名称	重要程度
代码	名称	代码	名称	代码	名称			
A	基本要求	B	基础知识	B	识图基础知识	001	设备布置图基础知识	X
						002	管道布置图基础知识	X
						003	化工设备图尺寸标注方法	X
						004	装配图内容	X
				D	质量基础知识	001	ISO 9000族标准质量管理审核的依据	X
						002	ISO 9001标准质量管理体系的总体思路	X
				E	计算机基础知识	001	数据库的概念	X
						002	数据表的建立	X
						003	PowerPoint课件的制作	X
B	相关知识	E	管理知识	A	生产管理	001	生产的管理	X
						002	设备的管理	X
						003	现场的管理	X
				B	编写技术文件	001	生产总结报告的常用格式	X
						002	技术论文的结构内容	X
						003	技术论文标题拟订的基本原则	X
						004	技术论文摘要拟订的基本原则	X
						005	技术论文编写的基本要素	X

续表

鉴定范围						鉴定点		
一级		二级		三级		代码	名称	重要程度
代码	名称	代码	名称	代码	名称			
						006	装置标定报告主要内容	X
						007	装置验收报告主要内容	X
						008	工艺技术规程主要内容	X
						009	岗位操作法的主要内容	X
						010	检修方案的主要内容	X
						011	开工方案的主要内容	X
						012	停工方案的主要内容	X
				C	技术改进	001	技术改造的目的	X
						002	技术改造的程序	X
						003	技术改造方案的主要内容	X
						004	技术改造的有关步骤	X
						005	技术改造申请书的编写格式	X
						006	技术革新成果的鉴定知识	X
						007	技术改造的注意事项	X
						008	技术革新成果报告的主要内容	X
		F	培训与指导	A	培训与指导	001	专项培训方案制订的要求	X
						002	培训教学常用方法	X
						003	培训教案编写的要求	X
						004	培训教学的组织实施	X
						005	评估培训效果的意义	X

工种理论知识鉴定要素细目表

鉴定范围						鉴定点		
一级		二级		三级		代码	名称	重要程度
代码	名称	代码	名称	代码	名称			
A	基本要求	B	基础知识	G	无机化学	001	原电池的工作原理	X
						002	金属的电化学腐蚀的原理	X
						003	电解原理	X
						004	电解原理的一般应用	X
						005	常见阳离子鉴定方法	X
						006	常见阴离子的鉴定方法	X
				H	有机化学	001	有机高分子化合物的结构特点	X
						002	有机高分子化合物的基本性质	X
						003	常见有机官能团的鉴定方法	X

续表

鉴定范围						鉴定点		
一级		二级		三级		代码	名称	重要程度
代码	名称	代码	名称	代码	名称			
				I	分析化学	001	例行分析和仲裁分析的区别	X
						002	光谱分析的发展趋势	X
						003	电化学分析的发展趋势	X
						004	色谱分析的发展趋势	X
				J	工艺原理及流程	001	加氢裂化装置工艺特点	X
						002	PTA装置工艺特点	X
						003	延迟焦化装置工艺特点	Y
						004	芳烃装置工艺特点	X
						005	乙烯装置工艺特点	X
				K	物料性质	001	腐蚀性液体的性质	X
						002	石油化工常用添加剂的性质	X
				L	产品应用	001	常用化学助剂的应用	Y
						002	橡胶等高聚物产品的应用	X
				M	电工基础知识	001	三相交流电原理	X
						002	低压电器使用常识	X
				N	实验室安全	001	安全评价原则	X
						002	重大危险源识别控制方法	X
				O	危险化学品安全	001	危险化学品事故的应急处理方法	X
B	相关知识	A	技术管理与创新	A	全面质量管理	001	全面质量管理概述	X
						002	5S活动的意义	X
						003	6西格玛管理内容	X
						004	质量改进的概念	X
						005	质量改进的内容	X
						006	质量改进的组织推进方式	Y
				B	技术创新	001	QC论文的要求	X
						002	写技术总结的基本要求	X
						003	统计技术的应用方法	Y
		B	实验室管理	A	实验室管理	001	化验室的职责	X
						002	化验室设计要求	Y
						003	评价分析方法的基本指标	Y
						004	标准化工作	Y
						005	化验室设备管理的一般要求	X
						006	实验室环境	X

续表

鉴定范围						鉴定点		
一级		二级		三级		代码	名称	重要程度
代码	名称	代码	名称	代码	名称			
						007	化学试剂管理要求	X
						008	标准溶液的管理原则	X
						009	原始记录的要求	X
						010	化验室操作规程	X
						011	气体钢瓶的管理要求	X
						012	化学药品的管理方法	X
						013	化验室防护的一般要求	X
						014	化验室毒害物质的处理方法	X
						015	实验室认可的概念	Y
						016	实验室认可的依据	Y
				B	仪器校验	001	标准物质的定义	X
						002	标准物质的分类	X
						003	计量器具的校准方法	X
						004	校验规程	X
						005	标准物质的应用要求	X
		C	化学分析	A	分析与测定	001	分析结果准确度的评价原则	Y
						002	F 检验法	X
						003	t 检验法	X
						004	酸碱混合物的测定方法	X
						005	控制反应条件连续测定法	Y
		D	光谱分析	A	分析与测定	001	分光光度计主要性能	X
						002	原子吸收样品的处理方法	Y
						003	原子吸收测定条件的选择方法	X
						004	原子吸收定量分析方法	X
						005	红外吸收光谱法	X
						006	红外吸收制备样品的要求	Y
						007	红外光谱定性分析方法	Z
						008	红外光谱定量分析方法	Z
				B	分析仪器设备	001	分光光度计常见故障处理方法	X
						002	红外吸收光谱仪的基本结构	Y
						003	红外辐射光源的特点	X
						004	红外吸收池的使用方法	Y
						005	红外单色器的工作原理	X

续表

鉴定范围						鉴定点		
一级		二级		三级		代码	名称	重要程度
代码	名称	代码	名称	代码	名称			
						006	原子吸收光谱仪的光路系统	X
						007	原子吸收光谱仪的主要技术参数	X
						008	原子吸收光谱仪操作注意事项	X
						009	原子吸收光谱仪空心阴极灯的安装调试方法	X
						010	原子吸收光谱仪火焰原子化气源的使用要求	X
						011	原子吸收光谱仪空心阴极灯特点	X
						012	原子吸收光谱仪无极放电灯特点	X
						013	原子吸收光谱仪原子化器特点	X
						014	原子吸收光谱仪化学原子化原理	X
						015	原子吸收光谱仪分光系统	X
						016	原子吸收光谱仪检测系统	X
						017	原子吸收光谱仪的一般维护方法	X
		E	色谱分析	A	分析与测定	001	多维色谱的特点	X
						002	顶空进样技术	Y
						003	冷柱头进样技术	Z
						004	程序升温进样技术	Y
						005	色谱定性方法	Y
						006	减小色谱误差的方法	X
						007	高效液相色谱法的特点	X
				B	分析仪器设备	001	气路泄漏的排除方法	X
						002	温度控制故障的排除方法	X
						003	常见检测器故障的排除方法	X
						004	峰形失真的解决方法	X
						005	基线不稳的解决方法	X
						006	灵敏度下降的解决方法	X
						007	重复性差的解决方法	X
						008	其他常见故障的解决方法	Y
						009	建立色谱方法的过程	X
						010	色谱性能的标定方法	X
						011	FPD 的工作原理	X
						012	FPD 的性能特征	X
						013	ECD 的工作原理	X
						014	ECD 的性能特征	Y
						015	ECD 检测条件的选择方法	Y
						016	高级应用工作站	X
						017	高效液相色谱仪的基本结构	Y

续表

鉴定范围						鉴定点		
一级		二级		三级		代码	名称	重要程度
代码	名称	代码	名称	代码	名称			
		F	电化学分析	A	分析与测定	001	水分测定仪常见的故障	X
						002	水分测定仪常见故障的原因	X
						003	电位滴定仪常见的故障	X
						004	电位滴定仪常见故障的原因	X
						005	微库仑滴定池的选择方法	X
						006	微库仑仪常见的故障	X
						007	微库仑仪常见故障的原因	X
						008	未知样品的电化学分析方法	X
						009	异常样品的电化学分析方法	X
						010	操作规程的编制方法	X
				B	分析仪器设备	001	水分测定仪的基本结构	Y
						002	电位滴定仪的基本结构	Y
						003	微库仑仪的基本结构	Y
						004	分析方案评价方法	X
						005	恒电流滴定池的设计方法	X
						006	恒电位滴定池的设计方法	X
						007	微库仑滴定池的设计方法	X
						008	水分测定仪的故障处理方法	X
						009	电位滴定仪的故障处理方法	X
						010	微库仑仪拖尾峰的处理方法	X
						011	微库仑仪超调峰的处理方法	X
						012	微库仑仪基线噪音的处理方法	X
						013	微库仑仪回收率低的处理方法	X
						014	微库仑仪回收率高的处理方法	X
						015	微库仑仪结果不重复的处理方法	X
		G	油品分析	A	分析与测定	001	恩氏粘度测定仪常见的故障	Z
						002	恩氏粘度测定仪常见故障的原因	Z
						003	运动粘度测定仪常见的故障	X
						004	运动粘度测定仪常见故障的原因	X
						005	闪点测定仪常见的故障	X
						006	闪点测定仪常见故障的原因	X
						007	馏程测定仪常见的故障	X
						008	馏程测定仪常见故障的原因	X

续表

鉴定范围						鉴定点		
一级		二级		三级		代码	名称	重要程度
代码	名称	代码	名称	代码	名称			
						009	残炭分析仪常见故障的原因	X
						010	热值分析仪常见故障的原因	X
						011	辛烷值分析仪常见故障的原因	Z
						012	铜片腐蚀分析仪常见故障的原因	Z
				B	分析仪器设备	001	样品分析综合评价方法	X
						002	样品分析过程总结方法	X
						003	恩氏粘度测定仪的故障处理方法	Z
						004	运动粘度测定仪的故障处理方法	X
						005	闪点测定仪的故障处理方法	X
						006	馏程测定仪的故障处理方法	X
						007	减压馏程测定仪的故障处理方法	X
						008	结晶点测定仪的故障处理方法	X
						009	铜片腐蚀测定仪的故障处理方法	X
						010	比重瓶法测定密度装置的故障处理方法	X
						011	密度测定仪的故障处理方法	X
						012	残炭测定仪的故障处理方法	X
						013	赛氏色度测定仪的故障处理方法	X
						014	倾点测定仪的故障处理方法	X
						015	热值测定仪的故障处理方法	X
						016	辛烷值测定仪的故障处理方法	X

三、理论知识试题

行业通用理论知识试题

判断题

1. 设备布置图是构思建筑图的前提，建筑图又是设备布置图的依据。(√)

2. 化工设备图中，如图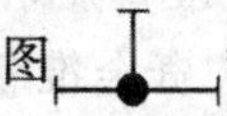管道立面图，其平面图为。(×)

正确答案：化工设备图中，如图管道立面图，其平面图为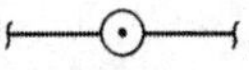。

3. 在化工设备图中，由于零件的制造精度不高，故允许在图上将同方向(轴向)的尺寸注成封闭形式。(√)

4. 装配图中，当序号的指引线通过剖面线时，指引线的方向必须与剖面线平行。(×)

正确答案：装配图中当序号的指引线通过剖面线时，指引线的方向不得与剖面线平行。

5. 只有 ISO 9000 质量保证模式的标准才能作为质量审核的依据。(×)

正确答案：除 ISO 9000 族质量标准以外，还有其他一些国际标准也可以作为质量审核的依据。

6. 2000 版标准减少了过多强制性文件化要求，使组织更能结合自己的实际，控制体系过程，发挥组织的自我能力。 (√)

7. 数据库就是存储和管理数据的仓库。 (×)

正确答案：数据库就是按一定结构存储和管理数据的仓库。

8. 在计算机应用软件中 VFP 数据表中日期字段的宽度一般为 10 个字符。 (×)

正确答案：在计算机应用软件中 VFP 数据表中日期字段的宽度一般为 8 个字符。

9. 在应用软件 PowerPoint 中可以插入 WAV 文件、AVI 影片，但不能插入 CD 音乐。(×)

正确答案：在 PowerPoint 中可以插入 WAV 文件、AVI 影片，也能够插入 CD 音乐。

10. 在应用软件 PowerPoint 中播放演示文稿的同时，单击鼠标右键，选择“指针选项”中的“画笔”选项，此时指针会自动地变成一支画笔的形状，按住鼠标左键，就可以随意书写文字了。 (√)

11. 基本生产过程在企业的全部生产活动中居主导地位。 (√)

12. 企业的生产性质、生产结构、生产规模、设备工装条件、专业化协作和生产类型等因素都会影响企业的生产过程组织，其中影响最大的是生产规模。 (×)

正确答案：企业的生产性质、生产结构、生产规模、设备工装条件、专业化协作和生产类型等因素都会影响企业的生产过程组织，其中影响最大的是生产类型。

13. 日常设备检查是指专职维修人员每天对设备进行的检查。 (×)

正确答案：日常设备检查是指操作者每天对设备进行的检查。

14. 现场管理是综合性、全面性、全员性的管理。 (√)

15. 通过对工艺指标分析和对比可以找出设备运行中存在的不足和问题，有目的地加以优化和改进。 (√)

16. 关键词是为了文献标引工作，从论文中选取出来，用以表示全文主要内容信息款目的单词或术语，一般选用 3~8 个词作为关键词。 (√)

17. 技术论文的摘要是对各部分内容的高度浓缩，可以用图表和化学结构式说明复杂的问题，并要求对论文进行自我评价。 (×)

正确答案：技术论文的摘要是对各部分内容的高度浓缩，在摘要中不可以用图表和化学结构式，不需对论文进行自我评价。

18. 理论性是技术论文的生命，是检验论文价值的基本尺度。 (×)

正确答案：创见性是技术论文的生命，是检验论文价值的基本尺度。

19. 生产准备应包括组织机构(附组织机构图)、人员准备及培训、技术准备及编制《投料试车总体方案》(附投料试车统筹网络图)、物资准备、资金准备、外部条件准备和营销准备。 (√)

20. 工艺技术规程侧重于规定的主要设备如何操作。 (×)

正确答案：工艺技术规程侧重于规定的主要设备为何如此操作。

21. 岗位操作法应由车间技术人员根据现场实际情况编写，经车间主管审定，并组织有关专家进行审查后，由企业主管批准后执行。 (√)

22. 在技术改造的过程中，竣工验收时应以基础设计为依据。 (×)

正确答案：在技术改造的过程中，竣工验收的依据是批准的项目建议书、可行性研究报告、基础设计(初步设计)、有关修改文件及专业验收确认的文件。

23. 技术改造项目正式验收后要按照对技术经济指标进行考核标定，编写运行标定报告。 (×)

正确答案：技术改造项目正式验收前要按照对技术经济指标进行考核标定，编写运行标定报告。

24. 培训需求分析是培训方案设计和制定的基础和指南。 (√)

25. 案例教学因受到案例数量的限制，不能满足每个问题都有相应案例的需求。 (√)

26. 主题是培训教案的灵魂，提纲是教案的血脉，素材是培训教案的血肉。 (√)

27. 在培训活动中，学员不仅是学习资料的摄取者，同时也是一种可以开发利用的宝贵的学习资源。 (√)

28. 对内容、讲师、方法、材料、设施、场地、报名的程序等方面的评价属于结果层面的评价。 (×)

正确答案：对内容、讲师、方法、材料、设施、场地、报名的程序等方面的评价属于反应层面的评价。

单选题

1. 设备布置图中，用(B)线来表示设备安装基础。

A. 细实　B. 粗实　C. 虚　D. 点划

2. 如图 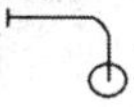 为一根管道空间走向的平面图，它的左视图是(B)。

A. 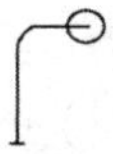　B. 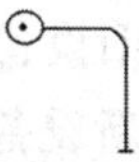　C. 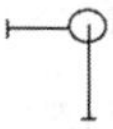　D. 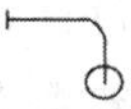

3. 在贮罐的化工设备图中，贮罐的筒体内径尺寸 $\phi 2000$ 表示的是(A)尺寸。

A. 特性　B. 装配　C. 安装　D. 总体

4. 关于零件图和装配图，下列说法不正确的是(C)。

A. 零件图表达零件的大小、形状及技术要求

B. 装配图是表示装配及其组成部分的连接、装配关系的图样

C. 零件图和装配图都用于指导零件的加工制造和检验

D. 零件图和装配图都是生产上的重要技术资料

5. 在 ISO 9000 族标准中，可以作为质量管理体系审核的依据是(A)。

A. GB/T 19001　B. GB/T 19000　C. GB/T 19021　D. GB/T 19011

6. 按 ISO 9001：2000 标准建立质量管理体系，鼓励组织采用(A)方法。

A. 过程　B. 管理的系统

C. 基于事实的决策　D. 全员参与

7. 目前，比较流行的数据模型有三种，下列不属于这三种的是(D)结构模型。

A. 层次　B. 网状　C. 关系　D. 星形

8. 在计算机应用软件中 VFP 数据库中浏览数据表的命令是(A)。

A. BROWS　B. SET　C. USE　D. APPEND

9. 在应用软件 PowerPoint 中演示文稿的后缀名是(C)。

A. doc　B. xls　C. ppt　D. ppl

10. 在生产过程中，由于操作不当造成原材料、半成品或产品损失的，属于(A)事故。
A. 生产 B. 质量 C. 破坏 D. 操作

11. 对设备进行清洗、润滑、紧固易松动的螺丝及检查零部件的状况，属于设备的(C)保养。
A. 一级 B. 二级 C. 例行 D. 三级

12. 分层管理是现场 5 – S 管理中(C)常用的方法。
A. 常清洁 B. 常整顿 C. 常组织 D. 常规范

13. 目视管理是现场 5 – S 管理中(D)常用的方法。
A. 常组织 B. 常整顿 C. 常自律 D. 常规范

14. 按规定中、小型建设项目应在投料试车正常后(D)内完成竣工验收。
A. 两个月 B. 一年 C. 三个月 D. 半年

15. 下列叙述中，(A)不是岗位操作法中必须包含的部分。
A. 生产原理 B. 事故处理 C. 投、停运方法 D. 运行参数

16. 下列选项中，不属于标准改造项目的是(A)。
A. 重要的技术改造项目 B. 全面检查、清扫、修理
C. 消除设备缺陷，更换易损件 D. 进行定期试验和鉴定

17. 在停车操作阶段不是技师所必须具备的是(D)。
A. 组织完成装置停车吹扫工作 B. 按进度组织完成停车盲板的拆装工作
C. 控制并降低停车过程中物耗、能耗 D. 指导同类型的装置停车检修

18. 下列选项中，属于技术改造的是(C)。
A. 原设计系统的恢复项目 B. 旧设备更新的项目
C. 工艺系统流程变化的项目 D. 新设备的更新项目

19. 为使培训计划富有成效，一个重要的方法是(A)。
A. 建立集体目标
B. 编成训练班次讲授所需的技术和知误解
C. 把关于雇员的作茧自缚情况的主要评价反馈给本人
D. 在实施培训计划后公布成绩

20. 在培训教学中，案例法有利于参加者(D)。
A. 提高创新意识 B. 系统接受新知识
C. 获得感性知识 D. 培养分析解决实际问题能力

21. 课程设计过程的实质性阶段是(C)。
A. 课程规划 B. 课程安排 C. 课程实施 D. 课程评价

22. 正确评估培训效果要坚持一个原则，即培训效果应在(B)中得到检验。
A. 培训过程 B. 实际工作 C. 培训教学 D. 培训评价

多选题

1. 设备布置图必须具有的内容是(A, B, D)。
A. 一组视图 B. 尺寸及标注 C. 技术要求 D. 标题栏

2. 在化工设备图中，当控制元件位置与任一直角坐标轴平行时，可用(A, C, D)表示。

A. 
B. 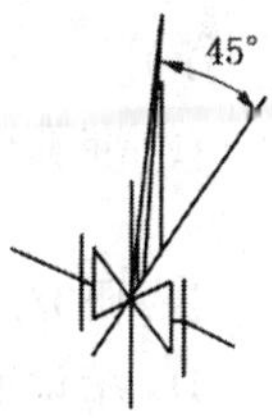

C. 
D. 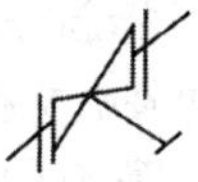

3. 在化工设备图中，可以作为尺寸基准的有(A，B，C，D)。

A. 设备筒体和封头的中心线　　B. 设备筒体和封头时的环焊缝

C. 设备法兰的密封面　　D. 设备支座的底面

4. 在化工设备图中，可以作为尺寸基准的有(A，B，D)。

A. 设备筒体和封头的中心线　　B. 设备筒体和封头时的环焊缝

C. 设备人孔的中心线　　D. 管口的轴线和壳体表面的交线

5. 下列叙述中，不正确的是(A，B，D)。

A. 根据零件加工、测量的要求而选定的基准为工艺基准。从工艺基准出发标注尺寸，能把尺寸标注与零件的加工制造联系起来，使零件便于制造、加工和测量

B. 装配图中，相邻零件的剖面线方向必须相反

C. 零件的每一个方向的定向尺寸一律从该方向主要基准出发标注

D. 零件图和装配图都用于指导零件的加工制造和检验

6. 在 ISO 9000 族标准中，内部质量体系审核的依据是(A，B，C，D)。

A. 合同要素　　B. 质量文件

C. ISO 9000 族标准　　D. 法律、法规要求

7. ISO 9001 标准具有广泛的适用性，适用于(B，D)。

A. 大中型企业　　B. 各种类型规模及所有产品的生产组织

C. 制造业　　D. 各种类型规模及所有产品的服务的组织

8. 在计算机应用软件中 VFP 能用来建立索引的字段是(C，D)字段。

A. 通用型(图文型)　B. 备注(文本型)　C. 日期　D. 逻辑

9. 关于幻灯片的背景，说法不正确的是(A，C，D)。

A. 只有一种背景　B. 可以是图片　C. 不能更改　D. 以上都错

10. 企业在安排产品生产进度计划时，对市场需求量大，而且比较稳定的产品，其全年任务可采取(A，B)。

A. 平均分配的方式　　B. 分期递增方法

C. 抛物线形递增方式　　D. 集中轮番方式

11. 设备的一级维护保养的主要内容是(A，B，C)。

A. 彻底清洗、擦拭外表　　B. 检查设备的内脏

C. 检查油箱油质、油量　　D. 局部解体检查

12. 现场目视管理的基本要求是(A，B，C，D)。

A. 统一　B. 简约　C. 鲜明　D. 实用

13. 在月度生产总结报告中对工艺指标完成情况的分析应包括(A，B，C，D)。

A. 去年同期工艺指标完成情况　　B. 本月工艺指标完成情况

C. 计划本月工艺指标情况　　D. 未达到工艺指标要求的原因

14. 技术论文标题拟订的基本要求是(B，C，D)。

A. 标新立异　　B. 简短精练　　C. 准确得体　　D. 醒目

15. 技术论文摘要的内容有(A，C，D)。

A. 研究的主要内容　　B. 研究的目的和自我评价

C. 获得的基本结论和研究成果　　D. 结论或结果的意义

16. 技术论文的写作要求是(A，B，D)。

A. 选题恰当　　B. 主旨突出　　C. 叙述全面　　D. 语言准确

17. 装置标定报告的目的是(A，B，D)。

A. 进行重大工艺改造前为改造设计提供技术依据

B. 技术改造后考核改造结果，总结经验

C. 完成定期工作

D. 了解装置运行状况，获得一手资料，及时发现问题，有针对性地加以解决

18. 下列选项中，属于竣工验收报告的内容有(A，B，C，D)。

A. 工程设计　　B. 竣工决算与审计　　C. 环境保护　　D. 建设项目综合评价

19. "三级验收"是指(B，C，D)验收。

A. 个人　　B. 班组　　C. 车间　　D. 厂部

20. 在技术改造过程中(A，B，C)的项目应该优先申报。

A. 解决重大安全隐患　B. 生产急需项目　　C. 效益明显项目　D. 技术成熟项目

21. 在技术改造方案中(A，C，D)设施应按设计要求与主体工程同时建成使用。

A. 环境保护　　B. 交通　　C. 消防　　D. 劳动安全卫生

22. 技术改造申请书应包括(A，B，C，D)。

A. 项目名称和立项依据　　B. 项目内容和改造方案

C. 项目投资预算及进度安排　　D. 预计经济效益分析

23. 进行技术革新成果鉴定必要的条件是(A，B，C，D)。

A. 技术革新确实取得了良好的效果

B. 申报单位编制好技术革新成果汇报

C. 确定鉴定小组人员、资格

D. 确定鉴定的时间、地点和参加人员，提供鉴定时所需各种要求

24. 培训方案应包括(A，B，C，D)等内容。

A. 培训目标　　B. 培训内容　　C. 培训指导者　　D. 培训方法

25. 在职工培训活动中，培训的指导者可以是(A，B，C，D)。

A. 组织的领导　　B. 具备特殊知识和技能的员工

C. 专业培训人员　　D. 学术讲座

26. 在职工培训中，案例教学具有(A，B，C)等优点。

A. 提供了一个系统的思考模式

B. 有利于使受培训者参与企业实际问题的解决

C. 可得到有关管理方面的知识与原则

D. 有利于获得感性知识，加深对所学内容的印象

27. 在职工培训中，讲授法的缺点是(A，B，D)。

A. 讲授内容具有强制性　　B. 学习效果易受教师讲授水平的影响

C. 适用的范围有限　　D. 没有反馈

28. 培训教案一般包括(A，B，C，D)等内容。

A. 培训目标　B. 教学设计　C. 培训目的　D. 重点、难点

29. 编写培训教案的基本技巧是(A，B，C，D)。

A. 确立培训的主题　B. 构思培训提纲　C. 搜集素材　D. 整理素材

30. 培训项目即将实施之前需做好的准备工作包括(A，B，C，D)。

A. 通知学员　B. 后勤准备　C. 确认时间　D. 准备教材

31. 生产管理或计划部门对培训组织实施的(A，B)是否得当具有发言权。

A. 培训时机的选择　B. 培训目标的确定　C. 培训计划设计　D. 培训过程控制

32. 在评估培训效果时，行为层面的评估，主要包括(B，C，D)等内容。

A. 投资回报率　B. 客户的评价　C. 同事的评价　D. 主管的评价

33. 培训评估的作用主要有(B，D)等几个方面。

A. 提高员工的绩效和有利于实现组织的目标

B. 保证培训活动按照计划进行

C. 有利于提高员工的专业技能

D. 培训执行情况的反馈和培训计划的调整

简答题

1. 在ISO 9000族标准中质量体系审核的依据包括哪些内容？

答：①相关的质量保证模式标准(一般是ISO 9001、9002、9003)；②质量手册或质量管理手册或质量保证手册；③程序文件；④质量计划；⑤合同或协议；⑥有关的法律、法规。

2. 简述生产过程的基本内容。

答：①生产准备过程；②基本生产过程；③辅助生产过程；④生产服务过程。

3. 什么是设备检查？设备检查的目的是什么？

答：①设备检查是指对设备的运行状况、工作性能、磨损腐蚀程度等方面进行检查和校验；②设备检查能够及时查明和清除设备隐患，针对发现的问题提出解决的措施，有目的地做好维修前的准备工作，以缩短维修时间，提高维修质量。

4. 现场管理有哪些具体要求？

答：①组织均衡生产；②实现物流有序化；③设备状况良好；④纪律严明；⑤管理信息准确；⑥环境整洁，文明生产；⑦组织好安全生产，减少各种事故。

5. 经济指标分析时应注意什么？

答：①指标的准确性。指标的采集汇总必须准确，错误的数据缺乏参照和分析性，甚至产生错误的结论。②指标的可比性。在进行指标分析时通常要在相同运行的状况下进行比较，通常要参照上个月和去年同期的指标。如果运行的状况发生变化要对指标进行相应的修正，否则就失去了指标的可比性。③突出指标分析指导的作用。通过指标分析和对比找出设备运行中存在的不足和问题，有目的地加以优化和改进。

6. 国家标准技术论文应该包括哪些内容？

答：技术论文应包括题目、作者、摘要、关键词、引言、正文、结论、致谢、参考文献、附录等10个部分。

7. 通常情况下技术论文的结构是怎样的？

答：在通常情况下技术论文的正文结构应该是按提出问题——分析问题——提供对策来

布置的。①要概括情况、阐述背景、说明意义、提出问题；②在分析问题时必须观点明确，既要抓住矛盾的主要方面，又不能忽视次要方面，析因探源，寻求出路；③要概括前文，肯定中心论点，提出工作对策。提供的对策要有针对性和必要的论证。

8. 技术论文摘要的要求是什么?

答: 摘要文字必须十分简练，篇幅大小一般限制字数不超过论文字数的5%。论文摘要不要列举例证，不讲研究过程，不用图表，不给化学结构式，也不要作自我评价。

9. 简述技术论文的写作步骤。

答: ①选题，确定论文的主攻方向和阐述或解决的问题。选题时一般要选择自己感兴趣的和人们关心的“焦点”问题；②搜集材料，要坚持少而精的原则，做到必要、可靠、新颖，同时必须充分；③研究资料，确定论点，选出可供论文作依据的材料，支持论点；④列出详细的提纲，使想法和观点文字化、明晰化、系统化，从而可以确定论文的主调和重点。提纲拟订好后，可以遵循论文写作的规范和通常格式动笔拟初稿。

10. 在竣工验收报告中关于工程建设应包括哪些内容?

答: ①工程建设概况；②工程建设组织及总体统筹计划；③工程进度控制；④工程质量控制；⑤工程安全控制；⑥工程投资控制；⑦未完工程安排；⑧工程建设体会。

11. 工艺技术规程应包括哪些内容?

答: ①总则；②原料、中间产品、产品的物化性质以及产品单耗；③工艺流程；④生产原理；⑤设备状况及设备规范。⑥操作方法；⑦分析标准；⑧安全计划要求。

12. 岗位操作法应包括哪些内容?

答: ①名称；②岗位职责和权限；③本岗位与上、下游的联系；④设备规范和技术特性，原料产品的物化性质；⑤开工准备；⑥开工操作步骤；⑦典型状况下投、停运方法和步骤；⑧事故预防、判断及处理；⑨系统流程图；⑩运行参数正常范围和各种试验。

13. 检修方案应包括哪些内容?

答: ①设备运行情况；②检修组织机构；③检修工期；④检修内容；⑤检修进度图；⑥检修的技术要求；⑦检修任务落实情况；⑧安全防范措施；⑨检修备品、备件；⑩检修验收内容和标准。

14. 在开车准备阶段技师应具备哪些技能要求?

答: ①能完成开车流程的确认工作；②能完成开车化工原材料的准备工作；③能按进度组织完成开车盲板的拆装操作；④能组织做好装置开车介质的引入工作；⑤能组织完成装置自修项目的验收；⑥能按开车网络图计划要求，组织完成装置吹扫、试漏工作；⑦能参与装置开车条件的确认工作。

15. 开工方案应包括哪些内容?

答: ①开工组织机构；②开工的条件确认；③开工前的准备条件；④开工的步骤及应注意的问题；⑤开工过程中事故预防和处理；⑥开工过程中安全分析及防范措施；⑦附录，重要的参数和控制点、网络图。

16. 停工方案应包括哪些内容?

答: ①设备运行情况；②停工组织机构；③停工的条件确认；④停工前的准备条件；⑤停工的步骤及应注意的问题；⑥停工后的隔绝措施；⑦停工过程中事故预防和处理；⑧停工过程中安全分析及防范措施；⑨附录，重要的参数和控制点。

17. 技术改造的目的是什么?

答: 通过采用新技术、新工艺，解决制约系统安、稳、优生产运行的问题，推动技术进步和技术创新，更好地提高企业经济效益。

18. 技术改造的前期准备是什么?

答: 通过选题和论证确定技术改造的项目和内容，提出立项申请和改造方案。经领导和专家批准后，进行改造设计和设计审查。改造项目确定后，需及时落实资金，完成设备、材料的采购，落实施工单位，组织设计交底。

19. 技术改造方案的主要内容是什么?

答: ①项目名称；②项目负责单位；③项目负责人；④建设立项理由和依据，包括原始状况、存在问题和改造依据；⑤改造主要内容，需要写明改造涉及装置设备及详细改造内容；⑥改造技术方案，需写明技术分析、技术要求、方案选择、设备选型及详细的技术方案，并注明动力消耗指标及公用工程配套情况；⑦预计改造效果及经济效益，包括改造后主要经济、技术指标及取得效果；经济效益(附计算式)及技术经济分析；⑧投资计划，包括主要设备材料清单和费用安排(设备询价、材料费用、安装施工费用等)；⑨计划进度安排；⑩安全环保措施。

20. 技术改造的步骤是什么?

答: ①前期准备，确定技术改造的项目和内容，经领导和专家批准后，进行改造设计和设计审查。改造项目确定后，需及时落实资金，完成设备、材料的采购，落实施工单位，组织设计交底。②实施阶段，根据改造设计的要求，施工单位应在规定工期内保质保量地完成改造的各项内容。在此过程中应对工程进度、工程质量、工程安全、工程投资进行重点控制；③验收阶段，改造项目完成后，应及时组织投用试车，进行性能考核，检验是否达到设计要求，在运行正常后组织进行竣工验收，并填写竣工验收报告；④后评估阶段，在设备稳定运行一段时间后，应组织对技术改造进行后评估，总结技术改造的效果和经验，根据生产运行实际情况提出建议。

21. 技术革新成果鉴定小组主要程序和主要内容是什么?

答: ①听取申报单位技术革新成果汇报情况；②实地查验技术革新成果完成情况，审阅技术革新成果申报资料；③讨论对技术革新成果验收意见，签署技术革新成果验收证书；④颁发技术革新成果验收证书。

22. 在技术改造过程中施工管理时应注意什么?

答: ①对改造工程施工全过程应进行组织和管理，及时发现并解决施工存在的问题，严格按照技术检修规程及施工图纸进行施工，确保工程质量和施工进度；②在施工过程中，应加强质量监督并进行实施阶段的设计协调工作，对检查发现的工程质量问题有权责令其停止施工并限期整改。③在施工过程中，应加强对施工现场安全、人身安全的监督，禁止“三违”现象的出现，对不符合要求的有权责令其停止施工并限期整改。④在施工过程中，应加强对施工周围环境的影响的监管，对施工过程中产生的废物要及时妥善处理。

23. 技术革新成果的主要内容是什么?

答: 技术革新成果的主要内容是：①项目编号、成果名称、完成单位、申报日期、项目负责人、主要完成人、工作起止时间；②系统原始状况和技术难点；③实施报告，包括方案、措施、完成时间、取得成果(附图纸、资料、技术说明)；④社会、经济效益；⑤申报车间审核意见、技术主管部门审核意见、专业评审小组意见和企业主管领导意见。

24. 培训方案由哪些要素组成？

答： 培训方案主要由培训目标、培训内容、培训指导者、受训者、培训日期和时间、培训场所与设备以及培训方法等要素组成。

25. 培训需求分析包括哪些内容？

答： 培训需求分析应从多角度来进行，包括组织、工作、个人三个方面：①组织分析指确定组织范围内的培训需求，以保证培训计划符合组织的整体目标与战略要求；②工作分析指员工达到理想的工作绩效所必须掌握的技能和知识。③个人分析是将员工现有的水平与预期未来对员工技能的要求进行比照，发现两者之间是否存在差距。

26. 什么是培训方案？

答： 培训方案是培训目标、培训内容、培训指导者、受训者、培训日期和时间、培训场所与设备，以及培训方法的有机结合。

27. 什么是演示教学法？在教学中演示教学法具有哪些优点？

答： 演示法是运用一定的实物和教具，通过实地示范，使受训者明白某种事务是如何完成的。演示法优点为：①有助于激发受训者的学习兴趣；②可利用多种感官，做到看、听、想、问相结合；③有利于获得感性知识，加深对所学内容的印象。

28. 如何准备教案？

答： 准备教案要从以下几个方面着手：

①做好培训需求分析；②教案的编写　确定教案的核心内容与结构，选择合适的教案模式；③培训方式的选择与应用。

29. 在培训教学的组织实施与管理的前期准备阶段，主要的工作有哪些？

答： ①确认和通知参加培训的学员；②培训后勤准备；③确认培训时间；④教材的准备；⑤确认理想的讲师。

30. 培训评估具有什么意义？

答： ①能为决策提供有关培训项目的系统信息，从而做出正确的判断；②可以促进培训管理水平的提升；③可使培训管理资源得到更广泛的推广和共享。

31. 应从哪些方面评价培训效果？

答： 主要应从以下四个层面评估培训效果：①反应，即课程刚结束时，了解学员对培训项目的主观感觉；②学习，即学员在知识、技能或态度等方面学到了什么；③行为，即学员的工作行为方式有多大程度的改变；④结果，即通过诸如质量、数量、安全、销售额、成本、利润、投资回报率等可以量度的指标来考查，看最终产生了什么结果。

工种理论知识试题

判断题

1. 原电池是把电能转变成化学能的装置。　（ × ）

正确答案： 原电池是把化学能转变成电能的装置。

2. 钢铁表面容易发生腐蚀，发生腐蚀时铁是正极，杂质碳是负极。　（ × ）

正确答案： 钢铁表面容易发生腐蚀，发生腐蚀时铁是负极，杂质碳是正极。

3. 电解饱和食盐水，通电一段时间后，剩下溶液的体积为 2L，pH = 12，阴极上产生 H_2 22.4L(标准状况)。　（ × ）

正确答案：电解饱和食盐水，通电一段时间后，剩下溶液的体积为2L，pH=12，阴极上产生H_2 0.224L。

4. 如果把四氯化碳加入某溶液中，摇荡，待分层后，四氯化碳层中不出现紫色，证明某溶液不含有I^-离子。 （×）

正确答案：如果把四氯化碳加入某溶液中，摇荡，待分层后，四氯化碳层中不出现紫色，不能证明某溶液不含有I^-离子，因为I^-离子在水中或在四氯化碳中都是无色的。

5. 聚乙烯分子是由乙烯分子聚合而成的高分子化合物，其分子可以用$—[CH_2—CH_2]_n—$来表示。 （√）

6. 现有GC－FTIR(GC－红外)的联用技术，但无GC－AAS(GC－原子吸收)联用技术。 （×）

正确答案：现有GC－FTIR(GC－红外)的联用技术，也有GC－AAS(GC－原子吸收)联用技术。

7. 电化学分析在现代分析化学中占有特殊地位，它不仅是一种分析手段，而且已发展成独立的学科方向。 （√）

8. 新型的固定相，使得目前色谱法已经可以分析手性异构体。 （√）

9. 加氢裂化原料精制的目的是通过加氢除去原料中的硫、氮、氧及金属杂质，并饱和烯烃。 （√）

10. 对苯二甲酸的精制过程是在一定条件下，用空气作为氧化剂将其中杂质除去。 （×）

正确答案：对苯二甲酸的精制过程是在一定条件下，用氢气作为还原剂将其中杂质除去。

11. 延迟焦化是在催化剂作用下，将渣油进行深度加工，生产气体、轻质油、中间馏分及焦炭的过程。 （×）

正确答案：延迟焦化是在高温条件下，将渣油进行深度加工，生产气体、轻质油、中间馏分及焦炭的过程。

12. 链烷烃的芳构化是催化重整的主要反应之一。 （√）

13. 工业上生产烧碱的主要方法有苛化法和电解法。 （√）

14. 工业水缓蚀阻垢剂为无机物混合配方。 （×）

正确答案：工业水缓蚀阻垢剂，据应用情况使用不同的配方，有的以无机物为主，有的以有机物为主，有的为有机无机常量混合。

15. 聚合硫酸铁在水处理中常用作分散剂。 （×）

正确答案：聚合硫酸铁在水处理中常用作絮凝剂。

16. 环氧树脂是大分子主链上含有醚键和仲醇基，同时两端含有环氧基团的一类聚合物的总称。 （√）

17. 正弦交流电的物理公式等结论，同样可以适用于三相交流电。 （√）

18. 可以用湿抹布擦拭运行中的分析仪器外壳，但不能擦拭仪器内部带电部位。 （×）

正确答案：不能用湿抹布擦拭带电仪器，包括外壳。

19. 对建设项目进行“三同时”评价，属于安全评价类型中的现状评价。 （×）

正确答案：对建设项目进行“三同时”评价，属于安全评价类型中的验收评价。

20. 危险物质主要包括燃烧爆炸危险物质和有毒有害危险物质两大类。 （√）

21. 生产危险化学品的装置，应当密闭，并设有必要的防爆、泄压设施。（√）

22. 质量教育和培训主要包括质量意识和质量管理知识的培训，不包括专业技能培训。（×）

正确答案：质量教育与培训主要包括质量意识教育、质量管理基础知识教育和专业技能培训。

23. 5S 是指整理、整顿、清理、扫除、素质。（×）

正确答案：5S 是整理、整顿、清扫、清洁和自律的简称。

24. 6σ 管理是根据组织赶超同业领先目标，针对重点管理项目自下而上进行的质量改进。（×）

正确答案：6σ 管理是根据组织赶超同业领先目标，针对重点管理项目自上而下进行的质量改进。

25. 质量控制是质量管理的一部分，致力于满足质量要求。（√）

26. 针对存在问题采取的对策有两类：一类是应急对策纠正；另一类是彻底的对策纠正措施。（√）

27. PDCA 循环的特点是：四个阶段一个也不能少；大环套小环和不断上升的循环。（√）

28. 各个总体方差相等，比较各个总体均值是否一致的问题可以用回归分析来解决。（×）

正确答案：各个总体方差相等，比较各个总体均值是否一致的问题可以用方差分析来解决。

29. 化验分析的五准确：采样准确，仪器试剂准确，分析准确，记录计算准确，报结果准确。（√）

30. 钢瓶室、药品储藏室设计时门向外开，方向朝南。（×）

正确答案：钢瓶室、药品储藏室设计时门向内开，方向朝北。

31. 抽样必须遵循的通则是真实可靠、随机抽样，而且要具有一定的数量。（√）

32. 标准化工作主要包括制定、发布与实施标准的过程，不包括对标准实施进行监督。（×）

正确答案：标准化工作主要包括制定、发布与实施标准的过程，还要对标准实施进行监督。

33. 化验室应有通风设施，实验室应配备必要的安全防护用具，灭火器材。（√）

34. 试剂中某些杂质含量过高会增加空白值，称为“试剂空白”，而空白值则决定了该方法能测定的最小值。（√）

35. 标准溶液的配制方法包括直接法和标定法。（√）

36. 我国的法定计量单位就是国际单位。（×）

正确答案：国际单位就是国际的法定计量单位。

37. 化验室操作的含义包括实验设备的清洁维护、玻璃仪器的清洗方法，各种合乎要求的操作等。（√）

38. 气瓶内气体可用到表压指示为零。（×）

正确答案：气瓶内气体不可用到表压指示为零。

39. 易燃易爆试剂应储于铁柜中，柜的顶部有通风口。（√）

40. 在实验室中禁止使用实验器皿盛装食物，也不要用餐具盛装药品。（√）

41. 发现实验室有气体中毒者时，首先应采取的措施是使中毒者尽快脱离现场。（√）

42. 国家级的质检机构必须通过实验室认可。（√）

43. 实验室认可采取自愿原则，对国家级的质检机构无强制要求。（×）

正确答案：实验室认可采取自愿原则，国家级的质检机构必须通过实验室认可。

44. 实验室认可评审准则主要包括管理要求和技术要求两大部分内容。（√）

45. 一级标准物质由国务院标准化行政主管部门批准、颁布并授权生产。（×）

正确答案：一级标准物质由国务院计量行政主管部门批准、颁布并授权生产。

46. 二级标准物质由国务院标准化行政主管部门批准、颁布并授权生产。（×）

正确答案：二级标准物质由国务院计量行政主管部门批准、颁布并授权生产。

47. 我国计量法规定，对计量标准器具及用于贸易结算、安全防护、医疗卫生、环境检测方面的计量器具由计量部门选择检定。（×）

正确答案：我国计量法规定，对计量标准器具及用于贸易结算、安全防护、医疗卫生、环境检测方面的计量器具由计量部门进行强制检定，未按规定申请检定或检定不合格的不得使用。

48. 定期校验计量器具已纳入国家法规。（√）

49. 天平及砝码应该及时检定，一般规定检定间隔不超过一年。（√）

50. 标准物质可以是纯的或混合的气体、液体或固体。（√）

51. 用标准物质评价分析结果的准确度的最佳方案是在分析方法的量限范围内选用三种不同浓度水平的标准物质。（√）

52. F 检验法中，若 $F_{计} > F_{表}$，说明两种方法的精密度之间无显著性差异。（×）

正确答案：F 检验法中，若 $F_{计} > F_{表}$，说明两种方法的精密度之间存在显著性差异。

53. $t_{计} < t_{表}$，说明平均值与标准值之间存在显著性差异，即采用新方法后引起系统误差。（×）

正确答案：$t_{计} < t_{表}$，说明平均值与标准值之间不存在显著性差异，即采用新方法后没有引起系统误差。

54. 混合酸滴定可行性的判断依据是 $C'_{a}K'_{a} \geqslant 10^{-8}$，$C''_{a}K''_{a} \geqslant 10^{-8}$。（√）

55. 原子吸收测定适用于多种液体样品和固体样品，在测量前要将试样处理成适于测定的溶液试样。（√）

56. 原子吸收中吸光度 $A = KC$，式中 A 为吸光度；K 为原子吸收系数；C 为被测元素在试样中的浓度。（√）

57. 在红外光谱测试中应使用纯度大于98%的单一组分的纯物质，以避免杂质对吸收光谱的干扰。（√）

58. 红外光谱定性分析分为两个方面：一是官能团定性；二是确定结构。（√）

59. 红外定量分析方法有工作曲线和外标法。（×）

正确答案：红外定量分析方法有工作曲线和内标法。

60. 打开电源开关，为了防止光电管疲劳，不要连续光照。（√）

61. 红外吸收光谱仪的最常用光源为空心阴极灯。（×）

正确答案： 红外吸收光谱仪的最常用光源为能斯特灯和硅碳棒。

62. 能斯特灯在室温下是导体，加热到一定温度就成为非导体。（×）

正确答案： 能斯特灯在室温下是非导体，加热到一定温度就成为导体，并有负的电阻特性。

63. 吸收池的盐窗材料，必须能很好地吸收光源辐射的红外光。（×）

正确答案： 吸收池的盐窗材料，必须能很好地透过光源辐射的红外光。

64. 红外单色器的作用是把通过吸收池进入入射狭缝的复合光分解成单色光，再照射到检测器上。（√）

65. 原子吸收分光光度计从光路上可区分为单光束和多光束两种类型。（√）

66. 灵敏度和检测限是衡量原子吸收光谱仪器性能的两个重要指标。（√）

67. 原子吸收光谱的光栅上有污染物，影响正常使用，可用擦镜纸擦拭干净。（×）

正确答案： 原子吸收光谱的光栅上有污染物，影响正常使用，光栅很精密，不可用擦镜纸擦拭。

68. 空气乙炔火焰适合测定高温难熔元素和吸收波长小于220nm锐线光的元素。（×）

正确答案： 空气乙炔火焰不适于测定高温难熔元素和吸收波长小于220nm锐线光的元素。

69. 在原子吸收分析中测定铁，并不一定要用铁灯。（×）

正确答案： 在原子吸收分析中测定铁，一定要用铁灯。

70. 在无火焰原子吸收光谱中可使用低压汞蒸气放电灯，其发射强度比空心阴极灯小。（×）

正确答案： 在无火焰原子吸收光谱中可使用低压汞蒸气放电灯，其发射强度比空心阴极灯大。

71. 原子化器可分为火焰原子化和无火焰原子化。（√）

72. 紫外－可见分光光度计中单色器的作用是使复合光色散为单色光，而原子吸收光谱仪中的单色器的作用在于分离谱线。（√）

73. 雾化器喷嘴为铂铱合金毛细管，为防止被腐蚀，每次使用后要用去离子水冲洗，若发现堵塞，应及时疏通。（√）

74. 多维色谱是两个或更多个独立分离步骤的组合结果。（√）

75. 色谱载气流速的变化可能会造成色谱峰宽的变化，但不会造成峰型畸变。（√）

76. 对于分析过程中可能发生的读错、记错、仪器异常、环境异常的分析数据，应该首先被放弃。（√）

77. 色谱发生控温单元硬件故障时，应请厂家或专业人员处理。（√）

78. 判断TCD基线不稳定的原因时，可调整TCD的桥流，如果噪声和桥流的三次方成正比关系，则可判断为通过TCD的载气不纯。（√）

79. 调试色谱仪时，发现标准样品中大组分出现平头峰，可能原因是检测器灵敏度不够。（×）

正确答案： 调试色谱仪时，发现标准样品中大组分出现平头峰，可能原因是进样量过大或检测器灵敏度太高。

80. 色谱柱发生流失时通常基线会发生抖动。（×）

正确答案：色谱柱发生流失时一般是基线发生漂移。

81. 热导池灵敏度下降的主要原因是热丝发生严重污染。 （√）

82. 色谱仪发生定量重复性差的同时，还有其他如基线不稳等故障时，应首先排除其他故障。 （√）

83. 标定色谱仪重复性时发现两张谱图基本重叠但积分结果相差较大，说明积分仪参数设置不合理。 （√）

84. 在移植其他实验室成熟的色谱分析方法时，应严格按照原来实验室的色谱仪型号、条件进行移植。 （×）

正确答案：应该参考移植，对色谱仪型号等可以变动。

85. 检定色谱仪温度一般采用水银温度计。 （×）

正确答案：检定色谱仪温度一般采用铂电阻温度计。

86. 色谱上同一个 FPD 可以同时检测硫和磷两种元素。 （×）

正确答案：因为使用不同的滤光片，因此无法同时检测。

87. FPD 对硫和磷两种元素都是线性响应。 （×）

正确答案：FPD 对硫元素的响应不是线性关系。

88. FPD 测定磷的时侯，线性范围大约为 10 的 3 次方左右。 （×）

正确答案：FPD 测定磷的时侯，线性范围大约在 10 的 3～5 次方。

89. FPD 同 FID 一样，需要 N_2、氢气和空气，三者的合适比例为 1:1:10。 （×）

正确答案：FPD 需要富氢火焰，因此氢气的用量要大得多，不同的 FPD 设定值不完全相同。

90. ECD 一般可以采用高纯氮气或高纯氩气作为载气。 （×）

正确答案：高纯氩气不能作为 ECD 的载气。

91. ECD 对于某些化合物的最小检出量可以达到 pg 级，因此它是所有检测器中最灵敏的。 （×）

正确答案：ECD 对于某些化合物的最小检出量可以达到 fg 级，因此它是所有检测器中最灵敏的。

92. ECD 对于结构相同的卤代烃，当卤素为 I 时灵敏度最强，卤素为 F 时灵敏度最差。 （√）

93. 色谱柱箱温度对 ECD 灵敏度的影响主要是因为柱流失带来的基流下降。 （√）

94. HP Chem 工作站可以最多在一个谱图上叠加 2 个谱图，以提供分析人员进行参考比较。 （×）

正确答案：可以叠加多个。

95. 由于高效液相色谱载液系统的压力非常高，因此只能采取阀进样。 （×）

正确答案：通常都采用阀进样，但也可以采用注射器降压进样。

96. 卡尔费休水分测定仪和库仑计法水分测定仪在使用过程中，都可能发生开机故障，其故障原因也相似。 （√）

97. 电位滴定仪在使用中，由于程序输入错误导致实验失败不属于仪器故障，但在仪器故障处理过程中需要考虑这一因素。 （×）

正确答案：电位滴定仪在使用中，由于程序输入错误导致实验失败也属于仪器故障，因为在仪器故障处理过程中需要考虑这一因素。

98. 选择银滴定池时，无须采取闭光措施。 （ × ）

正确答案： 选择银滴定池时，需要采取闭光措施。

99. 如果钙离子选择性电极对钡离子有响应，则溶液中钡离子的存在将干扰钙离子测定。 （ √ ）

100. 在电化学分析的操作规程中，一般不包括标准曲线的制作。 （ √ ）

101. 干燥管属于库仑计法水分测定仪滴定池的组成元件。 （ √ ）

102. 微库仑分析仪的裂解部分主要包括裂解管和裂解炉。 （ √ ）

103. 便于电极的活化和处理是设计恒电流滴定池的池体时必须考虑的一个因素。（ √ ）

104. 电解池设计中，控制电位库仑分析法和恒电流库仑分析法都要求工作电极和辅助电极有合理的几何形状。 （ √ ）

105. 水分测定仪出现开机故障时，应首先检查电源、保险丝和电源连接。 （ √ ）

106. 电位滴定法测定样品时，电位滴定仪不滴定，首先应检查电路。 （ √ ）

107. 微库仑分析中，对于偏压原因形成的拖尾峰，正确的处理是降低偏压。 （ × ）

正确答案： 微库仑分析中，对于偏压原因形成的拖尾峰，正确的处理是提高偏压。

108. 微库仑分析中，对于增益原因形成的超调峰，正确的处理是增大增益。 （ × ）

正确答案： 微库仑分析中，对于增益原因形成的超调峰，正确的处理是减小增益。

109. 微库仑分析中，对于池帽原因形成的基线噪音，正确的处理是清洗或重焊。（ √ ）

110. 微库仑分析中，对于采样电阻原因形成的回收率低，正确的处理是适当增大采样电阻。 （ × ）

正确答案： 微库仑分析中，对于采样电阻原因形成的回收率低，正确的处理是适当减小采样电阻。

111. 微库仑分析中，对于增益原因形成的回收率高，正确的处理是提高增益。 （ × ）

正确答案： 微库仑分析中，对于增益原因形成的回收率高，正确的处理是降低增益。

112. 恩氏粘度测定过程中，试样中产生气泡会影响测定结果，因而属于仪器故障。

（ × ）

正确答案： 恩氏粘度测定过程中，试样中产生气泡会影响测定结果，但是不属于仪器故障。

113. 恩氏粘度计不水平，可能造成粘度计漏液。 （ × ）

正确答案： 恩氏粘度计不水平，不是造成粘度计漏液的原因。

114. 运动粘度计垂直情况不好将影响测定结果，但这一现象不属于仪器故障。 （ × ）

正确答案： 运动粘度计垂直情况不好将影响测定结果，这一现象属于仪器操作故障。

115. 恒温水浴温度波动属于仪器故障。 （ × ）

正确答案： 恒温水浴温度波动属于仪器故障现象。

116. 点火器不点火是闭口闪点测定中常见故障之一。 （ √ ）

117. 冷凝故障不属于减压馏程测定装置的异常现象。 （ √ ）

118. 自动残炭测定仪的自动化主要体现在加热控制的自动化。 （ √ ）

119. 热值分析仪的主要仪器构成为自动恒温筒。 （ √ ）

120. 辛烷值分析过程中，活塞裙部间隙小可导致试验机产生机械噪音。 （ × ）

正确答案：辛烷值分析过程中，活塞裙部间隙小不是导致试验机产生机械噪音的原因。

121. 工作中发现恩氏粘度电加热装置不工作，检查电压是否有波动是没有意义的。（√）

122. 闪点测定中，如果电加热装置不加热，我们应该首先检查电源。（√）

123. 减压馏程测定过程中，系统的容积过大有可能导致系统的真空度不够。（√）

124. 数显控温的结晶点测定仪，数值上下剧烈波动的常见起因是搅拌速度过慢或温控电路故障。（×）

正确答案：数显控温的结晶点测定仪，数值上下剧烈波动的常见起因是搅拌速度过快或温控电路故障。

125. 应用 GB 5096 时，恒温水浴用不透明材料制成的原因是便于观察。（×）

正确答案：应用 GB 5096 时，恒温水浴用不透明材料制成的原因是光线对试验有干扰。

126. 应用比重瓶法测定密度，比重瓶水值的测定对试验结果有影响，其测定周期固定。（×）

正确答案：应用比重瓶法测定密度，比重瓶水值的测定对试验结果有影响，其测定周期与使用频率有关。

127. 使用密度测定仪时，为了防止异常情况的发生，干燥泵在湿度不符合要求时应连接干燥器。（√）

128. 赛波特颜色测定中，玻璃管的光学性质十分重要，但只要材质相同即可。（×）

正确答案：赛波特颜色测定中，玻璃管的光学性质十分重要，同样材质会因批号不同而不同。

129. 测定石油倾点时，冷却用风机故障不能造成压缩机不启动。（√）

130. 辛烷值分析过程中，点火定时是否正确可造成过高的爆震强度。（√）

单选题

1. 如果电池的总反应离子方程式是 $Zn + Cu^{2+} = Cu + Zn^{2+}$，要制作一个原电池，则它的组成是（B）。

A. Cu（正极）、Zn（负极）、$ZnCl_2$（电解质溶液）

B. Cu（正极）、Zn（负极）、$CuCl_2$（电解质溶液）

C. Zn（正极）、Cu（负极）、$CuCl_2$（电解质溶液）

D. Zn（正极）、Cu（负极）、$CuSO_4$（电解质溶液）

2. 下列几种铁板，在镀层被破坏后，最耐腐蚀的是（A）。

A. 镀锌铁板　　B. 镀铜铁板　　C. 镀锡铁板　　D. 镀铅铁板

3. 下列关于电解槽的叙述中不正确的是（A）。

A. 与电源正极相连接的是电解槽的阴极

B. 与电源负极相连接的是电解槽的阴极

C. 在电解槽的阳极发生氧化反应

D. 电子从电源的负极沿导线流入电解槽的阴极

4. 用惰性电极电解下列物质的水溶液，只有一个电极放出气体的是（C）。

A. K_2SO_4　　B. $CaCl_2$　　C. $Cu(NO_3)_2$　　D. HCl

5. 在酸性溶液中存在着 NH^{4+}、K^+、和 Ba^{2+} 三种阳离子，还可能存在①HCO^{3-}、②NO^{3-}、③SO_4^{2-}、④CO_3^{2-}、⑤AlO^{2-}五种阴离子中的(B)。

A. 只有① B. 只有② C.③和⑤ D.②和③

6. 向某溶液中加入过量盐酸，生成白色沉淀，过滤后向滤液中加入过量氨水使溶液呈碱性，又有白色沉淀生成，在过滤后又向溶液中加入 Na_2CO_3 溶液，再次生成白色沉淀。原溶液中含有的离子是(B)。

A. Cu^{2+}、Ba^{2+}、Ag^+ B. Ag^+、Al^{3+}、Ba^{2+}

C. Fe^{3+}、Ca^{2+}、Ba^{2+} D. Mg^{2+}、Al^{3+}、Ca^{2+}

7. 将两种溶液混合后产生白色沉淀，加入稀硝酸沉淀消失并有气体逸出，再加入 $AgNO_3$ 溶液，又有白色沉淀出现。这两种溶液是(A)。

A. $CaCl_2 + Na_2CO_3$ B. $Na_2CO_3 + NH_4Cl$

C. $Na_2SO_4 + Ba(NO_3)_2$ D. $K_3PO_4 + CaCl_2$

8. 聚乙烯具有结构特点是(A)。

A. 线型 B. 体型 C. 支链型 D. 交联型

9. 下面的叙述正确的是(D)。

A. 高分子化合物中每个分子的相对分子质量是相同的

B. 只有通过缩聚反应合成的高聚物才称为树脂

C. 让普通水依次通过强酸性阳离子交换树脂和强碱性阴离子交换树脂后，可得到无离子水

D. 热塑性塑料能够进行多次重复加热塑制

10. 在下列物质的浓溶液中通入 CO_2，溶液变浑浊的是(C)。

A. 苯酚 B. 环已烷 C. 苯酚钠 D. 乙醚

11. 仲裁分析是不同单位对同一试样分析结果发生争议时，要求权威机构用(B)进行准确分析，以裁判原分析结果的准确性。

A. 国标方法 B. 公认的标准方法 C. 新方法 D. 经典的分析方法

12. 在色谱柱方面，新型的双指数程序涂渍填充技术(B)。

A. 可以制备更长的色谱柱

B. 在同样长的色谱柱上达到几倍的高柱效

C. 需要不同的固定液涂渍在相同大小的担体上

D. 可有效减小色谱柱的载气阻力

13. 以下不是加氢裂化产品的有(D)。

A. 液化气 B. 石脑油 C. 航空煤油 D. 渣油

14. PTA 是指(A)。

A. 精对苯二甲酸 B. 聚酯树脂 C. 间苯二甲酸 D. 邻苯二甲酸

15. 以下(D)是延迟焦化的原料。

A. 汽油 B. 柴油 C. 航空煤油 D. 渣油

16. 分离对二甲苯和其他二甲苯比较常用的方法是(A)。

A. 吸附 B. 吸收 C. 结晶 D. 沉降

17. 在乙烯装置裂解原料中，(B)在各族烃中最有利于乙烯、丙烯的生成，是生产乙烯的理想原料。

A. 烯烃 B. 正构烷烃 C. 芳香烃 D. 环烷烃

18. 在乙烯装置中，裂解反应过程是在(D)中进行的。

A. 反应器　B. 压缩机　C. 蒸馏塔　D. 裂解炉

19. 氢氧化钠水溶液(A)。

A. 有腐蚀性　B. 是酸性　C. 是弱碱性　D. 不会伤害皮肤

20. 一氯乙烷在环氧乙烷乙二醇生产中起(B)作用。

A. 氧化剂　B. 抑制剂　C. 吸水剂　D. 消泡剂

21. 工业循环水中常要加入(B)。

A. 防静电剂　B. 阻垢分散剂　C. 盐酸　D. 防老化剂

22. 聚乙烯质量的主要指标是(B)。

A. 闪点　B. 熔体流动速率　C. 等规指数　D. 干点

23. 三相交流电输电一般需要(C)根输电线。

A. 2　B. 3　C. 4　D. 6

24. 发现分析仪器电气线路出现故障时应(B)。

A. 关闭仪器后动手修复

B. 关闭仪器通知电气维修人员前来处理

C. 动手引临时线路维持仪器运行，并通知电气维修人员处理

D. 维持仪器原状，通知电气维修人员处理

25. 系统安全分析与危险性评价起源于(D)。

A. 人员安全　B. 设备安全　C. 产品安全　D. 产品质量

26. 重大事故隐患是指企业在生产经营过程中存在可能造成(A)人以上伤亡，或500万元以上直接经济损失，或重大社会影响的潜在事故危害。

A. 10　B. 30　C. 15　D. 20

27. 当502胶将自己的皮肤粘合在一起时，可以用以下(B)液体慢慢溶解。

A. 汽油　B. 丙酮　C. 酒精　D. 水

28. 实现全面质量管理全过程的管理必须体现(C)。

A. 严格质量检验的思想　B. 加强生产控制的思想

C. 以预防为主，不断改进的思想　D. 加强过程管理的思想

29. 将现场所需物品有条例地定位与定量放置，让这些物品始终处于任何人都能随时方便作用的位置的活动叫(B)。

A. 整理　B. 整顿　C. 清扫　D. 自律

30. 全面质量管理基础工作的(C)有助于为企业提供高素质的员工队伍。

A. 标准化工作　B. 质量责任制

C. 质量教育与培训　D. 质量信息工作

31. 通过质量控制，保证已经达到的质量水平称之为质量(C)。

A. 改进　B. 突破　C. 维持　D. 处置

32. 质量管理的一部分，它致力于提供质量要求会得到满足的信任指的是(D)。

A. 质量改进　B. 质量控制　C. 质量突破　D. 质量保证

33. 自上而下组建的、由管理人员、技术人员和生产一线工人组成的“三结合”的QC小组是(A)。

A. 攻关型QC小组　B. 管理型QC小组　C. 服务型QC小组　D. 现场型QC小组

34. 报告和论文的附录(A)。

A. 不是必需的　B. 是必需的

C. 与正文不要连续编页码　D. 与正文是独立的

35. 因果图的用途是(C)。

A. 寻找产品质量的主要问题

B. 分析两个变量之间的关系

C. 寻找影响产品质量的原因及其中的主要原因

D. 显示质量波动分布的状态

36. 通过观察和判断，适当时结合测量、试验所进行的符合性评价指的是(B)。

A. 试验　B. 检验　C. 评审　D. 验证

37. 实验室可用水磨石或防静电地板，不推荐使用地毯，因为(B)。

A. 不利于清洁　B. 地毯易积聚灰尘，还会产生静电

C. 价格太贵　D. 摩擦系数太大

38. 通常以测得的响应信号与被测浓度作图，用最小二乘法进行线性回归，求出回归方程和相关系数，需用至少(C)个不同浓度的样品。

A. 2　B. 3　C. 5　D. 10

39. 按照标准的约束性，分为(B)。

A. 国家标准和行业标准　B. 强制性标准和推荐性标准

C. 行业标准和企业标准　D. 企业标准和国际标准

40. 化验室严禁使用(D)。

A. 检验合格的器具、设备　B. 电炉

C. 无标签的设备　D. 检验不合格的器具、设备

41. 某实验室温度恒定，但比方法要求偏高，使测定结果不准确，所引起的误差是(A)。

A. 系统误差　B. 偶然误差　C. 过失误差　D. 随机误差

42. 标准溶液指的是(A)的溶液。

A. 已知准确浓度　B. 已知准确体积　C. 已知准确质量　D. 使用标准物质

43. 为使 721 分光光度计稳定，仪器应预热(B)。

A. 0min　B. 20min　C. 2min　D. 200min

44. 氮气钢瓶的检定周期是(C)。

A.1 年　B.3 年　C.5 年　D.8 年

45. 打开浓盐酸试剂瓶时，(B)。

A. 不戴防护用具　B. 应戴防护用具

C. 不用在通风柜中进行　D. 用铁器开

46. 可燃性有机物的处理，采用(A)。

A. 焚烧法　B. 倒入下水道　C. 倒在空地上　D. 稀释法

47. 我国标准物质分为(A)，它们都符合标准物质定义。

A. 一级与二级　B. 三级　C. 四级　D. 五级

48. 二级标准物质代号表示为(D)。

A.GB　B.GB/T　C.GBW　D.GBW(E)

49. 具有一种或多种足够均匀和很好确定了的特性值，用以校准设备，评价测量方法或给材料定值的材料或物质指的是(C)。

A. 标准　B. 标准化工作　C. 标准物质　D. 分析纯试剂

50. 计量器具经过维修后(B)。

A. 可不重新校准　B. 要重新校准　C. 就要报废　D. 只能用于别处

51. 校验规程修改(B)。

A. 可随时修改　B. 按要求修改　C. 可不经批准　D. 可不规定校准周期

52. 用绝对测量法或两种以上不同原理的准确可靠的方法定值的是(A)。

A. 一级标准物质　B. 二级标准物质　C. 三级标准物质　D. 四级标准物质

53. 一个分析方法的准确度是反映该方法(A)的重要指标，它决定着分析结果的可靠性。

A. 系统误差　B. 随机误差　C. 标准偏差　D. 正确

54. 在分析工作中常进行(B)来评价测定结果的可靠性。

A. 空白试验　B. 对照试验　C. 方法校正　D. 仪器校正

55. F检验法是通过比较两组数据的(D)，以确定它们的精密度是否有显著性差异。

A. 标准偏差　B. 平均偏差　C. 公差　D. 方差

56. 数理统计方法中的 t 检验法可用来判断数据间的差异是否属于显著性差异，其目的是检验测量中是否存在(A)，从而正确评价测定结果的可靠性。

A. 系统误差　B. 随机误差　C. 标准偏差　D. 误差

57. 若混合酸的 $C'_{\mathrm{a}}K'_{\mathrm{a}} \geqslant 10^{-8}$，$C''_{\mathrm{a}}K''_{\mathrm{a}} \geqslant 10^{-8}$，$\dfrac{C'_{\mathrm{a}}K'_{\mathrm{a}}}{C''_{\mathrm{a}}K''_{\mathrm{a}}} \geqslant 10^{4}$，则混合酸可以分别滴定，有(B)个突跃。

A. 一　B. 二　C. 三　D. 不确定

58. 混合物的测定方法中，同时测定法是根据混合组分(A)，采用同时测定的方法，以代数法分别计算出结果。

A. 性质上的相似性　B. 性质上的差异

C. 符合分级滴定条件　D. 浓度的不同

59. 常用光度计分光的重要器件是(A)。

A. 棱镜(或光栅) + 狭缝　B. 棱镜

C. 反射镜　D. 准直透镜

60. 原子吸收法火焰温度明显影响原子化过程，火焰温度最高一组(C)。

A. 空气 - 乙炔　B. 空气 - 石油气　C. 氧化亚氮 - 乙炔　D. 空气 - 氢气

61. 产生一个能够确证在试样中存在某元素的分析信号所需要的该元素的最小量是指(A)。

A. 检测限　B. 透过率　C. 灵敏度　D. 噪声

62. 红外吸收光谱呈现(B)。

A. 原子光谱　B. 带状光谱　C. 线状光谱　D. 内层电子跃迁光谱

63. 对熔点低、熔融后不分解的物质，可用(A)法制样。

A. 薄膜　B. 糊状　C. 压片　D. 加热

64. 由于气态样品中分子密度稀疏，所以样品槽的光路要(A)。

A. 长　B. 短　C. 弯曲　D. 有空气

65. 对官能团进行定性分析的基础是(A)。

A. 谱峰位置　B. 谱带形状　C. 谱带强度　D. 谱峰个数

66. 红外吸收光谱仪的单色器位于(B)。

A. 吸收池前　　B. 吸收池和检测器间

C. 检测器后　　D. 光源和吸收池间

67. 红外辐射光源是能发射高强度(A)红外光的炽热物体。

A. 连续　　B. 非连续　　C. 偶尔连续　　D. 锐线

68. 单色器的入射和出射狭缝越窄，分辨率(C)。

A. 不确定　　B. 不变　　C. 越高　　D. 越低

69. 对新购置的空心阴极灯应进行(B)。

A. 破坏实验　　B. 扫描测试　　C. 耐热试验　　D. 耐冷试验

70. 乙炔稳压发生器是用(C)作原料。

A. 氯化钠　　B. 氢氧化钠　　C. 电石　　D. 碳酸钙

71. 火焰原子化法能对(C)直接进行测定。

A. 固体试样　　B. 气体试样　　C. 液体试样　　D. 固体液体混合试样

72. 汞低温原子化法是在常温下用(B)还原汞盐中的二价汞成金属汞。

A. $MgCl_2$　　B. $SnCl_2$　　C. NaCl　　D. KCl

73. 空心阴极灯长期不用，(B)。

A. 不定期点燃，有利于延长使用寿命　　B. 应定期点燃，有利于延长使用寿命

C. 也不会影响灯的寿命　　D. 对发光波长有很大影响

74. 色谱柱的峰容量是指(D)。

A. 理论塔板数

B. 样品中的最大峰的组分的质量

C. 色谱柱可以完全分离的最大组分数

D. 把色谱峰在色谱柱中肩并肩排列所能排列的最多峰数

75. 采用顶空进样的最主要的目的是(B)。

A. 缩短分析时间　　B. 消除样品中基质的干扰

C. 减小分析误差　　D. 保护色谱检测器

76. 采用冷柱头进样时，载气流速相对于正常进样方式(C)。

A. 完全相同　　B. 略微慢一些　　C. 略微快一些　　D. 越快越好

77. 色谱仪的程序升温进样口，(D)。

A. 不能完成冷柱头进样的功能，也不能完成分流功能

B. 不能完成冷柱头进样的功能，但能完成分流功能

C. 能完成冷柱头进样的功能，但不能完成分流功能

D. 能完成冷柱头进样的功能，也能完成分流功能

78. 根据保留值定性的同系物碳数规律，调整保留时间 k 和碳数 n 的关系是(D)，其中 A 和 B 为常数。

A. $k = An$　　B. $k = An + B$　　C. $\ln k = An$　　D. $\ln k = An + B$

79. 根据色谱法定性规律，当采用(A)色谱柱时，低沸点组分先出峰。

A. 弱极性　　B. 中等极性　　C. 强极性　　D. 氢键型

80. 气相色谱填充柱的理论塔板数可以达到2000块/米，对于高效液相色谱，每米的理论塔板数可以达到(D)块。

A. 4000　　B. 10000　　C. 20000　　D. 30000

81. 气相色谱法载气泄漏最主要发生在(A)部位。

A. 管路接头　　B. 气路阀件内部　　C. 管路弯头　　D. 管路壁

82. 可能造成柱箱温控不稳定的原因是(B)。

A. 保险管熔断　　B. 测温铂电阻位置不对

C. 温控可控硅击穿　　D. 柱箱加热丝断了

83. TCD长期使用后，发现无法调零，最可能的原因是(C)。

A. 热丝熔断　　B. 桥流不够　　C. 检测器污染　　D. 载气不纯

84. 色谱基线发现不稳，怀疑是检测器由于被某个样品污染而造成，这时，可能解决问题的临时处理办法是(A)。

A. 提高检测器温度30℃，2h后恢复使用

B. 提高柱箱温度30℃，2h后恢复使用

C. 直接提高检测器温度30℃使用

D. 直接提高柱箱和检测器温度各30℃使用

85. 重复测定某样品时，发现其色谱图中的一个峰逐渐变小，而其他组分峰变化不大，可能的原因有(C)。

A. 注射器漏　　B. 色谱仪内部发生漏气

C. 样品容器有问题　　D. 检测器失灵

86. 造成峰分离效果变差的原因，不包括(B)。

A. 载气流速过高　　B. 衰减设置过高　　C. 柱温设定过高　　D. 固定液流失

87. 建立一个新的色谱分析分析方法后，要进行一些相关的验证来确认方法的可用性，但下面(A)不包括在内。

A. 方法的通用性　　B. 方法的线性范围

C. 方法的检测限　　D. 方法的重现性

88. 根据国家计量检定规程JJG 700—1990，气相色谱仪的检定周期是(C)。

A. 6个月　　B. 1年　　C. 2年　　D. 3年

89. 在FPD的火焰中，烃类和硫磷是(C)。

A. 都在火焰下部中心发光

B. 都在火焰上部外圈发光

C. 烃类在火焰底部发光，硫磷在火焰上部发光

D. 烃类在火焰上部发光，硫磷在火焰底部发光

90. 通常，FPD测定硫的检测下限在(B)g/s左右。

A. 10^{-14}　　B. 10^{-12}　　C. 10^{-10}　　D. 10^{-8}

91. ECD内的放射源属于(B)。

A. α源　　B. β源　　C. γ源　　D. x射线源

92. PDECD与普通ECD的主要区别在于(A)。

A. 无放射源　　B. 灵敏度高　　C. 选择性好　　D. 响应时间长

93. 不同的 ECD，有不同的设定流速。通常，通过调整柱流速和尾吹气流速来调节。一般来说，总流速相对于给定标准值，偏差不能大于(D)。

A. 100%　　B. 20%　　C. 10%　　D. 4%

94. HPChem 和 6890N 色谱仪的连接方式是(A)。

A. 通过 COM 口连接　　B. 通过 PRN 口连接

C. 通过 HPIB 方式连接　　D. 通过 LAN 方式连接

95. 高效液相色谱的检测器，按照检测的对象性质可以分为整体性质检测器和(C)。

A. 选择性检测器　　B. 部分性质检测器

C. 溶质性质检测器　　D. 溶剂性质检测器

96. 水分测定仪测定样品时，测定结果重复性差的原因不包含(A)。

A. 电极连接不好　　B. 进样垫漏　　C. 样品不均匀　　D. 搅拌速度

97. 下列仪器故障不属于电位滴定仪的故障的是(C)。

A. 终点不指示　　B. 开机故障

C. 参数设定不合理　　D. 搅拌故障

98. 自动电位滴定仪在测定时不能搅拌的原因不包括(D)。

A. 磁铁磁性消失　　B. 搅拌器马达故障

C. 电路控制系统故障　　D. 电解液太少

99. 选择滴定池时，电解电极之间的阻值为(C)Ω 的滴定池性能较好。

A. 10　　B. 100　　C. 1000　　D. 10000

100. 微库仑分析过程中，常见的异常现象不包括(D)。

A. 回收率低　　B. 基线漂移　　C. 结果不重复　　D. 进样故障

101. 微库仑仪分析过程中，双峰的原因不可能是(A)。

A. 环境温度过高　　B. 测量电极迟钝　　C. 电压偏低　　D. 出口段温度太低

102. 库仑分析硫含量计算公式中，电阻的单位是(B)。

A. kΩ　　B. Ω　　C. mΩ　　D. MΩ

103. 某钠电极，其选择性系数 $K_{Na^+,H^+}=30$。如果用此电极测定 $P_{Na}=2$ 的 Na^+ 离子溶液，并要求测定误差小于 3%，则试液的 pH 值应(C)。

A. <5　　B. $\leqslant 5$　　C. >5　　D. $\geqslant 5$

104. 自动电位滴定仪的自动阀有两种，即(A)。

A. 电磁阀和换向阀　　B. 自动阀和机械阀

C. 换向阀和机械阀　　D. 电磁阀和自动阀

105. 微库仑仪的设备组成中，(C)是微库仑滴定反应的心脏。

A. 裂解管　　B. 微库仑放大器　　C. 滴定池　　D. 进样器和裂解炉

106. 评价离子选择电极是否适用时，需要考虑的因素不包括(D)。

A. 离子浓度　　B. 干扰离子　　C. 环境因素　　D. 测定步骤

107. 设计恒电流滴定池的工作电极和辅助电极的形状和位置时，无须遵循的原则是(B)。

A. 要有利于传质　　B. 使电极对位于等位面上

C. 要使之间的阻值尽可能小　　D. 形状合理、位置合适

108. 微库仑滴定池制作成败的关键是(A)。

A. 微孔毛细管　　B. 工作电极对　　C. 参考电极对　　D. 滴定室

109. 库仑计法水分测定仪在使用中碘生成量过大，不当的处理是(A)。

A. 更换阳极液　　B. 尽量保持室温稳定

C. 使阴极液不受阳光直射　　D. 清洗阴极

110. 自动电位滴定仪在测定时不能搅拌，不当的处理是(B)。

A. 检查磁铁磁性　　B. 增加电解液

C. 检查电路控制系统　　D. 检查搅拌器马达

111. 微库仑分析中形成基线噪音，不当的处理是(C)。

A. 更换电解液　　B. 接好地线　　C. 增大增益　　D. 使氯滴定池避光

112. 微库仑分析中回收率低，不当的处理是(C)。

A. 减少进样量　　B. 调节炉温　　C. 降低增益　　D. 调整气体比例

113. 微库仑分析中测定结果不重复，不当的处理是(D)。

A. 样品摇匀　　B. 接通加热带　　C. 用稳压器　　D. 调整增益

114. 运动粘度计故障的原因不包括(D)。

A. 垂直情况不好　　B. 未经检定　　C. 使用和保存不当　　D. 粘度计损坏

115. 闪点测定中，点火器不点火的原因不可能是(C)。

A. 没有气源　　B. 点火管堵塞　　C. 油温太低　　D. 点火器调节太小

116. 下列设备不属于减压馏程所用仪器设备的是(A)。

A. 异径量筒　　B. 火棉胶　　C. 瓷片　　D. 真空泵

117. 馏程测定装置不加热的原因不包含(C)。

A. 电源故障　　B. 炉丝断裂　　C. 电压波动　　D. 控制电路故障

118. 馏程测定装置水冷凝效果不好的原因不包含(D)。

A. 冷凝水流量小　　B. 冷凝管长度不标准

C. 加热电源电压高　　D. 加热电源电压低

119. 下列结构不属于康氏残炭测定仪组成部分的是(B)。

A. 瓷坩埚　　B. 油杯　　C. 内铁坩埚　　D. 外铁坩埚

120. 热值分析过程中，试验失败的原因不包含(B)。

A. 室内空气流通　　B. 取样量偏高

C. 室温变化大　　D. 恒温筒内水量不够

121. 应用 GB 5096 测定石油产品铜片腐蚀时，试验弹密封不好的原因不包含(B)。

A. 螺纹匹配性差　　B. 材质差

C. 密封圈不匹配　　D. 密封圈老化

122. 下列影响馏出液体积的因素中，属于造成体积过少的因素是(C)。

A. 测定前冷凝管没擦净　　B. 冷凝管的凝结水流入量筒

C. 仪器连接处密封不好　　D. 所用蒸馏瓶不干燥

123. 运动粘度测定所用恒温浴故障，不当的处理是(A)。

A. 检查恒温液　　B. 检查电源

C. 检查控制电路　　D. 检查铂电阻温度计

124. 闪点测定中，电加热装置不加热，不当的处理是(D)。

A. 检查电源　　B. 检查炉丝　　C. 检查控制电路　　D. 检查电压

125. 应用 GB 5096 测定石油产品铜片腐蚀时，试验弹密封不好，不正确的处理是(B)。

A. 检查螺纹　　B. 检查材质

C. 更换密封圈　　D. 检查弹盖是否有脏物

126. 自动残炭测定仪燃气不点火，不当的处理是(A)。

A. 检查油气浓度　B. 检查燃气量　C. 检查控制阀　D. 检查管路

127. 赛波特比色计的一根玻璃管破损，正确的处理是(C)。

A. 修补　　B. 更换该玻璃管

C. 更换一对颜色匹配的玻璃管　　D. 更换该赛波特比色计

128. 测定石油倾点时使用压缩机制冷来获得冷浴温度，压缩机不启动，则不适当的处理是(A)。

A. 检查冷却用风机　　B. 检查电源及保险丝

C. 修理制冷机　　D. 检查压缩机

129. 热值分析过程中点火失败，不当的解决方法是(C)。

A. 重新安装点火丝　　B. 严细氧弹制作

C. 检查样品坩埚　　D. 检查点火电压

130. 热值分析过程中，试验失败，不正确的处理是(B)。

A. 禁止室内空气流通　　B. 降低采样量

C. 维持室温稳定　　D. 检查恒温筒内水量

多选题

1. 金属的防护是从金属介质两方面考虑，可采取的方法是(A，B，C，D)。

A. 制成耐腐蚀的合金　　B. 隔离法

C. 化学处理法　　D. 电化学处理法

2. 下列关于铜电极的叙述中正确的是(A，C，D)。

A. 铜锌原电池中铜是正极　　B. 用电解法精炼粗铜时粗铜作阴极

C. 用电解法精炼粗铜时纯铜作阴极　　D. 在镀件上电镀铜时可用金属铜作阳极

3. 电解 NaBr 饱和溶液时，阳极(石墨)上的电极反应式和产物是(B，C)。

A. H_2　B. Br_2　C. $2Br^- - 2e = Br_2$　D. $2H^+ + 2e = H_2\uparrow$

4. 下列说法中，描述有机高分子结构特点的是(A，B，D)。

A. 热塑性和热固性 B. 机械强度　C. 氧化性　D. 电绝缘性

5. 仲裁分析的特点有(A，B，C)。

A. 由权威机构执行　　B. 采用公认的标准方法进行分析

C. 要求有较高的准确度　　D. 要求速度快，准确程度达到一定要求

6. 分子吸收光谱是由(A，B)产生的。

A. 分子内电子　　B. 原子的运动

C. 原子 K 层电子跃迁　　D. 原子 L 层电子跃迁

7. 近年来，随着制造技术和计算机技术的发展，光谱分析在(A，B，C，D)上获得新的活力。

A. 输出方式　B. 分离技术　C. 联用技术　D. 应用领域

8. 电化学分析的发展趋势是(A，B，C，D)。

A. 自动化　B. 智能化　C. 多功能化　D. 分辨率高

9. 现代色谱在(A，B，C)等几个方面发展比较突出。
   A. 新的分析方法 B. 新的色谱硬件 C. 色谱的联用技术 D. 色谱理论
10. 加氢裂化原料在氢气和催化剂存在下，进行(A，B，C，D)反应。
   A. 裂化 B. 分解 C. 异构 D. 加氢
11. PTA 装置的原辅料包括(B，C，D)。
   A. 对苯二甲酸 B. 对二甲苯 C. 乙酸 D. 四溴乙烷
12. 乙酸可用(A，C)包装。
   A. 铝合金桶 B. 铁桶 C. 塑料桶 D. 开口铁桶
13. 下列属于定量分析方法的是(C，D)。
   A. 预先危险性分析 B. 安全检查表法
   C. 日本六阶段安全评价法 D. 美国道化学公司的火灾、爆炸指数法
14. 危险源控制的途径有(A，B，C)。
   A. 技术控制 B. 人行为控制 C. 管理控制 D. 环境控制
15. 应急救援行动的优先原则是(A，B，C)。
   A. 员工和应急救援人员的安全优先 B. 防止事故扩展优先
   C. 保护环境优先 D. 防止和减少损失优先
16. 质量管理包括(A，B，C，D)。
   A. 质量改进 B. 质量控制 C. 质量策划 D. 质量保证
17. QC 小组的主要特点是(A，B，C，D)。
   A. 有明显的自主性 B. 广泛的群众性 C. 高度的民主性 D. 严密的科学性
18. 因果图作图时的关注点是(A，B，C，D)。
   A. 明确要分析的质量的问题 B. 召集有关人员参加诸葛亮会
   C. 把因素箭头排列主干两侧 D. 把重要的用粗线表示
19. 实验室最基本的工作准则，应该坚持(B，C)，做好检测测试工作。
   A. 符合性 B. 公正性 C. 及时性 D. 灵活性
20. 误差分为(A，B)。
   A. 偶然误差 B. 系统误差 C. 测量误差 D. 目视误差
21. 标准按照审批权限和作用范围划分的是(A，B，C)。
   A. 国家标准 B. 行业标准 C. 企业标准 D. 推荐性标准
22. 大型精密仪器每台建立技术档案，内容包括(A，B，C，D)。
   A. 仪器说明书 B. 调试验收记录 C. 使用保养规程 D. 使用检修记录
23. 我国化学试剂分为(A，B，C，D)。
   A. 优级纯 B. 分析纯 C. 化学纯 D. 实验试剂
24. 关于容量瓶的正确说法是(A，D)。
   A. 有刻度 B. 无刻度
   C. 容量瓶可以用来长期存放配制好的溶液
   D. 容量瓶不可以用来长期存放配制好的溶液
25. 原始记录要求(A，B，C)。
   A. 记录测定条件 B. 真实 C. 数据清楚 D. 经过批准

26. 仪器使用完后，要(A，B)。

A. 旋钮复位　　B. 清理周边卫生　　C. 旋钮不必复位　D. 取下仪器状态标签

27. 化验室不能直接排入下水道的废液是(A，B，C，D)。

A. 无机酸类废液　　B. 强碱类废液

C. 含汞、铬、镉、砷、氰化物等超过最高容许排放浓度的剧毒物废液

D. 易燃的有机溶剂的废液

28. 地面上溅落的少量汞可采用(A，B，C，D)处理。

A. 洒多硫化钙　　B. 洒硫磺

C. 洒漂白粉　　D. 喷洒药品使汞生成不挥发的难溶盐

29. 对实验室认可提法正确的是(A，B，C，D)。

A. 自愿原则　　B. 不考虑实验室规模

C. 行政不干预

D. 国家级的质检机构必须通过实验室认可

30. 实验室认可评审准则主要包括(A，B，C，D)内容。

A. 管理要求　　B. 顾客要求　　C. 技术要求　　D. 员工要求

31. 标准物质应具有(A，B，C)。

A. 均匀性　　B. 稳定性　　C. 准确一致性　　D. 通用性

32. 与分析检测有关的强制检定的计量器具包括(A，B，C，D)。

A. 天平　　B. 密度计　　C. 分光光度计　　D. 玻璃液体温度计

33. 校验规程要规定(A，B)。

A. 校准周期　　B. 校准方法　　C. 校准人　　D. 校准标识格式

34. 标准物质不宜有(C，D)。

A. 均匀性　　B. 稳定性　　C. 通用性　　D. 挥发性

35. 一个分析方法的准确度的评价方法包括(A，B，C)。

A. 用标准物质评价分析结果的准确度

B. 用标准方法评价分析结果的准确度

C. 通过测定回收率评价分析结果的准确度

D. 用测定系统误差的方法评价分析结果的准确度

36. 以下关于 F 检验法的说法正确的有(B，C，D)。

A. 通过比较两组数据的标准偏差 S，来确定它们的精密度是否有显著性差异

B. 要在一定的置信度和相应的自由度($f_{大}$ 和 $f_{小}$)的情况下查 F 值表

C. 如果 $F_{计} > F_{表}$，说明两组数据的精密度存在显著性差异

D. 如果 $F_{计} < F_{表}$，说明两组数据的精密度没有显著性差异

37. 在配位滴定法中，控制反应条件包括(A，B，C)等方法，以进行连续测定混合物中的不同组分。

A. 酸度　　B. 利用掩蔽和解蔽

C. 选择合适的反应试剂　　D. 温度

38. 对固体样品可进行(A，B，C，D)处理，以制备成待测元素的无机盐溶液，再进行火焰原子化或石墨炉原子化。

A. 溶解　　B. 灰化　　C. 湿法消化　　D. 富集

39. 原子吸收光谱分析测定条件的选择包括(A, B, D)。

A. 吸收波长的选择 B. 原子化工作条件的选择

C. 比色皿的选择 D. 光谱通带的选择

40. 原子吸收光谱定量分析的基本关系式是 $A = KC$,导致标准曲线弯曲的主要因素是(A,B,C)。

A. 基体效应的存在 B. 化学干扰 C. 物理干扰 D. 火焰温度

41. 在红外吸收光谱的三个区域中，远红外光谱是由分子(A, B)能级跃迁产生的光谱。

A. 转动 B. 振动 C. 外层电子 D. 内层电子

42. 对每个官能团的识别要同时考虑峰的(A, B, C)。

A. 位置 B. 形状 C. 强度 D. 宽度

43. 红外定量分析方法有(B, C)法。

A. 示差 B. 工作曲线 C. 内标 D. 双波长

44. 分光光度计出现百分透光率调不到 100%，常考虑的方法是(A, B, C)。

A. 换新的光电池 B. 调换灯泡 C. 调整灯泡位置 D. 换比色皿

45. 红外吸收光谱仪由(A, B, C, D)组成。

A. 红外辐射光源 B. 吸收池和单色器

C. 检测器和放大器 D. 数据记录系统

46. 红外吸收池有(A, B, C)池。

A. 固体 B. 液体 C. 气体 D. 气液混合

47. 红外光谱单色器由(A, B, C, D)组成。

A. 入射狭缝 B. 出射狭缝 C. 准直镜 D. 色散元件

48. 原子吸收分光光度计分光系统由(B, C, D)组成。

A. 无极放电灯 B. 凹面反射镜 C. 狭缝 D. 色散元件

49. 原子吸收分光光度计主要技术参数是(A, B)。

A. 波长精度 B. 单色器带宽 C. 塔板数 D. 扫描频率

50. 无火焰原子吸收分光光度计的石墨炉利用(B, D)来加热石墨管。

A. 高压 B. 低压 C. 低电流 D. 大电流

51. 评价一个灯的优劣主要看(A, B, C, D)。

A. 发光强度 B. 发光的稳定性

C. 测定的灵敏度与线性 D. 灯寿命

52. 原子吸收光谱仪使用的乙炔可由(A, B)供给。

A. 钢瓶 B. 乙炔稳压发生器 C. 球胆 D. 空气分离

53. 原子吸收分光光度计空心阴极灯内充满低压的(A, B)气体。

A. 氖气 B. 氩气 C. 二氧化碳 D. 氧气

54. 无极放电灯管内有(B, C)。

A. 空气 B. 易蒸发的金属卤化物

C. 氩气 D. 氢气

55. 原子吸收光谱常用的化学原子化有(C, D)法。

A. 预热法 B. 灰化法

C. 氢化物原子化法 D. 汞低温原子化

56. 原子吸收分光光度计单色器的性能主要是指(A，B，C)。
A. 色散率　B. 分辨率　C. 集光本领　D. 透过率
57. 原子吸收分光光度计检测系统由(A，B，C，D)组成。
A. 光电倍增管　B. 放大器　C. 对数转换器　D. 记录器
58. 原子吸收分光光度计使用前要(B，C)。
A. 安装能斯特灯　B. 检查电路是否正确
C. 检查燃气和助燃气的气密性　D. 装好比色皿
59. 采用多维色谱的目的有(A，B，C，D)。
A. 提高峰容量　B. 提高选择性　C. 提高工作效率　D. 提高定量精度
60. 顶空进样的方式有(A，B)几种。
A. 动态顶空进样　B. 静态顶空进样　C. 连续顶空进样　D. 间歇顶空进样
61. 冷柱头进样的优点有(A，B，C，D)。
A. 没有进样歧视　B. 样品不会分解
C. 更好的溶剂聚焦　D. 分析精度高
62. 色谱一阶程序升温步骤可以包括(A，B，C)几个过程。
A. 初始恒温　B. 匀速升温　C. 恒温保持　D. 二次升温
63. 常用的色谱定性方法有(A，B，C，D)。
A. 利用保留值定性　B. 利用保留指数定性
C. 标准加入法定性　D. 选择性检测其定性
64. 当色谱仪流动相流速发生变化后，采用(A，C，D)计算方法时，结果不受影响。
A. 内标法　B. 外标法　C. 面积归一化法　D. 标准加入法
65. 相对于气相色谱法，高效液相色谱所具有的特点包括(A，C，D)。
A. 选择性高　B. 检测器通用性强
C. 分离效能高　D. 适用于高相对分子质量样品
66. 色谱仪 FID 无法调零，可能的原因有(B，C，D)。
A. 熄火　B. 发射极和收集极短路
C. 检测器污染　D. 氢气不纯
67. 色谱仪突然不出峰的可能原因有(A，B)。
A. FID 熄火　B. TCD 热丝烧断
C. FID 空气源失压　D. TCD 加热器失效
68. 如果没发现色谱仪有其他问题，只是定量重复性差，可能的原因有(A，B，C)。
A. 进样技术差　B. 样品制备不均匀
C. 色谱仪气路内有漏气　D. 检测器灵敏度不够
69. 色谱仪出现大峰后跟一个反峰的可能的原因有(A，B)。
A.TCD 载气流速设定不好　B. 载气纯度差
C. 检测器灵敏度设定太高　D. 进样手法有问题
70. 可调节的影响 ECD 灵敏度的因素主要有(A，B，C，D)。
A. 载气的纯度和流速　B. 色谱柱的柱温
C. ECD 检测器的温度　D. ECD 电源操作参数

71. 在 HP Chem 工作站的方法中，储存了有关(A，B，C)方面的信息。
A. 数据采集参数　B. 色谱仪参数　C. 积分和计算参数　D. 样品谱图
72. 卡尔费休水分测定仪终点不指示的原因包括(A，B，C，D)。
A. 外加电源没电　B. 电极损坏
C. 电流计损坏　D. 减流分流器有短路现象
73. 电位滴定仪不滴定的原因包括(A，B，C，D)。
A. 自动滴定管故障　B. 滴定导管堵塞
C. 程序输入错误　D. 电路传输故障
74. 下列滴定池的选择方法叙述中，正确的是(A，B，D)。
A. 选择银滴定池时，需要采取闭光措施
B. 阻值为 1000Ω 的滴定池性能较好
C. 阻值为 10000Ω 的滴定池性能较好
D. 氯滴定池容积小些好
75. 微库仑仪进样器故障的表现形式为(A，B，C，D)。
A. 电源不通　B. 有电但不进样
C. 进样后不能返回　D. 进样噪音大
76. 微库仑分析中，下列因素可造成多重影响的是(A，B，C，D)。
A. 偏压　B. 增益　C. 池口积炭　D. 炉温
77. 下列结构名称，在卡尔费休法水分测定仪和库仑计法水分测定仪中都包含的是(B，C)。
A. 滴定管　B. 电磁搅拌器　C. 滴定池　D. 主机单元
78. 机械搅拌器搅拌程度的调节可通过(A，B，C)实现。
A. 调节搅拌棒形状　B. 调节搅拌棒倾角
C. 改变电机转速　D. 调节电阻器
79. 微库仑仪的的基本构造包括(A，B，C，D)。
A. 进样部分　B. 裂解部分　C. 滴定部分　D. 数据处理部分
80. 下列关于恒电位滴定池设计中的说法正确的是(A，D)。
A. 不需要考虑电位分布　B. 不需要考虑分析时间
C. 需要考虑电位分布　D. 需要考虑分析时间
81. 设计痕量分析用微库仑滴定池时，需要考虑的因素包括(A，B，C，D)。
A. 滴定池结构　B. 电极材料
C. 与放大器匹配　D. 支持电解质
82. 微库仑分析中，对于池参比电极原因形成的超调峰，正确的处理是(B，C，D)。
A. 活化　B. 重镀　C. 更换　D. 检查连接
83. 微库仑分析中回收率低，正确的处理是(A，B，C)。
A. 重新调整气体流量　B. 调整偏压到适当位置
C. 重新选择采样电阻　D. 减小增益
84. 微库仑分析中，对于溶剂原因造成的回收率高，正确的处理是(A，B)。
A. 更换溶剂　B. 扣除空白
C. 增加燃烧段炉温　D. 重新稀释样品

85. 微库仑分析中测定结果不重复，正确的处理是(A，B，C，D)。

A. 排漏　B. 更换参比电极　C. 补充电解液　D. 赶走参考电极气泡

86. 温度计故障的原因包括(C，D)。

A. 温度计水银短线　B. 温度计损坏

C. 保存和使用不当　D. 温度计未校准

87. 恩氏粘度计漏液的原因包括(A，B)。

A. 木塞破损　B. 内容器变形　C. 仪器不水平　D. 容器内油过量

88. 运动粘度测定装置的常见故障包括(A，B，C，D)。

A. 粘度计故障　B. 恒温水浴故障　C. 温度计故障　D. 秒表故障

89. 闭口闪点测定中常见故障包括(B，C，D)。

A. 试样没有脱水　B. 不搅拌

C. 电热装置不加热　D. 点火器不点火

90. 闭口闪点测定中，不搅拌的原因为(A，B，C)。

A. 搅拌桨松动　B. 电源未接通

C. 控制电路故障　D. 油品质量不好

91. 热值分析过程中，开机异常的原因包含(A，C，D)。

A. 恒温筒开关未打开　B. 恒温筒内水量偏低

C. 保险丝断　D. 电路系统故障

92. 辛烷值分析过程中，试验机转但不点火的原因包括(A，B，D)。

A. 点火异常　B. 燃料供应异常

C. 排气系统背压太低　D. 压缩压力异常

93. 工业生产过程中，测定石油及其产品馏程具有重要意义，具体体现在(A，B，C，D)。

A. 为加工方案提供数据　B. 可指导装置的合理操作

C. 可鉴定其蒸发性　D. 可鉴定料的馏程

94. 防止产生温度计故障方法是(A，B，C)。

A. 正确使用　B. 正确保存　C. 定期校正　D. 认真读数

95. 测定运动粘度时发现运动粘度计故障，正确的处理是(A，B，C，D)。

A. 检查垂直情况　B. 检查检定证书

C. 检查粘度计是否符合标准　D. 检查粘度计是否洁净

96. 闭口闪点测定中不搅拌，正确的处理为(A，B，C)。

A. 检查搅拌桨　B. 检查电源　C. 检查控制电路　D. 检查油品质量

97. 馏程测定装置水冷凝效果不好，正确的处理是(A，D)。

A. 增大冷凝水流量　B. 减小冷凝水流量

C. 增大加热电源电压　D. 减小加热电源电压

98. 减压馏程测定过程中，真空泵不启动，正确的处理是(A，B，C)。

A. 检查电源　B. 检查马达　C. 检查线路　D. 检查放空阀

99. 数显控温的结晶点测定仪，如温度显示剧烈波动，则常见的处理方式为(B，D)。

A. 检查可控硅　B. 检查温控电路

C. 加快搅拌速度　D. 降低搅拌速度

100. 应用比重瓶法测定密度，产生故障的仪器主要是(A，B，C)。

A. 温度计　　B. 恒温水浴　　C. 比重瓶　　D. 比重瓶支架

101. 使用密度测定仪测定样品密度，检测池内有气泡的原因包括(A，C)。

A. 进样快　　B. 进样缓慢

C. 测定温度稍高于液体温度　　D. 测定温度稍低于液体温度

102. 自动残炭测定仪温度不易控制，正确的处理是(A，B)。

A. 使用稳压器　　B. 增加砂层厚度

C. 减少砂层厚度　　D. 更改加热程序

103. 下列关于赛波特颜色测定的描述中，正确的是(A，C，D)。

A. 玻璃管的光学性质十分重要　　B. 玻璃管只要材质相同即可

C. 同样材质的玻璃管会因批号不同而不同

D. 一根玻璃管破损应更换一对颜色匹配的玻璃管

104. 辛烷值分析过程中，产生过高的爆震强度，正确的处理是(B，C，D)。

A. 检查压缩压力是否过低　　B. 检查点火定时是否正确

C. 检查燃料　　D. 检查试验室内的空气是否有杂质

问答题

1. 纯的锌粒和稀酸反应很慢，但滴加一些硫酸铜溶液后，反应大大加快，为什么？

答：因滴入硫酸铜溶液后，锌粒上析出金属铜，构成许多微小原电池，而使反应大大加快。

2. 为什么用湿润的 KI 淀粉试纸可以检验氯气，而不能检验氯化钠中的氯？

答：因为氯气能把试纸中的 KI 氧化，析出的碘使淀粉变蓝，Cl^- 没有氧化性，不能将 KI 氧化，所以不能用湿润的 KI 淀粉试纸(或试液)检验氯化钠中的氯。

3. 用淀粉水解制葡萄糖的过程中，怎样检验淀粉尚未水解、淀粉正在水解，葡萄糖正在生成、水解已经完成。

答：取适量的待测液两份放入两只洁净的试管里，向其中一份试液滴加适量的银氨溶液，在水浴上加热，没有银镜出现的，表明没有葡萄糖生成，淀粉尚未水解。若有银镜出现，说明淀粉已水解，则向另一试管滴入碘溶液，出现蓝色的表明还有淀粉存在，淀粉正在水解。若没有蓝色出现，表明淀粉已全部水解。

4. 在电压相同的情况下，电器采用Y和Δ两种连接方式有什么区别？

答：①采用Y连接时，每个负载两端的电压为线电压；

②采用Δ连接时，每个负载两端的电压为相电压；

③因此采用Δ连接时，负载两端的电压是Y形连接的 1.732 倍；

④负荷为Y形连接的三倍。

5. 分析仪器发生电气火灾时，应该如何处理？

答：首先切断电源，选择合适的灭火器灭火，查找原因并通知专业人员处理。

6. 全面质量管理中什么是因果图？简述作图步骤？

答：①表示质量特性与原因关系的图。作图步骤：②明确要分析的质量的问题；③召集有关人员参加诸葛亮会；④将问题写在图的左边，画一条带箭头的主干，箭头向右，因为影响产品质量一般五大因素，把因素箭头排列主干两侧；⑤按各大原因引导大家分析，再用小箭头表示；⑥把重要的用粗线表示；⑦日期，制图者等。

7. 简述国产化学试剂瓶上标签的主要内容?

答:①试剂名称(中、英文)；②试剂规格；③包装规格；④分子式及相对分子质量；⑤试剂含量及杂质含量；⑥执行标准；⑦生产厂家及批号、商标等。

8. 简述化验室里有哪几种废液不能直接排入下水道?

答:①无机酸类废液；②强碱类废液；③含汞、铬、镉、砷、氰化物等超过最高容许排放浓度的剧毒物废液；④易燃的有机溶剂的废液。

9. 气相色谱法检查系统载气是否泄漏应该遵循什么步骤?

答:①首先进行A级检查，也就是对气路给压后进行粗略的观察，排除可听到漏气咝咝声的大漏点。②然后进行B级检查，在流量计的出口后管线上堵住出口，检查流量计能否顺利回到零点，如果能够缓慢回到零点，说明系统没有B级漏点。③最后进行C级检查，即堵住系统所有气体出口，用钢瓶对系统加压，然后关闭钢瓶阀门进行保压测试，一般每小时压力降小于10kPa，就可以认为没有泄漏。

10. 比色分析法测定物质含量时，当显色反应确定之后，应从哪几个方面选择实验条件?

答:①显色剂用量试验；②选择适宜的溶液酸度；③选择合适的显色反应温度；④确定合适的显色时间；⑤通过绘制吸收曲线，选择最佳吸收波长；⑥选择适当的显色反应溶剂；⑦采取消除干扰的措施。

11. 721型分光光度计出现百分透光率调不到100%(光量已调到最大)的故障原因是什么，如何排除?

答:①光电池老化——换新的光电池；②光电池上的接线板接触不良——重新接好；③入射光强度减弱，灯泡变黑或位置不对——调换灯泡或调整其位置。

12. 原子吸收光谱分析会出现哪些干扰? 如何消除各种干扰?

答:①可能产生化学干扰、电离干扰、光谱干扰(背景吸收，邻近线干扰等)；②利用温度效应消除、利用火焰气氛消除、加入释放剂—利用置换反应消除、加入保护剂、加入助熔剂、改变溶液的性质及雾化器的性能、预先分离干扰物质；③入电离抑制剂(或称消电离剂)；④其中主要是背景吸收(干扰)，它是光谱干扰的一种特殊形式，包括分子吸收，光的散射等。火焰原子吸收光谱干扰的消除；a. 利用零点调整消除 b. 利用氘灯连续光谱扣除火焰的分子吸收干扰。光散射的消除：利用背景校正，可以测量光散射的大小，求得被测元素吸收的真实信号。另外还有基体效应(干扰)，即溶液物理性质(粘度、张力、温度等)的变化使喷雾效率改变产生吸光度的改变。样品和标准溶液中主要成分匹配可减少基体效应干扰。

13. 简述原子吸收光谱仪原子化器作用。

答:原子化器分有火焰和无火焰两种。作用是将试样中被测元素转变成基态原子(即自由原子蒸气)。

14. 原子吸收光谱仪为什么不能像分光光度计那样采用棱镜分光而用光栅分光? 光栅是根据什么制作的?

答:①比色分析是属于带宽几纳米到数十毫米的宽带分子吸收光谱一般棱镜的分光能力即可达到。而原子吸收光谱法，则是属于带宽仅有0.01～0.1nm数量级的窄带原子吸收光谱，棱镜的分光能力达不到，必须使用光栅分光。②光栅是在金属平面或凹面镜上刻制许多沟痕，呈透明与不透明平行排列，像整齐的栅栏一样，故称光栅，光透射或反射其上，则产生光的干涉衍射，从而达到分光的目的。通常"衍射光栅"光栅的分光能力优于棱镜分光，它可将待测元素的共振吸收与邻近线分开。

15. 简述原子吸收光谱仪检测系统作用。

答： 检测系统主要部件为光电倍增管，作用是把分光后的特征谱线转换为电讯号。目前有些仪器配有记录仪或电脑，可将电讯号放大或记录下来，或直接显示为浓度值。

16. 说明新购入色谱仪的主要检定项目和方法。

答： ①一般检查。包括：目视检查色谱仪标识，如名称、型号、制造厂名、出厂日期、出厂编号等；用试漏液或者检漏计检查色谱内部连接，是否有漏点；检查仪器上的各调整旋钮、开关是否工作正常；检查随机的各个附件是否齐备，符合要求。

②载气控制检查。用合适的设备检查色谱仪载气流速是否稳定，6 次测定偏差应该不大于 1%。

③温控检定。包括：恒温检定，在色谱仪工作温度内测试至少 2 个点，稳定后变化情况应小于标称值；程序升温检定，在色谱工作温度内设定 10℃/min 升温程序，用秒表监视其中的 2~3 个点，三次重复偏差应该不大于 2%。

④检测器检查。包括：基线检查，噪声和漂移半小时跟踪，应符合给定值；灵敏度检查，用合适的标准物(如苯的甲苯溶液)测试并计算灵敏度；线性范围检查，用合适的标准物测试 2 个分别接近上下域值的点，检查线性是否符合标准(一般不能大于 5%)；定量重复性检查，应该满足各实验室根据样品情况设定的要求。

17. 对于一个未知样品，接到任务后应做的工作有哪些?

答： 了解情况；外观检查；初步检验；定性鉴定；查阅资料；设计分析方案；根据分析方案进行验证试验；分析方案定稿后进行分析检验；对通过验证的分析方案存档。

18. 编制操作规程时应包括的内容有哪些?

答： 适用范围，溶液配制，标准曲线的制作(仪器校正、标样分析)，样品分析，结果计算，结果报出，注意事项。

19. 王某在设计未知样品水分分析(库仑计法)方案时，分析步骤的叙述为：①开机消除空白；②取 0.2mL 试样注入电解池；③记录测定结果。请对此给予评价。

答： 该设计方案的缺陷如下：①没有描述仪器准备，②没有写明仪器操作步骤，③没有给出仪器参数的输入，④进样方法对于未知样品不正确。

20. 电解池设计中，控制电位库仑分析法和恒电流库仑分析法都要求工作电极和辅助电极有合理的几何形状，并且之间的位置要放置得当，两者的目的是否相同? 各自的目的是什么?

答： 不同，前者是为了使电解过程中工作电极的各部分处在等位面上，后者则是为了使工作电极和辅助电极之间的阻值尽可能小，以减小流过最大滴定电流时两电极间的电压降。

21. 微库仑分析中形成拖尾峰，如何处理?

答： 提高偏压；接通加热带或提高加热带电压；加大增益；提高进样速度；清洗滴定池入口积碳；排漏；清洗或重镀池盖电极；提高出口段温度；重新调整气体流量；清洗石英管或电解池。

22. 恩氏粘度测定装置在使用过程中，常见的仪器故障有哪些?

答： 恩氏粘度计漏液；搅拌装置不工作；电加热装置故障，温度计故障；秒表故障。

23. 简述辛烷值机的构造。

答：分为五大部分：发动机总成；气化器部分；点火控制系统；电力设备；仪表系统。

24. 造成馏出液体积过多或过少的原因有哪些？

答：一般馏出液体积过多的原因有：①量取试油时液面高于100mL的标线，也就是油量多了；②量取试油时，试油温度比室温低；③测定前冷凝管没擦净；④冷凝管的凝结水流入量筒；⑤所用蒸馏瓶不干燥。

馏出液体积过少的原因有：①量取的试油少了，不到100mL刻线；②量取试油时，试油温度比室温高；③注入试油时，洒在蒸馏瓶外面；④注入试油时，轻质馏分挥发损失；⑤仪器连接处密封不好，造成油蒸汽漏气损失，使馏出液体积减少。馏出液体积过多或过少，均会显著地影响90%以后馏出温度的高低。

25. 简述使用石油密度计时应注意的事项。

答：①密度计在使用前必须全部擦拭干净，擦拭后不要再握最高分度线以下各部，以免影响读数。②测定密度用盛试油的量筒，其直径应较密度计扩大部分躯体的直径大一倍，以免密度计与量筒内壁擦碰，影响准确度；其长度也应适当，以避免由于量筒过短，使密度计沉至底部，不能测出读数。③将密度计浸入试油时，不许用手把密度计向下推。应轻轻缓放，以防止密度计一下子沉到底部，碰破密度计。④读数位置无论是测定透明和深色的油品，均按液面上边缘读数，在读数时眼睛与液面上边缘必须成同一水平。⑤切勿横着拿取密度计的细管一端，以防折断。⑥如发现密度计的分度标尺位移，玻璃有裂纹等现象，应立即停止使用。⑦试样内或其表面存在空气泡时，会影响读数，在测定前应先消除气泡。⑧测定混合油密度时，必须搅拌均匀。⑨记完密度计的读数后应立即把当时的温度记下。

26. 简述馏程测定法原理。

答：按照规定速度蒸馏100mL试油，将所生成的蒸汽从蒸馏瓶中导出，并确定其馏出物体积百分比之间的关系。此种蒸馏不发生分馏作用，油中的烃类不是按照各自的沸点逐一蒸出，而是在温度从低到高渐次汽化的整个蒸馏过程中，以连续增高沸点的混合物的形式蒸出，也就是说，当蒸馏液体石油产品时，沸点较低的组分蒸气的分压高，首先从液体中蒸出，但也有一些沸点较低的组分留在液体中，与较高沸点的组分一起蒸出，所以，初馏点，干点以及中间馏分的蒸气温度，仅是粗略确定其应用性质的关系，别无其他意义。

27. 蒸馏不同油品为何选用不同孔径的石棉垫？

答：汽油一般都做干点，若石棉垫孔径过大，烧杯瓶底进入加热器较深，加热面高于瓶内残存的液面过多，很易造成过热，应使用30mm孔径的石棉垫为宜。至于轻柴油，主要看300～350℃馏出量，不用测定干点，同时它的馏分重，应选用50mm孔径的石棉垫。

28. 馏程优缺点是什么？

答：优点：操作简便、迅速、结果易重合。缺点：①用测量温度的水银温度计，具有很大的惯性，不易测准。②该法无精馏，只能给出近似试油温度组成的概念。③终馏点不易测准。

计算题

1. 电解200mL NaCl溶液，在阳极上收集全部的氯气为224mL(标准状况)，在阴极上得到氢气多少克？溶液中NaOH浓度为多少(假设溶液体积不变)？

解：有关化学方程式：

$$2NaCl + 2H_2O \xlongequal{电解} H_2\uparrow + Cl_2\uparrow + 2NaOH$$

设阴极上得到 xg H_2，溶液中产生 $y$mol NaOH，结合题意的计算公式：

$$Cl_2— H_2— 2NaOH$$

$$\begin{matrix} 22400mL & 2g & 2mol \\ 224mL & xg & ymol \end{matrix}$$

$$22400:224 = 2:x$$

$$x = \frac{2\times 224}{22400} = 0.02g$$

$$22400:224 = 2:y$$

$$y = \frac{224\times 2}{22400} = 0.02mol$$

溶液中 NaOH 的摩尔浓度：

$$C = \frac{0.02(mol)}{\frac{200}{1000}(L)} = 0.1mol/L$$

答：在阴极上得到 0.02g 氢气，溶液中 NaOH 摩尔浓度是 0.1mol/L。

2. 采用某种新方法测定基准明矾中铝的含量(%)，得到 9 个分析结果：10.74、10.77、10.77、10.77、10.81、10.82、10.73、10.86、10.81（%）。已知明矾中铝的标准值为 10.77%，问采用新方法后，是否引起系统误差(置信度 95%)？已知相应的 t 值为 2.31。

解：已知 $n=9$，$f=9-1=8$

$$\bar{x} = 10.79\%$$

$$s = 0.042\%$$

$$t_{计} = \frac{|\bar{x}-u|}{s}\sqrt{n} = \frac{10.79-10.77}{0.042}\sqrt{9} = 1.43$$

已知相应 t 值为 2.31，因 $t_{计} < t_{表}$，说明 $\bar{x}$ 与 u 之间不存在显著性差异，即采用新方法后没有引起系统误差。

答：采用新方法后没有引起系统误差。

3. 称取混合碱试样 0.6422g，加酚酞指示剂，用 0.1994mol/L HCl 标准溶液滴定至终点，用去 32.12mL。再加甲基橙指示剂，滴定至终点，又用去酸溶液 22.28mL。问试样中含有何种组分？各组分的含量为多少？$M(NaOH) = 40.00g/mol$，$M(Na_2CO_3) = 106.0g/mol$。

解：已知 $V_1 = 32.12mL$，$V_2 = 22.28mL$，因 $V_1 > V_2$，故此混合碱的组成为 NaOH 和 Na_2CO_3。

$$\begin{aligned}\omega(NaOH) &= \frac{C(HCl)\times(V_1-V_2)\times M(NaOH)\times 10^{-3}}{m_s}\times 100\% \\ &= \frac{0.1994\times(32.12-22.28)\times 40.00\times 10^{-3}}{0.6422}\times 100\% \\ &= 12.22\%\end{aligned}$$

$$\omega(Na_2CO_3) = \frac{\frac{1}{2}C(HCl)\times 2V_2\times M(Na_2CO_3)\times 10^{-3}}{m_s}\times 100\%$$

$$=\frac{0.1994\times 22.28\times 106.0\times 10^{-3}}{0.6422}\times 100\%$$

$$=73.33\%$$

答：此混合碱的组成为 NaOH 和 Na_2CO_3，含量分别为 12.22%和 73.33%。

4. 今有一个由硫酸和磷酸组成的混合酸，拟定采用甲基橙和酚酞双指示剂法测定各自含量，用氢氧化钠标准溶液进行滴定，标准溶液浓度为 0.5000mol/L，用甲基橙作指示剂，滴定至终点消耗氢氧化钠 25.00mL，用酚酞作指示剂滴定至终点时消耗氢氧化钠 15.00mL，若该混合酸的总体积为 25.00mL，试计算混合酸中各组分的含量（以 g/L 表示）。已知 $M(H_2SO_4)=98.0g/mol$，$M(1/2H_3PO_4)=49.0g/mol$。

解：第一终点发生反应有

$$H_2SO_4+2NaOH \xlongequal{} Na_2SO_4+2H_2O$$

$$H_3PO_4+NaOH \xlongequal{} Na_2H_2PO_4+H_2O$$

第二终点发生反应有

$NaH_2PO_4+NaOH=Na_2HPO_4+H_2O$

因此 H_2SO_4 含量为

$$\frac{0.5000\times(25.00-15.00)\times 10^{-3}\times 49.0}{25\times 10^{-3}}=9.80g/L$$

H_3PO_4 含量为 $$\frac{0.5000\times 2\times 15.00\times 10^{-3}\times 49.0}{25\times 10^{-3}}=29.4g/L$$

答：H_2SO_4 的含量为 9.80g/L，H_3PO_4 的含量为 29.4g/L。

5. 欲测某含铁试液中 Fe^{3+}、Fe^{2+} 的含量。吸取 25.00mL 该试液，调 pH = 2 时。用 $C(EDTA)=0.01500$ mol/L EDTA 标准溶液滴定，消耗 15.40mL。调 pH = 6，继续滴定，又消耗 EDTA 14.10mL。计算试液中 Fe^{3+} 和 Fe^{2+} 的质量浓度，以 mg/mL 表示。$\lg K_{Fe(Ⅲ)Y}=25.1$，$\lg K_{Fe(Ⅱ)Y}=14.32$。

解：根据 $C\cdot K'_{稳}\geqslant 10^6$，$\lg K_{Fe(Ⅲ)Y}-\lg K_{Fe(Ⅱ)Y}\geqslant 5$，可以分别滴定。

$$\rho(Fe^{3+})=\frac{m}{V_s}=\frac{C(EDTA)V(EDTA)M(Fe)}{V_s}=\frac{0.01500\times 15.40\times 55.85}{25.00}=0.5160mg/mL$$

$$\rho(Fe^{2+})=\frac{m}{V_s}=\frac{C(EDTA)V(EDTA)M(Fe)}{V_s}=\frac{0.01500\times 14.10\times 55.85}{25.00}=0.4725mg/mL$$

答：Fe^{3+} 的质量浓度为 0.5160mg/mL，Fe^{2+} 的质量浓度为 0.4725mg/mL。

6. 导池两极面积均为 $1.25cm^2$ 两极距离 4.02cm，测得电阻为 20.78Ω。求电导池常数和电导率。

解：电池常数 $$\theta=\frac{L}{A}=\frac{4.02}{1.25}=3.216$$

电导率 $$K=\frac{1}{\rho}\qquad 因\ R=\rho\times\frac{L}{A}$$

所以 $$K=\frac{L}{RA}=\frac{4.02}{20.78\times 1.25}=0.155$$

答：电导池常数为 3.216；电导率为 0.155。

7. 用直接电位法测水样(100mL)中钙离子浓度，用钙离子电极为指示，甘汞为参考，测得 $E_x = -0.0619V$，水样中加 10mL 0.00731mol/L $Ca(NO_3)_2$ 溶液测得电动势 $E = -0.0483V$，用一次标准加入法计算水样中钙离子浓度。提高：$\Delta C = \frac{10 \times 0.00731}{100 + 10}$

解：

$$E_{电极} = K + \frac{0.056}{n}\lg a_{阳}$$

$$E - E_x = K + \frac{0.059}{n}\lg(C_x + \Delta C) - K - \frac{0.059}{n}\lg C_x -$$

$$0.0483 - (-0.0619) = \frac{0.059}{2}\lg\left(\frac{C_x + \Delta C}{C_x}\right)$$

$$0.0136 \times 2 = 0.059\lg\left(\frac{C_x + \Delta C}{C_x}\right)$$

$$0.0272 = 0.059\lg\left(1 + \frac{\Delta C}{C_x}\right)$$

因为

$$\Delta C = \frac{10 \times 0.00731}{100 + 10}$$

所以

$$C_x = 0.000352mol/L$$

答：钙离子浓度为 0.000352mol/L。

8. 已知钙离子选择性电极对钡离子的选择系数为 $K_{Ca^{2+},Ba^{2+}} = 10^{-2}$。钡离子活度为 10^{-2} mol/L，钙离子活度约为 10^{-1}mol/L，试计算测定可能引起的误差。

解：因为误差% $= K_{i,j} \times a_j^{\frac{n}{m}} \times \frac{100}{a_i}$

所以误差% $= 10^{-2} \times 0.01 \times \frac{100}{0.1} = 0.1$

答：可能引起的误差为 0.1%。

9. 已知运动粘度常数为 $0.47mm^2/s^2$，试样在 50℃时的流动时间为 318.0、322.4、322.6、321.0s。求试样的运动粘度。

解：平均流动时间：

$$\tau = \frac{318.4 + 322.4 + 322.6 + 321.0}{4} = 321.0s$$

各次流动时间与平均流动时间的允许差值：

$$允差 = \frac{321.0 \times 0.5}{100} = 1.6s$$

318.0s 与平均值间的差值 > 1.6s，应弃去。

有效的平均流动时间为：

$$\tau_{50} = \frac{322.4 + 322.6 + 321.0}{3} = 322.0s$$

所以

$$v_{50} = c \cdot \tau_{50} = 0.478 \times 322.0 = 154mm^2/s$$

答：试样的运动粘度为 $154mm^2/s$。

10. 应用 GB 3146 测定苯流程，如果测定终馏点温度为 77.6℃，水银温度计的校正值为 −0.12℃，大气压力为 700mmHg，水银温度计露在外面部分的汞柱高度为 30℃，辅助温度计读数为 32℃，试计算该苯产品的终馏点。($K=0.0442$)

解：

$$\Delta t_2 = 0.00016 \times 30 \times (77.6 - 32.0) = 0.219℃$$

$$\Delta t_3 = 0.0442 \times (760 - 700) = 2.652℃$$

$$t = 77.6 + 0.219 - 0.12 + 2.652 = 80.4℃$$

答：苯的终馏点为 80.4℃。

11. 试样温度为 32.7℃，视密度为 0.7545g/cm^3，求试样 20℃密度。

石油视密度换算表

视密度 / 20℃密度 / 温度	0.750	0.755
32.5	0.7597	0.7646
33	0.7600	0.7649

解：由表查得 32.5℃视密度为 0.750 及 0.755 时，20℃密度分别为 0.7597 及 0.7646，密度尾数修正为

$$\frac{0.7646 - 0.7597}{0.755 - 0.750} \times (0.7545 - 0.750) = 0.0044$$

又由表查 32.5℃及 33℃视密度 0.750 时 20℃密度分别为 0.7597 及 0.7600，温度尾数修正为

$$\frac{0.7600 - 0.7597}{33 - 32.5} \times (32.7 - 32.5) = 0.0001$$

32.7℃视密度 0.7545g/cm^3，20℃密度为

$$0.7597 + 0.0044 + 0.0001 = 0.7642\text{g/cm}^3$$

答：20℃密度为 0.7642g/cm^3。

四、技能操作鉴定要素细目表

技师

鉴定范围						鉴定点	
一级		二级		三级		代码	名称
代码	名称	代码	名称	代码	名称		
A	技能要求	A	化学分析操作	A	仪器准备	001	酸碱滴定仪器的准备
						002	重量分析仪器的准备
				B	方案设计	001	盐酸、硼酸混合液分析(自行设计)
						002	返滴定法测定未知物中铝的含量

续表

鉴定范围						鉴定点	
一级		二级		三级		代码	名称
代码	名称	代码	名称	代码	名称		
		B	电化学分析操作	A	故障处理	001	水分测定仪的安装
						002	水分测定仪的常见故障原因分析
						003	水分测定仪常见故障的处理
						004	电位滴定仪的安装
						005	电位滴定仪的常见故障原因分析
						006	电位滴定仪常见故障的处理
				B	方案设计	001	编写仪器操作规程
						002	未知样品 pH 值测定分析方案设计
						003	未知样品电导率测定分析方案设计
		C	光谱分析操作	A	分光光度计应用	001	有色配合物的稳定性试验
						002	pH 值对显色反应的影响
				B	原子吸收测定	001	原子吸收法测定精制水中铜
						002	环境水样中钾、钠的测定
						003	原子吸收测混合苯中铅
						004	原子吸收测石脑油中铜
						005	原子吸收测对苯二甲酸产品中铬
		D	色谱分析操作	A	色谱仪的维护及故障处理	001	色谱仪进样口的维护
						002	色谱仪 FID 检测器的维护
						003	填充柱的装填
						004	FID 故障的排除
						005	未知样品组分的测定(内加法)
						006	气相色谱仪基线不稳故障的排除
						007	气相色谱仪峰形失真的故障排除
						008	气相色谱仪重现性差的故障排除
				B	工作站	001	工作站的安装调试
				C	高效液相色谱应用	001	正相高效液相色谱法的应用
						002	反相高效液相色谱法的应用
		E	油品分析操作	A	故障处理	001	恩氏粘度测定仪的常见故障处理
						002	铜片腐蚀测定仪的常见故障处理
						003	运动粘度测定仪的常见故障处理
						004	残炭测定仪的常见故障处理
						005	闭口闪点测定仪的常见故障处理
						006	闪(燃)点测定仪常见故障处理

高级技师

鉴定范围						鉴定点	
一级		二级		三级		代码	名称
代码	名称	代码	名称	代码	名称		
A	技能操作	A	化学分析操作	A	分析方案设计	001	混合离子的鉴定和测定
						002	混合酸的测定
		B	电化学分析操作	A	异常情况分析与处理	001	微库仑仪的安装
						002	微库仑仪拖尾峰的处理
						003	微库仑仪超调峰的处理
						004	微库仑仪基线噪音的处理
						005	微库仑仪回收率低的处理
						006	微库仑仪回收率高的处理
						007	微库仑仪结果不重复的处理
				B	方案设计	001	未知样品水分测定分析方案的设计
						002	未知样品电位滴定测定溴指数的分析方案
						003	未知样品微库仑法测定硫含量的分析方案
		C	光谱分析操作	A	分光光度计应用	001	分光光度计应用
						002	混合液中 Co^{2+} 和 Cr^{3+} 双组分的光度法测定
				B	原子吸收应用	001	工业硅中铁、钙的测定
				C	红外光谱使用	001	红外法水中油含量的测定
						002	红外吸收光谱一般操作
						003	红外吸收光谱的日常维护
		D	色谱分析操作	A	色谱方法选择	001	色谱分析方法的建立
				B	色谱仪的检定	001	色谱仪的标定
				C	多维色谱应用	001	多维色谱的设计应用
						002	多阀操作的切换时间调节方案设计
		E	油品分析操作	A	方案设计	001	未知样品馏程测定分析方案设计
				B	故障处理	001	馏程测定仪的常见故障处理
						002	减压馏程测定仪的常见故障处理
						003	灯硫测定仪的常见故障处理
						004	辛烷值测定装置的常见故障处理

五、技能操作试题

技师

试题 1：酸碱滴定仪器准备

（考核时间：60min）

<table>
<tr><th>序号</th><th>考核内容</th><th>考核要点</th><th>配分</th><th>评分标准</th><th>检测结果</th><th>扣分</th><th>得分</th><th>备注</th></tr>
<tr><td rowspan="7">1</td><td rowspan="14">酸碱滴定仪器准备阶段</td><td rowspan="7">仪器准备</td><td rowspan="7">30</td><td>没按题目准备玻璃仪器设备及型号规格和数量扣 10 分</td><td></td><td></td><td></td><td></td></tr>
<tr><td>准备不齐全扣 10 分</td><td></td><td></td><td></td><td></td></tr>
<tr><td>没有指出哪些仪器需校验扣 5 分</td><td></td><td></td><td></td><td></td></tr>
<tr><td>没有指出哪些仪器需要校验表扣 5 分</td><td></td><td></td><td></td><td></td></tr>
<tr><td>没按题目进行准备其他仪器扣 5 分</td><td></td><td></td><td></td><td></td></tr>
<tr><td>没有提前调试扣 5 分</td><td></td><td></td><td></td><td></td></tr>
<tr><td>准备不齐全或过多准备与实验无关的仪器扣 5 分</td><td></td><td></td><td></td><td></td></tr>
<tr><td rowspan="7">2</td><td rowspan="7">试剂准备</td><td rowspan="7">45</td><td>准备试剂药品不符合题目要求扣 5 分</td><td></td><td></td><td></td><td></td></tr>
<tr><td>试剂药品准备不齐全扣 5 分</td><td></td><td></td><td></td><td></td></tr>
<tr><td>配制的浓度、量不符合题目要求扣 5 分</td><td></td><td></td><td></td><td></td></tr>
<tr><td>没有列出哪些药品需提前配制扣 5 分</td><td></td><td></td><td></td><td></td></tr>
<tr><td>没有列出哪些药品需学员配制扣 5 分</td><td></td><td></td><td></td><td></td></tr>
<tr><td>未知样品准备不正确扣 15 分</td><td></td><td></td><td></td><td></td></tr>
<tr><td>准备就绪没有进行验证扣 5 分</td><td></td><td></td><td></td><td></td></tr>
<tr><td rowspan="4">3</td><td rowspan="4">原始记录表格设计</td><td rowspan="4">试卷准备</td><td rowspan="4">25</td><td>设计项目不齐全扣 5 分</td><td></td><td></td><td></td><td></td></tr>
<tr><td>格式不合理扣 5 分</td><td></td><td></td><td></td><td></td></tr>
<tr><td>内容描述不准确扣 10 分</td><td></td><td></td><td></td><td></td></tr>
<tr><td>分值给得不合理扣 5 分</td><td></td><td></td><td></td><td></td></tr>
<tr><td colspan="3">合　计</td><td>100</td><td></td><td></td><td></td><td></td><td></td></tr>
</table>

试题 2：重量分析仪器准备

（考核时间：60min）

<table>
<tr><th>序号</th><th>考核内容</th><th>考核要点</th><th>配分</th><th>评分标准</th><th>检测结果</th><th>扣分</th><th>得分</th><th>备注</th></tr>
<tr><td rowspan="7">1</td><td rowspan="7">重量分析仪器准备</td><td rowspan="7">仪器准备</td><td rowspan="7">30</td><td>没按题目准备玻璃仪器设备扣 10 分</td><td></td><td></td><td></td><td></td></tr>
<tr><td>准备不齐全扣 10 分</td><td></td><td></td><td></td><td></td></tr>
<tr><td>没有指出哪些仪器需校验扣 5 分</td><td></td><td></td><td></td><td></td></tr>
<tr><td>没有指出哪些仪器需要校验表扣 5 分</td><td></td><td></td><td></td><td></td></tr>
<tr><td>没按题目准备其他仪器扣 5 分</td><td></td><td></td><td></td><td></td></tr>
<tr><td>没有提前调试仪器扣 5 分</td><td></td><td></td><td></td><td></td></tr>
<tr><td>准备不齐全或过多准备与实验无关的仪器扣 5 分</td><td></td><td></td><td></td><td></td></tr>
</table>

续表

序号	考核内容	考核要点	配分	评分标准	检测结果	扣分	得分	备注
2		试剂准备	45	准备试剂药品不符合题目要求扣5分				
				试剂药品准备不齐全扣5分				
				配制的浓度、量不符合题目要求扣5分				
				没有列出哪些药品需提前配制扣5分				
				没有列出哪些药品需学员配制扣5分				
				未知样品准备不正确扣15分				
				准备就绪没有进行验证扣5分				
3	原始记录表格设计	试卷准备	25	设计项目不齐全扣5分				
				格式不合理扣5分				
				内容描述不准确扣10分				
				分值给得不合理扣5分				
合　计			100					

试题3：盐酸、硼酸混合液的分析

（考核时间：120min）

序号	考核内容	考核要点	配分	评分标准	检测结果	扣分	得分	备注
1	操作前准备	分析方案设计	10	列出实验所用仪器型号、药品名称不全面扣3分				
				试剂浓度、配制方法不全面扣3分				
				仪器校验及校验表没注明扣4分				
2			20	测定步骤混乱扣5分				
				测定步骤不全面扣5分				
				测定要点不详细扣10分				
3	实际操作	标准溶液配制与标定	10	减量法称量操作不规范扣2分				
				NaOH标准溶液的配制不规范扣4分				
				NaOH标准溶液的标定不准确扣4分				
4		滴定操作	30	移液管使用不规范扣5分				
				混合液测定不正确扣5分				
				滴定操作不规范扣5分				
				指示剂加入顺序颠倒扣5分				
				加入强化剂过多或过少扣5分				
				终点颜色判断不正确扣5分				
5	数据处理	精密度	10	精密度平均偏差$\leq$0.0001，在此范围不扣分				
				精密度平均偏差0.0001～0.0002，在此范围内扣3分				
				精密度平均偏差0.0002～0.0003，在此范围内扣6分				
				精密度平均偏差$>$0.0003，在此范围内扣10分				

续表

序号	考核内容	考核要点	配分	评分标准	检测结果	扣分	得分	备注
6		准确度	10	准确度绝对误差≤0.0010，在此范围不扣分				
				准确度绝对误差0.0010~0.0020，在此范围内扣3分				
				准确度绝对误差0.0020~0.0030，在此范围内扣6分				
				准确度绝对误差>0.0030，在此范围内扣10分				
7		原始记录	10	原始记录表格设计不齐全扣5分				
				数据处理不规范扣5分				
合　计			100					

试题4：返滴定法测定未知物中铝的含量

（考核时间：180min）

序号	考核内容	考核要点	配分	评分标准	检测结果	扣分	得分	备注
1	操作前准备	准　备	5	操作准备工作条理不清楚扣2分				
				溶液配制过程混乱扣3分				
2	实际操作	溶液配制	10	称量过程不规范扣2分				
				锌标准溶液的配制过程不熟练扣2分				
				溶解过程不规范扣3分				
				溶液转移不规范扣3分				
3		滴定操作	25	EDTA的标定操作过程不熟练扣5分				
				滴定操作不规范扣5分				
				指示剂加入不正确扣5分				
				试样中铝含量的测定过程不熟练扣5分				
				终点颜色判断不正确扣5分				
4	数据处理	精密度	20	精密度平均偏差≤0.1%，在此范围不扣分				
				精密度平均偏差0.1%~0.2%，在此范围内的扣5分				
				精密度平均偏差0.2%~0.3%，在此范围内的扣10分				
				精密度平均偏差0.3%~0.4%，在此范围内的扣15分				
				精密度平均偏差>0.4%，在此范围内的扣20分				

续表

序号	考核内容	考核要点	配分	评分标准	检测结果	扣分	得分	备注
5		准确度	20	准确度≤0.00010不扣分				
				准确度0.00010～0.00020，在此范围内的扣5分				
				准确度0.00020～0.00030，在此范围内的扣10分				
				准确度0.00030～0.00040，在此范围内的扣15分				
				准确度 >0.00040，在此范围内的扣20分				
6		原始记录	20	原始记录不齐全扣10分				
				数据处理不正确扣10分				
合计			100					

试题5：水分测定仪的安装

（考核时间：45min）

序号	考核内容	考核要点	配分	评分标准	检测结果	扣分	得分	备注
1	安装环境要求	房间要求	10	未提出电力供应、通风、没有阳光直射等必需条件，缺少一项扣5分				
2		试验台要求	5	未提出稳定性能、承重性能扣5分				
				未提出附件安装空间和人员操作空间扣5分				
3	安装步骤	开箱检验	15	未在安装前进行开箱检验扣10分				
				未填写开箱验收单扣10分				
4		说明书阅读	10	未阅读说明书扣5分				
				说明书使用不熟练扣5分				
5		安　装	55	仪器及附件放置不合理扣10分				
				仪器安装顺序错误每次扣10分				
				仪器安装过程中的连接失误每次扣5分				
				仪器安装过程中发生部件磕碰每次扣5分				
				安装完成后开机不正常扣10分				
6	台风	桌面整理	5	桌面不整洁扣5分				
合计			100					

试题6：水分测定仪的常见故障处理

（考核时间：60min）

序号	考核内容	考核要点	配分	评分标准	检测结果	扣分	得分	备注
1	查找	查找故障	55	仪器检查环节不正确扣10分				
				仪器使用不正确扣10分				
				故障查找不正确扣30分				
				故障原因查找顺序不正确扣10分				

续表

序号	考核内容	考核要点	配分	评分标准	检测结果	扣分	得分	备注
				原因查找错误一次扣10分				
				原因检查漏查一项扣10分				
2	处理	故障处理	40	故障处理不正确扣30分				
				仪器恢复不正确扣10分				
				仪器恢复后工作不正常扣10分				
3	台风	工作的条理性	5	工作过程中条理紊乱扣5分				
合计			100					

注：考评员应提前设置仪器故障。

试题7：电位滴定仪的故障原因分析

（考核时间：60min）

序号	考核内容	考核要点	配分	评分标准	检测结果	扣分	得分	备注
1	准备	仪器检查	15	未检查标液标识扣5分				
				开机前未检查电源扣5分				
				开机前未检查电路连接扣5分				
				开机前未检查电极扣5分				
2		开机预热	10	开机不正确扣5分				
				预热时间不够扣10分				
3	查找	异常现象	10	少指出一项扣5分				
4		故障发现	20	操作不正确扣10分				
				不能及时发现仪器故障扣20分				
5	原因分析	原因查找	40	原因查找顺序颠倒一次扣10分				
				原因查找错误一次扣10分				
				原因检查漏查一项扣10分				
6	台风	工作条理性	5	工作过程中条理紊乱扣5分				
合计			100					

注：考评员应提前设置仪器故障。

试题8：电位滴定仪的常见故障处理

（考核时间：60min）

序号	考核内容	考核要点	配分	评分标准	检测结果	扣分	得分	备注
1	查找	查找故障	55	仪器检查环节不正确扣10分				
				仪器使用不正确扣10分				
				故障查找不正确扣30分				
				故障原因查找顺序不正确扣10分				
				原因查找错误一次扣10分				
				原因检查漏查一项扣10分				

续表

序号	考核内容	考核要点	配分	评分标准	检测结果	扣分	得分	备注
2	处理	故障处理	30	故障处理不正确扣30分				
				仪器恢复不正确扣10分				
			10	仪器恢复后工作不正常扣10分				
3	台风	工作的条理性	5	工作过程中条理紊乱扣5分				
合计			100					

注：考评员应提前设置仪器故障。

试题9：编写电位滴定法测定溴指数操作规程

（考核时间：100min）

序号	考核内容	考核要点	配分	评分标准	检测结果	扣分	得分	备注
1	编写	编写电位滴定法测定溴指数操作规程	70	使用范围描述不正确扣10分				
				溶液配制描述不完整每项扣5分				
				仪器操作步骤叙述错误每项扣5分				
				样品分析步骤描述不完整每项扣8分				
				结果处理方式不正确扣10分				
				注意事项不完整扣10分				
2	验证	验证操作规程的完整性	30	仪器操作过程有错误扣10分				
				不能验证出试剂配制错误扣10分				
				不能验证出规程中操作缺陷每项扣5分				
合计			100					

试题10：未知样品电导率分析方案设计

（考核时间：120min）

序号	考核内容	考核要点	配分	评分标准	检测结果	扣分	得分	备注
1	准备	情况了解	5	未了解分析任务扣5分				
				未了解样品情况扣5分				
2		初步检测	15	未进行外观检查扣5分				
				未进行初步检验扣5分				
				未进行滴定鉴定扣5分				
3		资料查询	5	未指出查阅资料扣5分				
4	方案设计	未知样品电导率分析方案设计	45	分析原理叙述不准确扣5分				
				分析仪器选择错误扣10分				
				分析试剂和材料不正确扣5分				
				分析步骤不完整扣5分				
				结果处理不正确扣5分				
				注意事项不完整扣5分				
				分析方案内容缺少一项扣5分				
				方案设计失误扣20分				

续表

序号	考核内容	考核要点	配分	评分标准	检测结果	扣分	得分	备注
5	方案验证	电导率测定分析方案验证	30	验证过程操作不正确扣5分				
				不能正确验证分析方案扣20分				
				对存在缺陷少发现一条扣10分				
合计			100					

试题11：有色配合物的稳定性试验

（考核时间：90min）

序号	考核内容	考核要点	配分	评分标准	检测结果	扣分	得分	备注
1	准备	仪器准备	15	没有检查仪器扣5分				
				没按要求顺序开机扣5分				
				仪器没有预热扣5分				
				没有调节“0”点扣5分				
				没有调节 $T=100\%$ 扣5分				
				没有设定适宜灵敏度扣5分				
2		试剂准备	10	配制不准确扣5分				
				标识不全面扣5分				
				试剂有散落扣5分				
3	实际操作	显色时间的选择	15	吸量管使用不规范扣5分				
				容量瓶使用不规范扣5分				
				没有按顺序量取各种溶液扣5分				
				显色间隔不合理扣5分				
4		比色操作	20	使用比色皿方法不正确扣5分				
				没按要求设定测定波长扣5分				
				没用参比液调节“100%”扣5分				
				读数不准确扣5分				
				未再次确认读数扣5分				
5		关机及后处理	10	关机顺序不正确扣5分				
				旋钮未复位扣5分				
				比色皿未取出、清洗扣5分				
				比色室内没有放置硅胶扣5分				
6	结果报告	结果分析	25	吸光度－时间曲线绘制不正确扣10分				
				结论不正确扣10分				
				原始记录不及时、有涂改扣5分				

续表

序号	考核内容	考核要点	配分	评分标准	检测结果	扣分	得分	备注
				报告不工整扣5分				
7	台风	台　面	5	台面混乱扣5分				
合　计			100					

试题12：邻菲罗啉法测铁条件试验

（考核时间：90min）

序号	考核内容	考核要点	配分	评分标准	检测结果	扣分	得分	备注
1	准备	仪器准备	15	没有检查仪器扣5分				
				没按要求顺序开机扣5分				
				仪器没有预热扣5分				
				没有调节“0”点扣5分				
				没有调节 $T=100\%$ 扣5分				
				没有设定适宜灵敏度扣5分				
2		试剂准备	10	配制不准确扣5分				
				标识不全面扣5分				
3	实际操作	pH值选择	15	吸量管使用不规范扣5分				
				容量瓶使用不规范扣5分				
				没有按顺序量取各种溶液扣5分				
				pH值间隔不合理扣5分				
4		比色操作	20	使用比色皿方法不正确扣5分				
				比色皿没按顺序比色扣5分				
				没按要求设定测定波长扣5分				
				没用参比液调节“100%”扣5分				
				未再次确认读数扣5分				
5		关机后处理	10	关机顺序不正确扣5分				
				旋钮未复位扣5分				
				比色皿未取出、清洗扣5分				
6	结果报告	结果分析	25	吸光度－pH曲线绘制不正确扣10分				
				结论不正确扣10分				
				原始记录不及时、有涂改扣5分				
				报告不工整扣5分				
7	台风	台　面	5	台面混乱扣5分				
合　计			100					

试题13：原子吸收法测定精制水中铜

（考核时间：120min）

序号	考核内容	考核要点	配分	评分标准	检测结果	扣分	得分	备注
1	准备	开　机	40	未检查冷却水、氩气、空心阴极灯、电源情况每项扣5分				
				开机顺序错误扣5分				
				未调整光路扣10分				
				未调整自动进样器位置扣5分				
				灯参数、仪器条件、石墨炉条件、自动进样器条件设置错误每个扣5分				
				预热时间不够扣5分				
2		仪器标定	25	标液系列少配制一个扣5分				
				容量瓶、吸量管等使用错误扣5分				
				标液标识不清扣5分				
				标样分析出现错误每个扣5分				
				标准曲线上有飞点每个扣5分				
3		样品测定及数据处理	25	仪器状态转换错误扣10分				
				仪器条件发生改变扣10分				
				分析结果偏差超过规定扣15分				
4	关机	关闭仪器	10	关机顺序错误扣10分				
合　计			100					

试题14：环境水样中钾、钠的测定

（考核时间：120min）

序号	考核内容	考核要点	配分	评分标准	检测结果	扣分	得分	备注
1	准备	开　机	25	未检查燃烧头、空气、乙炔、电源情况每项扣5分				
				开机顺序错误扣5分				
				参数设置错误每个扣5分				
				预热时间不够扣5分				
2	测定	样品处理	20	样品用量错误扣5分				
				未过滤扣5分				
				未按要求消除干扰扣5分				
				容量瓶使用错误扣5分				
3		仪器标定	20	标液系列少配制一个扣5分				
				容量瓶、吸量管等使用错误扣5分				
				标液标识不清扣5分				
				标样分析出现错误每个扣5分				
				标准曲线上有飞点每个扣5分				

续表

序号	考核内容	考核要点	配分	评分标准	检测结果	扣分	得分	备注
4		样品测定及数据处理	25	仪器状态转换错误扣10分				
				仪器条件发生改变扣10分				
				分析结果偏差超过规定扣15分				
5	关机	关闭仪器	10	关机顺序错误扣10分				
合　计			100					

试题15：原子吸收测石脑油中的铜

（考核时间：120min）

序号	考核内容	考核要点	配分	评分标准	检测结果	扣分	得分	备注
1	准备	开　机	25	未检查冷却水、氩气、空心阴极灯、电源情况每项扣5分				
				开机顺序错误扣5分				
				参数设置错误每个扣5分				
				预热时间不够扣5分				
2	测定	样品处理	20	试剂加入错误或加入量错误每个扣5分				
				震荡时间不够扣5分				
				萃取分离手法错误扣5分				
				处理后样品中含油扣10分				
3		仪器标定	20	标液系列少配制一个扣5分				
				容量瓶、吸量管等使用错误扣5分				
				标液标识不清扣5分				
				标样分析出现错误每个扣5分				
				标准曲线上有飞点每个扣5分				
4		样品测定及数据处理	25	仪器状态转换错误扣10分				
				仪器条件发生改变扣10分				
				分析结果偏差超过规定扣15分				
5	关机	关闭仪器	10	关机顺序错误扣10分				
合　计			100					

试题16：FID检测器的维护

（考核时间：60min）

序号	考核内容	考核要点	配分	评分标准	检测结果	扣分	得分	备注
1	绘图	绘制FID检测器结构示意图	20	各气体进气管路位置、两个电极位置、火焰、检测电流回路应绘制正确，标识清楚，每错误一处扣5分				

续表

序号	考核内容	考核要点	配分	评分标准	检测结果	扣分	得分	备注
2	查阅资料	查阅说明书	10	不能正确指出更换喷嘴的章节扣10分				
				查阅方法不得当、速度慢扣5分				
3	更换	拆卸FID喷嘴	30	使用工具不熟练扣5分				
				工具、拆下的零部件摆放不整洁扣5分				
				丢失零件扣10分				
				拆卸次序混乱扣5分				
				造成保温棉破损或其他部件损坏扣10分				
4		更换新喷嘴	30	操作不熟练酌情扣2~10分				
				喷嘴安装不紧扣5分				
				徒手操作新喷嘴扣5分				
				遗漏元件每件扣10分				
				完成后工具台面未收拾整洁扣5分				
5	洗涤说明	说明喷嘴的洗涤办法	10	洗涤方法不正确扣5分				
				未说明洗涤后干燥保存备用扣5分				
合计			100					

试题17：填充柱的装填

（考核时间：60min）

序号	考核内容	考核要点	配分	评分标准	检测结果	扣分	得分	备注
1	涂渍	固定液涂渍的陈述	20	担体和固定液的定量、溶解、涂渍、干燥等过程缺少一个扣5分				
				不完善酌情扣1~3分				
2	装填	空色谱柱洗涤的陈述	10	没有说明用丙酮浸泡去除有机物扣5分				
				没有说明用水清洗后干燥备用扣5分				
3		填料的装填	50	连接或开启真空泵出现错误扣10分				
				没有填装石英棉扣10分				
				长度不合适扣5分				
				装填过程中没有敲打扣10分				
				敲打不均匀扣5分				
				填料进入抽滤瓶扣10分				
				装填疏松扣5分				
				未标识色谱柱方向扣5分				
				操作现场混乱扣5分				
4	老化	老化色谱柱	20	老化温度设定不合理扣5分				
				不能将色谱柱合理连接扣20分				

续表

序号	考核内容	考核要点	配分	评分标准	检测结果	扣分	得分	备注
				检测器端未打开扣10分				
				老化时间不能说清或不正确扣5分				
合计			100					

试题18：FID故障的排除

（考核时间：30min）

序号	考核内容	考核要点	配分	评分标准	检测结果	扣分	得分	备注
1	陈述	陈述FID多发故障的现象和可能原因	40	对点火前不能调零、不能点火、点火后不能调零、基线不稳或发生漂移等多发故障少说明一个扣10分				
				对发生原因解释不完善每个酌情扣1~5分				
2	故障分析和排除	陈述解决FID无法点火的解决思路	20	氢气掉压、氢气泄漏、气路(喷嘴)堵塞、三气配比不当、(点火线路故障)等原因，少分析一个扣5分				
3		故障排除	40	无法排除氢气掉压原因扣5分				
				无法排除氢气泄漏原因扣5分				
				无法排除喷嘴堵塞原因扣5分				
				无法排除空气线放空堵塞扣5分，(无法排除点火线路故障扣5分)				
				不能得出三气配比不当的结论扣20分				
				不能正确调整补充气流量并点火成功扣10分				
合计			100					

注：考评员应在学员考核前调大补充气流量到无法点火。

试题19：未知样品组分的测定(内加法)

（考核时间：120min）

序号	考核内容	考核要点	配分	评分标准	检测结果	扣分	得分	备注
1	标准物加入	计　算	10	公式不清晰或没有扣5分				
				样品的量和内标物加入量计算错误扣10分				
2		称　量	10	天平使用不规范，每次扣5分				
3	分析和计算	分析样品和添加后样品，各重复三次	20	进样手法不规范每次扣5分				
				色谱峰识别错误每个扣5分				
				峰面积记录不及时每次扣2分				
4		结果计算	10	公式错误扣5分				
				计算过程不清晰扣5分				
				结果计算错误扣5分				

续表

序号	考核内容	考核要点	配分	评分标准	检测结果	扣分	得分	备注
5		最大相对偏差计算	10	公式错误扣5分				
				结果计算错误扣5分				
6	结果	结果考察	40	分析结果与真实值偏差>10%扣30分				
				偏差>5%扣20分				
				偏差>3%扣10分				
				偏差>1%扣5分				
				最大相对偏差>8%扣10分				
				最大相对偏差>3%扣5分				
				最大相对偏差>1%扣2分				
合计			100					

试题20：气相色谱仪基线不稳故障的排除

（考核时间：30min）

序号	考核内容	考核要点	配分	评分标准	检测结果	扣分	得分	备注
1	陈述	陈述基线不稳故障的可能原因和排除办法	50	对载气不纯、进样口污染、色谱柱污染、检测器污染、TCD桥流过大、FID氢气流量过大、FID空气流量过大等主要原因少说明一个扣8分				
				对发生原因解释不完善每个酌情扣1~5分				
2	处理	查找故障原因并排除	50	未排除进样口污染原因扣5分				
				未排除色谱柱污染原因扣5分				
				未排除检测器污染原因扣5分				
				未排除载气污染原因扣5分				
				未排除氢气污染原因扣5分				
				未排除氢气流量过大原因扣5分				
				不能检查出空气流量过大扣20分				
				不能正确调整空气流量扣10分				
合计			100					

注：考评员应在学员考核前调大空气1.5倍制造故障。

试题21：工作站的安装调试

（考核时间：90min）

序号	考核内容	考核要点	配分	评分标准	检测结果	扣分	得分	备注
1	查阅	资料查阅	10	不能正确使用资料扣10分				
2	工作站操作	备　份	30	不能找到分析方法、数据文件存放位置每项扣10分				

续表

序号	考核内容	考核要点	配分	评分标准	检测结果	扣分	得分	备注
				备份现有的分析方法和分析数据不正确每项扣5分				
3		删　除	10	不能正确删除原工作站软件扣10分				
4		安　装	40	不能正确安装工作站软件扣40分				
				不能使工作站处于可分析样品状态扣10分				
				安装后不能正确恢复方法或分析数据每项扣10分				
5	结果	进样检验结果	10	不能正确进样扣5分				
				工作站不能正确处理扣10分				
合　计			100					

试题22：反相高效液相色谱法的应用

（考核时间：120min）

序号	考核内容	考核要点	配分	评分标准	检测结果	扣分	得分	备注
1	样品准备	估算样品用量	5	不能正确估算样品用量扣5分				
2		样品稀释	5	容量瓶使用不规范每次扣5分				
3	标定公式测定	配制两个咖啡因标样	20	天平使用不规范，每次扣5分				
				容量瓶使用不规范每次扣5分				
				标准样品浓度不合理每个扣5分				
				出现标准样品浓度配制错误扣10分				
4		标准样品分析	5	进样手法不规范扣5分				
				色谱峰识别错误扣5分				
				峰面积记录不及时每次扣2分				
5		得到标定公式	10	计算公式错误扣5分				
				计算过程不清晰扣5分				
				结果计算错误扣5分				
6	样品分析	样品分析	5	进样手法不规范扣5分				
				色谱峰识别错误扣5分				
				峰面积记录不及时扣2分				
7		计算结果	10	计算错误扣10分				
8	结果	结果考察	40	分析结果与真实值偏差＞10%扣40分				
				偏差＞6%扣25分				
				偏差＞3%扣15分				
				偏差＞1%扣5分				
合　计			100					

试题 23：恩氏粘度测定仪的常见故障处理

（考核时间：60min）

序号	考核内容	考核要点	配分	评分标准	检测结果	扣分	得分	备注
1	查找	发现故障现象	20	试样处理不正确扣 10 分				
				仪器处理不正确每项扣 5 分				
				测定条件控制不正确每项扣 5 分				
				找不到故障现象扣 10 分				
2		查找原因	50	查找故障原因缺少一项扣 10 分				
				检查错误一次扣 5 分				
3	处理	故障解决	15	解决故障方法不正确扣 10 分				
				仪器恢复不正确扣 10 分				
4		开机试验	10	不能最终得到良好结果扣 10 分				
5	台风	工作条理性	5	工作过程中条理紊乱扣 5 分				
合计			100					

试题 24：铜片腐蚀测定仪的常见故障处理

（考核时间：320min）

序号	考核内容	考核要点	配分	评分标准	检测结果	扣分	得分	备注
1	查找	发现故障现象	20	试样处理不正确扣 10 分				
				仪器处理不正确每项扣 5 分				
				测定条件控制不正确每项扣 5 分				
				找不到故障现象扣 10 分				
2		查找原因	50	查找故障原因缺少一项扣 10 分				
				检查错误一次扣 5 分				
3	处理	故障解决	15	解决故障方法不正确扣 10 分				
				仪器恢复不正确扣 10 分				
4		开机试验	10	不能最终得到良好结果扣 10 分				
5	台风	工作条理性	5	工作过程中条理紊乱扣 5 分				
合计			100					

试题 25：残炭测定仪的常见故障处理

（考核时间：180min）

序号	考核内容	考核要点	配分	评分标准	检测结果	扣分	得分	备注
1	查找	发现故障现象	20	试样处理不正确扣 10 分				
				仪器处理不正确每项扣 5 分				
				测定条件控制不正确每项扣 5 分				
				找不到故障现象扣 10 分				
2		查找原因	50	查找故障原因缺少一项扣 10 分				
				检查错误一次扣 5 分				

续表

序号	考核内容	考核要点	配分	评分标准	检测结果	扣分	得分	备注
3	处理	故障解决	15	解决故障方法不正确扣10分				
				仪器恢复不正确扣10分				
4		开机试验	10	不能最终得到良好结果扣10分				
5	台风	工作条理性	5	工作过程中条理紊乱扣5分				
合计			100					

试题26：闪(燃)点测定仪的常见故障处理

（考核时间：90min）

序号	考核内容	考核要点	配分	评分标准	检测结果	扣分	得分	备注
1	查找	发现故障现象	20	试样处理不正确扣10分				
				仪器处理不正确每项扣5分				
				测定条件控制不正确每项扣5分				
2				找不到故障现象扣10分				
		查找原因	50	查找故障原因缺少一项扣10分				
				检查错误一次扣5分				
3	处理	故障解决	15	解决故障方法不正确扣10分				
				仪器恢复不正确扣10分				
4		开机试验	10	不能最终得到良好结果扣10分				
5	台风	工作条理性	5	工作过程中条理紊乱扣5分				
合计			100					

高级技师

试题1：铅铋混合液中“Pb^{2+}”“Bi^{3+}”浓度的测定

（考核时间：240min）

序号	考核内容	考核要点	配分	评分标准	检测结果	扣分	得分	备注
1	操作前准备	准　备	10	没按题目准备仪器药品扣5分				
				准备工作条理不清楚扣5分				
2		溶液配制	10	溶液配制过程混乱的扣5分				
				溶度配制不准确扣5分				
3	实际操作	溶液标定	10	EDTA的标定操作过程不规范扣5分				
				EDTA的标定颜色判断不准确扣5分				
4		滴定操作	20	连续滴定操作过程混乱扣5分				
				不清楚缓冲溶液作用扣5分				
				不清楚指示剂使用范围扣5分				
				终点颜色判断不正确扣5分				

续表

序号	考核内容	考核要点	配分	评分标准	检测结果	扣分	得分	备注
5	数据处理	精密度	20	精密度平均偏差≤0.1%，在此范围不扣分				
				精密度平均偏差 0.1%～0.2%，在此范围内的扣5分				
				精密度平均偏差 0.2%～0.3%，在此范围内的扣10分				
				精密度平均偏差 0.3%～0.4%，在此范围内的扣15分				
				精密度平均偏差 >0.4%，在此范围内的扣20分				
6		准确度	20	准确度≤0.00010不扣分				
				准确度 0.00010～0.00020，在此范围内的扣5分				
				准确度 0.00020～0.00030，在此范围内的扣10分				
				准确度 0.00030～0.00040，在此范围内的扣15分				
				准确度 >0.00040，在此范围内的扣20分				
7		原始记录	10	原始记录不齐全扣2分				
				公式不正确扣5分				
				计算结果不正确扣3分				
				单位符号不正确扣2分				
				结果表示方法不正确扣5分				
合计			100					

试题2：混合碱的测定

（考核时间：180min）

序号	考核内容	考核要点	配分	评分标准	检测结果	扣分	得分	备注
1	操作前准备	分析方案设计	30	列出实验所用仪器型号、药品名称不全面扣5分				
				试剂浓度、配制方法不全面扣5分				
				仪器校验及校验表没注明扣4分				
				测定步骤混乱扣5分				
				测定步骤不全面扣5分				
				测定要点不详细扣10分				

续表

序号	考核内容	考核要点	配分	评分标准	检测结果	扣分	得分	备注
2	实际操作	标准溶液配制与标定	10	减量法称量操作不规范扣2分				
				NaOH标准溶液的配制不规范扣5分				
				NaOH标准溶液的标定不准确扣5分				
3		滴定操作	30	移液管使用不规范扣5分				
				滴定 H^+ 总量操作不正确扣5分				
				0.1mol/L $AgNO_3$ 标准溶液的配制和标定不正确扣5分				
				操作不规范扣5分				
				终点颜色判断不正确扣5分				
				混合液中 Cl^- 的测定，测定结果不准确扣5分				
4	数据处理	精密度	10	精密度平均偏差 ≤ 0.0001，在此范围不扣分				
				精密度平均偏差 0.0001 ~ 0.0002，在此范围内扣3分				
				精密度平均偏差 0.0002 ~ 0.0003，在此范围内扣6分				
				精密度平均偏差 > 0.0003，在此范围内扣10分				
5		准确度	10	准确度绝对误差≤0.0010，在此范围不扣分				
				准确度绝对误差 0.0010 ~ 0.0020，在此范围内扣3分				
				准确度绝对误差 0.0020 ~ 0.0030，在此范围内扣6分				
				准确度绝对误差 > 0.0030，在此范围内扣10分				
6		原始记录	10	原始记录表格设计不齐全扣10分				
				数据处理不规范扣10分				
合计			100					

试题3：微库仑仪的安装

（考核时间：45min）

序号	考核内容	考核要点	配分	评分标准	检测结果	扣分	得分	备注
1	安装环境要求	房间要求	10	通风良好，无强烈空气对流，不受阳光直射，温度变化小等条件，少指出一项扣5分				

续表

序号	考核内容	考核要点	配分	评分标准	检测结果	扣分	得分	备注
2		试验台要求	5	未提出能稳定、承受足够的重量扣5分				
				未提出周围应留有足够的空间安装附件、管线和人员操作扣5分				
3		电源要求	5	未提出提供合适电源和容量扣5分				
4	安装	开箱检验	10	未进行开箱检验扣10分				
				未填写开箱验收单扣10分				
5		查阅资料	10	未阅读仪器说明书扣5分				
				不能熟练查阅说明书扣10分				
6		安装步骤	60	燃烧管安装不正确扣10分				
				气源连接不正确扣10分				
				冷凝水管连接错误扣5分(如考核的管子型号不需要连接不扣分)				
				电源线、地线等线路连接少一项扣5分				
				仪器摆放不合理一处扣5分				
				电极连接错误扣20分				
				连接顺序不合理一处扣5分				
				安装完成开机不正常扣10分				
合计			100					

试题4：微库仑仪拖尾峰的处理

（考核时间：80min）

序号	考核内容	考核要点	配分	评分标准	检测结果	扣分	得分	备注
1	查找	发现故障现象	10	进样方法不正确扣5分				
				找不到故障现象扣5分				
2		查找原因	50	未检查偏压扣5分				
				未检查加热带扣5分				
				未检查增益扣5分				
				未检查滴定池扣5分				
				未检查进样速度扣5分				
				未检查气路扣5分				
				未检查炉温扣5分				
				未检查气体配比扣5分				
				未检查其他微小因素扣5分				
				检查次序不恰当扣5分				
				检查错误一次扣5分				

续表

序号	考核内容	考核要点	配分	评分标准	检测结果	扣分	得分	备注
3	处理	故障解决	25	故障解决方法不正确扣 20 分				
				仪器恢复不正确扣 10 分				
4		开机试验	10	不能最终得到良好结果扣 10 分				
5	台风	工作条理性	5	工作过程中条理紊乱扣 5 分				
合计			100					

注：考评员应提前设置可产生拖尾峰的故障。

试题 5：微库仑仪回收率低的处理

（考核时间：60min）

序号	考核内容	考核要点	配分	评分标准	检测结果	扣分	得分	备注
1	查找	发现故障现象	10	进样方法不正确扣 5 分				
				找不到故障现象扣 10 分				
2		查找原因	50	未检查气流量扣 5 分				
				未检查偏压扣 5 分				
				未检查采样电阻扣 5 分				
				未检查炉温扣 5 分				
				未检查针头插人位置扣 5 分				
				未检查增益扣 5 分				
				未检查滴定池扣 5 分				
				未检查气路扣 5 分				
				未检查燃烧管扣 5 分				
				未检查其他微小因素扣 5 分				
				检查次序不恰当扣 5 分				
				检查错误一次扣 5 分				
3	处理	故障解决	25	故障解决方法不正确扣 20 分				
				仪器恢复不正确扣 10 分				
4		开机试验	10	不能最终得到良好结果扣 10 分				
5	台风	工作条理性	5	工作过程中条理紊乱扣 5 分				
合计			100					

注：考评员应提前设置产生回收率低的故障。

试题 6：微库仑仪结果不重复的处理

（考核时间：70min）

序号	考核内容	考核要点	配分	评分标准	检测结果	扣分	得分	备注
1	查找	发现故障现象	10	进样方法不正确扣 5 分				
				找不到故障现象扣 10 分				

续表

序号	考核内容	考核要点	配分	评分标准	检测结果	扣分	得分	备注
2		查找原因	50	未检查气路扣5分				
				未检查搅拌器扣5分				
				未检查电极是否有气泡扣5分				
				未检查炉温扣5分				
				未检查加热带扣5分				
				未检查硅胶垫扣5分				
				未检查电解液扣5分				
				未检查其他微小因素扣5分				
				检查次序不恰当扣5分				
				检查错误一次扣5分				
3	处理	故障解决	25	故障解决方法不正确扣20分				
				仪器恢复不正确扣10分				
4		开机试验	10	不能最终得到良好结果扣10分				
5	台风	工作条理性	5	工作过程中条理紊乱扣5分				
合计			100					

注：考评员应提前设置产生测定结果不重复的故障。

试题7：未知样品电位滴定测定溴指数的分析方案设计

（考核时间：120min）

序号	考核内容	考核要点	配分	评分标准	检测结果	扣分	得分	备注
1	准备	了解情况	5	未了解分析任务扣5分				
				未了解样品情况扣5分				
2		初步检测	15	未进行外观检查扣5分				
				未进行初步检验扣5分				
				未进行滴定鉴定扣5分				
3		资料查询	5	未指出查阅资料扣5分				
4	方案设计	未知样品溴指数测定方案设计	45	分析原理叙述不准确扣5分				
				分析仪器选择错误扣10分				
				分析试剂和材料不正确扣5分				
				分析步骤不完整扣5分				
				结果处理不正确扣5分				
				注意事项不完整扣5分				
				分析方案内容缺少一项扣5分				
				方案设计失误扣20分				

续表

序号	考核内容	考核要点	配分	评分标准	检测结果	扣分	得分	备注
5	方案验证	验证溴指数测定分析方案	30	验证过程操作不正确扣5分				
				不能正确验证分析方案扣20分				
				对存在缺陷少发现一条扣10分				
合　计			100					

试题8：未知样品微库仑法测定硫含量的分析方案设计

（考核时间：140min）

序号	考核内容	考核要点	配分	评分标准	检测结果	扣分	得分	备注
1	准备	了解情况	5	未了解分析任务扣5分				
				未了解样品情况扣5分				
2		初步检测	15	未进行外观检查扣5分				
				未进行初步检验扣5分				
				未进行滴定鉴定扣5分				
3		资料查询	5	未指出查阅资料扣5分				
4	方案设计	未知样品硫含量测定方案设计	45	分析原理叙述不准确扣5分				
				分析仪器选择错误扣10分				
				分析试剂和材料不正确扣5分				
				分析步骤不完整扣5分				
				结果处理不正确扣5分				
				注意事项不完整扣5分				
				分析方案内容缺少一项扣5分				
				方案设计失误扣20分				
5	方案验证	验证硫含量测定分析方案	30	验证过程操作不正确扣5分				
				不能正确验证分析方案扣20分				
				对存在缺陷少发现一条扣10分				
合　计			100					

试题9：分光光度计指示灯故障处理

（考核时间：60min）

序号	考核内容	考核要点	配分	评分标准	检测结果	扣分	得分	备注
1	故障查找	电源灯、指示灯故障维修	40	未检查线路、开关接触扣10分				
				未检查保险丝扣10分				
				未检查电源变压器扣10分				
				未按线路图进行检查扣10分				
2	原因分析	说明原因	20	可能原因少一项扣5分				
				理由不正确扣5分				

续表

序号	考核内容	考核要点	配分	评分标准	检测结果	扣分	得分	备注
3	故障处理	电源灯、指示灯故障处理	40	未紧固连接、拧紧灯泡扣10分				
				未按要求更换保险丝扣10分				
				未按要求更换新的电源变压器扣10分				
				光源灯玻璃壳发白或发黑，未换灯扣10分				
合　计			100					

试题10：721分光光度计电流表故障处理

（考核时间：60min）

序号	考核内容	考核要点	配分	评分标准	检测结果	扣分	得分	备注
1	故障查找	电流表指针摆动故障维修	40	未检查硅胶扣10分				
				未检查房间湿度扣10分				
				未检查电源扣10分				
				未检查室内气流波动扣10分				
2	原因分析	说明原因	20	可能原因少一项扣5分				
				理由不正确扣5分				
3	故障处理	电源灯、指示灯故障处理	40	未换硅胶扣10分				
				未进行吹风处理扣10分				
				未考虑换电源扣10分				
				未消除室内气流波动扣10分				
合　计			100					

试题11：混合液中Co^{2+}和Cr^{3+}双组分的光度法测定

（考核时间：90min）

序号	考核内容	考核要点	配分	评分标准	检测结果	扣分	得分	备注
1	准备	仪器准备	10	没有检查仪器扣5分				
				没按要求顺序开机扣5分				
				仪器没有预热扣5分				
2		波长确定	10	未确定最大吸收波长扣10分				
				少确定一个波长扣5分				
3	实际操作	A波长测定	20	波长调整不准扣5分				
				未调“0”和“100%”扣5分				
				未测定标样及样品吸光度每个扣5分				
				测量手法不正确扣5分				
4		B波长测定	20	波长调整不准扣5分				
				未调“0”和“100%”扣5分				
				未测定标样及样品吸光度每个扣5分				
				测量手法不正确扣5分				

续表

序号	考核内容	考核要点	配分	评分标准	检测结果	扣分	得分	备注
5		关机后处理	5	关机不符合要求扣5分				
6	结果报告	计算结果并考察重复性	35	公式不正确扣5分				
				吸收系数计算不正确每个扣5分				
				计算结果不准确每个扣5分				
				准确度未达到要求扣10分				
				原始记录不及时、有涂改扣5分				
				报告不工整扣5分				
合　计			100					

试题12：红外法水中油含量的测定

（考核时间：60min）

序号	考核内容	考核要点	配分	评分标准	检测结果	扣分	得分	备注
1	准备	仪器准备	10	没有检查仪器扣5分				
				没按要求顺序开机扣5分				
				仪器没有预热扣5分				
2		试剂准备	15	标准油配制不准确扣5分				
				标识不全面扣5分				
				试剂有散落扣5分				
3	测定	测　定	40	萃取不符合要求扣10分				
				未按要求调pH值扣5分				
				未按要求调“0”点				
				未按要求调“100%”扣5分				
				脱水不合格要求扣10分				
				读数不准确扣5分				
				未再次确认读数扣5分				
4	关机	关机后处理	30	关机顺序不正确扣5分				
				旋钮未复位扣5分				
				结果不准确扣10分				
				原始记录不及时、有涂改扣5分				
				报告不工整扣5分				
5	台风	台　面	5	台面混乱扣5分				
合　计			100					

试题13：红外吸收光谱的日常维护

（考核时间：50min）

序号	考核内容	考核要点	配分	评分标准	检测结果	扣分	得分	备注
1	温湿控制	控制温湿	10	放置在安装有空调的实验室内，保持恒温恒湿，并使湿度低于60%，没按规定控制温湿，扣10分				
2	防震	防　震	10	仪器放置在防震动的实验台上，没按规定防震扣10分				
3	防电磁干扰	防电磁干扰	20	仪器应配置稳压电源和良好的接地线，没按规定扣10分				
				远离大功率电磁设备和火花发射源，没按规定扣10分				
4	保护光学系统	光学系统保护	20	光学系统应密闭防尘、防腐蚀，没按规定扣10分				
				未防止机械摩擦扣10分				
5	保护光源	光源保护	20	仪器的光源在安装、更换时要十分小心，防止因受力折断，没按规定扣10分				
				使用温度不宜过高，以延长使用寿命，温度过高扣10分				
6	润滑	润滑保养	10	仪器的传动部件要定期润滑，以保持运转轻便灵活，不定期润滑扣10分				
7	检查	检　查	10	仪器放置一定时间后，再次使用前应对其运行性能进行认真检查，没按规定扣10分				
合　计			100					

试题14：色谱分析方法的建立

（考核时间：60min）

序号	考核内容	考核要点	配分	评分标准	检测结果	扣分	得分	备注
1	仪器硬件	仪器配置的确定和说明	30	进样方式、色谱柱类型、检测方式确定错误每项扣10分				
				说明理由错误每项扣5分				
2	初始条件	初始条件设置和说明	40	进样口温度、柱箱温度和是否程序升温、检测器温度、进样量、载气流速等参数确定错误，每项扣8分				
				说明理由错误每项扣3分				
3	条件优化	简单说明条件优化措施	10	不能说出通过调整柱箱温度、载气流速来优化，每项扣5分				
4	定性和定量	定性方法和定量方案的确定	20	未提出标准气扣10分				
				标准气有不适合的地方酌情扣1~8分				
				不能说明定性方法或不正确扣5分				
				定量方案不正确扣5分				
合　计			100					

试题 15：色谱仪标定方案的设计

（考核时间：60min）

序号	考核内容	考核要点	配分	评分标准	检测结果	扣分	得分	备注
1	一般检查	一般检查科目和方法的确定	20	未设计标识检查扣 5 分				
				未设计泄漏检查扣 5 分				
				检查用具不正确扣 5 分				
				未设计开关、按键、调节旋钮、指示灯检查，少一项扣 3 分				
2	温控检查	温控检查科目和方法的确定	25	未设计进样口温度、检测器温度检查每项扣 5 分				
				未设计柱箱温度检查扣 10 分				
				未设计程序升温速度检查扣 5 分				
				不能说出检查工具－铂电阻温度计扣 5 分				
3	检测器性能检查	检测器性能检查科目和方法的确定	25	未设计灵敏度检查扣 10 分				
				未设计线性空间检查扣 5 分				
				未设计基线检查扣 10 分				
4	定性和定量	定性和定量检查科目的确定	30	未提出保留时间稳定性检查扣 10 分				
				未提出定量重现性检查扣 10 分				
				未提出定量准确性检查扣 15 分				
合　计			100					

试题 16：多维色谱的设计应用

（考核时间：60min）

序号	考核内容	考核要点	配分	评分标准	检测结果	扣分	得分	备注
1	陈述	陈述 1+1 二维色谱和 1×1 二维色谱的特点与区别	30	未说明 1+1 只有部分组分进入第二色谱柱扣 5 分				
				未说明中心切割是 1+1 的特点扣 5 分				
				未说明 1+1 通常得到二维谱图扣 5 分				
				未说明 1×1 通过中间调制器二次聚焦扣 5 分				
				未说明 1×1 可以分析所有样品组分扣 5 分				
				未说明 1×1 通常采用三维色谱图或二维轮廓色谱图扣 5 分				
				未说明 1×1 较 1+1 先进扣 5 分				
2	中心切割的设计	色谱柱选用	20	提出的色谱柱不能完成预期任务每个扣 10 分				
				不能正确说明采用色谱柱的原因每个扣 5 分				
3	绘图	设计气路图	35	设计的二维色谱气路图不能完成中心切割扣 20 分				
				气路图中标识错误、元器件遗漏每处扣 5 分				
4		绘制示意样品谱图	15	第一色谱柱出口样品示意谱图、第二色谱柱出口样品示意谱图少一个扣 10 分				
				未标识中心切割组分段扣 5 分				
合　计			100					

试题17：未知样品馏程测定的分析方案设计

（考核时间：90min）

<table>
<tr><th>序号</th><th>考核内容</th><th>考核要点</th><th>配分</th><th>评分标准</th><th>检测结果</th><th>扣分</th><th>得分</th><th>备注</th></tr>
<tr><td>1</td><td rowspan="5">准备</td><td>了解情况</td><td>5</td><td>未了解分析任务扣5分</td><td></td><td></td><td></td><td></td></tr>
<tr><td rowspan="3">2</td><td rowspan="3">初步检测</td><td rowspan="3">15</td><td>未进行外观检查扣5分</td><td></td><td></td><td></td><td></td></tr>
<tr><td>未进行初步检验扣5分</td><td></td><td></td><td></td><td></td></tr>
<tr><td>未进行初步定性鉴定扣5分</td><td></td><td></td><td></td><td></td></tr>
<tr><td>3</td><td>资料查询</td><td>5</td><td>未指出查阅资料扣5分</td><td></td><td></td><td></td><td></td></tr>
<tr><td rowspan="8">4</td><td rowspan="8">方案设计</td><td rowspan="8">未知样品馏程测定的方案设计</td><td rowspan="8">45</td><td>分析原理叙述不准确扣5分</td><td></td><td></td><td></td><td></td></tr>
<tr><td>分析仪器选择错误扣10分</td><td></td><td></td><td></td><td></td></tr>
<tr><td>分析试剂和材料不正确扣5分</td><td></td><td></td><td></td><td></td></tr>
<tr><td>分析步骤不完整扣5分</td><td></td><td></td><td></td><td></td></tr>
<tr><td>结果处理不正确扣5分</td><td></td><td></td><td></td><td></td></tr>
<tr><td>注意事项不完整扣5分</td><td></td><td></td><td></td><td></td></tr>
<tr><td>分析方案内容缺少一项扣5分</td><td></td><td></td><td></td><td></td></tr>
<tr><td>方案设计失误扣20分</td><td></td><td></td><td></td><td></td></tr>
<tr><td rowspan="3">5</td><td rowspan="3">方案验证</td><td rowspan="3">验证样品馏程测定分析方案</td><td rowspan="3">30</td><td>验证过程操作不正确扣5分</td><td></td><td></td><td></td><td></td></tr>
<tr><td>不能正确验证分析方案扣20分</td><td></td><td></td><td></td><td></td></tr>
<tr><td>对存在缺陷少发现一条扣10分</td><td></td><td></td><td></td><td></td></tr>
<tr><td colspan="3">合　计</td><td>100</td><td></td><td></td><td></td><td></td><td></td></tr>
</table>

试题18：馏程测定仪的常见故障处理

（考核时间：120min）

<table>
<tr><th>序号</th><th>考核内容</th><th>考核要点</th><th>配分</th><th>评分标准</th><th>检测结果</th><th>扣分</th><th>得分</th><th>备注</th></tr>
<tr><td rowspan="4">1</td><td rowspan="6">查找</td><td rowspan="4">发现故障现象</td><td rowspan="4">20</td><td>试样处理不正确扣10分</td><td></td><td></td><td></td><td></td></tr>
<tr><td>仪器处理不正确每项扣5分</td><td></td><td></td><td></td><td></td></tr>
<tr><td>测定条件控制不正确每项扣5分</td><td></td><td></td><td></td><td></td></tr>
<tr><td>找不到故障现象扣10分</td><td></td><td></td><td></td><td></td></tr>
<tr><td rowspan="2">2</td><td rowspan="2">查找原因</td><td rowspan="2">50</td><td>查找故障原因缺少一项扣10分</td><td></td><td></td><td></td><td></td></tr>
<tr><td>检查错误一次扣5分</td><td></td><td></td><td></td><td></td></tr>
<tr><td rowspan="2">3</td><td rowspan="3">处理</td><td rowspan="2">故障解决</td><td rowspan="2">15</td><td>解决故障方法不正确扣10分</td><td></td><td></td><td></td><td></td></tr>
<tr><td>仪器恢复不正确扣10分</td><td></td><td></td><td></td><td></td></tr>
<tr><td>4</td><td>开机试验</td><td>10</td><td>不能最终得到良好结果扣10分</td><td></td><td></td><td></td><td></td></tr>
<tr><td>5</td><td>台风</td><td>工作条理性</td><td>5</td><td>工作过程中条理紊乱扣5分</td><td></td><td></td><td></td><td></td></tr>
<tr><td colspan="3">合　计</td><td>100</td><td></td><td></td><td></td><td></td><td></td></tr>
</table>

试题 19：减压馏程测定仪的常见故障处理

（考核时间：140min）

序号	考核内容	考核要点	配分	评分标准	检测结果	扣分	得分	备注
1	查找	发现故障现象	20	试样处理不正确扣 10 分				
				仪器处理不正确每项扣 5 分				
				测定条件控制不正确每项扣 5 分				
				找不到故障现象扣 10 分				
2		查找原因	50	查找故障原因缺少一项扣 10 分				
				检查错误一次扣 5 分				
3	处理	故障解决	15	解决故障方法不正确扣 10 分				
				仪器恢复不正确扣 10 分				
4		开机试验	10	不能最终得到良好结果扣 10 分				
5	台风	工作条理性	5	工作过程中条理紊乱扣 5 分				
合　　计			100					

试题 20：辛烷值测定装置的常见故障处理

（考核时间：540min）

序号	考核内容	考核要点	配分	评分标准	检测结果	扣分	得分	备注
1	查找	发现故障现象	20	测定条件控制不正确每项扣 5 分				
				操作过程中出现失误扣 5 分				
				找不到故障现象扣 10 分				
2		查找原因	50	未检查点火定时扣 10 分				
				未检查点火系统扣 10 分				
				未检查活塞扣 10 分				
				未检查燃气笔扣 10 分				
				未检查点火提前角扣 10 分				
				未检查油杯油位扣 10 分				
				未检查其他微小因素扣 5 分				
				检查错误一次扣 5 分				
3	处理	故障解决	15	解决故障方法不正确扣 10 分				
				仪器恢复不正确扣 10 分				
4		开机试验	10	不能最终得到良好结果扣 10 分				
5	台风	工作条理性	5	工作过程中条理紊乱扣 5 分				
合　　计			100					

注：考评员应提前设置二次点火故障。